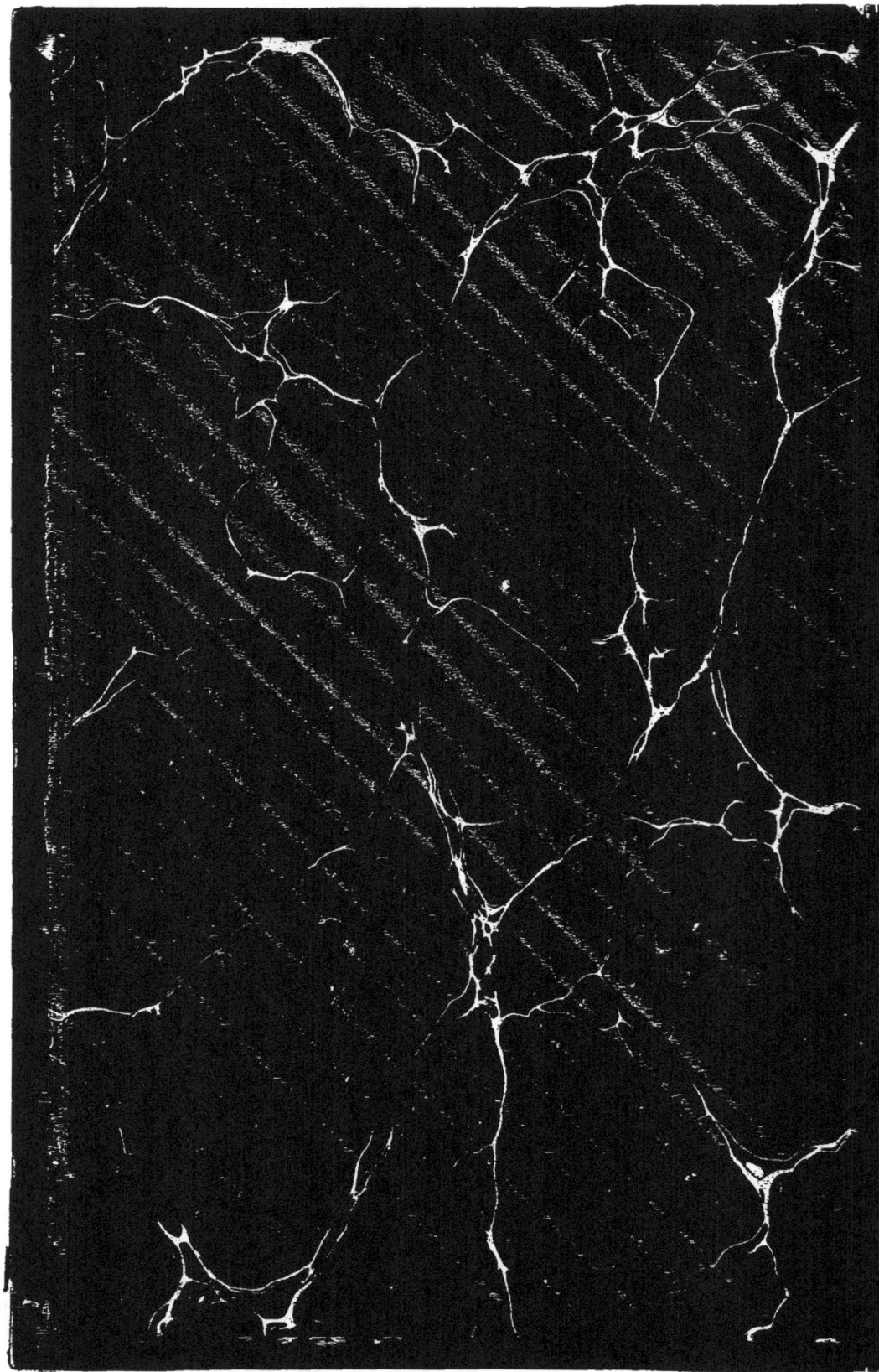

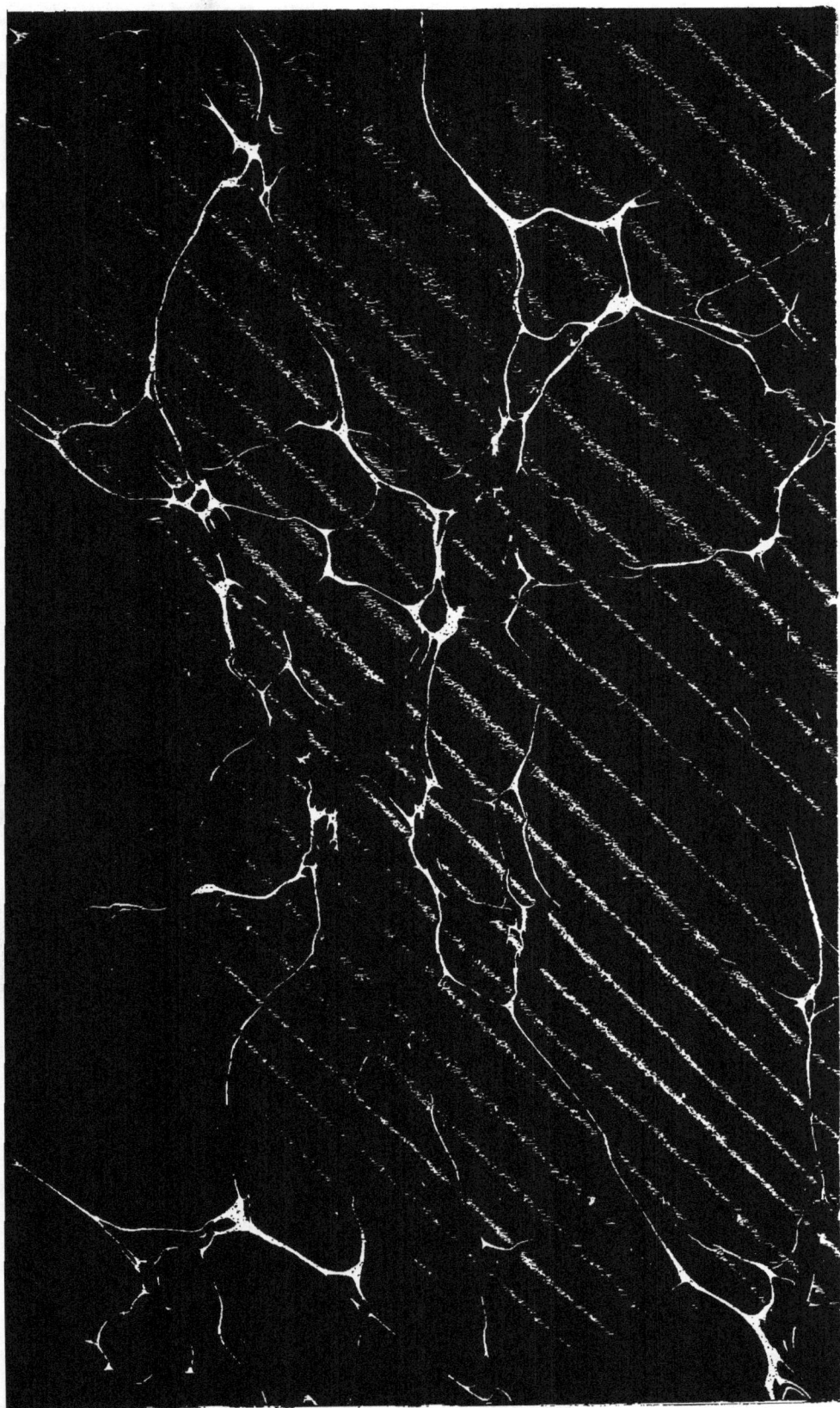

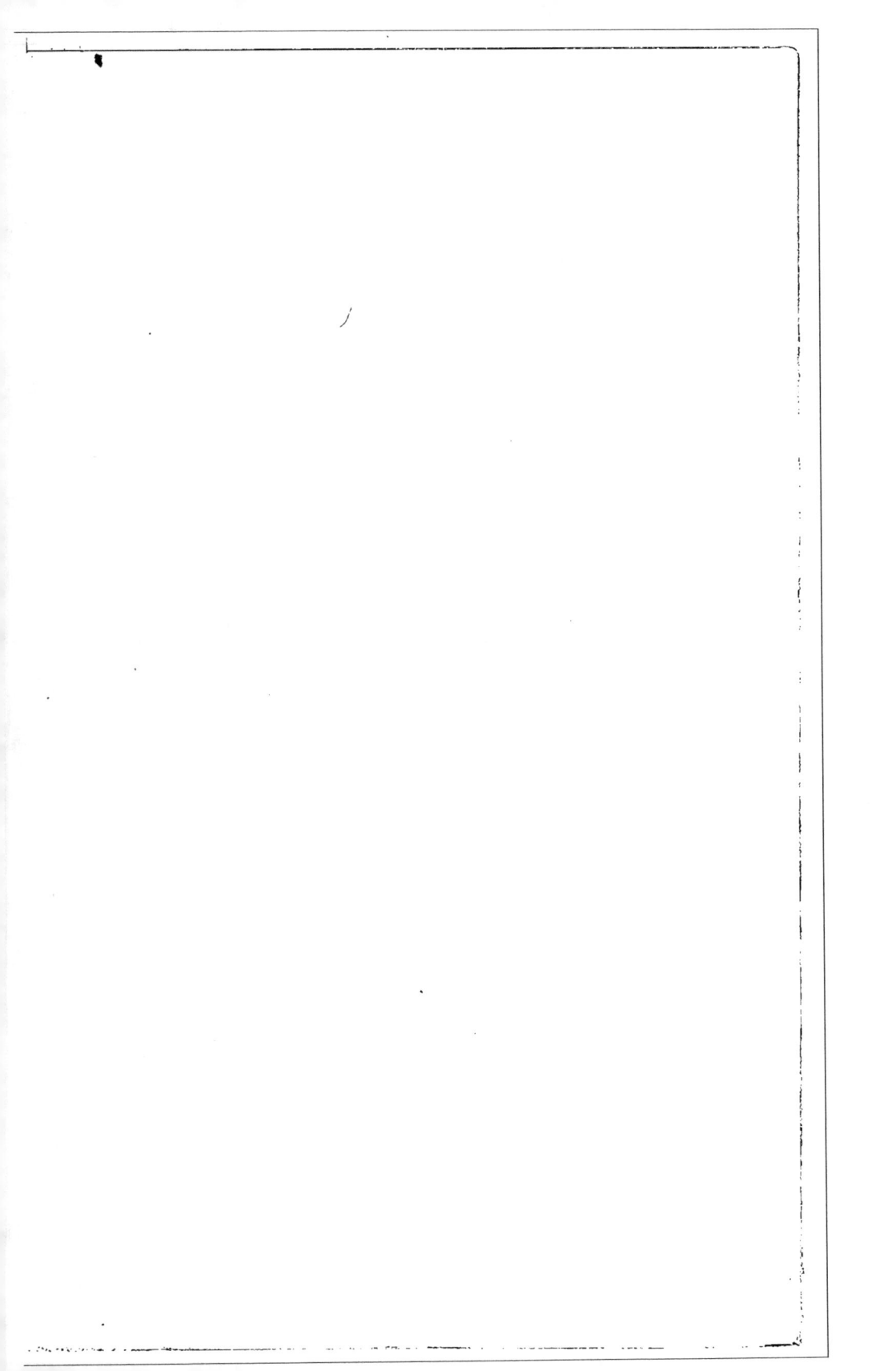

26602

LES BOIS

INDIGÈNES ET ÉTRANGERS

LES BOIS

INDIGÈNES ET ÉTRANGERS

PHYSIOLOGIE — CULTURE
PRODUCTION — QUALITÉS — INDUSTRIE
COMMERCE

PAR

ADOLPHE E. DUPONT et BOUQUET DE LA GRYE

Ingénieur des Constructions navales
Chevalier
de la Légion d'honneur

Conservateur des Forêts
Membre de la Société centrale d'Agriculture
de France

OUVRAGE ORNÉ DE 162 FIGURES

PARIS

J. ROTHSCHILD, ÉDITEUR

13, RUE DES SAINTS-PÈRES, 13

1875

©

SOMMAIRE

a

FIN DU SOMMAIRE.

Errata. — La Figure representant une frotture, page 111, doit porter le n° 50.

LES BOIS

CHAPITRE PREMIER.

PHYSIOLOGIE.

ORGANES ÉLÉMENTAIRES.

Cellules et tissus cellulaires. — Les diverses parties des plantes offrent une grande variété de forme, de structure et de composition, mais les éléments de chacune d'elles ont été semblables au début et ne se sont différenciés que pendant leur développement. L'organe primitif, qui constitue plus tard les divers *tissus* du végétal, se nomme *cellule* ou *utricule*.

Aucune cellule ne se produit dans la séve ni dans les espaces intercellulaires; elles naissent toutes dans l'intérieur de cellules préexistantes. Dans les racines, bourgeons et jeunes tissus, les cellules nouvelles résultent du développement (au moins dans un sens) de la *cellule mère* et de la formation d'une et quelquefois de deux ou même de trois membranes transversales qui la divisent en plusieurs parties, lesquelles

se développent ensuite et forment les cellules nouvelles. Ces cellules dérivées deviennent à leur tour
cellules mères, quand les conditions où elles se trouvent sont favorables; elles transmettent leur faculté
de reproduction à leurs enfants qui les perpétuent
tant qu'ils reçoivent la nourriture, la chaleur et la
lumière dans la mesure de leurs besoins. On observe
un autre mode de formation dans certaines parties de
la graine : le *nucleus* ou noyau central de la cellule
mère s'y divise en plusieurs parties qui constituent
de nouveaux *nuclei*, forment de nouveaux centres
d'attraction et donnent naissance chacune à une
cellule nouvelle. Le premier mode de reproduction est dit par *division* ou *cloisonnement;* le
second, par *formation libre,* ou *spontanée,* ou *endo-
gène.*

Dans l'un et l'autre cas, la matière qui doit constituer la cellule est au début homogène, molle ou sensiblement liquide, et contient mélangés les éléments
ou matériaux qui doivent composer la *cellulose,* le
protoplasma, le nucleus, et dans certains cas la *chlorophylle,* dont l'ensemble constituera la cellule. On a
donné le nom de *matière protoplasmique* à cette substance complexe, qui est une sorte d'embryon cellulaire. A une certaine période de son développement,
des mouvements s'y produisent dans diverses direc-
tions; les molécules qui doivent constituer le nucleus
se rassemblent au centre; celles de la cellulose se
dirigent vers la circonférence, s'y disposent en couches successives qui épaississent l'enveloppe cellulo-

sique extérieure, laquelle est généralement très-
mince; les molécules qui restent entre les *couches
d'épaississement* et le nucleus composent le *protoplasma* proprement dit (fig. 1 et 6). Le développement suivant son cours, on voit apparaître au sein du protoplasma de petites
gouttelettes isolées de séve, lesquelles
grossissent, finissent par se réunir et
par isoler le nucleus de l'enveloppe cellulosique pour constituer le *suc cellulaire*. On nomme *cavité cellulaire* l'emplacement que le suc occupe. A ce
moment la cellule est formée et apte à
se reproduire. Quelquefois elle n'attend
pas qu'elle ait atteint un semblable
développement; alors elle se divise
avant d'avoir son nucleus : dans d'autres
cas les nouveaux nuclei ne paraissent
qu'après que le nucleus s'est dissous
totalement dans le liquide central d'où
sortent de nouveaux nuclei plus volumineux dans leur ensemble que le nucleus primitif qu'ils ont remplacé. On
remarque également pendant cette période de la vie de la cellule que le suc

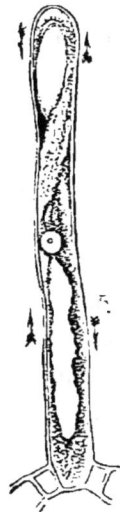

Fig. 1.

Poil du jeune ovaire
d'une onagre
(*OEnothera
muricata*).
Grossi 200 fois,
d'après le docteur
H. Schacht.
Les flèches
indiquent la direc-
tion du courant.

cellulaire y gagne chaque jour de l'importance au
détriment du protoplasma, dont les mouvements
intérieurs et les courants se ralentissent et s'étei-
gnent en même temps que le protoplasma disparaît
totalement ou se réduit progressivement à l'état

d'une simple membrane recouvrant à l'intérieur l'enveloppe cellulosique.

Les courants intérieurs du protoplasma sont fort remarquables et dénotent l'influence considérable de cette matière, ainsi que sa similitude d'action avec les ferments, dont elle se rapproche par sa composition fortement azotée et par ses réactions chimiques sur les liquides de la séve qui l'enveloppent. Leur vitesse par seconde varie avec les cellules et avec les espèces considérées (fig. 1). M. H. Mohl l'évalue en moyenne à $\frac{1}{1857}$ de ligne chez la courge, à $\frac{1}{750}$ chez l'ortie, à $\frac{1}{500}$ dans les poils floraux du *Tradescantia virginica*, à $\frac{1}{183}$ dans les feuilles de la vallisnérie spirale. Il est prouvé que les mouvements ne sont pas dus à des forces transmises, mais à des impulsions invisibles nées de forces inhérentes au corps même du protoplasma. C'est pour faire ressortir cet état particulier de vitalité qu'on dit le protoplasma être *vivant* pendant cette première période de l'existence de la cellule, pour le distinguer de l'état inerte où nous le trouvons quand il est réduit à l'état de membrane mince et desséchée.

Si la cellule doit contenir de la chlorophylle, elle se développe identiquement de la même manière jusqu'au moment de la formation de la cavité cellulaire; mais alors les molécules de chlorophylle que le protoplasma contenait, et celles qui s'y produisent par les réactions des matières en présence, viennent se grouper en petits grains indépendants les uns des autres qui se multiplient peu à peu, grossissent, gon-

flent et remplissent complétement la cellule, jusqu'à
ce que, dans une période plus avancée, ils diminuent
progressivement de volume et de nombre, puis
disparaissent totalement (fig. 35 à 44). Ces grains de
chlorophylle se composent de deux matières différentes, l'une plastique, l'autre colorante, qui se
forment simultanément au soleil, tandis qu'à l'obscurité la première se développe seule. Ces grains
ont encore cela de particulier d'être le récipient
où se forme l'amidon, comme nous le verrons plus
loin, p. 66.

Que les cellules contiennent ou non de la chlorophylle, il arrive un moment où leur protoplasma
disparaît complétement ou meurt; dans ce cas leur
nucleus se réduit presque à rien; de plus leur suc
cellulaire disparaît et est remplacé par des gaz;
ces cellules ne sont plus dès lors que des récipients
inertes, dans lesquels la séve peut encore circuler
et opérer des dépôts jusqu'à ce que leurs vides
soient totalement remplis; mais ces réactions ont
un caractère purement chimique et les cellules sont
mortes.

Pendant que ces changements s'opèrent dans la
composition intérieure des cellules, il s'en produit
également dans leurs formes extérieures. Une matière, dite *intercellulaire,* se forme entre toutes les
faces de contact des diverses cellules juxtaposées et
réunit fortement ces divers organes les uns aux autres,
de façon à en former des *tissus* ou *membranes utri-
culaires.* On nomme *méats* les vides irréguliers qui

restent entre les cellules là où elles ne se touchent pas (fig. 2 et 3).

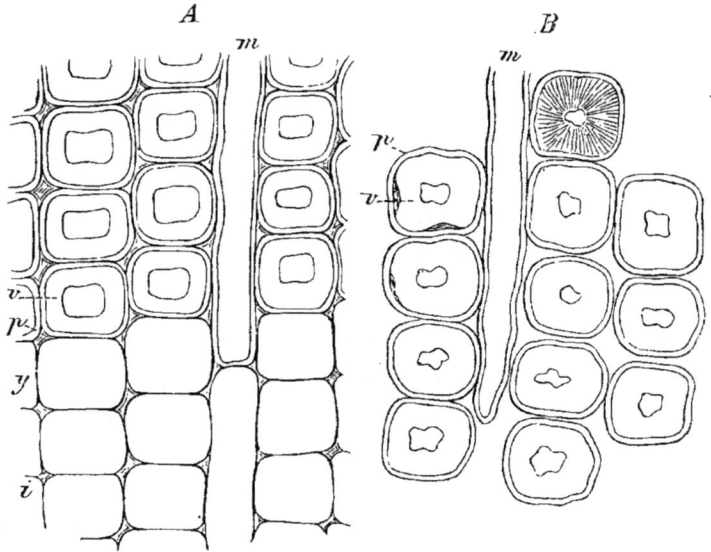

Fig. 2 et 3.

A. Coupe transversale très-mince, faite dans le *Pinus canariensis;* la moitié supérieure a subi pendant un instant l'action de l'acide nitrique qui a coloré en jaune la substance intercellulaire *i*. La membrane primaire de la cellule ligneuse *p* se distingue nettement de ses couches d'épaississement *b*. La moitié inférieure, au contraire, représente des cellules ligneuses traitées par l'acide sulfurique ; la substance intercellulaire est restée à l'état de réseau vide. *m*, rayon médullaire.

B. Autre coupe transversale analogue, dans laquelle la substance intercellulaire a été détruite par un mélange d'acide nitrique et de chlorate de potasse, de manière que les cellules se trouvent disjointes à côté l'une de l'autre. Les couches d'épaississement se séparent souvent elles-mêmes de l'enveloppe primaire de la cellule. Quand la coupe est suffisamment grossie, on distingue les rayons qui traversent les couches d'épaississement (grossie 200 fois), d'après le docteur H. Schacht.

Fibres et vaisseaux. — L'utricule, à peine formée, se trouve soudée à sa cellule mère et est promptement entourée par d'autres semblables, qui, comme elle, croissent et gonflent. Quelquefois elle s'aplatit à chaque point de contact et prend la forme polyédrique. Dans d'autres cas elle s'allonge considérablement sous l'action des forces qui la sollicitent, notamment des compressions latérales qu'elle subit; elle reçoit alors le nom de *fibre*. Les couches d'épaississement, qui se déposent à l'intérieur des fibres,

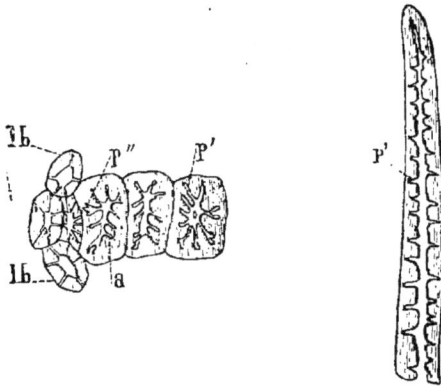

Fig. 4 et 5.

Coupes transversale et longitudinale d'une fibre prise dans une aristoloche exotique (*Aristolochia cymbifera*, Mart.). Les lignes concentriques dessinées dans l'épaisseur des parois en indiquent les couches d'épaississement; p' et p'' sont les petits canaux creusés dans les parois (d'après Duchartre).

présentent en général des solutions de continuité très-régulièrement distribuées, formant tantôt des anneaux, tantôt des spires, tantôt des points, et se répétant exactement sur chacune de ces couches d'épaississement (fig. 4 et 5). Il se dépose, de plus, entre ces couches une substance solide qu'on nomme le *ligneux*, et au centre des *matières incrustantes* de compositions diverses. Ce ligneux et ces matières incrustantes varient avec l'espèce des plantes; mais les enveloppes cellulosiques ont toujours la même composition et ne paraissent différer d'une plante à l'autre que par leur cohésion.

Dans les arbres feuillus on voit assez fréquemment des fibres encore jeunes se diviser par des cloisons transversales, qui transforment leurs fibres mères en cellules courtes auxquelles on donne le nom de *cellules du parenchyme ligneux* (fig. 23).

Il arrive fréquemment que les utricules se disposent régulièrement les unes au-dessus des autres, se soudent par leurs extrémités, et que leurs membranes de contact s'amincissent pendant que leur enveloppe intérieure se forme, jusqu'à ce que ces membranes de contact aient totalement disparu et que les fibres d'utricules aient constitué des tubes creux, de longueur

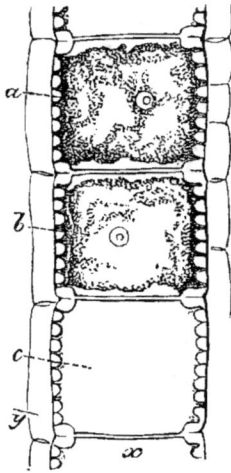

Fig. 6.

Coupe longitudinale d'un vaisseau de *Carica papaya*, charriant encore de la séve, réticulé, épais et ponctué (grossi 100 fois). Dans les cellules *a* et *b* de ce vaisseau, le nucleus est très-visible au milieu du protoplasma contracté, *c* est une cellule sans son contenu; *x* représente la cloison de séparation composée de deux lames souvent distinctes; *y* cellules entourant le vaisseau (d'après Schacht).

considérable et légèrement rétrécis aux points de contact de leurs éléments primitifs (fig. 6). On nomme ces tubes des *vaisseaux*. De même les fibres en forment fréquemment, lesquels sont *annulaires*, *réticulés*, *rayés* ou *ponctués* de la même

manière que les utricules et les fibres qui les ont
constitués.

On nomme *trachées* ceux de ces vaisseaux dont
les enveloppes intérieures des fibres
primitives étaient disposées en spirale
pendant leur première période de vitalité. Ces trachées peuvent être facilement déroulées (fig. 6 et 10).

On observe enfin dans diverses
parties des plantes un réseau irrégulier de tubes communiquant entre eux,
dont l'origine est encore incertaine,
qu'on nomme les *vaisseaux laticifères,*
pour rappeler la nature du liquide (le
latex) qu'ils contiennent.

L'écorce de nos arbres contient
également des cellules très-allongées
et superposées en files, portant de petites ponctuations, soit sur leur surface
latérale, soit sur le diaphragme formé
par leur superposition (fig. 7 et 8).
Ce sont les organes que Hartig nomme
tubes cribleux et que M. H. Mohl
appelle *cellules grillagées* ou *treillis-
sées.*

Tous ces organes, grâce aux solutions de continuité de leurs couches

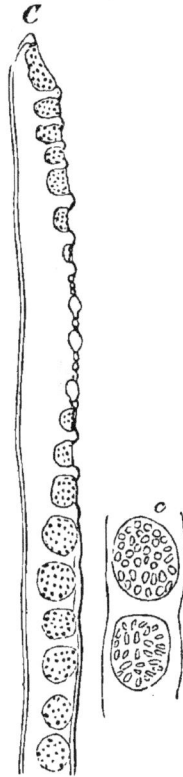

Fig. 7 et 8.

Tube cribleux de la ra-
cine de l'*Araucaria
brosiliensis*, grossi
200 fois.

d'épaississement, sont séparés les uns des autres par
leurs seules enveloppes extérieures, tissus très-
minces, dont la perméabilité est bien constatée. Et

même il est démontré que fréquemment cette enveloppe extérieure des organes disparaît complète-
ment en laissant leurs vides en communication directe. Ce fait est normal pour les fibres ponctuées
des conifères (fig. 22). En sorte que la communication des liquides d'un organe à l'autre est tou-

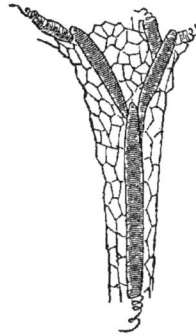

Fig. 9.   Fig. 10.

jours ou libre ou du moins possible. De plus, quand
un vaisseau arrive à une bifurcation, par exemple
à l'insertion d'une feuille sur une branche, on trouve
que le vaisseau bifurque également à cette position, par suite de la soudure sur le vaisseau de
deux fibres au lieu d'une (fig. 9 et 10). Les liquides
et les gaz circulent donc facilement au milieu de tous
les tissus.

FORMATION ET DÉVELOPPEMENT
DE L'EMBRYON.

La première phase de la vie d'un être est celle où il fait encore partie de l'être semblable à lui, dans lequel il s'est formé et qui lui donnera naissance. Il porte alors le nom d'*embryon* et cette période est dite embryonnaire.

L'embryon végétal est quelquefois une simple cellule; quelques changements dans ses enveloppes et dans son contenu signalent parfois seuls son développement. Mais dans les végétaux mieux organisés de nouvelles cellules s'ajoutent à la première, de façon à former une petite masse où se développent ordinairement un axe saillant et un mamelon excentré ou deux mamelons symétriques, lesquels croissent et deviennent des *cotylédons;* la tige apparaît alors plus nette et constitue la *radicule.* Puis un petit corps paraît à l'insertion de la radicule et des cotylédons; on le nomme *gemmule.*

La graine ou l'œuf végétal est alors formé, ses cotylédons contiennent la fécule qui doit le nourrir pendant sa germination et fréquemment son enveloppe ou *albumen* lui en procure encore un supplément; il n'aura à emprunter au dehors que de la chaleur, de l'eau et de l'air; sa radicule donnera la racine, sa gemmule la feuille (fig. 11 à 15).

La constitution des plantes, leur mode de végétation et d'accroissement, par suite la nature et les qualités du bois qu'elles donneront, seront tout diffé-

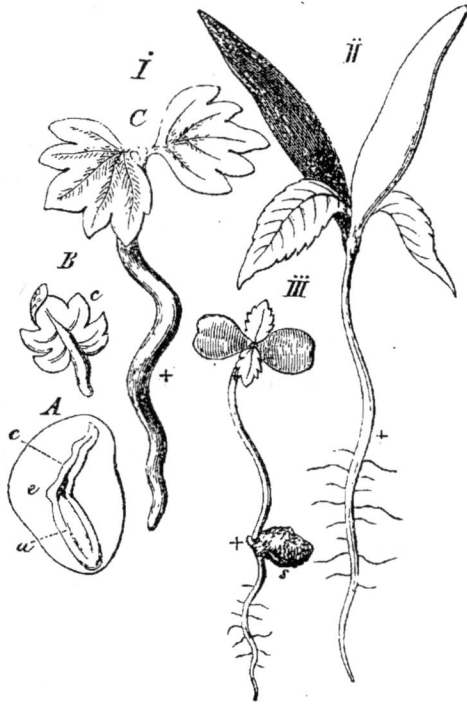

Fig. 11 à 15.

I. *Tilia europæa.* A, coupe transversale d'une graine; *a*, axe de l'embryon; *c*, cotylédon; *c*, albumen. B, embryon séparé de son albumen. CC, plantule à cotylédons pectinés.
II. Plantule de l'*Acer platanoïdes*.
III. Plantule de l'*Ulmus campestris*.
La limite de la tige et de la racine, autrement dit *collet*, est indiquée par une +.

rents, selon que leur embryon aura 2, 1 ou 0 cotylédons, selon, par conséquent, qu'elles appartiendront à l'un des trois embranchements du règne végétal, que les botanistes ont nommé *dicotylédoné, monoco-tylédoné, acotylédoné.*

Les arbres de l'Europe sont tous dicotylédonés, il en est de même de ceux des autres parties du globe qui nous fournissent des bois de construction ; nous ne nous occuperons, en conséquence, que de la végétation des dicotylédonés.

CONSTITUTION ET DÉVELOPPEMENT
DES ARBRES.

Épiderme. — Les organes de la plante naissante sont la racine, la tige et la feuille.

Ils sont tous trois recouverts par un même tissu, nommé *épiderme,* composé de deux membranes cellulaires juxtaposées, formées elles-mêmes, en général, par une, deux ou trois couches de cellules transparentes, aplaties, et ne laissant aucun méat entre elles. La membrane extérieure est appelée *pellicule épidermique* ou *cuticule,* pour la distinguer de l'intérieure qu'on nomme alors l'*épiderme proprement dit.* Les cellules de cette dernière sont plus grandes que celles de la cuticule ; quelques-unes acquièrent un assez grand développement et constituent des aspérités, quelquefois des poils que la cuticule recouvre exactement. Enfin, on remarque sur les feuilles et principalement sur leur face inférieure, de petits trous ou solutions de continuité qu'on nomme *stomates,* qui s'ouvrent largement dans l'humidité et qui se resserrent et se referment sous l'action de la sécheresse (fig. 16 et 17). Les stomates n'existent que dans les parties aériennes; les racines en sont dépourvues, et même les feuilles qui nagent sur l'eau n'en ont que sur leur face supérieure exposée à l'air.

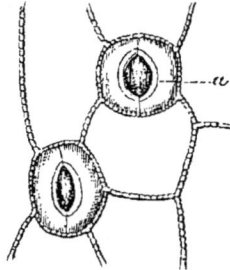

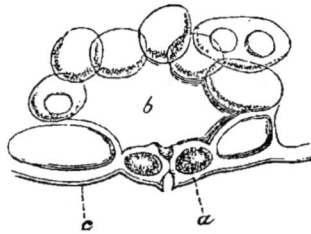

Fig. 16 et 17.

Épiderme de la face inférieure de la feuille de l'orchis à odeur de bouc (*Loroglossum* R.), vu d'en haut. Au-dessous une coupe transversale de la feuille. *a*, stomates; *b*, la chambre d'air sous-stomatique; *c*, cellule de l'épiderme (grossi 200 fois).

Accroissement de la tige en diamètre. — La tige de l'embryon était entièrement cellulaire. Peu après la germination, quelques-unes de ses utricules, voisines les unes des autres, se sont allongées en fibres et ont constitué des faisceaux, disposés symétriquement par rapport à l'axe au milieu de la masse restée cellulaire (fig. 18 et 19).

Sur les plantes herbacées, qui ne vivent qu'un an, le développement de la tige s'arrête là et la proportion des fibres au tissu cellulaire est en général très-faible. Nous pouvons donc distinguer dans la section de la tige d'un dicotylédoné herbacé les parties suivantes :

1° Au centre un cercle de tissu cellulaire qui est la *moelle;*

2° Par-dessus, une zone concentrique nommée *fibro-vasculaire*, où les faisceaux et fibres sont séparés les uns des autres par des bandes rayonnantes de tissu cellulaire qui sont les *rayons médullaires* et qui établissent la communication entre la moelle et la zone extérieure.

3° Au-dessus, une seconde zone concentrique de tissu cellulaire, qui est le *parenchyme cortical;*

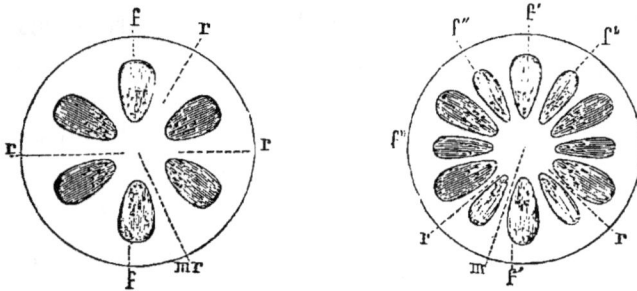

Fig. 18 et 19.

Section faite dans la tige d'une plante herbacée annuelle; *m*, moelle; *r*, rayons médullaires; *f'*, faisceaux fibreux primitifs; *f''*, faisceaux fibreux complémentaires qui se sont formés ultérieurement.

4° L'épiderme qui recouvre le tout.

La tige des plantes ligneuses, qui vivent plusieurs années, subit des changements ultérieurs.

Les faisceaux fibreux se développent et aplatissent les rayons médullaires qui deviennent très-minces, *muriformes*, et quelques-unes de leurs fibres forment par leur division le parenchyme ligneux. Pendant ce temps les fibres de la face interne de chaque faisceau se transforment en trachées déroulables; celles de la face externe, sur une certaine épaisseur prennent une nuance un peu différente et donnent les *fibres corticales* ou le *liber*. Celles-ci sont séparées des faisceaux fibreux par une mince couche de matière demi-liquide, qui est le *cambium*. Puis quelques vaisseaux ponctués apparaissent dans les faisceaux fibreux. Enfin le parenchyme cortical commence à se diviser en deux zones : l'intérieure, dite *enveloppe cellulaire*, est formée de cellules épaisses, remplies d'une matière verte, lâchement unies, laissant entre elles des méats et souvent des lacunes; l'extérieure au contraire, dite *couche* ou *enveloppe subéreuse*, est formée de cellules cubiques à parois minces, intimement unies, d'abord incolores, plus tard colorées en brun. C'est cette zone qui, sur le chêne-liége, prend un développement particulier et donne le liége (fig. 20).

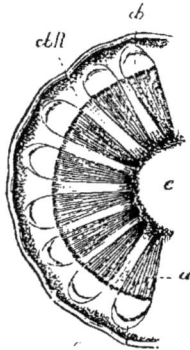

Fig. 20.

Coupe transversale d'une jeune tige d'un *Cocnlus laurifolius* d'un an (grossi 25 fois); *e*, moelle; *a*, fibres de la zone ligneuse; *b*, cambium; *cb*, fibres de la zone libérienne; *f*, rayons médullaires. On y distingue l'étui médullaire qui enveloppe la moelle; *e*, l'enveloppe subéreuse et l'épiderme.

On trouve par suite, dans la section de la tige des dicotylédonés ligneux d'un an, en allant du centre à la circonférence :

1° Au centre, la moelle ;

2° Une couche de trachées, dite *étui médullaire*, qui enveloppe la moelle ;

3° Une couche de fibres isolées les unes des

autres par les rayons médullaires et contenant quelques vaisseaux ponctués, isolés, et le parenchyme ligneux ;

4° Un liquide épais, le cambium ;

5° Les fibres corticales ou le liber, qui sont également traversées par les rayons médullaires, lesquels établissent la communication entre la moelle et les deux couches du parenchyme cortical ;

6° l'enveloppe cellulaire recouvrant le liber ;

7° La couche subéreuse superposée à la précédente ;

8° L'épiderme qui recouvre le tout.

Au printemps de la seconde année, le cambium est une zone étroite, remplie d'une gelée presque coulante, qui s'épaissit graduellement et dans laquelle des observateurs habiles s'accordent à reconnaître l'organisation d'un tissu cellulaire naissant. A la fin de l'année il s'y est formé deux couches nouvelles : l'une corticale, composée de fibres, comme le liber qu'elle vient grossir ; l'autre ligneuse, composée de fibres, de vaisseaux isolés et de parenchyme ligneux, comme la partie extérieure du faisceau fibreux auquel elle se juxtapose ; mais on ne découvre plus de trachées dans les parties ligneuses qui se sont formées, on n'en découvrira pas non plus dans celles qui se formeront pendant les années suivantes. Enfin la partie du cambium qui était traversée par les rayons médullaires s'organise elle-même en tissu cellulaire et, conservant toujours cette nature, établit la continuité des rayons médullaires ; de plus, elle forme de *nouveaux* rayons médullaires qui divisent les faisceaux de fibres ligneuses nouvellement formées et mettent en communication le cambium avec les fibres ligneuses formées pendant la première année.

Pendant le cours de la troisième année et de chacune des suivantes, les mêmes faits se reproduisent ; le cambium forme deux couches, l'une complétement fibreuse qui augmente l'épaisseur du liber, l'autre composée de fibres et de vaisseaux, qui accroît la partie ligneuse ; en outre, il prolonge les rayons médullaires déjà formés et en développe de nouveaux, qui du cambium vont à la surface extérieure de la partie ligneuse formée l'année précédente.

De là deux systèmes de rayons médullaires : celui des *grands rayons* formés par ceux qui existaient dans la tige dès la première année, lesquels continuant à se développer unissent l'enveloppe subéreuse à la moelle ; puis celui des *rayons nouveaux* qui, partant du cambium, pénètrent à travers le liber et les faisceaux ligneux jusqu'aux diverses couches annuelles. Les uns et les autres ont en général peu de hauteur (fig. 21 et 22). Les ouvriers qui travaillent les bois les connaissent sous le nom de *mailles.* On les distingue très-nettement dans beaucoup de bois et principalement dans le chêne vert. Ils sont moins larges dans le liber et leurs cellules y sont minces et pressées.

L'épaisseur des couches du liber est tellement

faible, qu'il est impossible d'en distinguer les éléments annuels sans le secours d'instruments de précision.

Mais on reconnaît parfaitement par la partie ligneuse l'âge de la tige, parce que les divers éléments qui composent ses couches annuelles ne sont pas disséminés uniformément dans toute leur épaisseur. Dans les bois dits *durs*, la partie de la couche annuelle qui se développe la première est formée par de gros vaisseaux visibles à l'œil nu, qui constituent une portion parfaitement distincte du reste de la couche postérieurement formée, laquelle est en général composée principalement de fibres. Ces lignes circulaires de vaisseaux sont très-nettement dessinées sur nos bois de construction : le chêne, l'orme, le frêne, etc. Il suffit de les compter à la base d'une tige

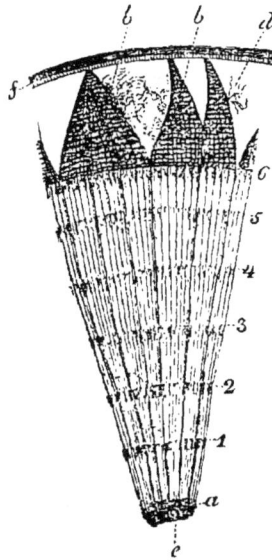

Fig. 21.

Coupe transversale d'une branche de tilleul âgée de six ans : *a* étui médullaire ; *b*, liber ; *d*, tissu cellulaire de l'écorce ; *c*, cambium ; *e*, moelle ; *f*, écorce ; de *e* en *b*, les six couches ligneuses annuelles (grossie 5 fois).

quelconque pour avoir son âge. Dans les bois dits *blancs*, tels que l'érable, le charme, le tilleul, etc., les vaisseaux du système ligneux sont moins gros et ne sont plus réunis au bord intérieur de la couche annuelle ; ils sont très-nombreux et presque uniformément répartis; cependant ils cessent toujours vers le bord externe formé exclusivement de fibres plus fines, serrées, colorées, lesquelles forment une ligne de démarcation également nette (fig. 21).

Dans les bois résineux qui n'ont pas de vaisseaux,

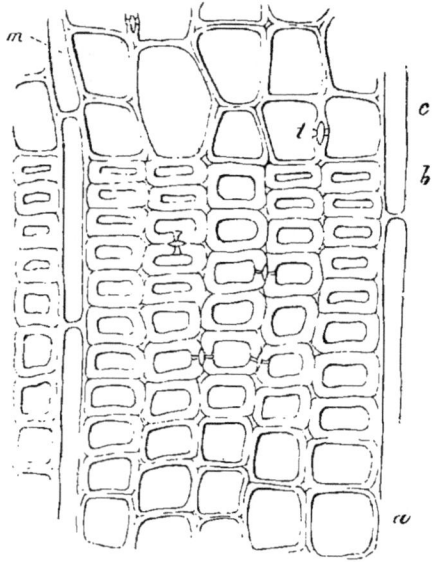

Fig. 22.

Coupe transversale du bois d'épicéa (*Picea vulgaris*) : *a*, cellules ligneuses formées au printemps et qui passent insensiblement à l'état de cellules d'été; puis à celui de cellules automnales *b*. La ligne de séparation des deux couches annuelles est très-nette et passe entre *b* et *c*; *m*, rayon médullaire; *t*, ponctuation des cellules (grossie 200 fois).

les couches annuelles se distinguent également, parce que les fibres produites au printemps sont plus lâches et moins colorées que celles produites en automne (fig. 22).

Il résulte de ce mode de végétation, que toutes

les parties de la tige nées la première année ont un même nombre de couches, tandis que celles qui sont nées un, deux ou trois ans plus tard, ont une, deux ou trois couches de moins.

On peut donc, quand on abat un arbre, à la seule inspection de ses sections déterminer sa hauteur et son diamètre à diverses époques de son existence.

On peut également fixer l'âge de chaque branche et de chacune de ses parties.

Ces recherches sont souvent entravées par des causes secondaires et exceptionnelles. Quand les couches sont trop minces pour se distinguer aisément, il faudra soumettre pendant quelque temps la tige qu'on veut observer à l'action de l'huile bouillante ou de la glycérine, qui pénètre dans les vaisseaux, les gonfle et rend leurs couches plus distinctes.

Il arrive parfois, pour des raisons que nous verrons plus loin (p. 85), qu'il s'est formé deux couches de croissance dans la même année.

L'observateur pourra se rendre compte de cette anomalie, en remarquant que les couches produites en une même année ne sont pas aussi nettement séparées que les couches annuelles.

Il faut remarquer enfin que chaque essence a sa texture spéciale. Chez les unes les vaisseaux dominent; chez les autres (les résineux par exemple), on n'en trouve aucun. Dans certaines espèces les vaisseaux sont nets; chez d'autres, ils sont obstrués comme le montre la figure 23 ; chez les unes les fibres sont creuses ; chez d'autres elles sont remplies et totalement

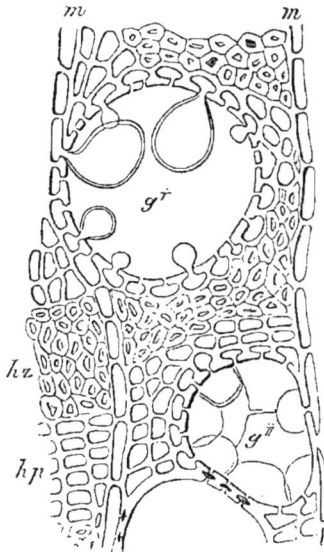

Fig. 23.

Coupe transversale à travers du bois de robinia viscosa : *m*, rayons médullaires ; *hp*, parenchyme ligneux ; *hz*, fibres ; *g'*, vaisseau dans lequel de petites cellules provenant des cellules latérales du parenchyme ligneux et des rayons médullaires ont pénétré à travers la ponctuation ; *g''*, autres vaisseaux dans lequel de semblables vésicules se sont disposées en tissu (grossie 200 fois).

obstruées par des dépôts intérieurs. Ce dernier cas se présente surtout sur les arbres exotiques. On se rend parfaitement compte de ces différences en examinant par transparence des copeaux huilés enlevés avec une varlope dont le fer est incliné de 20 à 30°, ou des préparations toutes faites telles que celles de Noerdlinger[1]. Pour les études approfondies, il faut recourir à l'emploi du microscope. Nous reviendrons sur ce point en étudiant les qualités physiologiques des bois au chapitre V.

Accroissement de la tige en hauteur. — L'accroissement de la tige en hauteur s'opère d'une

---

1. Noerdlinger (H.), *Ancien élève libre de l'école forestière de Nancy et professeur de Grandjouan.* LES BOIS EMPLOYÉS DANS L'INDUSTRIE. — Caractères distinctifs. Descriptions accompagnées de cent sections en lames minces des

manière toute différente. Pendant la première année cette tige s'allonge dans sa partie supérieure par suite de la formation de nouvelles cellules, qui se groupent autour de l'axe suivant la même loi que celles placées au-dessous ; elle s'allonge aussi dans sa partie inférieure par suite de la transformation de ses cellules en fibres, de telle sorte que des repères faits sur son écorce s'éloignent progressivement, tandis que de nouvelles parties se forment au-dessus d'eux pour s'allonger à leur tour.

Lorsqu'à la fin de cette première année la végétation cesse, on trouve au sommet de la tige un bourgeon qui en est comme le couronnement et qu'on nomme *bourgeon terminal,* pour le distinguer des

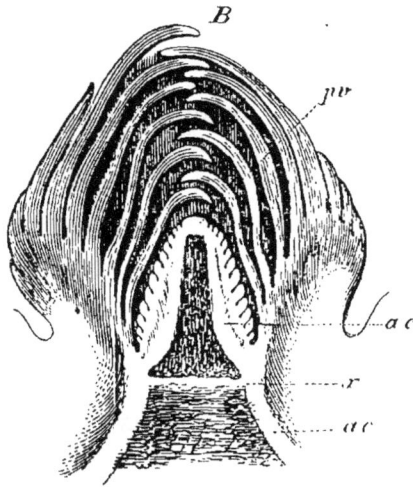

Fig. 24.

Section longitudinale faite par Schacht, le 26 août, dans un bourgeon terminal de sapin. L'ébauche de la pousse de l'année suivante s'est formée à l'abri des écailles protectrices : *ac*, zone génératrice ; *x*, limite cellulaire entre le rameau de l'année précédente et celui de l'année prochaine ; *pv*, cône végétatif de la jeune pousse (grossie 12 fois).

principales essences forestières de la France et de l'Algérie. Cent sections de bois montées sur beau papier, accompagnées d'un texte et d'un tableau dans un élégant cartonnage. — J. Rothschild, éditeur, *Paris.* — Prix : 30 Francs *bourgeons latéraux* qui se sont formés à l'aisselle de chaque feuille.

Ce bourgeon a été dans le principe un petit amas de feuilles en rapport avec la moelle, qui, d'abord caché à l'intérieur, a poussé l'écorce devant lui et s'est montré à l'extérieur. Plus tard les cellules de ce petit axe se sont organisées en vaisseaux, prolongeant ceux de l'étui médullaire, et sa surface s'est couverte de petits appendices circulaires, symétriquement placés les uns par rapport aux autres, qui sont les premières ébauches des feuilles (fig. 24).

Généralement, chez les plantes des pays froids, les plus extérieurs de ces appendices sont des écailles dures et sèches, enduites de substances insolubles dans l'eau et mauvaises conductrices de la chaleur, ou recouvertes d'un épais duvet. Ces écailles protègent des rigueurs du climat les appendices intérieurs, qui sont les feuilles naissantes, assez fortement serrées les unes contre les autres.

Les bourgeons des plantes spéciales aux pays chauds sont en général moins compactes et moins bien protégés.

Le bourgeon terminal ainsi constitué persiste après la chute des feuilles et reste stationnaire pendant la période d'hiver jusqu'à ce que la saison qui ranime la végétation vienne lui donner une impulsion nouvelle. Une suspension analogue de végétation a lieu pour les feuilles des plantes persistantes des pays chauds.

Lorsque la végétation revient, le bourgeon terminal, qui est une sorte d'embryon très-avancé, se développe à son tour de la même manière que l'embryon primitif; il produit une pousse dite *pousse annuelle,* laquelle porte, de même que celle de l'année précédente, des feuilles, des bourgeons latéraux à l'aisselle de chacune d'elles, et enfin un bourgeon terminal destiné à prolonger de nouveau la tige l'année suivante.

Mais tandis que la pousse terminale de la seconde année se développe, les bourgeons latéraux, que nous avons trouvés à la fin de l'année à l'aisselle de chaque feuille, se développent à leur tour et produisent de chaque côté de la tige primitive des tiges secondaires tout à fait analogues, comme constitution et végétation, à la pousse du bourgeon terminal. Ces tiges secondaires sont le commencement des branches. Les bourgeons latéraux diffèrent des terminaux, en ce qu'ils sont produits par des cellules en communication avec l'extrémité des rayons médullaires, tandis que les autres le sont par des cellules en rapport avec la moelle.

Il est à remarquer que les feuilles sont toujours disposées régulièrement sur les tiges; elles sont *opposées, verticillées* ou *alternes* et dans ce cas régulièrement disposées en spirales. Les tiges secondaires ou branches, qui se produisent à la naissance de chacune de ces feuilles, suivent également la même loi de distribution.

Pendant le cours de la troisième année le bourgeon terminal de l'année précédente produit une nouvelle pousse annuelle, allongeant la tige et portant encore des feuilles, des bourgeons latéraux et un bourgeon terminal. En outre, chacun des bourgeons latéraux de la pousse précédente produit également des tiges secondaires ou branches ayant chacune des feuilles, des bourgeons latéraux et un bourgeon terminal. Enfin, le bourgeon terminal et chacun des bourgeons latéraux des tiges secondaires donnent naissance, à leur tour, à des rameaux constitués de la même manière que les tiges précédentes.

On peut suivre ainsi le développement de la tige dans sa hauteur et sa ramification pendant autant d'années qu'on le voudra.

Nous en pouvons conclure que chaque année il se produit sur la tige une pousse terminale qui en accroît la hauteur et que, si la végétation du sujet a été régulière, on doit pouvoir distinguer sur sa tige les différentes pousses terminales annuelles, dont le total forme la hauteur et dont chacune porte un nombre de couches égal à son âge particulier.

Nous pouvons également conclure, relativement aux branches, qu'elles se développent latéralement suivant les mêmes lois que la tige principale ; qu'ainsi leur âge en chaque point est indiqué également par le nombre de leurs couches annuelles et par l'âge de leur pousse ; qu'enfin chaque espèce d'arbre a une loi spéciale de ramification, fonction de celle qui dispose les feuilles sur les tiges. Bien que cette ramification soit toujours altérée par l'avortement de nombreux bourgeons latéraux, il en résulte néan-

moins que chaque espèce d'arbres a un port particulier qui la caractérise.

Feuilles. — Les feuilles se composent d'une
partie extérieure, généralement large et verte,
qu'on nomme le *limbe,* et d'une sorte de queue,
dite *pétiole,* qui réunit le limbe à la tige. Souvent le pétiole s'élargit à son point d'insertion avec
la tige et forme une *gaîne,* qui embrasse une
partie plus ou moins grande de la circonférence de
la tige.

Si on examine au microscope la structure d'une
de ces feuilles, on trouve dans l'intérieur de son
pétiole des trachées, des vaisseaux spiraux, des fibres
ligneuses et des fibres corticales, qui sont en communication avec les organes semblables de la tige,
dévoyés de leur direction naturelle de la manière
indiquée (fig. 9 et 10). Les faisceaux fibreux du
pétiole se divisent dans le limbe en y formant des
nervures saillantes, entre lesquelles règne le parenchyme, qui constitue la partie la plus essentielle de
la feuille.

On peut distinguer dans le parenchyme deux
régions distinctes, l'une supérieure, l'autre inférieure.
Toutes deux sont formées de cellules remplies de granules colorés en vert par la chlorophylle ; mais tandis
que la supérieure est formée par des cellules serrées
laissant entre elles peu de lacunes pour les stomates,
l'inférieure est, au contraire, formée de cellules isolées laissant entre elles de nombreuses lacunes com-

muniquant entre elles et avec les nombreux méats de
la face inférieure (fig. 16, 17, 25 à 29).

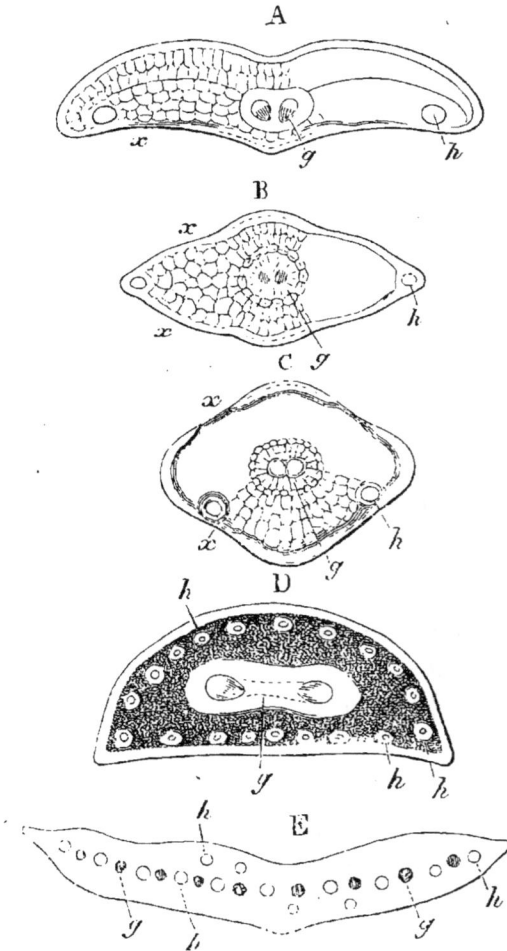

Fig. 25 à 29.

Coupes transversales à travers les feuilles de divers conifères. A, *Abies pectinata :*
g, faisceau fibreux ; *h,* canal résinifère ; *x.* région où sont placés les stomates.
B, *Larix europæa ;* C, *Picea vulgaris ;* D, *Pinus sylvestris ;* E, *Araucaria bra-*
siliensis. (grossies 20 fois, d'après Schacht).

Nous ne reviendrons pas sur les exceptions relatives aux feuilles aquatiques, ni sur la disposition
des feuilles sur la tige que nous avons déjà signalées
(p. 14 et 25), mais nous donnerons, d'après Duchartre, les dimensions des stomates des feuilles de
quelques-uns de nos arbres.

	NOMBRE DE STOMATES PAR MILLIMÈTRE CARRÉ DE LA SURFACE		LONGUEUR DES STOMATES EN FRACTION DE MILLIMÈTRE
	supérieure.	inférieure.	
			mm.
Châtaignier.	»	175	0,030
Cerasus Mahaleb	»	170	0,023 à 0,040
Frêne commun	»	165	0,027
Ligustrum vulgare.	»	95	0,030
Lonicera periclymenum. . .	»	65	0,030
Olivier.	»	215	0,016 à 0,020
Chêne pédonculé.	»	250	0,030
Lilas (*Syringa vulgaris*). . .	»	175	0,027 à 0,033
Tilleul (*Tilia platyphyllos*). .	»	150	0,027
Vigne	»	125	0,030
Protea cynaroïdes.	25 à 30	25 à 30	0,020
Pin maritime (*Pinus pinaster*)	50	Tout autour par bandes.	

Chez beaucoup d'autres, tels que le noyer, il se
produit à la naissance du pétiole de chaque feuille
une couche transversale de cellules qui restent
vivantes et fraîches au moment où la feuille se dessèche, qui, par conséquent, détermine la rupture du
pétiole en un point fixe et facilite la chute de la
feuille. On dit alors que les feuilles sont *articulées*.

Celles chez lesquelles cette couche séparatrice ne se produit pas sont arrachées par le vent à l'arrière-saison et laissent des longueurs variables de pétioles adhérentes à leur tige ; on dit alors que les feuilles sont *continues ;* les chênes sont dans ce cas. Tant que le vent ne brise pas leurs feuilles, elles restent adhérentes à leurs tiges quoique flétries et mortes.

Quand un pétiole se désarticule, il reste sur la tige une petite excroissance qu'on nomme *coussinet* et qui est terminée par la face plane de l'articulation.

Les coussinets offrent fréquemment des caractères spéciaux à telle ou telle espèce d'arbres, assez nets pour les faire reconnaître, même en l'absence des feuilles et des fruits.

Racine. — La racine se développe en sens inverse de la tige, c'est-à-dire vers l'intérieur de la terre. Quand son axe primaire ou radicule s'allonge beaucoup, la racine est dite *pivotante,* et alors le plus souvent des racines secondaires se développent parallèlement au pivot et le dépassent en longueur. Quand, au contraire, l'axe primaire ou radicule s'allonge peu et pénètre peu en terre, ses racines secondaires se développent parallèlement au sol et la racine est dite *rameuse* ou *traçante.* Dans l'un et l'autre cas, la racine ne porte pas de stomates ; elle perd chaque année l'épiderme de ses parties vieilles, et ses extrémités ou parties jeunes sont formées de cellules molles à l'état naissant, recouvertes par une couche plus

ferme qui termine chaque extrémité et qu'on nomme
la *piléorhize* ou la *pilorhize* (fig. 30 à 33). Enfin
chaque rameau jeune de la racine porte des *radicelles*

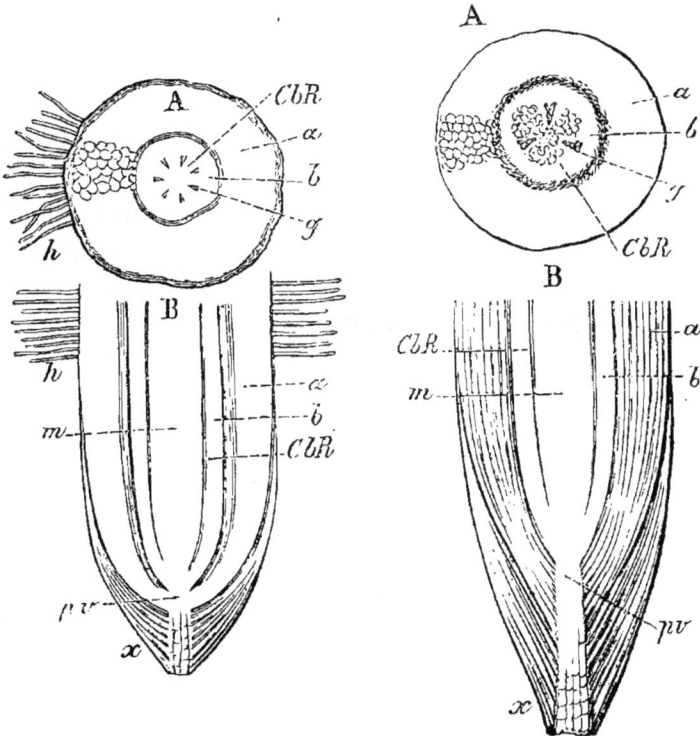

Fig. 30 à 33.

A, coupe transversale d'une radicelle latérale de l'*Abies pectinata* (grossie 20 fois);
    a, couche externe de l'écorce primaire; *b*, couche interne de la même écorce;
    C*b*R, zone du cambium; *g*, système vasculaire; B, coupe longitudinale de la
    même radicelle; *m*, moelle; *pv*, cône de végétation; *x*, piléorhize.
A' coupe transversale d'une jeune racine secondaire de l'*Alnus glutinosa* (grossie
    20 fois); B', coupe longitudinale; *h*, poils radicaux.

latérales ou *spongioles*, molles, grêles et courtes,
terminées elles-mêmes par des piléorhizes.

Les axes ou racines secondaires résultent du

développement que prennent les cellules cachées par la piléorhize, lesquelles forment d'abord un mamelon qui repousse l'épiderme, puis le perce en montrant à son point d'émergence une collerette que lui forme l'épiderme repoussé. Les radicelles ou spongioles se forment de la même manière. Ce mode de formation rappelle donc la naissance des bourgeons latéraux de la tige, avec cette différence que le cône végétatif de ceux-ci était libre de se développer suivant l'axe du bourgeon, tandis que les extrémités de chaque partie de la racine sont couvertes de piléorhizes et ne portent pas l'appendice primitif des feuilles.

C'est à peu près de cette même manière que se produisent les racines *accessoires* ou *adventives* qu'on observe sur les boutures, par exemple. On y voit d'abord des cellules de la couche extérieure fibro-vasculaire se former, puis s'allonger progressivement vers le bas et former les fibres, les vaisseaux et les cellules des racines adventives.

Les racines aériennes, qui de la tige descendent vers le sol en restant suspendues, se forment également de la même manière. Les *Ficus bengalensis, religiosa,* en donnent des exemples remarquables.

Ces racines adventives ou aériennes se forment de préférence aux points où il y a amas de sucs, de nourriture et rupture de l'épiderme, aux nœuds des tiges, aux tumeurs accidentelles, blessures ou lenticelles.

Les parties jeunes se développent dans la direction d'où leur vient leur nourriture, et la perpétuelle application de cette loi sur chaque élément nouveau fait que les racines se propagent souvent fort loin, percent des murs, contournent des fossés et traversent mille obstacles pour atteindre une terre riche ou humide d'où leur vient la matière nutritive.

Les *fibrilles* ou le *chevelu* qui couvrent latéralement les extrémités des racines se flétrissent sur les parties vieilles ; il s'en forme de nouvelles sur les extrémités plus jeunes. Leur principale fonction est d'aspirer les principes nourriciers du sol ; elles se distinguent toujours des jeunes racines par leur mollesse et leur délicatesse.

Les jeunes racines rappellent, au contraire, comme structure les jeunes rameaux de la tige ; il y a en effet une grande analogie entre la structure et le développement de la racine et de la tige. Les fibres et les vaisseaux qu'on retrouve jusque tout près des extrémités de la racine y sont en tout semblables à ceux de la tige ; il en est de même du tissu cellulaire. Ces deux organes ont mêmes éléments. La seule différence, c'est que la moelle, qui existe dans les tiges de toutes les plantes, ne se retrouve pas toujours dans leurs racines ; qu'il en est de même des trachées ; que les vaisseaux sont en général beaucoup plus larges dans les racines que dans les tiges ; que les racines se dépouillent le plus souvent d'une partie de leur écorce dans les parties vieilles, qu'elles ne portent jamais de bourgeons et qu'une fois formées elles ne s'allongent plus ; en d'autres termes, que la distance des repères qu'on y peut faire reste constante.

Les tiges et les racines ont une tendance remarquable à se diriger, les premières vers le haut, les
secondes vers le bas; tendance parfaitement prouvée
par les renversements de direction qu'éprouvèrent
les racines et les tiges des plantes que Duhamel fit
germer dans un tuyau et qu'il mit plusieurs fois la
tige en bas, puis en haut, puis derechef en bas.

FONCTIONS DE LA VIE.

Chez les végétaux de même que chez les animaux,
la vie est due à des liquides nourriciers qui pénètrent
dans l'organisme, y circulent, s'y élaborent, s'y transforment en tissus et dont les parties inutiles ou résidus sont rejetées au dehors. Par suite, on distingue
les fonctions suivantes chez les uns aussi bien que
chez les autres : *absorption, circulation, respiration,
nutrition, assimilation, transpiration* et *sécrétion.*

Absorption. — Il est parfaitement démontré que :
1° L'absorption se fait par les cellules jeunes, qui
sont encore en voie d'accroissement sous la piléorhize
formant l'extrémité de chaque racine ou radicelle;
(les piléorhizes ou extrémités, ainsi que les cellules
anciennes déjà colorées de la racine, n'absorbent
pas);
2° Les racines ne peuvent enlever à la terre toute
l'humidité que celle-ci contient;

3° Elles absorbent proportionnellement plus d'eau que des matières qui y sont dissoutes;

4° Elles enlèvent à la solution dans laquelle elles plongent des proportions très-inégales de matières dissoutes;

5° Elles ne laissent pénétrer aucune matière solide quelque ténue et impalpable qu'elle soit.

En outre, il est probable, quoique le fait ne soit pas complétement démontré, que l'absorption est accompagnée d'une excrétion, c'est-à-dire qu'une partie de la séve sort des cellules absorbantes et se mélange à l'humidité de la terre, pendant qu'une partie de cette humidité pénètre dans les cellules.

Ces faits, sauf le dernier pris à part, sont constatés et admis, mais on n'est pas d'accord sur la cause qui les produit. Les uns y ont vu des actions purement physiques de viscosité, filtration, diffusion, tension de cellules, etc.; d'autres y ont vu le résultat d'affinités entre liquides différents. Le phénomène nous paraît plus complexe et solidaire d'une autre fonction des racines, qu'on a nommée leur *respiration*, et qu'il faut connaître pour juger le phénomène dans son ensemble.

De Saussure a montré en effet que :

1° Les plantes périssent si leur racine est entourée d'hydrogène, d'azote et surtout d'acide carbonique, tandis qu'elles vivent longtemps lorsqu'elles ont cette même partie plongée dans l'air atmosphérique;

2° L'oxygène, absorbé par les racines, sert à former dans l'intérieur du végétal, et au détriment de la matière de celui-ci, de l'acide carbonique dont on retrouve une partie à l'état libre dans la séve ;

3° Si on opère sur une racine isolée de la tige et placée dans un récipient, la quantité d'oxygène empruntée par lui à l'air n'excède pas le volume de cet organe, tandis que si l'expérience porte sur une racine tenant à sa tige, c'est-à-dire sur un végétal entier, l'absorption du gaz devient beaucoup plus considérable.

Il convient cependant de rectifier cette dernière assertion qui est trop générale ; le fait énoncé par Saussure ne serait plus exact quand on considère la plante pendant la saison d'hiver, alors que toute végétation est suspendue. La nature nous le montre d'ailleurs fréquemment, car les arbres qui se trouvent dans les plaines immergées pendant toute la durée de l'hiver ne paraissent éprouver qu'un retard pour la reprise de la végétation au printemps, tandis que l'immersion prolongée des racines pendant la période de végétation cause d'abord une souffrance puis la mort de la plante.

Nous pouvons conclure de ces faits que l'absorption des racines est due à des causes dépendant des jeunes cellules seules, à l'exclusion des cellules déjà avancées dans leur développement, ainsi que des cellules mortes des arbres vivants et *à fortiori* des cellules mortes des arbres déjà morts. Dans la recherche des causes possibles de cette absorption,

nous devons donc éliminer tout d'abord les forces
purement physiques ou *purement chimiques* de viscosité, filtration, diffusion, affinité, etc., qui seraient
communes à toutes les cellules indépendamment de
leur âge. A la vérité, ces forces peuvent ne pas être
inutiles à l'absorption, mais leur effet est presque aussi
faible, aussi imperceptible, qu'il l'est sur les cellules
vieilles ou mortes. Nous ne pouvons pas admettre
non plus que les cellules jeunes puissent être accessibles à cause de la délicatesse de leurs tissus et la
nature particulière de leur contenu à des actions
physiques ou chimiques *spéciales* de filtration, diffusion auxquelles résistent les cellules voisines encore
vivantes, mais plus développées. N'est-il pas démontré, en effet, que la séve circule facilement à travers
toutes les cellules des arbres quel que soit leur âge, et
qu'elle passe très-facilement des méats dans l'intérieur
des cellules même âgées? On ne comprendrait donc
pas, si l'absorption des liquides de la terre se fait
sous l'action de forces physiques ou chimiques de
même nature, pourquoi dans la racine la faculté de
filtration est le privilége exclusif du point végétatif;
pourquoi ces cellules-filtres laissent pénétrer certaines
matières à l'exclusion des autres; pourquoi surtout
elles en laissent filtrer une moindre quantité quand
elles sont privées de leur tige que lorsque la racine
se trouve adhérer à la tige dans les conditions normales. Cette dernière raison montre également que
l'absorption ne résulte pas d'affinités purement chimiques; car, si ces affinités étaient seules en jeu,

Saussure n'eût pas constaté que la quantité d'oxygène absorbée par une racine diminuait quand on séparait celle-ci de sa tige.

Le phénomène est donc dû à des forces plus complexes, où les jeunes cellules de la racine ne jouent pas le simple rôle soit de récipient, soit de filtre inerte. Ces cellules, en effet, sont encore dans la première période de leur développement, c'est-à-dire en pleine vitalité, elles contiennent à l'intérieur de leur enveloppe cellulosique cette matière spéciale, le protoplasma, douée de la merveilleuse faculté de se dédoubler, de se multiplier et même de *se mouvoir,* qui semble être en un mot l'agent principal de la vie et qu'on ne saurait confondre avec les différents produits chimiques, minéraux ou organiques, que l'homme peut produire. Une telle matière est non-seulement organisée mais encore *organisante.* Nous lui reconnaissons le pouvoir d'attirer dans l'intérieur de la jeune cellule les liquides contenus dans les cellules voisines et dans leurs méats, nous lui reconnaissons également le pouvoir d'expulser ceux qu'elle contient; pourquoi dès lors lui contesterions-nous la faculté d'aspirer au profit de sa cellule le liquide de la terre ambiante qui en mouille la surface, *alors surtout que nous lui voyons absorber les solutions dans lesquelles nous plaçons parfois les jeunes cellules pour les étudier?* On conçoit donc que cette substance vivante ait des affinités d'un ordre spécial, qu'elle puisse aspirer les molécules liquides qui sont logées avec l'air entre les grains de terre,

qu'elle enlève parmi les substances solides ou gazeuses celles pour lesquelles elle a de l'affinité et en
cède à son tour d'autres; les forces de diffusion
aident et favorisent ces mouvements sans en être les
causes uniques.

L'équilibre qui existait entre les forces capillaires de la terre sera rompu par l'entrée dans les
racines d'une partie des liquides qui les baignaient.
Un mouvement s'établira dans les particules liquides
du sol, lequel amènera de proche en proche de
nouvelles molécules là où étaient celles qui ont été
absorbées; ce nouvel équilibre établi sera détruit à
son tour par une nouvelle absorption. On aura ainsi
simultanément absorption de racines et assèchement
du sol. Ces mouvements se poursuivront avec d'autant plus de lenteur que la terre deviendra plus
sèche, et ils s'arrêteront totalement quand l'action
des cellules de la racine ne pourra plus surmonter
l'attraction capillaire des grains de terre sur leur
humidité. L'expérience a prouvé, en effet, que les
racines des diverses plantes ne peuvent enlever
toute l'humidité contenue dans la terre qui les enveloppe et que la quantité d'eau qui reste dans celle-
ci, lorsque les plantes y meurent de sécheresse, est
proportionnelle à son hygroscopicité.

Mais il ne suffit pas que les matières nutritives
du sol pénètrent dans les cellules extérieures de la racine; il faut encore qu'elles en sortent et qu'elles soient
soumises à des forces assez considérables pour être
élevées jusqu'au sommet de l'arbre malgré les pres-

sions et les résistances de frottement et autres qu'elles ont à surmonter.

Les matières qui ont pénétré dans l'intérieur de la cellule y sont soumises aux affinités et transformations que nous avons constatées dans toutes les cellules naissantes ; une partie de ces matières en est expulsée après avoir subi des modifications profondes de constitution ; le complément reste dans la cellule et sert à son développement. De nouveaux liquides sont aspirés par la cellule pour remplacer ceux qu'elle vient d'expulser, lesquels sont à leur tour appelés dans l'intérieur des cellules voisines et en sont plus tard expulsés après y avoir subi de nouvelles modifications.

Les liquides puisés dans le sol cheminent ainsi progressivement, depuis les cellules naissantes, qui leur ont donné accès dans la racine, jusqu'aux cellules plus âgées de la racine et même jusqu'à celles de la tige et à celles des branches, et pendant tout ce parcours ils sont peu à peu modifiés, en même temps qu'ils modifient eux-mêmes la composition des cellules qu'ils traversent.

Hales a montré que cette migration des liquides à travers les cellules de la tige se fait sous l'action de forces d'intensité considérable. Ayant coupé au printemps la tige d'une vigne à une faible distance du sol, il installa un manomètre au-dessus de la souche restée en terre dans ses conditions ordinaires (fig. 34) et il observa qu'au moment de la montée de la séve ce manomètre indiquait une pression de plus d'une atmosphère. Il est clair que cette force d'ascension de la séve a son siége et son origine dans les racines, et qu'elle atteint son maximum d'intensité au-dessous du collet.

On a admis jusqu'à ce jour que cette force considérable était due à la diffusion des liquides à trávers les membranes végétales ou animales qui les séparent. On s'est appuyé sur ce fait, découvert par Dutrochet, que l'eau traverse une membrane animale la séparant d'une solution sucrée, plus rapidement que cette solution sucrée ne la traverse pour se mélanger à l'eau pure, et que cette différence de vitesse est capable de produire momentanément une pression d'une et même plusieurs atmosphères du côté de la solution sucrée.

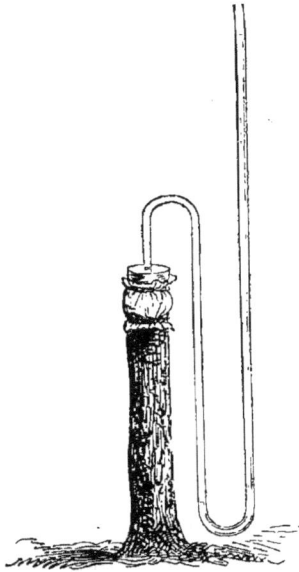

Fig. 31.

Il a nommé *endosmose* cette variété de filtration et, comparant les liquides de la terre à l'eau pure, puis le contenu des cellules à l'eau sucrée, il en a conclu que les liquides de la terre pouvaient être appelés par une force de grande intensité dans l'intérieur de la cellule végétale et même d'une cellule jeune dans une plus âgée à contenu plus dense et ainsi cheminer de proche en proche en produisant la pression élevée que Hales a observée sur le cep de vigne.

Cette explication soulève plusieurs objections graves.

Mais avant de les analyser, nous ferons remarquer tout d'abord que la force agissant sur les racines ne peut être une force purement physique de filtration, attendu que les racines des arbres morts devraient alors agir exactement de la même manière que celles des arbres vivants; elle dépend donc de la nature des tissus servant de filtres; elle doit dépendre, en outre, de la nature des liquides séparés par les tissus-filtres, car il est établi que les racines absorbent certains liquides plus facilement que d'autres.

Dutrochet a montré que la force endosmique qu'il a signalée variait en effet dans une certaine mesure avec la nature des tissus et avec celle des liquides; et, bien qu'il n'ait pu opérer sur les tissus et les liquides des parties actives de la racine, on pourrait par analogie, mais sans toutefois certitude absolue, étendre ses conclusions aux racines (ce qui conduirait à admettre l'endosmose telle qu'il l'a considérée comme la cause probable des forces motrices de la racine), si les faits suivants ne venaient contredire totalement cette théorie.

En effet, si on admet l'endosmose telle que l'envisageait Dutrochet :

1° Les racines ne pourraient absorber sans

en même temps sécréter, et il devrait y avoir proportion entre la quantité des liquides absorbés et celle des liquides rejetés ; or la sécrétion des racines n'est pas encore universellement admise.

2° Les liquides intérieurs de la racine devraient être exactement les mêmes que ceux de la terre, quand dans la période d'hiver leur pression devient nulle. Il ne saurait y avoir dans ce cas aucune différence entre ces liquides, car toute différence entraîne filtration et pression positive ou négative ; toute pression nulle ne peut correspondre qu'à un équilibre absolu. La pression nulle en hiver ne pourrait s'élever subitement au printemps sans que la plante subît au préalable un changement de composition des liquides de sa racine.

3° Nous savons que la densité de la séve, très-faible au printemps, augmente progressivement au fur et à mesure qu'on avance en saison. Il faudrait donc, d'après la théorie de Dutrochet, que pour même humidité et même température du sol et de l'atmosphère, la tension de la séve accusée par le manomètre de Hales s'élevât au fur et à mesure qu'en s'approchant de la fin de l'été la densité de la séve augmente. Or, c'est précisément le contraire qui a lieu : la tension est maximum au printemps, au moment où la séve est légère ; elle devient nulle au moment où la séve est très-dense.

4° Cette tension devrait être beaucoup plus élevée sur les racines plongeant dans l'eau que sur celles enracinées dans un sol humide. Or il est établi que

les choses se passent en sens contraire. Ainsi, Hofmeister n'a trouvé que 30 millimètres de pression mer-
curielle sur les racines de *digitalis media* plongeant
dans l'eau, et 11 millimètres sur celles du *papaver
somniferum* placées dans les mêmes conditions, alors
que les pressions étaient 461 millimètres et 212 millimètres sur les racines de sujets semblables enraci-
nés. Le fait était d'ailleurs facile à prévoir, puisqu'on sait que · les plantes souffrent quand on
submerge leurs racines.

5° La tension maximum de la séve devrait se
trouver dans la partie de l'extrémité des racines
encore jeunes, attendu qu'elle seule absorbe et que,
d'après Dutrochet, il ne peut y avoir production de
force que là où il y a filtration (il a d'ailleurs démontré lui-même que la filtration à travers l'aubier donnait lieu à une force très-faible). Or on peut se con-
vaincre que ces tissus sont trop délicats pour supporter
de telles pressions; il suffit de comprimer de l'eau
par les extrémités d'une jeune racine de vigne coupées au-dessus de leurs parties actives, on verra que
leurs tissus se déchireront avant que cette eau sorte
par le collet sous la pression d'une atmosphère.
Comment dès lors admettre ces pressions dans les
parties plus délicates, d'autant plus que la cellule
jeune aurait elle-même à résister aux différences des
pressions qui s'exerceraient sur ses deux faces et
qu'elle ne paraît pas pouvoir supporter?

D'ailleurs, alors même qu'il serait établi que l'endosmose produit ces pressions, cela n'indiquerait pas

la cause primordiale de ce phénomène, pas plus que la vue de la transmission du mouvement dans les divers organes d'une machine à vapeur ne montre la cause première de son fonctionnement qui est la transformation de son combustible en travail. Il est parfaitement certain qu'il ne peut y avoir de mouvement sans qu'il y ait dépense de travail ou de chaleur. Or il n'y a pas de travail moteur qui produise l'absorption des racines et le refoulement des liquides dans la tige; il doit donc y avoir du calorique transformé en travail. Si cette élévation de la séve se faisait sous l'action de l'endosmose, nous considérerions celle-ci comme un des rouages de la transformation et nous aurions encore à analyser cette endosmose elle-même pour retrouver la cause première de ses effets mécaniques.

Mais les choses se passent plus simplement. L'examen des faits incontestés que nous avons résumés p. 34 et 35 nous montre qu'en effet l'absorption des liquides de la racine est toujours accompagnée d'une absorption d'oxygène et de la combustion d'une partie des éléments organiques de la racine par cet oxygène. On sait qu'il ne peut y avoir de combustion sans production de chaleur; on sait, en outre, que la chaleur peut produire du travail; la plante a donc dans sa racine tout ce qu'il lui faut pour élever les liquides qu'elle a absorbés. Il reste à prouver qu'elle utilise cette source de mouvement et à faire voir le moyen qu'elle emploie pour cela.

Nous remarquons d'abord qu'il y a une relation

intime entre la pression de la séve (qu'à défaut d'expériences manométriques directes on peut préjuger sans erreur d'après la vigueur de la végétation) et la quantité d'oxygène absorbée par les racines. En effet :

1° Il n'y a ni absorption de liquides, ni pression de quelque durée dans les racines, là où il n'y a pas d'absorption d'oxygène.

2° L'absorption et la pression sont plus énergiques quand les racines végètent dans une terre meuble, poreuse et bien aérée, que lorsqu'elles plongent dans de l'eau ou dans une terre submergée.

3° Les matières oxydantes ont la propriété de hâter la germination et même de réveiller les graines dont les propriétés germinatives sont éteintes.

4° Les mêmes matières ont également la propriété d'activer la végétation des plantes quand elles sont en dose assez faible pour ne pas en altérer les tissus.

5° L'acide carbonique, qui s'introduit par les racines, nuit beaucoup plus à l'absorption et à la végétion que l'azote et l'hydrogène, sans doute parce qu'il abandonne de l'oxygène aux éléments qui en ont besoin en absorbant de la chaleur au lieu d'en produire. Ce fait montre, en outre, que l'acide carbonique libre existant dans le séve n'a pas été absorbé par les racines sous cet état, et qu'il est bien le produit du travail intérieur de leurs cellules.

Nous sommes de même certain qu'il y a une relation intime entre la pression de la séve et les quantités de matières combustibles contenues dans les plantes. En effet :

1° Les plantes situées dans des terrains maigres, et celles qui ont souffert par des causes indépendantes de la nature du sol, n'ont pas de pressions comparables à celles des plantes vigoureuses qui ont dans leurs racines une grande provision de matières combustibles; mais, si on amende convenablement le terrain pendant l'hiver, on verra ces plantes prospérer peu à peu au printemps, parce que dans ce cas le liquide absorbé apporte petit à petit à la racine un élément organique qui atténuera son déficit naturel.

2° Le cep vigoureux, qui au printemps subit une pression d'une atmosphère, parce que la séve trouve dans la racine et dans la tige un amas considérable de matières combustibles préparé l'année précédente, perd petit à petit sa tension au fur et à mesure que sa matière combustible diminue ; il mourrait même promptement, si on ne lui laissait développer aucune feuille, car c'est la feuille qui doit régénérer la perte subie par les racines.

Il y a donc solidarité entre la pression de la séve d'une part et les quantités de matières comburantes et combustibles de la racine de l'autre, par suite entre cette pression et le calorique produit dans les racines. Si la quantité des matières produisant la chaleur augmente, la pression augmente également; si elle diminue, la pression diminue à son tour.

Nous sommes donc autorisé à attribuer cette

production de pression ou de travail à la chaleur, par des raisons de la nature de celles qui font attribuer le mouvement des machines à vapeur à la transformation du calorique de leur vapeur en travail, ou le mouvement et le travail des animaux à la transformation d'une partie du calorique développé par la combustion de leurs aliments. Ces transformations de chaleur en travail échappent toutes en effet à nos sens, leur mécanisme nous est inconnu; nous ne craignons cependant pas d'affirmer leur existence, parce que nous voyons le calorique et le travail se succéder à notre gré dans un sens ou dans l'autre, toujours solidaires et toujours proportionnés. C'est également ce que nous pouvons constater dans le fonctionnement des racines.

Il nous reste à expliquer où et comment s'opère cette transformation de chaleur en travail dans les racines de la plante. Il est fort probable qu'elle s'effectue partout où la séve montante rencontre des matières combustibles; que chaque cellule ne donne lieu qu'à une production infinitésimale de chaleur et ne subit, par suite, que des actions intérieures très-faibles, dont le résultat, vu le nombre colossal des cellules, peut atteindre une grande intensité. Des expériences manométriques faites avec soin dans les diverses parties de la racine et de la tige nous permettront peut-être de définir exactement l'action de chaque partie de l'arbre sur ces phénomènes.

Quant au mode de transformation, nous sommes encore plus ignorant dans le cas particulier des plantes que dans celui des animaux, ou que dans celui des phénomènes purement physiques. Nous ne connaissons même pas le rouage qui sert à l'effectuer et nous sommes réduits, à cet égard, aux conjectures. Il est possible qu'il se produise dans les cellules, ou même dans leurs méats, de petites quantités de vapeur d'eau et que celle-ci. comprime les liquides de la racine et les pousse vers la tige, seule partie ouverte. Il est possible également que le protoplasma, qui possède la faculté de causer des courants à l'intérieur des cellules, d'attirer les liquides et de les en expulser, qui rappelle ainsi la propriété des animaux de l'ordre inférieur, ait encore comme ceux-ci la faculté de transformer sa chaleur en travail.

Pour nous résumer, la cellule vivante est un laboratoire où se trouvent mélangées des substances diverses, ayant des compositions assez instables, qui se combinent et se décomposent tour à tour sous l'influence de forces évidemment très-faibles, pour *organiser* enfin les matières nutritives que la plante a prises au dehors. La combustion d'une partie de ces matières par l'oxygène des racines fournit la chaleur nécessaire à ces réactions et au mouvement de la séve ascendante. Mais cette combustion s'opère partout où l'oxygène trouve des matières combustibles convenables, par conséquent dans une infinité de cellules et peut-être jusque dans les vaisseaux où la séve est chassée avec les gaz. La pression, qui pousserait la séve, serait ainsi progressive et n'exercerait sur aucune cellule une action spéciale susceptible de la détériorer. Les végétaux auraient ainsi dans une mesure modeste la faculté de transformer leurs aliments en travail, faculté qui, jusqu'à ce jour, paraissait être le privilége exclusif des animaux.

On a nommé jusqu'ici *endosmose* la force qui produit l'absorption et le refoulement des racines. Bien qu'à nos yeux elle soit due à des causes autres que celles qu'on avait admises jusqu'ici, nous lui conserverons toutefois son nom actuel.

Avant d'aller plus loin, nous remarquerons, comme conséquence pratique, combien il est avantageux pour la végétation des plantes de les placer dans une terre meuble, légèrement humide, riche en humus; de la labourer fréquemment; dans les pays chauds, de la défoncer; de fumer et d'arroser un cercle concentrique à la tige d'autant plus étendu que l'arbre est plus grand, et de le faire plus à son pourtour qu'au centre; de conserver autant que possible le chevelu des jeunes sujets qu'on plante et d'en couper les extrémités flétries.

Circulation de la séve ascendante ou brute. — La nature assure le fonctionnement de la vie végétale par des moyens multiples qui se masquent mutuellement parce qu'ils agissent ensemble et parallèlement. Pour mettre ces moyens en évidence, il faut les isoler, les décomposer; c'est ce que les physiologistes font, à l'aide d'expériences, quand les accidents naturels ne leur suffisent pas. Nous savons déjà par l'expérience de Hales sur le cep de vigne, que l'une de ces forces a son siége dans les racines ; nous avons vu de plus quelle est son origine et son mode d'action : il nous reste à analyser les autres forces qui concourent également à la circulation de la séve ascendante.

L'arbre, en hiver, a dans ses tissus la provision de matières nécessaires à son développement ; la terre qui le porte est riche en liquides, le végétal serait donc dans des conditions très-favorables pour se développer s'il avait de la chaleur. Mais celle-ci fait défaut ; dans nos climats, la température n'est pas en général assez basse pour désorganiser les jeunes cellules, mais elle l'est toujours assez pour en arrêter et en suspendre la vie. La vitalité de la tige s'arrête avant celle de la racine, parce que l'atmosphère se refroidit toujours avant la terre, et même les racines de beaucoup de plantes se contentent de la température du sol en hiver pour vivre et se développer. Aussi quand le printemps arrive, réchauffant le sol et l'atmosphère, la racine absorbe plus de liquide que la tige n'en peut dépenser et celui-ci sort par toutes les cicatrices de l'écorce (cet effet est très-connu pour la vigne ; on nomme *pleurs* les gouttes qu'elle laisse alors écouler quand on en taille les brins). La pression que la racine peut alors produire atteint plus d'une atmosphère sur la vigne, plante à racines vigoureuses ; elle est probablement plus élevée sur certains arbres très-vivaces. Elle oscille constamment, atteint son maximum entre sept heures du matin et deux heures de l'après-midi, et son mini-

mum la nuit ; elle varie d'ailleurs avec la hauteur à
laquelle on a fait la section sur la tige ; elle est très-
faible à l'extrémité supérieure de la tige, augmente
progressivement au fur et à mesure qu'on descend,
est plus grande au collet que dans aucune partie de
la tige, continue à augmenter sur une certaine longueur de la racine, et diminue ensuite progressivement jusqu'à l'extrémité des radicelles. Au fur et à
mesure que ces liquides s'élèvent, leur densité augmente en même temps que leur composition se modifie ;
ils se chargent de produits carbonés en traversant
l'aubier, et de produits azotés en traversant la zone
libérienne, ils arrivent ainsi aux bourgeons leur appor-
tant la nourriture nécessaire à leur développement ;
ils reçoivent alors le nom de *séve* ou celui de *séve nourricière, séve brute, séve ascendante*. Remarquons, en
passant, que la séve ne serait pas réellement apte à
développer les bourgeons, si elle n'avait pas traversé
la zone libérienne qui lui fournit l'élément azoté,
c'est pourquoi l'enlèvement de l'écorce sur toute la
hauteur de la tige amène la mort de l'arbre, tandis
que l'écorcement sur tout le pourtour d'une petite
partie de sa hauteur au-dessus du sol ne cause qu'un
ralentissement de végétation, une souffrance ; la séve
trouve encore dans ce dernier cas assez de matière
azotée dans la partie conservée pour développer ses
boutons.

Dès les premières chaleurs, les bourgeons ont
tout ce qui est nécessaire à leur développement ; leurs
cellules, tout d'abord infiniment petites, croissent et

se multiplient; la plante s'allonge rapidement. Dans ces conditions, la tige des jeunes *eucalyptus globulus* s'allonge de plusieurs centimètres en vingt-quatre heures; celle de certains bambous croît de plus d'un mètre dans le même temps. Ce développement des bourgeons consomme une certaine quantité de séve, laquelle est remplacée par une nouvelle poussée par l'endosmose; le courant commence à s'établir.

L'évaporation des liquides contenus dans les jeunes écorces accroît encore la vitesse du courant. De plus, chaque cellule de ces jeunes bourgeons a la faculté d'aspirer les liquides qui sont dans sa petite sphère d'action, et ces forces d'aspiration concourent encore à activer le courant de la séve ascendante.

La séve arrive donc facilement aux bourgeons, leur développement se continue et les feuilles apparaissent. Celles-ci augmentent considérablement l'évaporation de la séve, laquelle n'avait lieu jusque-là que par l'écorce des jeunes tissus; elles augmentent ainsi l'intensité des forces aspirantes. Mais il arrive bientôt un moment où ces feuilles encore jeunes absorbent à peu près tout ce que les racines produisent, où par suite l'excès de la séve intérieure disparaît, où il ne se produit plus d'écoulement de liquides par les cicatrices de l'écorce, où la pression de la séve ascendante diminue et devient nulle. Ce résultat arrive d'autant plus vite que la séve ascendante consomme peu à peu la provision de matières combustibles accumulée dans les tissus de la racine et de l'aubier, et que par suite la force refoulante perd elle-même peu à peu de son intensité.

C'est à ce moment que les forces de capillarité et d'imbibition commencent à jouer un rôle important. Quand, pendant le cours d'une journée chaude, les feuilles ont évaporé plus de séve que la racine n'en a absorbé dans le même temps, il se produit un petit vide à la naissance de chaque feuille, lequel détermine l'ascension d'une petite colonne de séve et produit un nouveau vide un peu plus bas; celui-ci à son tour détermine l'élévation d'une nouvelle petite colonne de séve et la formation d'un nouveau vide au-dessous du précédent; la séve chemine ainsi de proche en proche sous l'action de forces d'aspiration faibles en l'absence même de toute force de refoulement. Ajoutons que les gaz emprisonnés dans les vaisseaux avec la séve se dilatent dans les parties voisines du vide et aident les forces aspirantes. Mais pour le fonctionnement de ce régime il est nécessaire que la séve une fois élevée dans les canaux y soit retenue; c'est le résultat que donnent les forces capillaires ; elles retiennent la séve suspendue pendant que le vide, qui est au-dessous d'elles, attire et élève les liquides inférieurs. Les forces capillaires et d'imbibition aident, en outre, l'ascension de la séve aspirée par le vide. MM. Jamin et Hofmeister ont montré que leur action peut être très-considérable. De telle sorte qu'en définitive, l'intervention des forces refoulantes de la racine n'est plus indispensable à la vitalité de l'arbre, dès que celui-ci a ses feuilles développées, car alors l'évaporation de ses feuilles et ses forces de capillarité et d'imbibition suffisent pour assurer l'ascension de sa séve.

On voit également que la tige d'un arbre est une sorte de réservoir de séve où les feuilles puisent suivant leurs besoins quand ceux-ci sont momentanément supérieurs à la production des racines, et que le vide formé pendant le jour est rempli par le liquide absorbé par les racines la nuit ; c'est le volant indispensable entre la production uniforme des racines et la consommation irrégulière des feuilles. Grâce à lui, l'arbre peut résister à des chaleurs momentanées dites *coups de soleil,* qui tuent les végétaux herbacés, mais il ne peut cependant pas être préservé de la mort dans le cas de chaleurs de longue durée qui dessèchent le sol.

Transpiration. — Cette évaporation de la séve à travers les jeunes organes de la plante diffère essentiellement de l'évaporation de l'eau libre et rappelle plutôt le phénomène de la transpiration des animaux. La meilleure preuve que nous puissions en donner, c'est qu'elle se produit, même quand l'air est saturé d'humidité, ainsi que dans les plantes plongées sous l'eau.

Chacune des cellules qui sont à la surface de la tige et des feuilles expulse à l'extérieur, sous forme de vapeur, une partie de l'eau qu'elle contient en proportion d'autant plus grande que la température est plus élevée, l'air plus sec, l'enveloppe cellulaire plus délicate et la pression de la séve plus forte. Les cellules qui sont à l'intérieur communiquent par des méats avec les chambres d'air sous-stomatiques, elles envoient leurs vapeurs dans les espaces d'où celles-ci se répandent à l'extérieur. La transpiration est d'autant plus abondante que les stomates sont plus nombreux, mais elle n'est proportionnelle ni à leur nombre ni à leur surface. Ainsi le tilleul (*tilia europœa*), qui n'a pas de stomates sur la face supérieure de ses feuilles et qui en a un grand nombre sur leur face inférieure, perd cependant par la première les $\frac{2}{5}$ de ce qu'il perd par la seconde.

Sachs a trouvé qu'un seul rameau de peuplier blanc, haut de $1^m,35$, ayant une surface de feuilles de $0^{mq},27$, laissait échapper $0^l,480$ en cent dix heures, ce qui équivaut à une couche de $1^{mm},8$, tandis qu'un vase d'eau en plein air perdait dans le même temps 5 millimètres d'eau, soit 2,8 fois plus; le courant du liquide dans la branche avait dans ce cas une vitesse moyenne de $0^{mm},064$ par seconde. Ces chiffres n'indiquent pas le régime normal de la transpiration de cet arbre, parce que la branche sur laquelle il a opéré était détachée de sa tige et ne fonctionnait donc pas dans ses conditions naturelles.

Marie Davy dit que, pendant le temps où l'eau libre perd un gramme par centimètre carré, les plantes suivantes perdent, pour la même superficie des deux faces réunies de leurs feuilles, les quantités ci-contre :

Lilas varin (plante entière)		$0^{gr},156$
Cerisier haut (branches détachées) . . .		$0^{gr},109$
Hêtre	—	. . . $0^{gr},082$
Lilas ordinaire	—	. . . $0^{gr},061$
Peuplier suisse	—	. . . $0^{gr},054$
Tilleul	—	. . . $0^{gr},054$
Chêne	—	. . . $0^{gr},045$
Charme	—	. . . $0^{gr},036$

On a estimé que l'eau évaporée dans une seule journée d'été par nos beaux arbres pouvait atteindre 2,000 litres par pied; mais ce n'est qu'une évaluation fort grossière, uniquement destinée à montrer l'influence de cette fonction.

On conçoit qu'une évaporation aussi considérable ait la plus grande influence sur la vie des végétaux; son résultat pour la plante est de concentrer la séve et de la préparer à l'assimilation qu'elle doit produire.

Nous avons vu aussi quelle était la cause principale de l'ascension de la séve.

Respiration. — La séve qui arrive dans les tissus jeunes n'est qu'une matière nutritive à peine ébauchée, nullement apte à produire de nouveaux tissus, ni même à maintenir en état de vitalité ceux qui sont déjà formés. Elle doit subir diverses transformations, précisément dans les cellules récemment créées. L'une est une combustion de ses matières organiques, c'est-à-dire leur transformation en acide carbonique, qui rappelle la respiration des animaux et que pour cette raison on a nommée *respiration*. L'autre, au contraire, est une décomposition de l'acide carbonique de l'air dont la plante absorbe le carbone; cette seconde transformation, tout à fait inverse de la première, est quelquefois confondue comme dénomination avec la première, dont elle devrait être complétement distinguée et à laquelle pour cette raison il convient de donner le nom d'*absorption des feuilles*.

Cette combustion de la séve, qu'on nomme respiration, n'a jamais lieu quand l'air est en contact direct avec la séve; il est indispensable pour qu'elle s'opère que la séve soit dans des cellules intactes, ayant encore leur protoplasma vivant et leur surface extérieure en communication directe ou indirecte avec l'air, placées, en un mot, dans toutes leurs conditions de vitalité. L'oxygène pur désorganise la cellule et empêche par conséquent la respiration. Celle-ci est donc une véritable fonction de la vie des cellules; elle est, de plus, nécessaire à l'existence de presque toutes les cellules que nous pouvons étudier, et il est fort probable qu'elle l'est aussi pour les cellules telles que celles de la zone du cambium, qui ne se prêtent pas à nos observations; de telle sorte que toutes les cellules vivantes respirent, et que toutes celles qui ne respirent pas meurent.

Les cellules de la racine puisent leur oxygène dans la terre et rejettent leur acide carbonique dans la tige. Les cellules de la tige, au contraire, puisent leur oxygène dans l'air et y rejettent leur acide carbonique. Ces mouvements de gaz se font par toutes les surfaces de contact des cellules avec l'air, par les

urfaces extérieures de leur cuticule, par les chambres
ous-stomatiques, et par les méats et les canaux qui
ommuniquent avec ces chambres; ils s'opèrent ainsi
ar les mêmes surfaces que la transpiration. Sachs
, montré que tous ces mouvements s'effectuent avec
a plus grande facilité à travers les feuilles; qu'en
légageant de l'acide carbonique sur la surface de
eur limbe on en voit sortir par leur pétiole; et
[u'inversement, en mettant leur pétiole en com-
nunication avec l'acide carbonique, celui-ci sort par
a surface de leur limbe, sans que les feuilles soient
lésorganisées par ces passages de gaz : ce qui prouve
a parfaite canalisation des feuilles et leur perméabi-
ité aux courants gazeux, et ce qui explique comment
es feuilles respirent plus que les autres cellules exté-
·ieures de la plante. Mais la respiration n'est nelte-
nent accusée que dans l'obscurité; au soleil elle est
masquée par l'opération inverse que nous avons
nommée absorption. On est arrivé néanmoins à montrer que cette respiration s'opère encore le jour dans
toutes les cellules non vertes, et de plus, d'après les
expériences de A. Garreau, il est *fort probable* que
les cellules vertes elles-mêmes respirent le jour de la
même manière que les autres.

Les réactions chimiques qui se produisent dans
l'acte de la respiration cellulaire ne sont pas sans
doute la transformation directe de la matière organique en acide carbonique, de même que la transpiration, dont nous avons précédemment parlé, ne
résulte ni de la simple évaporation de l'eau contenue

dans la séve, ni de la combustion directe d'une partie de son hydrogène. D'ailleurs, les bois morts que nous brûlons ne se transforment eux-mêmes en eau et en acide carbonique, pendant la combustion que nous leurs faisons subir dans nos cheminées, qu'après avoir subi une série de transformations successives assez complexes. On ne doit pas attendre une plus grande simplicité dans l'acte de la respiration, et nos connaissances actuelles sur le détail de cette opération sont nulles.

Toutefois, nous ferons remarquer que la transpiration et la respiration ne forment en réalité qu'une seule et même fonction, car les réactions qui produisent la vapeur d'eau produisent simultanément l'acide carbonique et même quelques autres gaz qui n'étant qu'en très-minime proportion sont négligeables, de telle sorte que les deux dénominations ne distinguent en réalité que deux effets simultanés d'une même cause.

Ainsi, tant que la cellule végétale est vivante, elle absorbe de l'oxygène, elle dégage de la vapeur d'eau et de l'acide carbonique et elle multiplie sa substance protéique. On ne peut voir ce mécanisme vital sans être frappé de son analogie remarquable avec les phénomènes de fermentation, où les substances dites *ferments* produisent des combinaisons que la chimie ne peut reproduire, qu'elle peut seulement décomposer, et pour lesquelles il y a également absorption d'oxygène, dégagement d'acide carbonique et multiplication de la matière fermentescible. Nous

ie serons donc pas étonnés, en voyant les ferments
alcooliques transformer les matières azotées en principes albumineux, quand il y a présence de matières
organiques, de retrouver les mêmes transformations
dans la cellule végétale qui est placée dans les mêmes
conditions.

De plus, toute fermentation, toute combinaison
dégage de la chaleur, source féconde de travail mécanique; la respiration des plantes en doit donner
également précisément à l'endroit où l'arbre a besoin
de travail pour transporter les produits des cellules
où ils ont été élaborés jusqu'à celles où ils doivent
être employés. Nous sommes ainsi fondés à considérer la respiration comme la cause première du transport des matières élaborées, en d'autres termes, du
refoulement ou mouvement descendant de la séve[1],
bien que nous ne voyions pas par quel rouage s'opère
cette transformation de chaleur en travail.

Il ne serait pas impossible que la vapeur d'eau qui
s'exhale des cellules ne soit à la fois l'agent de cette
transformation, la machine qui applique sur le liquide
le travail produit et le trop plein qui détourne les
résultats que donnerait un excès de ce travail moteur.

1. Il importe de remarquer que la séve élaborée ne descend
pas toujours; elle remonte dans bien des circonstances, par
exemple, dans toutes les branches inférieures des arbres âgés et
principalement dans celles des saules pleureurs; l'expression de
séve descendante est donc mauvaise, elle peut induire en erreur,
mais elle est tellement consacrée par l'usage qu'on risquerait, en
la modifiant, de causer des confusions.

Dans cet ordre d'idées on s'expliquerait, en outre, le rôle important que le pétiole des feuilles doit jouer dans la végétation; il serait le corps non conducteur isolant la région refroidissante des feuilles de la tige, laquelle a besoin de conserver la chaleur qu'elle reçoit. Le pétiole obligerait donc la feuille à puiser dans l'air la chaleur nécessaire à son absorption et à protéger la plante contre cette cause de refroidissement. Ce serait la raison pour laquelle les plantes ligneuses, qui ont besoin d'une force motrice considérable pour faire circuler leur séve élaborée, n'ont pas de limbes directement attachés sur les rameaux, et celle pour laquelle les essences à feuilles filiformes, telles que les conifères, ont à leur naissance une partie non verte isolante qui est la *gaîne*.

Enfin il est très-probable que les jeunes cellules de la zone libérienne trouvent dans la chaleur due aux réactions qui s'y opèrent, en d'autres termes dans leur vitalité, la force nécessaire pour aspirer la séve qui doit les nourrir et les développer comme cela se passe pour les cellules de la racine et des bourgeons, de telle sorte que la circulation de la séve descendante est assurée à la fois par des forces aspirantes et par d'autres refoulantes, de la même manière que celle de la séve ascendante. C'est cette double direction des forces qui permet à l'arbre de résister aux plaies de toutes sortes qui viennent l'atteindre et même dans certains cas aux décortications annulaires. L'existence de ces forces aspirantes n'est pas parfai-

ement démontrée, parce qu'il est bien difficile d'iso-
er les forces de la nature qui se masquent mutuellement, cependant elle est bien probable ; quant à celle
des forces refoulantes, elle ressort de la formation des
bourrelets et des extravasions de séve qui se forment
sur le bord supérieur de toutes les ligatures, à la naissance de chaque branche sur la tige des arbres
vigoureux, sur la lèvre supérieure de toutes les cicatrices ayant supprimé le liber.

Absorption des feuilles. — Les cellules vertes,
telles que celles des feuilles, ont une fonction plus
compliquée. Elles contiennent du protoplasma,
comme toutes les cellules vivantes, mais on remarque
dans celui-ci des grains d'une matière verte organisée
qu'on nomme la *chlorophylle*. Pour que cette substance se colore et soit dans son état naturel, il faut
que la plante contienne du fer et soit exposée à la
lumière. Celle du soleil est la plus active, aucun des
éléments qui composent les rayons solaires n'a autant
d'influence que leur ensemble ; les rayons jaunes et
leurs voisins dans le spectre en ont plus que les
bleus et les violets ; la lumière artificielle paraît n'en
avoir aucune.

Ces cellules vertes, maintenues quelque temps à
l'obscurité, se décolorent et deviennent jaune-ocre
faible.

Une plante qui a germé dans l'obscurité est dif-
forme, sans consistance, élancée et pâle ; exposée au
soleil, elle verdit, elle se décolore ensuite de nouveau

si on la replace dans l'obscurité, pour reverdir si on la remet derechef au soleil.

Si on place cette plante d'expérience dans une atmosphère de composition connue, si on la fait vivre dans de l'eau ou dans un sol ne contenant pas d'acide carbonique et si on en suit le poids et la composition, on constate que :

1° Pendant la germination et tant que la plante restant dans l'obscurité conserve ses couleurs pâles, elle dégage de l'acide carbonique, absorbe une partie de l'oxygène de l'air par ses feuilles, de l'eau par ses racines, ainsi que partie des diverses substances minérales qu'on met à sa disposition. Elle se développe néanmoins et présente le caractère singulier d'être plus élancée et plus tendre qu'il n'est coutume; ses pétioles, ses entre-nœuds et ses fibres sont extrêmement longs et mous, ses feuilles presque atrophiées et pâles. Si on analyse une pareille plante, on la trouve beaucoup plus pauvre en carbone que la graine qui l'a produite. De telle sorte que pendant cette première partie de son existence la plante respire, transforme ses matières azotées en tissus organisés, et cela avec une vigueur plus grande que dans les conditions naturelles; sans doute parce que le travail de ses cellules n'est pas contrarié par celui des feuilles qui, au point de vue de la vitesse des mouvements et par conséquent de l'allongement des cellules lui est opposé. Mais elle n'a pu obtenir ce résultat qu'en brûlant le carbone que la graine lui avait fourni, elle meurt si on la laisse épuiser toute sa provision.

2° Quand on met au soleil cette plante souf-
rante, les phénomènes restent les mêmes pendant
es premiers instants, mais bientôt ses feuilles commencent à se colorer en vert et leurs nuances se pro-
noncent de plus en plus. On constate qu'à partir de
ce moment l'acide carbonique de l'air, dans lequel
vit la plante, est absorbé par les feuilles, tandis que
es cellules non vertes continuent à en dégager.
Vous avons vu que, d'après M. Garreau, les cellules
à chlorophylle elles-mêmes continuent à dégager de
ce gaz en même temps qu'elles en absorbent. Quand
e soleil descend sur l'horizon et que la lumière
diminue, l'absorption de l'acide carbonique cesse et
es feuilles rejettent dans l'atmosphère une partie du
gaz inhalé pendant le jour. Le lendemain, au soleil,
es cellules à chlorophylle se remettent à absorber
de l'acide carbonique, le travail cesse à nouveau
quand la lumière disparaît et laisse alors reparaître la
respiration proprement dite. Mais la perte en acide
carbonique que la plante éprouve en respirant est
beaucoup moins forte que le gain obtenu par l'absorption des feuilles pendant quelques heures de soleil;
d'après Corenwinder, il suffit parfois d'une insolation
de 20 minutes pour que le végétal reprenne tout
le carbone qu'il a perdu en une nuit. La plante à
feuilles vertes augmente donc chaque jour sa provision de carbone.

Pour ne citer qu'une preuve classique de ce fait,
rappelons que de Saussure sema dans une capsule
de verre, contenant du silex calciné et parfaitement

pur, des graines pesant $6^{gr},368$ et contenant $1^{gr},209$ de carbone, qu'il les arrosa avec de l'eau parfaitement purifiée de matières étrangères, qu'elles germèrent, se développèrent et pesèrent au bout de trois mois $10^{gr},721$; elles contenaient alors $3^{gr},703$ de carbone, elles avaient donc emprunté $2^{gr},494$ de cet élément à l'air.

3° Si on maintient de nouveau pendant quelque temps dans l'obscurité cette plante à feuilles vertes, on la voit peu à peu perdre sa couleur et le carbone conquis; ses tissus se ramollissent; la plante, consommant peu à peu son carbone sans en recevoir de nouvelles quantités, s'appauvrit progressivement et meurt quand elle a épuisé tout son approvisionnement.

L'examen microscopique des cellules des feuilles nous montre en outre les faits suivants :

1° Les cellules à chlorophylle sont remplies de protoplasma de la même manière que celles de la tige tant que la feuille n'a pas vu le soleil, mais on y remarque surtout, si la feuille est âgée, des grains de chlorophylle incolores.

2° Dès qu'on expose la feuille à la lumière, les grains de chlorophylle s'agrandissent considérablement et deviennent d'un beau vert; on commence à voir se former dans leur intérieur quelques grains d'amidon, deux ou trois, qui grandissent peu à peu, finissent par se rencontrer, puis se soudent par leur face aplatie et forment une petite masse qui reproduit plus ou moins la forme des grains de chloro-

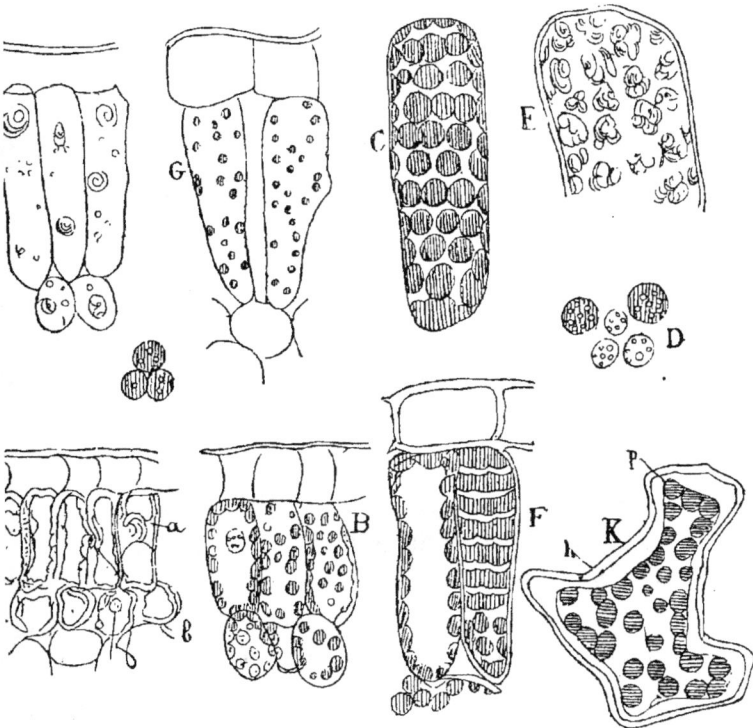

Fig. 35 à 44.

Cellules à chlorophylle prises dans les couches supérieures de diverses feuilles d'après Sachs. — A, état des cellules après étiolement dans l'obscurité. La couche de protoplasma jaune et homogène contient parfois le nucleus. Les cellules *a* et *b* commencent à se diviser, de faibles protubérances annoncent le commencement des grains. — B, cellules prises sur une feuille un peu plus âgée de la même pousse; le protoplasma est partout divisé en grains, excepté dans la cellule supérieure de gauche. — C, cellule d'une feuille exposée quelque temps à la lumière; les grains de chlorophylle sont gros, serrés les uns contre les autres et d'un beau vert. La formation de l'amidon a commencé ainsi qu'on le voit en D. La seule trace du protoplasma restée visible dans la cellule est l'utricule primordiale qui sépare les grains de chlorophylle de l'enveloppe cellulosique. — D, grains de chlorophylle isolés où l'amidon est déjà formé. — E, mêmes grains grossis. — K, cellule analogue à la cellule C, qu'on a contractée par l'addition d'alcool pour faire distinguer la membrane protoplasmique *p* de la membrane cellulosique extérieure *h*. — F, cellule de la face supérieure d'une feuille encore verte au moment où elle va commencer à jaunir, les grains de chlorophylle diminuent, se décolorent et s'éloignent de l'enveloppe.— G, même cellule quand la feuille commence à jaunir.— H, même cellule quand la feuille est décolorée; les grains de chlorophylle sont réduits à l'état de granules brillantes mêlées de gouttes huileuses.

phylle qui les enveloppe. Pendant ce temps le protoplasma, jadis si abondant, se réduit peu à peu à l'état de simple membrane recouvrant intérieurement l'enveloppe cellulosique. Tant que la feuille reste verte, les grains de chlorophylle sont gonflés et serrés les uns contre les autres. Tout le carbone que la cellule à chlorophylle absorbe y est transformé en amidon, dont on peut suivre la formation dans la cellule, puis le transport de la cellule dans le pétiole et dans la tige. Lorsque l'automne approche et que les feuilles vont commencer à jaunir, les grains de chlorophylle diminuent, perdent leur amidon bien qu'étant encore verts; plus tard ils diminuent encore, se décolorent et se réduisent à l'état de granules (fig. 35 à 44).

3° Dans les plantes qui germent à la lumière, la coloration de la chlorophylle accompagne sa formation; on ne distingue pas les deux fonctions, qui s'opèrent simultanément sous des actions différentes.

4° Quand une plante à feuilles vertes est maintenue dans l'obscurité, les grains de chlorophylle perdent peu à peu leur amidon; au bout de deux ou trois jours ils ne leur en reste plus. Si on ne les remet pas au soleil, ils commencent à se décolorer et subissent alors la même transformation qu'ils auraient éprouvée plus tard et plus lentement lors de la chute des feuilles.

Circulation de la sève descendante et élaborée. — La sève élaborée dans les cellules est évacuée, au fur et à mesure de sa transformation, dans les diverses parties où elle doit être utilisée.

Une portion est composée d'amidon et part des cellules à chlorophylle; l'autre portion, composée des matières azotées, part de toutes les cellules jeunes.

Nous savons à n'en pas douter que chaque année il se forme entre la tige et son écorce une couche continue de matière ligneuse, régnant du sommet de la tige à l'extrémité de la racine ainsi que dans chacune de leurs ramifications, matière ligneuse qui ne peut être formée que par la séve élaborée et qui en est un des produits.

Nous savons également que l'amidon trouvé par la séve ascendante du printemps dans les cellules de la moelle des rayons médullaires et du parenchyme, y a été dissous promptement et a été remplacé quelques semaines après le développement des feuilles; cet amidon est encore un des produits de la séve élaborée. Les vaisseaux laticifères paraissent contenir une provision analogue de matières azotées qui se renouvelle aussi chaque année.

Nous connaissons ainsi les points de départ et les points d'arrivée des sucs élaborés; nous avons vu, p. 50, qu'ils cheminent sous l'action de forces aspirantes et de forces refoulantes; nous avons montré, p. 60, quelle est l'origine de ces forces; il nous reste à montrer la voie qu'ils suivent.

On a remarqué dans le liber, et à côté des fibres

qui le constituent, des cellules allongées, généralement cylindriques et à parois minces, qui forment une
zone entre la couche fibreuse libérienne et le cambium, et qui plus ordinairement, c'est-à-dire dans
les espèces à plusieurs couches libériennes, constituent autant de zones alternant avec ces couches.
Ce sont, à quelques différences près inhérentes aux
espèces, celles que Hartig, Mohl, Nægeli et Caspary
ont décrites sous les noms de *tubes cribleux, cellules
grillagées, cellules cambiformes, cellules conductrices*
(fig. 7 et 8). Ces différentes sortes de cellules à parois minces contiennent des sucs riches en matières
azotées, plus ou moins mucilagineuses et denses;
elles paraissent être les canaux par lesquels circulent
les matières azotées et autres qui alimentent le
cambium et forment les couches d'accroissement
annuel.

Il est plus difficile de préciser la voie par
laquelle circule l'amidon; on a émis l'opinion que
ce serait par les cellules du tissu cellulaire, notamment par celles du parenchyme ligneux qui communiquent toutes directement entre elles.

Nous sommes beaucoup moins fixés encore sur
la circulation des liquides producteurs des dépôts
ligneux qui transforment l'aubier en duramen. Nous
ne savons même pas s'ils sont dus à l'action de la
séve élaborée ou à celle de la séve ascendante,
cette dernière hypothèse est cependant la plus probable.

Assimilation. — Les principes nutritifs indispensables à la végétation, c'est-à-dire sans lesquels on ne peut obtenir des sujets vigoureux susceptibles de se reproduire, sont les suivants :

1° Le carbone, l'oxygène et l'hydrogène;

2° Le soufre et l'azote ;

3° Le fer ;

4° Le potassium, le calcium, le magnésium et le phosphore.

Il est également à peu près prouvé que le sodium est nécessaire. Mais on n'a pas pu reconnaître l'influence d'autres substances, telles que le silicium, qui souvent abondent dans les végétaux et dont ceux-ci paraissent pouvoir se passer.

Ces éléments se retrouvent en général dans les plantes avec le maximum d'oxygène qu'ils peuvent prendre, sous la forme, par conséquent, d'acide carbonique, sulfurique, azotique, phosphorique, de potasse, de soude, de chaux, de magnésie, etc., ou de sels résultant de la combinaison de ces composés.

La première classe, comprenant le carbone, l'oxygène et l'hydrogène, est formée de trois éléments qu'on retrouve dans tous les tissus et qui en constituent à eux seuls la presque totalité. Ils y sont combinés sous diverses formes (cellulose, amidon, fécule, sucre de canne, huiles et graisses); toutes de compositions assez voisines pour que dans la même plante on les voie se succéder les unes aux autres en tous sens par des transformations opérées sous l'action de sa force vitale.

La cellulose est la matière qui, chez toutes les plantes, forme l'enveloppe extérieure de chaque cellule, elle constitue donc en quelque sorte leur squelette. La composition du cœur des différents bois ne diffère que par la nature des matières que contiennent leurs fibres. Ces matières présentent d'ailleurs, au point de vue chimique, peu de différence entre elles d'un arbre à un autre; elles sont toujours composées des mêmes éléments principaux et paraissent différer fort peu comme densité. M. Violette a montré que les bois réduits en poudre et purgés d'air ont tous sensiblement la même densité, 1,50; les variations extrêmes étant comprises entre 1,52 et 1,49 pour les bois de fer, de chêne, de bourdaine et de peuplier. Cette observation a une grande importance; elle montre, en effet, que les bois diffèrent surtout par le mode d'agencement de leurs éléments et par les vides qu'ils contiennent; leur densité donne la mesure exacte de leur porosité, elle est par suite un indice excellent de leurs qualités générales et surtout de leur durée, comme nous le verrons en traitant de la durée des bois.

L'amidon, la fécule, le sucre de canne, etc., se trouvent dans l'aubier et le caractérisent; ils y constituent des dépôts provisoires destinés à assurer la végétation des pousses au printemps; ce sont des produits qui seront élaborés à nouveau, puis transformés en matière ligneuse.

Les matières protéiques (albumine, fibrine, etc.), qui entrent en si grande proportion dans le protoplasma, sont composées des mêmes éléments : carbone, oxygène et hydrogène associés au soufre et à l'azote.

Quant à l'origine de ces matières premières, il est évident qu'elle ne peut être que le sol et l'air.

Le carbone est puisé à ces deux sources; l'absorption des feuilles peut seule suffire à la végétation, mais la plante prend d'ordinaire une proportion considérable de carbone dans le sol. Celui-ci en contient généralement sous la forme de carbonates calcaires, magnésiens, etc., que les racines savent décomposer; de plus il en reçoit par les engrais, par l'eau de pluie et même par l'eau d'imbibition du sol dans laquelle l'acide carbonique de l'air doit se dissoudre.

L'oxygène et l'hydrogène sont les éléments constitutifs de l'eau que le végétal puise dans le sol par ses racines, dans l'air par ses feuilles et par toute la surface de sa tige, sous forme de gaz, de vapeur et de rosée.

On n'est pas d'accord sur l'origine de l'azote. Les uns admettent qu'il s'introduit par les racines à l'état d'ammoniaque ou de sel ammoniacal; les autres qu'il est absorbé par les feuilles; d'autres enfin qu'il s'introduit dans les plantes à l'état d'acide azotique, lequel serait décomposé pendant la respiration diurne des feuilles, abandonnerait son oxygène et laisserait son azote libre à l'état naissant. Toutes ces questions sont encore fort controversées. La seule chose

sur laquelle on soit unanimement d'accord, c'est
que l'azote, donné dans une certaine mesure à
la plante sous la forme d'azotate, aussi bien que
sous celle d'ammoniaque, active la végétation et
surtout l'assimilation ; que celle-ci diminue avec
l'azote et qu'elle devient nulle quand cette matière
manque.

Les autres substances minérales sont extraites
du sol par les racines, elles s'y produisent lentement
par la décomposition ou par la dissolution des éléments qui le constituent. Leur rôle dans la végétation est peu connu.

On sait seulement que le soufre entre dans la
composition des matières protéiques et que le fer
est un élément indispensable à la formation de la
chlorophylle ; qu'enfin employé dans certaines limites, il en active le développement. Quant aux
autres substances, on constate la nécessité de leur
présence dans la plante, sans pouvoir préciser le
rôle qu'elles sont appelées à y jouer. Là encore on
se borne à constater que les engrais minéraux ac-
tivent fortement la végétation forestière au même
titre que celle des prairies. M. Chevandier a fait de
nombreuses expériences en grand sur cette question ;
il a trouvé que le plâtre, employé à la dose de
500 kilogrammes par hectare, a augmenté en
moyenne de 24 p. 100 le rendement d'une forêt de
hêtres, tandis que l'oxysulfure de calcium non lavé
à la dose de 50 hectolitres par hectare l'a augmenté
de 32 p. 100. Ces chiffres représentent la moyenne

les expériences faites sur des forêts d'essences et de
sols variés.

Le tableau ci-dessous indique la composition
moyenne des diverses espèces de bois préalablement
privés de leur eau d'hygrométrie, d'après les résul-
ats de nombreuses analyses faites par M. Chevan-
lier:

	CARBONE.	HYDROGÈNE.	AZOTE.	OXYGÈNE.	CENDRES.
Hêtre . . .	49,85	6,08	1,06	43.01	1,18
Chêne. . .	50,44	6,01	1,06	42,49	1,66
Charme . .	49,48	6,08	0,84	43,60	1,83
Bouleau . .	51,30	6,28	0,88	41,54	0,85
Tremble. .	50,35	6,28	0,82	42,55	2,11
Aune . . .	51,86	6,14	1,15	40,85	1,60
Saule . . .	51,10	6,02	0,86	42,02	2,30
Sapin . . .	51,59	6,11	1,04	41,26	1,29
Pin	51,71	6,11	0,81	41,37	1,15
Hêtre . . .	51,08	6,23	1,08	41,61	1,77
Chêne . . .	50,89	6,16	1,01	41,94	1,82
Charme . .	50,53	6,16	1,19	42,12	2,08
Bouleau . .	51,93	6,31	1,07	40,69	1,32
Tremble. .	51,02	6,28	1,05	41,65	2,98
Aune . . .	52,55	6,26	1,09	40,10	2,02
Saule . . .	53,41	6,50	1,41	38,68	5,51
Sapin . . .	52,30	6,12	0,83	40,75	1,60
Pin	53,13	6,08	0,78	40,01	1,38

On remarquera que les fagots contiennent plus
de cendres que le bois de corde; cela tient à ce que
la séve du sommet de l'arbre est plus concentrée
que la moyenne de celle de la tige. En se reportant
au détail des expériences de M. Chevandier, dont le

tableau ci-dessus n'est qu'un résumé, on verra que les proportions moyennes des cendres étaient :

	POUR 100 PARTIES DE BOIS.
Pour le bois du tronc.	0,296
— des petites branches.	0,304
— de la racine.	0,223
Pour les feuilles.	7,118
Pour l'écorce des petites branches.	3,454
— du tronc.	1,129
— des moyennes racines.	1,643
Pour le chevelu des racines.	5,007

On a observé, en outre, que la proportion des cendres était plus grande encore dans la graine que dans n'importe quelle autre partie de l'arbre, même que dans les feuilles.

Ce seul fait montrerait déjà le rôle important que ces matières doivent jouer dans la végétation, si les expériences directes ne nous avaient pas démontré combien leur présence, notamment celle du phosphore et du fer, augmente la vigueur des plantes, tandis que la privation de ces matières en empêche le développement ; la plante ne pouvant vivre long-temps avec la seule provision que sa graine lui a fournie.

M. Chevandier a recherché la production moyenne annuelle par hectare sur 15,000 hectares de forêts d'essences et de sol variés situés dans les Vosges. Il a trouvé qu'elle était de 3,650 kil. de bois sec, contenant 1,800 kil. de carbone, 50 kil. de cendres, 200 kil. d'albumine et de fibrine, ce qui fait

ne absorption moyenne de 12 kil. de carbone par
our pendant les cinq mois d'existence des feuilles,
i supposant que le sol n'ait fourni en carbone que
la quantité contenue dans les feuilles et dans le bois
ort qu'il a négligés. Il calculait d'après ces données
u'une forêt d'un hectare de 20 mètres de hauteur
erd chaque jour les $\frac{2}{5}$ des 32 kil. de carbone connus dans l'air qu'elle renferme, et qu'ainsi il est
écessaire d'assurer la circulation de l'air dans les
orêts pour activer leur végétation.

Ce calcul simple montre également que l'air n'est
as une source inépuisable de carbone. A la surface
u globe il contient de 0,0004 à 0,0006 d'acide car-
onique. Il résulte de calculs anciens, dont les résul-
ats paraissent plutôt exagérés qu'amoindris, que le
risme d'air régnant sur un hectare du sol contient
8,900 kil. de carbone; il serait donc épuisé en
rès de cinq ans, si toute la surface du globe était
oisée. Les terrains cultivés en prairies ou en céréales,
bsorbant chaque année sensiblement autant de car-
one que les forêts, ne retarderaient donc pas
l'époque de la décarburation de l'air et, par conséquent, de la cessation de la vie végétale. Les terrains
on cultivés, tels que les déserts et les mers, pour-
aient seuls retarder ce moment. D'après ces données
n peut admettre que la durée maximum de la végé-
ation du globe ne saurait dépasser vingt ans.

Mais fort heureusement l'air n'est qu'un réservoir
dans lequel la nature verse du carbone en même
emps qu'elle en retire. Presque tout le carbone que

les plantes ont emprunté à l'air, y retourne à l'état
d'acide carbonique aussitôt qu'elles ont terminé leur
existence, parce que les unes sont brûlées comme
combustibles et que les autres se décomposent elles-
mêmes ou servent d'aliment à des êtres organisés.
qui les rendent à leur tour par leur respiration de
leur vivant ou par leur décomposition après leur mort.
La combustion des charbons fossiles, les exhalaisons
des volcans et des sources minérales, et surtout la
décomposition des calcaires du sol par les racines,
p. 81, doivent compenser l'acide carbonique perdu
pour la végétation, par suite des infiltrations dans
le sol des parties qui échappent aux racines des
végétaux, de l'absorption que font les crustacés et
autres animaux aquatiques, ainsi que des combinaisons qui se font soit à la surface de la terre, soit
dans le sein des mers.

Il faut toutefois observer que la vie des plantes
serait possible, alors même qu'il n'y aurait pas d'animaux, attendu que la décomposition lente des plantes
après leur mort restituerait à l'air ou au sol le carbone qu'elles auraient absorbé de leur vivant, et
entretiendrait la végétation ; tandis que les animaux
ne sauraient vivre sans les végétaux, qui leur sont
indispensables d'abord comme nourriture, puis
comme procédé d'épuration d'air. On estime que
chaque adulte absorbe pour sa nutrition et transforme
en acide carbonique par sa respiration pulmonaire
en moyenne 300 grammes de carbone par jour; il
faut donc un hectare de forêt pour décomposer l'acide

carbonique ainsi produit par vingt hommes. Cette considération détermine *grosso modo* le maximum de population animale que le globe ne pourrait dépasser avec la végétation actuelle sans en troubler le régime.

La chimie nous montre quels sont les éléments constitutifs des plantes, où la végétation les puise, et sous quelle forme ou mode d'association elle les groupe. Le microscope nous fait également voir les diverses formes matérielles qu'ils revêtent et leurs déplacements à l'intérieur des végétaux, en sorte que, malgré bien des lacunes qui restent à combler de ce côté, nous commençons à connaître l'ensemble de cette partie des phénomènes vitaux. Nous sommes au contraire d'une ignorance absolue sur l'*assimilation proprement dite,* c'est-à-dire sur la nature des forces qui organisent les éléments nutritifs et qui en constituent des végétaux dont toutes les fonctions sont si bien équilibrées. Tout ce que nous savons à cet égard, c'est que le protoplasma est l'agent indispensable de ces transformations, et que sa composition et son mode d'action ont la plus grande analogie avec ceux des ferments en général.

Ce rapprochement nous explique la permanence de l'espèce dans les sujets *greffés.* Chaque partie de l'arbre reçoit dans ses cellules vivantes les sucs élaborés; celles-ci les absorbent et les organisent, puis se dédoublent et multiplient ainsi la matière organisante en même temps que leurs tissus, sans jamais en altérer la nature par la fusion de leurs germes avec d'autres voisins. La séve élaborée n'est que l'aliment du germe protoplasmique; elle peut varier d'origine et de composition dans une certaine mesure, sans nuire au développement et à l'action du germe, de la même manière que tous les ferments, les ferments alcooliques par exemple, peuvent se développer et agir sur des matières différant dans certaine limite comme densité et comme composition. En un mot, un arbre greffé est l'association de deux individus d'espèces différentes, dont l'un puise dans le sol la nourriture qui lui convient, tandis que l'autre la complète et la prépare suivant ses propres besoins, créant ainsi par leur collaboration un aliment qui ne convient réellement à aucun d'eux, mais dont ils peuvent se contenter s'ils ont des goûts et des affinités peu différents. La greffe s'assimile en général cette nourriture plus facilement que sa racine, par suite elle croît plus rapidement et produit à la soudure un bourrelet qui rachète l'inégalité des diamètres. Ce bourrelet se crevasse fréquemment sous l'action des deux sujets qu'il raccorde, et les crevasses ou plaies pourrissent la racine quand elles sont enterrées, ou peuvent donner naissance à des racines adventives; on évite ces deux inconvénients en plantant les sujets greffés avec leur soudure au-dessus du sol.

Sécrétion. — Les liquides nourriciers que l'arbre a extraits du sol ne sont pas tous aptes à se transformer en tissus; il y en a une partie dont il doit se débarrasser d'une manière continue. Nous

voyons certains arbres produire des sécrétions spéciales, tantôt des vernis qui recouvrent les bourgeons comme chez les conifères, ou les fruits comme
chez le prunier, ou les feuilles comme chez quantité d'arbres, tantôt des gommes et des résines qui
s'échappent par les interstices accidentels de l'écorce
comme sur les pins et les pruniers. Mais en dehors
de ce mode d'excrétion spécial à certains arbres, il en
doit exister un autre commun à toutes les espèces, qui
soit la loi générale par laquelle le végétal rejette au
dehors la partie inutilisable des sucs qu'il a absorbés.
La transpiration est un des moyens qui débarrassent la
plante de l'excès d'humidité dont elle était chargée. La
raison indique que les racines doivent remplir la même
fonction pour les autres matières. C'est là, en effet,
que se termine le mouvement descendant de la séve
élaborée; elle a déposé sur tout son parcours les divers
matériaux susceptibles d'organisation qu'elle contenait, il ne peut lui rester que la partie inutile à la
végétation. Les cellules jeunes de la racine, où ses
résidus de la nutrition aboutissent, doivent les expulser
au dehors, sous l'action des mêmes forces qui produisent l'absorption. On n'a pu jusqu'à ce jour isoler
les produits rejetés; cela tient à ce que les mouvements occasionnés par l'absorption masquent ceux
dus à l'excrétion. Cependant, Sachs a prouvé leur
existence d'une manière irréfutable de la manière
suivante : il fit pousser les racines de plantes appropriées sur des plaques de marbre et autres matières
calcaires, et il constata au bout d'un certain temps

6

que ces racines avaient déterminé une corrosion des plaques partout où elles y adhéraient; cette corrosion, étant le fait de la racine, prouve bien la sortie d'une partie des matières qu'elle contient; en d'autres termes, de l'excrétion.

Il faut remarquer d'ailleurs que ceux qui admettent l'absorption des racines selon les idées de Dutrochet sont bien obligés d'admettre qu'il y a une excrétion contemporaine et connexe de l'absorption, les deux opérations devant être solidaires.

Candolle a émis l'opinion qu'on ne saurait cultiver longtemps une plante dans un sol donné, attendu, disait-il, que les sécrétions de la plante doivent arrêter la végétation de celle de même espèce qui lui succède. Il en avait conclu la théorie des *assolements* en vertu de laquelle il conviendrait de faire succéder une plante de nature différente à celle qui l'a précédée. Au point de vue forestier, cela conduirait à *l'alternance des espèces.*

Mais l'existence des sécrétions des racines ne conduirait à cette conclusion qu'autant que les sécrétions seraient *nuisibles* en elles-mêmes. Le caractère de nocuité ne paraît pas devoir exister pour les matières minérales rejetées, il n'est de plus ni prouvé ni même probable pour les matières organiques sécrétées; en sorte que les sécrétions ne paraissent pas être le cause réelle de l'alternance des espèces.

Il est certain cependant qu'on ne saurait cultiver indéfiniment la même plante, du blé, par exemple, dans le même sol. Mais cela tient à ce que dans la

culture du blé le sol perd une quantité considérable
de matière chaque année, et qu'au bout d'un temps
plus ou moins long, selon la voracité de l'espèce et
la qualité du sol, celui-ci ne contiendra plus assez
d'éléments nutritifs pour produire de nouvelles végétations de la même plante. Il faudra attendre que
les influences atmosphériques aient modifié la composition de ce sol épuisé et l'aient ramené à son état
primitif. Les labours, les défoncements abrégeront
cette période de repos forcé. Toutefois, le sol devenu
impropre à la reproduction du blé peut cependant
contenir les éléments nécessaires à la végétation
d'autres espèces, ce qui conduit à l'alternance des
céréales en culture.

Les mêmes considérations s'appliquent également
à la culture forestière, avec cette différence, toutefois,
que les racines de l'arbre se développent progressivement, abandonnent le sol où elles ont vécu, et livrent
celui-ci à l'action des agents atmosphériques ;
qu'ainsi la période de repos pourrait coïncider avec
celle de la végétation, auquel cas l'alternance des
espèces ne serait nullement une nécessité de la culture forestière. Il faut remarquer de plus que si on
laisse au sol le lit de feuilles mortes que la végétation lui restitue chaque année ainsi que les écorces
et les menus bois, on ne lui enlève que le bois proprement dit où les substances azotées n'abondent pas
et qu'on appauvrit beaucoup moins la terre dans
ces conditions que par les cultures en céréales, qui
enlèvent comme produits des graines éminemment

riches en substances azotées et minérales nutritives. Enfin la culture forestière a cela d'avantageux qu'elle enrichit le sol de tous les hydrates de carbone que la plante a absorbés par les racines et par les feuilles; ces matières pénètrent dans le sol sous forme de racines, elles le perforent en tous sens, le divisent, le rendent accessible à l'action de l'air et de l'eau et enfin s'y décomposent; aussi les forestiers disent-ils avec raison que la culture forestière améliore la qualité des terres, et les cultivateurs, de leur côté, n'ignorent pas la beauté des récoltes qu'ils font à la suite des défrichements.

Si on restitue au sol l'équivalent des substances qui lui sont enlevées, on peut lui faire reproduire sa végétation antérieure. Si on lui en restitue davantage on augmente sa qualité et sa puissance productrices. C'est ce que prouve la culture des environs des grandes villes où l'abondance des engrais et la difficulté de les exporter au loin ont accumulé dans les terrains qui les avoisinent des matières nutritives considérables qui les ont transformés et fertilisés en dépit de leur mauvaise qualité primitive et des produits surprenants qu'on en a retirés. Les engrais appropriés seraient également utiles à la végétation forestière (voir p. 74).

Végétation dans les pays tropicaux. — Nous avons vu que dans les conditions normales les feuilles de nos arbres jaunissent et cessent d'absorber à l'automne. A cette époque l'arbre est rempli de séve élaborée, mélangée avec la partie de la séve ascendante qui n'a pas été aspirée par les dernières feuilles ; il a amassé et logé en dépôt les diverses matières qui doivent au printemps suivant rendre nourricière sa séve ascendante ; il est prêt à refaire une nouvelle végétation dès qu'il recevra la quantité de chaleur nécessaire pour la provoquer.

Si l'arbre est en serre ou dans les pays chauds, il aura constamment la chaleur convenable ; il reprendra donc de suite sa végétation nouvelle. Il n'est pas rare aux Canaries et au Cap de voir la vigne faire ses nouvelles pousses avant que ses feuilles soient totalement tombées. Quelques espèces paraissent même avoir une végétation continue.

Le même phénomène se produit en Europe sur les arbres dont la végétation d'été a été abrégée accidentellement par un coup de soleil ou par la sécheresse du sol ; on voit fréquemment alors, si l'automne est doux et pluvieux, les arbres végéter, faire de nouveaux bourgeons, de nouvelles feuilles, de nouvelles fleurs et parfois même nouer et développer de nouveaux fruits. Cela tient à ce qu'ils se sont trouvés dans les mêmes conditions qu'au printemps, et qu'étant soumis aux mêmes forces, ils en ont ressenti les mêmes effets. C'est ce phénomène qu'on nomme la *séve d'août*.

DIVERSES PHASES DE LA VIE DES ARBRES.

La croissance des arbres s'opère d'autant plus vite, toutes choses égales d'ailleurs, que leurs feuilles sont plus nombreuses et |leurs racines plus développées. On peut même, sans connaître le développement de leurs racines, préjuger facilement, d'après l'importance de leur feuillage, quels sont ceux qui produisent annuellement le plus de matière ligneuse.

Relations entre les divers organes. — Il existe en effet une véritable solidarité entre le développement des divers organes d'un arbre. Si ses racines sont nombreuses et actives, elles puisent dans le sol beaucoup de nourriture, sa séve est abondante, ses bourgeons se développent avec vigueur, son branchage croît, ses feuilles sont nombreuses, elles se proportionnent à la quantité de la matière qui les produit, elles élaborent une grande quantité de séve, laquelle accroît ensuite notablement son tronc et ses racines; en sorte que ses divers organes sont solidaires les uns des autres et obéissent à une loi commune.

On a été jusqu'à dire qu'il y avait proportion exacte entre la section du tronc et la surface de la projection horizontale des branches, et qu'en ce qui concerne le chêne, son couvert est constamment égal à 180 fois le carré du diamètre de la base de son tronc. Mais cette loi n'est vraie que dans certaines limites d'âge; elle n'est pas exacte pour la plantule où la tige préexiste aux feuilles, elle ne l'est pas non plus pour l'arbre très-âgé.

Il résulte, en outre, du mode de formation des bourgeons que les vaisseaux constitutifs de la tige sont le prolongement de ceux de la racine centrale, et que ceux de chaque branche se prolongent jusqu'aux extrémités des racines latérales (p. 24 et 25). Si donc on coupe une racine importante, les branches qui s'y alimentaient ne recevront plus directement leur séve, souffriront et le plus souvent périront. Inversement, si on coupe quelques grosses branches, les racines correspondantes souffriront toujours et quelquefois mourront. De même, si on taille les rameaux pour les aligner, les racines ne s'allongeront plus et tendront à reproduire sous terre la forme donnée aux branches. De même aussi, la racine pivotante d'un arbre cesse de croître et souffre dès qu'on coupe le sommet de sa tige. Toutefois, les nombreuses communications qui existent entre les diverses parties du végétal atténuent les effets ci-dessus exposés de la dépendance des racines et des branches.

Aspect pendant les différentes phases de la végétation. — Le *port* des arbres isolés dépend donc de la nature du terrain. Quand le sol est riche, homogène, lorsqu'il repose sur un sous-sol aride placé à moyenne profondeur et ne contient pas d'autre obstacle grave, les branches se développent régulièrement et, tant que les racines centrales ou pivotantes, n'ayant pas atteint le sous-sol aride, trouvent leur nourriture, tant que leurs vaisseaux sont largement ouverts, les tiges s'élèvent en formant des flèches plus ou moins prononcées, suivant les essences. Mais quand les racines centrales ont épuisé le sol, quand l'air et la nourriture leur manquent, les tiges cessent de s'élever, tandis que les branches, alimentées par les racines latérales qui puisent chaque jour dans un sol nouveau, continuent à croître. Les arbres entrent alors dans la phase du *retour*, et leurs surfaces supérieures reproduisent la forme le plus souvent plane qu'affecte l'ensemble des extrémités de leurs racines.

Les arbres entreraient sur le retour de la même manière, mais à un âge plus avancé, s'ils étaient dans un terrain homogène, riche et de profondeur illimitée, où toutes les racines trouveraient en tous sens et à toute profondeur de l'air et une abondante nourriture. La séve dépose en effet dans l'intérieur des fibres une matière incrustante qui est un obstacle à la circulation des liquides, et cet obstacle, joint à l'élévation de la cime, finit par arrêter l'ascension de la séve et la croissance des arbres en hauteur. Le centre du tronc est toujours le premier saturé de ces matières incrustantes; c'est par suite la tige centrale qui doit la première cesser de croître. Puis, chaque année, de nouvelles parties du cœur atteignent leur degré d'incrustation maximum et de nouvelles parties de la cime arrivent à leur limite de hauteur.

Dépérissement et mort naturelle. — Bientôt les parties supérieures de la tige, arrêtées dans leur développement, privées de leur alimentation directe, ne reçoivent plus assez de séve pour végéter, elles périssent et l'arbre est *couronné*.

Alors aussi la partie centrale du tronc est comme étrangère à la végétation de l'arbre, elle est livrée à l'action de la pesanteur et des affinités chimiques. L'humidité y pénètre par la base et par le sommet, non plus en vertu du fonctionnement des organes, mais par les actions hygrométriques et capillaires ainsi que par l'infiltration ; l'air en remplit les vaisseaux, et la matière ligneuse se trouve ainsi dans des conditions éminemment favorables pour se décomposer, car la décomposition des bois est le résultat d'une véritable fermentation du genre de celles que toutes les matières organiques, contenant l'albumine et ses congénères, éprouvent, fermentation qu'un certain nombre d'animalcules paraissent causer ou produire.

Chaque année, de nouvelles couches de la tige atteignent leur degré d'incrustation maximum, tandis que la décomposition du bois commencée au centre du tronc envahit progressivement les couches voisines. Pendant ce temps, de nouvelles parties de la cime meurent, d'autres cessent de croître ; la végétation est reléguée dans les branches plus basses, alimentées par les racines extérieures qui trouvent leur nourriture dans un sol nouveau. Mais cette végétation décroît elle-même, quelle que soit la richesse du sol, parce que les forces qui produisent l'ascension

de la séve n'augmentent pas d'intensité, tandis
qu'avec le développement des branches et des racines
les obstacles apportés à sa circulation augmentent.

La séve arrive ainsi en moins grande quantité aux

Fig. 45.

Très-vieux tronc de tilleul.

bourgeons, ceux-ci sont moins vigoureux, leurs pousses
annuelles deviennent courtes. La séve élaborée est,
de son côté, peu abondante; par suite, la croissance
des branches et celle des racines deviennent de

moins en moins rapides. Enfin, le tronc pourrit
(fig. 45), l'arbre meurt quand la séve ne peut plus
monter jusqu'aux bourgeons.

Mais il faut observer qu'il meurt faute d'éléments nutritifs, tandis que chez les animaux la mort
naturelle est le résultat de l'usure graduelle et simul-
tanée de tous les organes. Dans le règne végétal, en
effet, la force vitale réside dans la séve et dans les
cellules récemment formées; quand elle émigre du
cœur de l'arbre et l'abandonne à la décomposition
naturelle, elle n'en est pas moins vivace dans le liber.
Le tronc peut être anéanti, détruit, l'arbre n'en continue pas moins à vivre, quand son aubier, son cambium et son écorce subsistent toujours. C'est un effet
qu'on observe fréquemment sur les vieux saules :
quelque vieux qu'ils soient, leurs bourgeons ou cellules nouvelles peuvent être pris comme boutures,
ils reproduiront des saules vigoureux. Nous en pouvons donc conclure que la force vitale des arbres ne
s'affaiblit pas avec l'âge, qu'elle émigre progressivement et cesse quand la matière nutritive ne leur
arrive plus.

La durée des arbres est ainsi intimement liée à
la nature du terrain qui les porte. S'il est aride et
peu profond, il sera vite épuisé; l'arbre sera petit
et mourra promptement. S'il est, au contraire, très-
profond, substantiel et surtout s'il est meuble et
perméable aux racines, l'arbre s'élèvera très-haut, son
tronc acquerra un grand développement et il vivra des
siècles. C'est donc à des conditions de sol exception-

nelles qu'il faut attribuer l'existence de ces colosses du règne végétal qui semblent prétendre à l'immortalité. (*Wellingtonia,* 2000 ans ; *Boababs,* 3000 ans.)

Indices des diverses phases de la vie des arbres. — En résumé, chacune des phases de la vie des arbres est accusée par des indices extérieurs parfaitement nets.

Ils sont en bon état de végétation et leur accroissement augmente progressivement quand ils ont les pousses annuelles fortes et allongées, le feuillage abondant, d'un vert vif et brillant, l'écorce unie, les jeunes branches souples et relevées vers le tronc, l'extrémité de la cime fortement saillante.

Fig. 46.

Leur accroissement atteint son point culminant et devient stationnaire dès que les pousses annuelles sont plus faibles et moins allongées que celles des années précédentes, et que la flèche de la cime est moins prononcée.

Ils entrent en retour ou en décroissance lorsque la cime n'offre plus qu'une tête arrondie, lorsqu'en automne les feuilles du sommet jaunissent plus tôt que celles des branches inférieures.

Au fur et à mesure qu'ils vieillissent, la végétation de leur sommet diminue, la croissance de leurs pousses annuelles devient presque nulle, les feuilles tombent avant leur époque normale, l'écorce

se gerce, la séve sort par les crevasses, et des
mousses, des lichens, des agarics et des champignons s'y attachent en grande quantité ; les troncs
se pourrissent et se creusent (fig. 45).

Humidité du sol. — Une terre d'alluvion, légère,
substantielle, profonde et humide sans excès, convient
à merveille à presque tous les
arbres et leur procure leur maximum de qualités, parce qu'un
tel sol provient de la décomposition de roches de toute espèce
et contient tant de principes divers que chaque essence y trouve
ceux qu'elle préfère et en quantité suffisante pour prospérer,
quels que soient ses goûts particuliers.

Si la même terre était très-
humide, l'arbre souffrirait ; il
périrait même si elle l'était à
l'excès. On observe, en outre,
que dans ce cas chaque couche

Fig. 47.

de croissance annuelle contient peu de fibres et est
presque tout entière composée de vaisseaux, en un
mot, que le bois est très-*gras* (fig. 46 et 47).

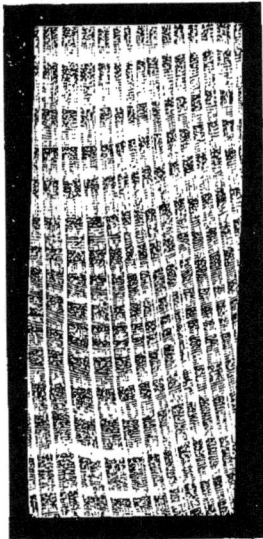

Ce défaut est le résultat inévitable des conditions
dans lesquelles l'arbre est placé. Les principes nutritifs du sol pénètrent dans les racines à l'état de
dissolution très-étendue, la séve de l'arbre est donc
pauvre et ne peut produire beaucoup de matière
ligneuse ; de plus, l'air arrive en faible quantité aux
racines ; celles-ci n'ont pas, par suite, une grande

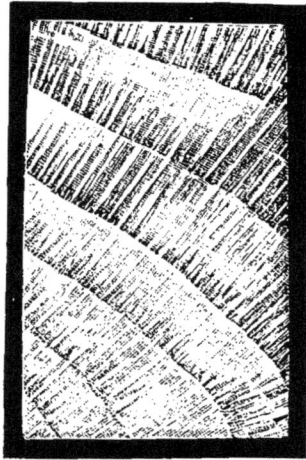

Fig. 48.

vitalité, et la force d'ascension qu'elles impriment à
la séve est faible. Par contre, l'arbre s'organise de
lui-même en vertu d'une de ces lois mystérieuses de
la nature pour lutter contre ces conditions défavorables ; il forme des vaisseaux plus nombreux et plus
gros qu'à l'ordinaire, et d'un autre côté la séve
étant pauvre ne dépose pas autant de ligneux dans
les fibres et ne les rétrécit pas autant ; de telle sorte que

la circulation permet aux feuilles d'évaporer une
plus grande quantité de liquides et compense, dans
la limite du possible, la privation de nourriture à
laquelle l'arbre est condamné.

Dans les terrains secs, au contraire, les racines
absorbent un liquide riche en matières nutritives,
mais en trop petite quantité, la couche annuelle a
donc encore peu d'épaisseur ; seulement les vaisseaux
y sont fins et peu nombreux, parce que l'arbre a peu
de séve à faire circuler. Le bois peut être alors
d'une qualité intermédiaire entre le bois gras et le
bois maigre.

Mais il ne vaudra jamais celui des arbres obtenus dans les terrains modérément humides, où la
végétation est très-active, dont la couche annuelle
est épaisse et constituée de quantité de fibres. Il
faut remarquer, en effet, que les vaisseaux se développent dans chaque couche annuelle seulement dans
la mesure nécessaire à la circulation et que le reste
de la matière produite se développe à l'état de
fibres qui est l'élément réellement utile du bois.
Tout arbre dont le développement en diamètre est
rapide donne des bois où les fibres dominent et
qui sont de la qualité nommée· *nerveuse* ou *maigre*
(fig. 48).

On conçoit qu'entre les bois les plus gras et les
plus maigres il y ait une infinité de qualités intermédiaires, résultant de l'infinité de variétés de condition
où les arbres se trouvent.

M. Chevandier a mesuré cette influence de l'hu-

midité sur la végétation des bois et a donné, comme
moyenne des résultats de ses expériences dans les
Vosges, les chiffres suivants :

ACCROISSEMENT MOYEN ANNUEL d'un sapin en bois sec.	NATURE DU TERRAIN.	AGE MOYEN des sapins coupés.
kil. 1,84	Fangeux.	ans. 101,88
3,43	Sec.	71,57
8,25	Sec, muni de fossés retenant les eaux de pluie.	74,45
11,57	Sec, arrosé à l'eau courante.	99,45

Il en a conclu qu'il y avait un profit considérable à retenir les eaux pluviales à l'aide de fossés
appropriés ; il recommande de les disposer de manière
que l'eau arrive aux racines par infiltration plutôt
que par contact.

La quantité d'eau nécessaire à la végétation des
arbres est tellement considérable que quelquefois les
terrains fangeux au moment de la plantation deviennent secs quand les plants sont âgés. Cet effet se
remarque principalement dans les plantations de
pins, dont la croissance est rapide et le feuillage
abondant. On a constaté dans plusieurs localités
assez pauvres en sources que les eaux avaient tari
lorsque des repeuplements de pins faits dans le voisinage étaient devenus grands.

Nature du terrain. — Il y a pour chaque essence une nature de terrain spécialement favorable; seulement, les arbres, de même que tous les êtres organisés, sont plus ou moins rustiques et se contentent fréquemment de conditions défavorables, mais ils ont alors une végétation moins active et donnent des bois moins nerveux.

Nous avons vu, p. 93, que presque toutes les essences prospéraient dans une terre fertile, légère, profonde et légèrement humide; mais si la même terre a peu de profondeur, si de plus elle repose sur un sous-sol aride et impénétrable aux racines, elle ne peut plus convenir qu'aux espèces à racines traçantes, à l'exclusion de celles qui ont les racines pivotantes. Toutefois ces dernières végètent parfaitement dans des terres peu profondes, quand leur sous-sol est crevassé et présente de nombreuses fissures entre lesquelles les racines s'infiltrent et trouvent leur nourriture.

Une terre maigre ne peut donner de beaux arbres; le plus souvent ils y sont languissants, noueux et rabougris; et quand le sol est aride, il ne peut produire que des taillis ou des broussailles. Dans l'un ou l'autre cas, le bois n'est pas de bonne qualité.

La sécheresse aggrave l'effet de l'aridité du sol, l'humidité l'atténue.

Chaleur. — La chaleur active toutes les fonctions des plantes et par suite leur croissance, car toutes

7

leurs fonctions s'excitent mutuellement; ainsi l'évaporation des feuilles active l'absorption des racines et l'organisation de la séve. Cette influence de la chaleur est tellement sensible que les chênes de Provence font, comme l'a signalé Duhamel, plus de bois en trois ans que ceux du centre de la France en huit années.

Mais il y a pour chaque plante un maximum de chaleur qu'elle ne peut dépasser; il est atteint lorsque le soleil lui enlève par évaporation plus que ses racines et sa tige ne peuvent lui en fournir. Si l'excès de l'évaporation est faible et momentané, si de plus la plante a une forte tige (les arbres âgés sont dans ce cas), elle trouvera dans son tronc une réserve de séve suffisante pour résister quelque temps; mais si la tige est faible (exemple, les jeunes sujets provenant de semis ou de plantations) ou si la chaleur est forte et de longue durée, la température des feuilles s'élève, leur matière albumineuse se coagule, elles meurent. Elles n'attendent même pas jusque-là pour se désorganiser, attendu que les courants du protoplasma s'arrêtent dès 40°. Si l'effet se prolonge, les cellules des jeunes rameaux et plus tard celles du tronc et de la racine meurent à leur tour. On conçoit que cette désorganisation cellulaire soit très-rapide et que la plante meure en quelque sorte brusquement au moment de sa pleine prospérité.

Les essences qui résistent le mieux aux sécheresses sont celles qui ont des feuilles peu nombreuses, à épiderme épais, à stomates rares et étroits; celles qui y résistent le moins sont à feuilles abondantes et fines, à stomates larges et nombreux.

Les essences résineuses sont donc dans de meilleures conditions que celles dites *feuillues* et peuvent habiter, par suite, des régions plus rapprochées des tropiques. Nous avons vu, de plus, que les sujets de chaque essence qui résistent le mieux à la sécheresse sont ceux qui ont le plus gros tronc.

La chaleur agit en outre sur le sol, qu'elle dessèche, et réduit ainsi de nouveau la zone ouverte à nos arbres du côté sud. Les essences à racines traçantes sont celles qui en souffrent le plus ; aussi il n'est pas rare, après un été brûlant, de voir dans les forêts de sapins des espaces immenses couverts d'arbres desséchés jusque dans leurs racines, parce que les sapins ont à la fois un feuillage abondant et des racines rampantes à la surface du sol.

Les essences qui aiment les sols frais et humides disparaissent les premières quand on descend du nord au sud, ou ne se montrent dans le midi que le long des cours d'eau et des étangs.

On a réussi à acclimater dans les pays chauds certains arbres vigoureux des pays tempérés, en enlevant ou au moins en abritant leurs feuilles chaque année aussitôt que la chaleur commence à les faire souffrir.

Froid. — Les arbres n'ont pas de chaleur propre appréciable et subissent la température du milieu dans lequel ils vivent. Mais comme ils sont mauvais

conducteurs de la chaleur, l'équilibre de leur température avec celle de l'air ne s'établit pas instan-
tanément; il se fait plus vite pour les feuilles que
pour les jeunes rameaux et plus vite pour ceux-ci que
pour les tiges.

Le froid, quand il est modéré, ne fait que suspendre les fonctions cellulaires, autrement dit la
végétation, mais il désorganise les cellules quand il
devient plus intense. On a constaté que les courants
du protoplasma s'arrêtent au moment où la température s'approche de zéro, qu'au-dessous de cette
température le protoplasma meurt et laisse sortir de
la cellule les liquides qu'il emprisonne; la limite de
température qui produit cet effet varie suivant les
essences. Lorsque le protoplasma n'est qu'arrêté sans
être mort, la cellule peut reprendre sa vitalité, à la
condition que sa température remonte *lentement;*
elle meurt, au contraire, si le dégel est rapide. Le
froid produit ainsi sur les cellules végétales une
action physiologique analogue à celle qu'il cause aux
cellules animales. Il produit de plus la congélation
des liquides intercellulaires, mais ceux-ci sont en
général peu nombreux et cette action est moins fréquente et moins grave que la précédente.

On conçoit, d'après ce qui précède, que la plante
atteinte par une gelée légère ne laisse voir au premier moment qu'une légère altération de ses feuilles,
mais que le mal augmente rapidement et gagne progressivement les rameaux, puis la tige, si le dégel
survient brusquement.

On comprend également que les liquides azotés, qui sortent des cellules au moment de leur mort, quand le protoplasma et les autres forces vitales ne les y retiennent plus, causent de graves désordres dans les parties de la tige où ils se répandent et qu'il y ait urgence à tailler les jeunes pousses atteintes par le froid dès qu'on est assuré qu'il ne surviendra pas de nouvelles gelées ou qu'on a pris des précautions pour en préserver le reste de l'arbre. Sans cette précaution, le mal d'abord limité aux jeunes rameaux peut gagner les branches, puis la tige, par le fait des liquides extravasés des cellules mortes.

Il y a des arbres qui gèlent aux premiers froids, d'autres résistent aux températures du nord de la Sibérie et de la Suède; c'est la nature de la séve et de la cellule, autrement dit l'essence, qui fixe cette limite. Mais tous ont une croissance beaucoup moins rapide dans les climats froids que dans les climats chauds. Ainsi la couche de croissance annuelle des pins sylvestres, qui atteint jusqu'à $0^m,010$ d'épaisseur dans le sud de la France, n'a plus qu'un millimètre d'Upsal à Hernösand (Suède), entre les 60° et 63° latitude nord, descend à $0^m,006$ au 67° lat. N., et est presque nulle à 70°. Chaque essence a ainsi une limite de végétation commandée par la nature de ses cellules. A partir du 65° au 67° lat. N., les seuls arbres qu'on rencontre dans le nord de l'Europe sont les peupliers, les bouleaux, les saules, les mélèzes, les pins et les épicéas; toute végétation cesse au delà du 70° L.

Le soleil augmente considérablement l'effet des gelées : d'abord il fait fondre la neige et le givre qui couvrent les jeunes tiges, ce qui peut en tuer les cellules si elles ont déjà été atteintes ; de plus il réchauffe les troncs, en dilate les gaz intérieurs et les en fait sortir quelquefois, vaporise même des liquides dans les canaux intérieurs ; puis, quand le froid revient, ces gaz se contractent, la vapeur formée se condense et l'air, qu'ils avaient expulsé hors de la tige, y est remplacé par l'eau extérieure qui s'infiltre à travers les crevasses de l'écorce. Or cette eau est bien plus exposée à se geler que la séve, et, quand cet accident arrive, elle augmente de volume, rompt de la tige qui l'emprisonnait en produisant parfois un bruit semblable à la détonation d'une arme à feu et déborde par les fentes qu'elle a occasionnées. Suivant la direction des ruptures, on a des *gélivures*, des *roulures* ou des *cadranures*. On attribue, en outre, à la gelée de l'aubier le défaut qu'on nomme *lunure*, *double aubier* ou *gélure*.

Les jeunes arbres sont plus exposés à la gelée que les arbres âgés ; leurs cellules et leurs fibres sont minces, gorgées de séve ; leur écorce fine les protége peu contre le refroidissement. Ceux des repeuplements artificiels sont, à ce point de vue, dans des conditions bien inférieures à ceux des recrus naturels.

Les gelées précoces et surtout celles tardives, qui surprennent les arbres dans leur période de végétation, sont naturellement les plus redoutables.

Lumière. — Nous avons vu, p. 63 et suivantes, que la lumière est l'agent principal de la respiration des feuilles, qu'elle décompose l'acide carbonique de l'air, en fixe le carbone dans les cellules vertes et restitue l'oxygène à l'air. Elle contrarie dans une certaine mesure la germination des graines, attendu que dans cette première période de la vie, le végétal dégage de l'acide carbonique et absorbe de l'oxygène. Mais aussitôt que la jeune plante a produit ses premières feuilles, la lumière active sa végétation et lui devient même nécessaire; si cet élément de vie lui fait défaut, sa tige reste pâle, molle et fragile, perd plutôt qu'elle ne gagne en carbone et bientôt meurt étiolée.

Quand une plante ne reçoit la lumière que d'un seul côté, on la voit incliner peu à peu ses jeunes rameaux dans cette direction comme pour y puiser la force vitale. Mustel l'a démontré en mettant un jasmin des Açores à l'ombre d'un panneau percé de deux trous; la tige s'est portée vers le trou le plus voisin et l'a traversé pour s'épanouir à la lumière; il a alors retourné le tout et constaté que l'extrémité, qu'il venait de replacer ainsi à l'ombre, traversait le second trou du panneau pour revenir au soleil. La nature nous montre d'ailleurs presque à chaque instant des exemples frappants de cette tendance des végétaux vers la lumière.

Les naturalistes l'expliquent d'une manière très-ingénieuse, qui paraît fondée, en disant que les jeunes pousses respirent de la même manière que les feuilles, que la partie de ces jeunes pousses exposée au soleil respire davantage que celle qui est à l'ombre, qu'elle fixe ainsi plus de carbone, se durcit plus vite et cesse plus tôt de s'allonger que celle res- tée à l'ombre, laquelle continue à s'allonger et par suite courbe la tige. Cette explication, toute plau- sible qu'elle soit, est cependant incomplète, car elle ne rend pas compte de l'effet inverse qui se produit chez certains végétaux inclinant vers l'ombre; tel est le lierre. Ces mouvements se rattachent probablement aussi à d'autres mouvements périodiques que cer- taines plantes, telles que les acacias, éprouvent sous des actions diverses, telles que des chocs, et dont le mécanisme n'est pas encore suffisamment expliqué.

Tous les arbres ont aussi besoin de lumière, mais il y en a de plus rustiques les uns que les autres. Ceux qui ont le feuillage le plus développé et le plus touffu et qui conservent le plus longtemps leurs branches dans les massifs serrés sont également ceux qui supportent le mieux l'ombre. Ces arbres, semés avec ceux qui aiment la lumière, poussent lentement au début, se plaisent sous le couvert des autres qui les dépassent rapidement; mais à leur tour ils prennent le dessus et couvrent dans l'âge mûr ceux qui les avaient tout d'abord devancés.

On peut les classer comme rusticité, à ce point de vue, dans l'ordre suivant :

1° Épicéa et sapin blanc;

2° Hêtre, pin noir;

3° Tilleul, châtaignier, noyer, charme;

4° Chêne, frêne;

5° Érable, aune, arbres fruitiers;

6° Pin Weymouth, pin sylvestre, orme;

7° Bouleau blanc, tremble;

8° Pin laricio.

Toutefois les espèces, telles que l'épicéa, qui semblent se plaire le mieux à l'ombre, ne peuvent cependant pas vivre à l'abri de la lumière.

Les couleurs vertes et rouges sont presque aussi nuisibles aux plantes que l'obscurité; la bleue est moins active que la blanche. Les horticulteurs emploient parfois des verres bleus dans les serres des pays chauds pour modérer la végétation de certaines plantes.

Vents. — Les vents modérés sont utiles à la végétation des forêts, parce qu'ils assurent le renouvellement de l'air (p. 77). Mais les vents violents agitent les arbres, les ébranlent en tous sens, les choquent les uns contre les autres et leur causent, par suite, de nombreuses meurtrissures; souvent ils en rompent les branches ou la cime, ce qui est un accident généralement très-grave; quelquefois même ils les déracinent complétement et les renversent.

Duhamel a montré que sur des arbres agités violemment, l'écorce pouvait se détacher en différents points du tronc, et que dans ce cas la couche de l'année suivante n'adhérait pas à la précédente, ce

. qui constitue une *roulure*. Il a montré qu'il pouvait, en outre, se produire des fentes verticales ou *gélivures*.

Les vents violents sont dangereux surtout en hiver, alors que les arbres sont chargés de neige et de givre et que leur tronc supporte les efforts de tension dus aux gelées.

Altitude.— Les climats des plaines sont plus doux et plus uniformes que ceux des montagnes; ils sont de plus en plus chauds au fur et à mesure qu'on s'avance du nord vers le midi; le voisinage des lacs, des rivières ou des mers en modère la température et la sécheresse en été; celui des montagnes élevées peut mettre à l'abri ou exposer à l'action des vents violents du nord. Chaque plaine se trouve ainsi, suivant sa latitude et sa position, dans des conditions spéciales qui commandent sa végétation forestière.

Les climats des montagnes sont d'autant plus rudes et variables que l'altitude est plus grande, la latitude plus élevée. Dans les vallées, le sol est généralement profond, les chaleurs y sont fortes, les pluies et les rosées y sont abondantes, les vents violents y règnent rarement; les arbres s'y trouvent donc encore en général dans de bonnes conditions, ils n'ont guère à craindre que les brouillards qui arrêtent fréquemment la vie des feuilles, et les gélivures que cause le soleil en hiver et au printemps. Dans les régions plus hautes, la température est

moins élevée (on admet qu'en France une élévation
de 200 mètres équivaut à peu près à un degré de
latitude), les brouillards y sont très-fréquents et les
vents très-violents, le sol y a peu de profondeur ; la
végétation y est par suite peu active, et, à mesure
qu'on s'élève, on voit les diverses essences disparaître successivement.

Exposition. — L'exposition sud est peu favorable aux arbres qui y sont sujets aux gelées
printanières et aux sécheresses de l'été ; elle ne
convient bien que dans les rares endroits des régions
chaudes et tempérées où le sol est frais et humide ;
les arbres y sont branchus et fréquemment tor-
tueux.

Celle de l'ouest offre les mêmes inconvénients ;
de plus, en France, elle expose les arbres aux vents
d'ouest et de sud-ouest, qui font en général plus de
mal par leur violence que les pluies qu'ils apportent
ne font de bien. Les arbres y sont fréquemment tordus, tortillards et roulés.

Au nord la température est régulièrement froide,
les gélivures y sont peu à craindre, le sol et l'atmosphère y sont le plus souvent humides ; certaines
essences y croissent rapidement, mais leur bois y est
gras ; il y est, en outre, généralement droit.

A l'est le soleil ne paraît que le matin, ses rayons
évaporent les brouillards et la rosée, mais ont peu
d'action sur les arbres, qui y sont dans de bonnes
conditions de végétation et qui y souffrent peu des

gelées persistantes ; mais ils y sont souvent branchus.

L'influence du soleil se faisant moins sentir sur
les montagnes élevées et dans les pays très-froids,
celle de l'exposition est aussi moindre. On remarque
de plus qu'en approchant des limites de végétation
de chaque essence, l'exposition préférée n'est plus
la même ; ainsi à la limite de végétation nord, tous les
arbres préfèrent l'exposition sud qui les échauffe,
tandis qu'à la limite sud ils préfèrent l'exposition
nord, parce que celle-ci les abrite du soleil.

Bris des branches. — Lorsqu'une branche rompt
par une cause quelconque, l'action du vent par
exemple, il reste en général un faisceau de ses
fibres adhérant au tronc ; celui-ci retient l'eau de
pluie dans ses interstices, attire l'humidité de l'air
par ses propriétés hygrométriques et se trouve soumis à des alternatives d'humidité et de sécheresse
qui en hâtent la décomposition.

Mais le mal ne se borne pas à la surface ; les
fibres et les vaisseaux du tronc qui se prolongeaient
dans la branche (p. 10 et 25), ayant les extrémités
supérieures gâtées, se pourrissent peu à peu, au fur
et à mesure que les infiltrations de l'eau de pluie
pénètrent plus profondément dans le tronc. Ce vice
est dit *grisette;* l'arbre qui en est atteint est impropre à la construction. Le mal est d'autant plus grave
et plus rapide que la branche est plus grosse, l'arbre
plus âgé et son bois plus spongieux.

Quand son bois est serré, l'altération des tissus est moins rapide, et quand, en outre, l'arbre et les branches sont jeunes, il arrive très-fréquemment que le cambium en s'épanchant tout autour de la plaie la couvre peu à peu d'une couche de bon bois, et la met ainsi à l'abri des infiltrations d'eau ultérieures. La décomposition du bois intérieur ne fait plus dès lors de progrès et l'arbre continue à végéter, ayant

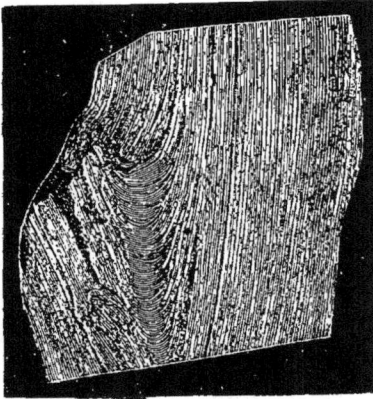

Fig. 49.

Branche brisée ayant gâté un tronc d'orme dont l'aubier seul est encore sain.
(Échelle de 1,8.)

tout au plus dans son intérieur une poche de bois gâté, dite *nœud blanc* ou *huppe,* qu'il suffira de purger quand on exploitera le bois ou quand on le travaillera.

Enfin, si l'accident se produit sur un arbre très-jeune, de bois serré, le recouvrement de la plaie s'opérera le plus souvent avant toute décomposition des fibres et l'arbre sera parfaitement sain.

On prévient les suites de ces accidents en coupant les moignons des branches cassées au ras du tronc; l'eau de pluie ne peut alors séjourner ni s'infiltrer, et l'écorce recouvre plus rapidement la plaie. On peut, en outre, pour plus de sûreté, couvrir celle-ci avec un enduit hydrofuge tel que le goudron appliqué à chaud.

Plaies. — Les arbres éprouvent souvent des blessures plus ou moins profondes causées par le vent, les ouragans, la foudre, les coups de soleil, les fortes gelées, les chocs de voitures, les atteintes des animaux, le martelage trop profond, la chute des arbres, enfin par les caprices, la malveillance, la maladresse ou l'insouciance des hommes. Celles qui n'atteignent que l'écorce sont promptement recouvertes par l'expansion du cambium, à moins qu'elles ne soient très-étendues. Celles qui atteignent le bois peuvent causer les mêmes désordres que le bris des branches, si elles sont disposées pour retenir l'eau de pluie; mais alors même qu'elles sont plus graves et qu'elles guérissent, il y a toujours séparation entre l'ancien bois et celui qui recouvre la plaie, lequel est mou, spongieux et constitue une *frotture* (fig. 49). Si la plaie est très-forte ou si l'arbre est âgé, l'écorce ne peut recouvrir qu'une partie de la plaie, elle laisse la tige à nu; il en résulte inévitablement alors une *pourriture* ou *grisette*.

Pour hâter la guérison de ces plaies, il faut enlever toutes les parties meurtries, crevassées ou altérées, mettre le bois à nu, amincir les bords de la plaie et appliquer dessus une matière préservatrice de l'humidité. *L'onguent de Saint-Fiacre*, formé par parties égales de terre glaise et de bouse de vache, est facile à préparer en tous lieux, mais il a le défaut de sè fendre à la chaleur, et il convient pour cela de le couvrir d'un linge. Forsyth, jardinier du roi

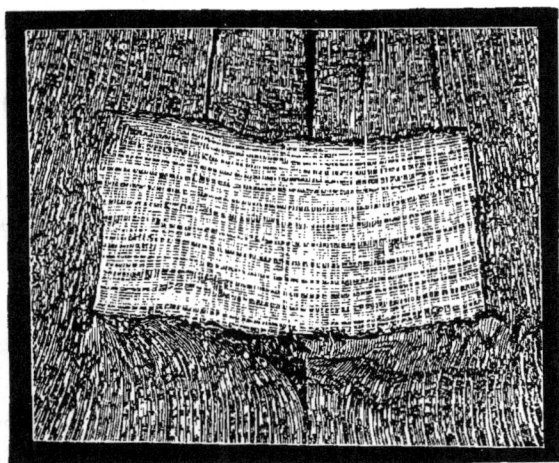

Fig. 49.

d'Angleterre, en proposa un autre composé de $\frac{1}{3}$ vieux plâtras, $\frac{1}{2}$ bouse de vache, $\frac{1}{8}$ cendres et $\frac{1}{8}$ sable fin ; il reçut pour cette découverte une récompense de 3,000 livres sterling ; mais cette composition a aussi le défaut de se gercer.

Le commerce livre maintenant des onguents qui résistent assez bien aux intempéries ; leur prix ne permet de les employer qu'aux arbres fruitiers ou d'ornement. Le goudron, appliqué à chaud avec un pinceau, convient mieux à la culture forestière.

On doit donc s'abstenir de faire subir aux arbres des opérations susceptibles de leur causer des plaies, notamment de les marteler profondément au corps. On trouve souvent dans le cœur d'arbres très-âgés les empreintes parfaitement nettes de martelages opérés depuis plus d'un siècle. Les blessures occasionnées par l'apposition de ces empreintes produisent entre l'ancien et le nouveau bois une sorte de moisissure et une matière sèche qui s'étend à $0^m,20$ au-dessus, à $0^m,50$ au-dessous, en altérant le bois jusqu'aux racines. Les exemples de ce genre abondent et montrent les fâcheuses suites que peut avoir le martelage lorsqu'il porte sur le corps de l'arbre, au-dessus de l'empatement des racines.

Insectes. — Les bois contiennent dans leurs tissus une énorme quantité de matière azotée qui peut servir de nourriture aux insectes. M. Chevandier a trouvé qu'un hectare de taillis sous futaie en produisait annuellement en moyenne 200 kilogrammes.

Les arbres sont protégés contre les insectes par leur écorce et leur épiderme, en sorte que tant qu'ils sont sains et vigoureux ils ne peuvent être attaqués. Mais, quand ils sont malades ou vieux, quand leur écorce est gercée ou meurtrie, quand des branches sont rompues, la séve devient accessible et généralement s'épanche au dehors, attirant ainsi les insectes qui absorbent alors l'élément principal de la vitalité

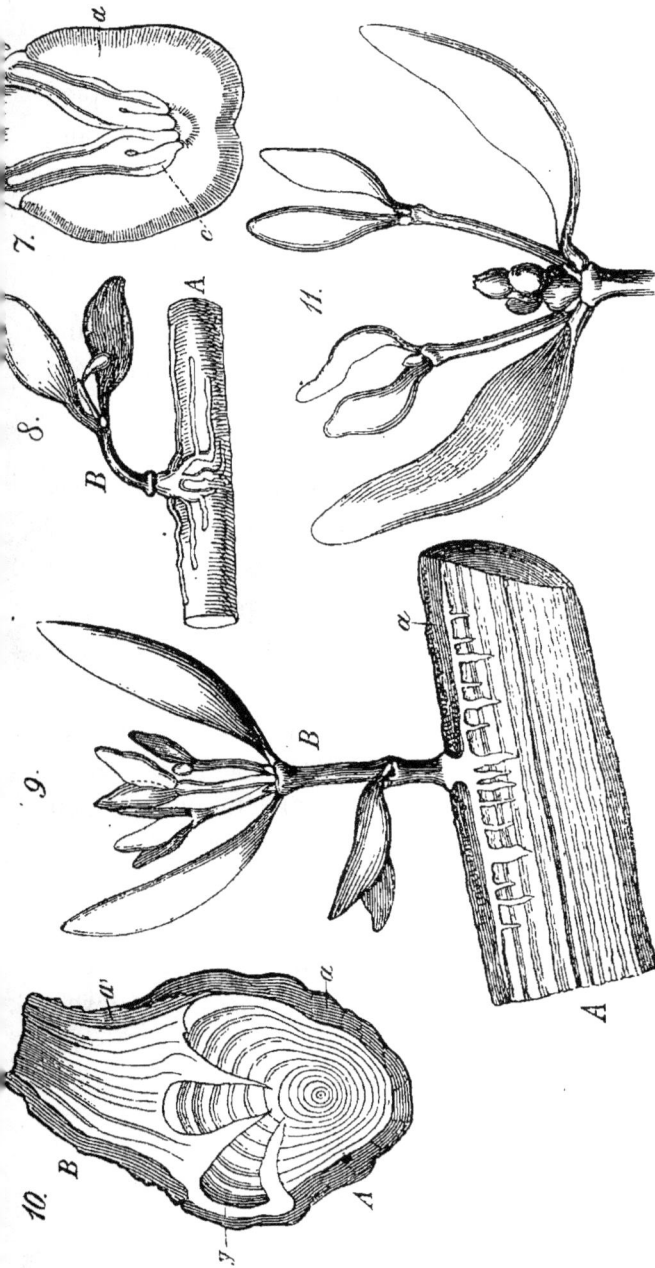

Fig. 51 à 55. — 7. Coupe transversale d'une graine mûre de gui : *a*, l'albumen; *b* et *b*, deux embryons: *c*, un cotylédon de l'un d'eux (grossi 8 fois). — 8. Un gui B de trois ans, fixé sur un rameau de sapin A dont l'écorce a été enlevée pour étudier la marche des racines du parasite (grandeur naturelle). — 9. Un gui B de quatre ans, fixé sur le sapin A. Les racines courent entre l'écorce *a* et le bois et ses suçoirs pénètrent même dans le bois de sapin (grandeur naturelle). — 10. Coupe transversale d'une branche de sapin A, qui sert depuis sept ans de support à un gui A : *a*, l'écorce du sapin; *a'*, l'écorce du gui; *y*, une racine du gui qui réunit les suçoirs l'un à l'autre (grandeur naturelle). — 11. L'extrémité d'un rameau de gui qui, entre deux pousses, porte trois petites baies (grandeur naturelle).

8

et aggravent ainsi la maladie de l'arbre. Ces animaux trouvent en général une nourriture assez abondante dans la séve exubérante des arbres sur pied
pour ne pas attaquer la tige, mais ils déposent leurs
œufs dans les fentes et dans les écorces, et ceux-ci
donnent naissance dans nos chantiers et magasins à
des êtres qui, ne trouvant plus alors de séve nourricière, s'attaquent au bois lui-même.

Certains insectes se multiplient parfois avec une
telle profusion, qu'ils causent de véritables épidémies
dans les forêts.

Végétaux parasites. — Certaines espèces de végétaux portent également préjudice au bois. Il y a
d'abord ceux qui, par leurs racines, affament les
arbres voisins et ceux dont les tiges grimpantes
serrent vigoureusement le tronc des arbres, y font
naître des bourrelets et parfois y arrêtent la circulation de la séve descendante. Il y a en outre des
mousses et des lichens qui naissent sur les arbres,
s'y cramponnent, les fatiguent par leur poids et en
arrêtent la transpiration sans leur emprunter aucun
élément. Il existe enfin de véritables parasites, tels
que le gui (*viscum album*, fig. 51 à 55) et la plupart
des champignons, qui se fixent sur les arbres et qui
vivent à leurs dépens. Quelques espèces se développent de préférence sur les feuilles et y produisent
la *rouille*, d'autres vivent sur les troncs et en hâtent
la décomposition.

INFLUENCE DES FORÊTS.

Les forêts ont des actions tellement variées que, pour la netteté des idées, il importe d'étudier successivement chacune d'elles.

Température. — Les arbres sont de véritables machines vivantes, qui nous fabriquent des matières combustibles ; mais, comme rien dans la nature ne se gagne ni ne se perd, ils doivent prendre quelque part la chaleur qu'ils accumulent dans leurs tissus ; la mauvaise conductibilité de leur tronc et la forme des pétioles de leurs feuilles ne leur permettent pas de puiser la chaleur de la terre ; ils ne peuvent absorber que celle de l'air, et ils le font en même temps qu'ils en décomposent l'acide carbonique. Les arbres seraient donc des causes de refroidissement permanentes s'ils fabriquaient constamment de la matière combustible, mais en réalité ils n'en fabriquent que pendant la saison de leur végétation et seulement lorsqu'il y a du soleil ; en conséquence ce n'est que pendant cette période de temps limitée qu'ils refroidissent l'atmosphère. Pendant le reste de leur existence, c'est-à-dire tant qu'ils sont privés de feuilles et tant qu'il n'y a pas de soleil, non-seulement ils n'absorbent ni ne refroidissent, mais même ils consomment une partie de leur matière combustible par leur respiration en produisant une faible chaleur dont l'air ambiant reçoit toujours quelque chose. Enfin l'émission de vapeur qui résulte de la transpiration est beaucoup plus forte au moment de la chaleur que la nuit, en été qu'en hiver, et constitue une seconde cause de fraîcheur en été. Cette chaleur emportée par les vapeurs émises n'est pas perdue pour le globe; elle va retomber sous forme de pluie dans d'autres régions plus fraîches et elle les échauffe.

On peut donc dire que la *végétation forestière atténue les variations de température.* Son action est, il est vrai, assez faible relativement à celles qui produisent les variations atmosphériques, mais elle est continue et elle a pu par suite être constatée en prenant la moyenne de fort nombreuses expériences. On a trouvé qu'en effet : 1° la température moyenne est plus élevée hors bois que sous bois d'un peu plus d'un demi-degré; de même pour la moyenne des maxima quotidiens de température; l'inverse a lieu pour les températures minima; 2° les variations diverses se font sentir sous bois comme hors bois, mais plus lentement, et les écarts y sont moins grands.

Bien que les forêts soient en général des modérateurs de température, il est juste de dire qu'en hiver les branches sont chargées de neige; qu'alors la surface refroidissante, entourant le passant et tout corps relativement chaud qui y arrive, est plus grande sous bois que hors bois et que par suite la température de ces corps chauds s'abaisse plus rapidement sous bois.

Hygrométrie. — Les arbres condensent beaucoup de rosée et d'humidité parce que la surface
de leurs feuilles est colossale ; cet avantage leur est
commun avec tous les végétaux : mais ils ont de
plus la propriété de la conserver longtemps, parce
que leur sous-bois est protégé par un épais feuillage contre les rayons directs du soleil et qu'ils
conservent ainsi longtemps leur rosée et surtout
l'humidité du sol. Les végétaux que l'homme cultive, les prairies par exemple, condensent également
une grande quantité de rosée, mais d'abord tous
ces végétaux délicats s'échauffent dès les premiers
rayons de soleil et laissent échapper la rosée dont
ils se sont couverts et même celle qu'ils ont commu-
niquée au sol ; de plus ils ne conservent pas leurs
feuilles aussi longtemps que les arbres, la chaleur
de l'été les dessèche et l'homme les récolte, ce qui
abrége la durée de leur action condensante. C'est
pourquoi les forêts conservent plus de fraîcheur que
toutes les terres du voisinage. Ainsi Ch. Mathieu a
trouvé que la hauteur de la couche d'eau évaporée
d'avril à octobre avait été de $0^m,414$ hors bois et
$0^m,082$ seulement sous bois, soit 5 fois moins.

Pluies. — La pluie résulte de la condensation
de la vapeur d'eau de l'atmosphère arrivée à l'état
de saturation ; une température basse et une grande
humidité la déterminent. Par suite les mêmes raisons, conservant aux forêts leur fraîcheur, y attirent
également la pluie.

Les arbres sont de plus des paratonnerres naturels qui attirent les nuages et avec eux la pluie. Ainsi MM. Becquerel et Vaillant ont constaté par expérience que le sol des forêts recevait environ un quart de plus d'eau de pluie que les autres terrains.

Ils ont montré en outre que les branches arrêtent la moitié environ de cette eau de pluie, laquelle s'écoule le long des branches et de la tige et pénètre dans le sol en suivant les racines, qui jouent le rôle de canaux de distribution. L'autre moitié de l'eau de pluie tombe des branches sur la terre et s'y infiltre par imbibition.

Maintien des terres. — Quand les arbres sont plantés le long des rivières ou des torrents, leurs racines rendent solidaires les unes des autres les diverses parties d'une couche épaisse de terre qu'elles rattachent au sous-sol et qu'elles font résister en bloc; la berge est alors défendue, tandis que les diverses parties des rives sans arbres sont attaquées isolément et successivement, puis entraînées par le courant.

Pour défendre une berge contre les eaux, il faut tenir compte de leur vitesse, qui donne la mesure de leur action destructive, afin d'y proportionner les moyens de défense. On peut admettre à cet égard les renseignements du tableau ci-après :

VITESSE par SECONDE.	MATIÈRES QUI RÉSISTENT A LA VITESSE CI-CONTRE et cèdent sous des vitesses plus grandes.
0^m,076	Terre détrempée, boue.
0^m,152	Argile tendre.
0^m,305	Sable.
0^m,609	Gravier.
0^m,914	Cailloux.
1^m,220	Pierres cassées.
1^m,830	Roches en couches.
3^m,050	Roches dures.

L'expérience indique ensuite quelles sont dans chaque localité les essences les mieux appropriées à ces travaux de défense. On recommande souvent le peuplier qui pousse rapidement, dont la racine est pivotante et qu'on peut planter en ligne serrée.

On emploie également les plantations pour maintenir les terres en montagne, mais on peut y employer presque indistinctement les essences à racines traçantes aussi bien que celles pivotantes. En effet, elles agissent principalement en facilitant l'infiltration des eaux de pluie dans le sol, en les empêchant de s'écouler à sa surface et d'y acquérir un volume et une vitesse assez grands pour entraîner les terres. Toutes les essences donnent ce résultat; celles qui conviennent le mieux au terrain, à l'exposition et à l'altitude sont naturellement celles qu'on doit préférer en semblable cas. Les déboisements inconsidérés, qui ont été faits depuis le commencement du siècle

sur les versants de beaucoup de montagnes, principalement sur les Alpes, ont privé les terres de
la protection qui les avait garanties jusqu'alors et
ont amené leur éboulement progressif dans les vallées.

Il arrive fréquemment dans les pays accidentés
que des terrains et même des mamelons entiers repo-
sant sur des couches d'argile inclinées, glissent
dessus lorsque des pluies abondantes les délayent : il
en résulte alors des éboulements très-dangereux.
Les plantations d'arbres à racines pivotantes pré-
viennent ou tout au moins modèrent ces accidents.

Enfin, les plantations effectuées sur les dunes
du littoral ont arrêté l'envahissement des sables de
l'Océan qui s'avançaient dans l'intérieur des terres
avec la vitesse de 25 mètres par année du temps de
Brémontier, et de 5 mètres en 1847.

Inondations et torrents. — Quand les pluies sont
très-abondantes, qu'elles donnent sur tout un bassin $0^m,070$ à $0^m,080$ d'eau en deux ou trois jours,
le sol n'en absorbe qu'une certaine proportion, le
reste s'écoule à la mer par les ruisseaux, les rivières
et les fleuves en telle quantité que l'eau déborde par-
dessus les berges et cause des ravages d'autant
plus graves que la vitesse est plus grande. Il se
produit alors des inondations.

Le meilleur moyen de les prévenir, c'est de faciliter dans chaque bassin le large dégagement des

eaux à l'embouchure, l'écoulement immédiat de celles qui viennent des plaines voisines de cette embouchure, et de retarder par contre les eaux qui arrivent de loin, principalement des montagnes. Tel fleuve, qui ne suffit pas au débit immédiat d'une pluie modérée, pourra satisfaire à l'écoulement d'une pluie très-forte qui s'opérerait ainsi progressivement. Les forêts du haut des bassins remplissent parfaitement ce but.

Elles font même plus, car elles infiltrent dans le sol non-seulement les eaux pluviales qu'elles reçoivent, mais encore celles des sommets plus élevés qui leur arrivent en ruisseaux et rigoles. Leur action à ce point de vue est des plus bienfaisantes dans les pays de montagnes, et y est généralement reconnue. Surrel, dans son *Étude sur les torrents,* conclut ainsi : « Partout où il y a des torrents récents, il n'y a plus « de forêts, et partout où on a déboisé des torrents « récents se sont formés. Les forêts sont capables « de provoquer l'extinction des torrents déjà formés. » C'est donc au nom d'un intérêt public des plus considérables que la loi a interdit le défrichement et le déboisement des forêts situées en montagne, alors même qu'elles appartiennent à des particuliers.

Sources. — Les sources résultent de l'infiltration des eaux pluviales dans les couches perméables du sol et de leur arrêt aux couches imperméables ; elles sont d'autant plus fortes et plus nombreuses que le sol absorbe une plus grande proportion des eaux

de pluie et en laisse écouler une moins grande à la
mer. D'après les études de M. Vallès, cette infiltration ne représenterait que $0^m,440$ de la couche
d'eau tombée annuellement dans les bassins de la
Saône et du Pô. Les forêts, principalement celles
des montagnes, contribuent donc notablement à
l'alimentation des sources.

Mais à côté de cet effet, elles en produisent un
autre complétement opposé; car elles absorbent en
été une quantité d'eau considérable pour leur végétation, de telle sorte que les plantations ont souvent
pour résultat de faire tarir des sources qui existaient
avant elles. Ce résultat est surtout à craindre dans
les plaines, parce que les eaux de sources y sont en
général assez rapprochées de la surface du sol et
dans la sphère d'action des racines; en montagne,
au contraire, l'eau souterraine est rarement accessible aux racines.

Cette disparition des sources à la suite des
grandes plantations a été constatée fréquemment;
cependant diverses personnes n'ont vu dans ce fait
matériel qu'une coïncidence et ont nié qu'il fût le
résultat de la végétation des arbres. Il est vrai qu'on
ne peut, en semblable cas, que préjuger la cause,
puisqu'il n'est pas possible de mesurer directement
l'eau absorbée par une forêt et que d'un autre côté
nos données sur la transpiration des branches détachées ou sur celle des petits sujets ne donnent pas
une base suffisante (p. 56). Cependant la grande
consommation des arbres n'en est pas moins prouvée.

Ainsi Marié-Davy a constaté que, du 20 au 28 juillet 1869 :

L'eau libre avait perdu par évaporation une couche de			41^{mm},78
Le sol nu	—	—	29^{mm},89
Le sol paillé	—	—	20^{mm},29
Le gazon	—	—	53^{mm},72

ce qui prouve que les prairies évaporent en été plus d'eau que l'eau stagnante elle-même, *a fortiori* plus que le sol nu ou que le sol couvert de céréales arrivées à maturité. Ce résultat surprenant tient à ce que la surface d'évaporation des prairies est beaucoup plus considérable que celle du sol qu'elles recouvrent. Mais les forêts à leur tour ont une surface de feuilles colossale et tout porte à croire qu'elles évaporent plus d'eau que les prairies elles-mêmes. D'un autre côté l'humidité du sol, mesurée par M. Risler, le 26 août 1869, à 0^m,40 ou 0^m,45 de profondeur dans des terrains de mêmes conditions, mais de cultures différentes, a été pour :

Un champ labouré en juillet.	0,1820
Un chaume d'avoine non labouré depuis la moisson.	0,1738
Un jardin potager, non arrosé, voisin d'arbres fruitiers.	0,1705
Un bois taillis chêne de 9 ans.	0,1395
Un champ de vignes.	0,1041
Un bois, futaie chêne, de 35 à 40 ans.	0,0754
Un bois de pins souffrant de la sécheresse. . .	0.0446

Ainsi nous voyons les arbres consommer beaucoup

d'eau, nous constatons de plus qu'ils dessèchent
le sol en été plus que les autres végétaux ; nous
sommes donc fondés à leur attribuer la disparition
des sources qui a suivi certaines plantations importantes.

Grêle. — L'examen des cartes, sur lesquelles les
compagnies d'assurances constatent les ravages causés par la grêle, indique que les forêts sont généralement épargnées. Ce résultat est peut-être plus
apparent que réel, parce que les statistiques des
compagnies ne comprennent que les propriétés
assurées, et les forêts ne le sont presque jamais,
cependant il est admissible, car les arbres, en leur
qualité de paratonnerres, jouent un certain rôle dans
tous les phénomènes météorologiques où l'électricité
intervient.

Fertilité du sol. — Les racines des arbres pénètrent dans le sol, le divisent, le rendent hygroscopique
et l'améliorent. Les menus bois et le feuillage, qui
tombent chaque année, forment au pied des arbres
une couche de matières fermentescibles ou d'humus
qui ajoute encore à la qualité du sol. Aussi les
forêts qu'on défriche donnent-elles pendant plusieurs
années de superbes récoltes de toutes sortes sans
qu'elles aient besoin d'engrais. Cette fertilité disparaît quand les matières organiques que les terres
contiennent ont achevé leur décomposition (p. 83).

Salubrité publique. — Les forêts n'ont une influence nettement démontrée sur la salubrité publique que dans les pays à la fois chauds et secs. Les observations touchant la salubrité relative des contrées boisées et déboisées ne sont ni assez nombreuses, ni assez précises, pour qu'on puisse actuellement en tirer des conclusions positives. La salubrité ou plutôt la constitution sanitaire d'un pays dépend de circonstances très-complexes sur lesquelles la nature des cultures a sans doute une influence appréciable, mais aucune observation vraiment scientifique n'a démontré cette influence sur des maladies déterminées.

Richesse publique. — Les pays couverts de forêts *dont le sol est d'excellente qualité* seraient plus prospères si on défrichait ces forêts pour y faire des céréales où des matières premières de l'industrie. On y récolterait, il est vrai, moins de bois, mais chacun alors restreindrait le luxe de consommation de bois qui s'y fait sans profit pour le pays, on obtiendrait à la place des céréales et des matières industrielles qui ne se gaspillent nulle part et dont le trop-plein exporté augmenterait la fortune publique. Le seul cas où il y ait intérêt à conserver ces forêts en bon terrain est celui où elles sont constituées d'arbres susceptibles de produire des bois d'œuvre supérieurs, car ces bois sont rares et leur production mérite certains sacrifices. L'intérêt des nations commande donc de défricher les forêts dont le sol est de très-bonne qualité, sauf à consacrer à la production des bois d'œuvre une surface suffisante pour satisfaire aux besoins du pays.

Par contre le même intérêt commande de planter les sols de mauvaise qualité, lesquels absorbent une main-d'œuvre hors de proportion avec les produits qu'ils donnent.

Enfin nous avons vu (p. 120) qu'il importe de maintenir boisées toutes les montagnes, quelle que soit la qualité de leur sol.

Mais, si l'on est d'accord sur ces principes, on ne l'est pas en général sur leur application. La rémunération du capital ligneux est encore trop faible pour notre génération, qui, désireuse de jouir promptement, aime peu les reboisements. Dans les pays de montagne, où la terre arable (par conséquent le capital sol) est entraînée chaque année par les pluies, le cultivateur préfère perdre ce capital plutôt que de le sauver par un sacrifice de reboisement qui en assurerait la conservation. Par contre il est toujours disposé à défricher, il ne regarde pas le plus souvent si le sol est bon par lui-même, il ne voit qu'une richesse d'humus accumulée par le fait de la végétation forestière, richesse qu'il peut réaliser en quelques années. Quand il a défriché, et par suite épuisé cette provision d'humus, le sol réduit à ses éléments minéralogiques ordinairement très-peu fertiles, attendu que d'ordinaire les bois sont sur d'assez mauvais sols, est laissé inculte et devient aride et improductif. Le particulier qui a défriché dans de telles conditions peut s'être enrichi, mais le pays s'est certainement appauvri. Aussi, quand on dit qu'il faut défricher les terres de bonne qualité, il est bien entendu qu'il ne s'agit que des terres susceptibles de donner encore de bonnes récoltes quand elles auront perdu leur provision d'humus ; ces terres deviennent chaque jour plus rares, attendu que l'agriculture est contrainte, par suite du renchérissement de la main-d'œuvre, à abandonner les terres médiocres pour reporter tous ses moyens sur les bonnes terres, qu'elle soumet à une culture intensive. Cette évolution de l'agriculture restreint encore la fraction déjà minime des forêts susceptibles d'être défrichées avantageusement.

Résumé. — En résumé, les forêts modèrent la température, conservent l'humidité de l'air, attirent les pluies, écartent la grêle, maintiennent les terres, font infiltrer les eaux de pluie dans le sol, alimentent les sources et les rivières et préservent des inondations. Leurs racines, feuilles, branches mortes et débris divers améliorent le terrain.

L'intérêt public commande la conservation des forêts des montagnes, et dans beaucoup de cas la reconstitution de celles qui ont été déboisées ou ruinées ; il conseille également la plantation des terrains de plaine trop pauvres pour être cultivés. Le défrichement des forêts de plaine situées sur un sol de bonne qualité est déjà si avancé en France, qu'on peut prévoir l'époque prochaine où la culture

forestière sera confinée dans les sols absolument impropres à tout autre mode d'exploitation. Il appartient à un gouvernement prévoyant d'aviser aux
moyens de conserver et d'améliorer les rares massifs
boisés où la marine, l'artillerie et l'industrie trou-
veront les bois de grande dimension et de qualité
supérieure que la propriété privée est impuissante à
produire.

CHAPITRE II.

CULTURE DES BOIS.

CULTURE DES ARBRES ISOLÉS
OU ARBORICULTURE.

Le développement des arbres qui croissent isolés ne suit pas les mêmes lois que celui des arbres en massif, aussi les procédés de culture diffèrent-ils notablement, suivant qu'il s'agit de traiter des arbres épars sur les taillis, les bordures des champs et des routes, ou d'élever des massifs forestiers.

On désigne sous le nom d'*arboriculture*, l'art de diriger la croissance des arbres pris individuellement. Le terme de *sylviculture* est plus spécialement employé pour exprimer l'ensemble des règles de culture applicables aux groupes d'arbres qui constituent les forêts.

L'arbre isolé étend librement ses racines dans le sol; ses feuilles, exposées à l'action de la lumière qui leur arrive de tous côtés, absorbent une grande quantité de carbone; ses branches latérales, dont le développement n'est pas gêné, acquièrent une grande

9

vigueur. L'allongement de la tige devient plus lent et s'arrête de bonne heure ; aussi le port d'un arbre qui végète dans ces conditions est-il très-différent de celui d'un arbre de même espèce croissant au milieu d'un massif. Ses formes sont trapues et sa tête arrondie, son tronc est gros et court, son branchage puissant.

Taille méthodique. — Comme c'est le tronc qui fournit le bois d'œuvre dont la valeur est bien supérieure à celle du bois de feu que produisent les branches, il y a un grand intérêt à favoriser le développement de cette partie de l'arbre et à lui donner les formes régulières que recherche l'industrie. On obtient ce résultat par la *taille méthodique,* improprement désignée sous le nom d'*élagage.*

La taille méthodique a pour objet de réprimer la tendance que les arbres isolés ont à produire des branches trop grosses qui diminuent l'allongement de la tige et déterminent des déviations défavorables au débit du bois ; elle donne le moyen de rectifier la croissance d'un arbre qui, abandonné à lui-même, prendrait le plus souvent des formes défectueuses.

Les principes de la taille méthodique peuvent se résumer en quelques préceptes simples, mais dont l'application exige un coup d'œil que la pratique seule peut donner. Nous allons formuler brièvement ceux de ces préceptes qu'il est le plus important de suivre.

On force un arbre à croître en hauteur en arrêtant, par des amputations, le développement des branches inférieures et en redressant la flèche si elle est courbée.

Pour empêcher une branche mal placée de prendre trop de vigueur, il faut la raccourcir, de manière à réduire la surface foliacée; mais on ne doit pas supprimer complétement celles des branches, même mal placées, dont l'amputation occasionnerait une plaie étendue relativement à la grosseur du tronc. C'est seulement lorsque le tronc aura acquis des dimensions assez grandes qu'on procédera à l'ablation de la branche sevrée.

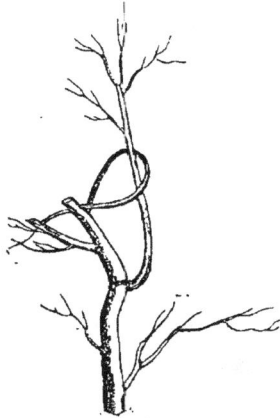

Fig. 56.
Redressement d'une branche destinée à former la flèche.

Il est important de maintenir une harmonie constante entre la grosseur de la tige et la quantité des branches qu'elle supporte et qui l'alimentent. Le grossissement de la tige s'opère en effet au moyen de la séve élaborée que les feuilles lui envoient par l'intermédiaire des branches. Couper les branches qui supportent les feuilles, dans l'espoir de faire grossir la tige, est donc une spéculation analogue à celle que ferait un éleveur en réduisant la ration des animaux à l'engrais.

La taille méthodique doit être commencée sur des arbres encore jeunes, parce qu'alors il est facile de modifier leurs formes sans leur faire subir de grandes amputations. Plus tard, on est obligé de couper des grosses branches, ce qui produit des plaies dont la cicatrisation laisse toujours des traces.

Lorsqu'il est nécessaire de procéder à l'amputation de branches un peu fortes, la surface de la section sera enduite d'une ou deux couches de goudron du gaz (coaltar), substance qui a la propriété de préserver la plaie du contact de l'air et d'arrêter la décomposition des tissus mis à nu.

Les amputations doivent toujours être faites rez

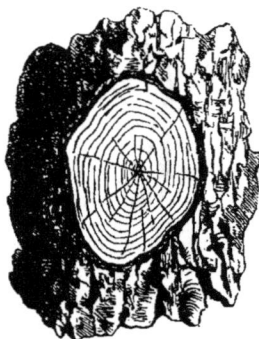

Fig. 57.
Aspect d'une coupe rez tronc.

Fig. 58.
Branche coupée à chicot.

tronc; la section doit être bien nette, afin que les bourrelets de la cicatrice n'éprouvent aucun obstacle pour se rejoindre. On prescrivait autrefois de laisser un chicot pour éloigner la plaie du corps de l'arbre, mais il est aujourd'hui constaté que cette pratique est vicieuse. Ces chicots, qui meurent promptement, déterminent la formation de foyers de pourriture qui pénètrent jusqu'au cœur de l'arbre. Les chicots anciens, les branches mortes doivent être rabattus jusqu'au vif ; les plaies anciennes, qui présentent une surface décomposée, doivent être ravivées et enduites de coaltar.

Les résineux supportent mal la taille qui, d'ailleurs, leur est rarement nécessaire, car ils ont une tendance naturelle à croître en hauteur. Les seuls soins qu'il convient de donner à ces arbres consistent à supprimer les flèches doubles lorsqu'elles se produisent, à reformer, avec les bourgeons latéraux redressés, les flèches accidentellement cassées, et à couper, dès qu'elles dépérissent naturellement, les branches basses. L'amputation de ces branches sera faite rez tronc pour éviter la formation de ces nœuds ou chevilles qui, restant sans adhérence avec les couches du bois, se détachent et laissent les pièces perforées de trous qui diminuent leur valeur.

Émondage. — On désigne sous le nom d'émondage une opération plus agricole que forestière, qui consiste à couper, tous les trois ou quatre ans, les branches latérales de certains arbres auxquels on ne laisse qu'une flèche entourée de quelques rameaux. On obtient ainsi du feuillage qui sert à la nourriture du bétail, et des ramilles qu'on emploie comme combustible.

Les chênes, les ormes, les frênes, les peupliers, sont les arbres le plus généralement soumis à ce mode de traitement.

L'émondage, fort usité dans le centre et l'ouest de

la France, a détruit plus de beaux arbres que le défrichement des forêts. C'est à ce mode d'exploitation qu'est due la disparition presque complète des beaux chênes qui garnissaient autrefois les haies et qui fournissaient les bois dits *de Fossés*, si recherchés pour leurs qualités.

Le tronc d'un arbre émondé perd presque toute valeur, car les nœuds dont il est couvert ne permettent de le débiter ni en bois de service ni en merrain. Ces nœuds deviennent souvent cariés; ils occasionnent alors des vices intérieurs qui rendent le bois impropre à tout autre emploi que le chauffage.

L'émondage est surtout pernicieux quand, pour augmenter la production des rejets latéraux, on supprime la flèche du sujet. L'arbre ainsi traité prend

Fig. 59.
Tronc de hêtre émondé.

le nom de *têtard*, parce qu'il se forme à l'extrémité du tronc un volumineux moignon sur lequel naissent les rejets qu'on coupe tous les trois ou quatre ans.

Ce moignon, formé par la réunion des cicatrices résultant de ces mutilations réitérées, devient bientôt le centre d'une décomposition qui étend son action jusqu'au cœur du sujet. Aussi les *têtards* ne sont-ils jamais sains.

La plupart d'entre eux s'altèrent si profondément
que le cœur, entièrement pourri, se transforme en
une poussière brune qui dis-
paraît bientôt, laissant une
vaste cavité entourée par les
couches externes encore vivantes. Ces arbres creux
peuvent vivre fort longtemps,
mais il est inutile de dire
qu'ils ne sont bons qu'à
donner de mauvais bois de
feu.

Fig. 60.
Têtard dont le tronc est carié.

L'émondage, avec ou
sans étêtement, est une pratique qui doit être exclue
de toute culture forestière.

La taille méthodique, au contraire, est le complément obligé de toute culture forestière soignée.
Indispensable pour imprimer une bonne direction aux
arbres isolés, elle a une grande importance dans le
traitement des futaies sur taillis et, quoique moins
nécessaire dans les futaies, parce que les éclaircies
donnent aux forestiers le moyen de faire disparaître
les sujets mal conformés, elle ne doit pas être exclue
de ce mode de traitement, qui exige souvent son
emploi pour régulariser et améliorer la composition
des massifs destinés à atteindre un âge avancé.

Exploitabilité. — L'âge auquel un arbre doit
être abattu, autrement dit son *exploitabilité,* varie
selon le point de vue où l'on se place. Se propose-t-on

d'obtenir du bois d'œuvre aussi parfait que possible,
il faudra attendre le moment où l'arbre va entrer en
retour, parce que c'est alors que son bois a acquis
toutes ses qualités. Veut-on au contraire tirer d'un
arbre le plus grand revenu possible, on devra
l'abattre à l'âge où le prix de vente actuel, augmenté
de l'intérêt de ce prix et de la valeur qu'acquérait
un autre arbre planté à sa place pendant un certain
nombre d'années, est supérieur au prix qu'on tirerait
du même arbre en retardant l'abatage du même
nombre d'années.

On pourrait déterminer exactement l'exploitabilité d'un arbre donné, si l'on connaissait les lois de
son accroissement, lois qu'il est fort difficile de découvrir parce qu'elles varient, non-seulement suivant
l'âge, mais encore suivant les conditions de végétation de chaque sujet. Supposons toutefois qu'on ait
pu observer la marche de la croissance d'un arbre
pendant une longue suite d'années, et qu'on ait con-
signé dans un tableau ses dimensions aux diverses
phases de sa végétation, et le prix du bois aux
époques correspondantes, on trouvera dans ce tableau
les éléments suffisants pour calculer le revenu de cet
arbre pendant chaque période.

Pour rendre le calcul plus simple, nous admettrons que le capital engagé est la valeur moyenne de
l'arbre et du sol qu'il recouvre, au commencement et
à la fin de chaque période :

La dernière colonne de ce tableau montre que le
revenu a augmenté jusqu'à l'âge de cent ans, et qu'il

PÉRIODES.	DIMENSION À LA FIN DE CHAQUE ÉPOQUE.			ACCROISSEMENT moyen annuel pour chaque période.	VALEUR du mètre cube de bois sur pied de l'âge de la période.	VALEUR de l'arbre à la fin de chaque période.	VALEUR du sol couvert par l'arbre.	REVENU OU INTÉRÊT du capital d'une période à l'autre.
	Hauteur.	Diamètre.	Cube.					
0 à 25 ans.	7m,00	0m,164	0mc,049	0mc,00196	5f,00	0f,245	0,500	3.6 p. 100
25 à 50 —	15m,00	0m,256	0mc,257	0mc,00832	8f,00	2f,056	1,040	3.6
50 à 75 —	20m,00	0m,356	0mc,619	0mc,01448	12f,00	7f,428	1,520	4.0
75 à 100 —	25m,00	0m,474	1mc,469	0mc,03400	18f,00	26f,442	3,584	3.2
100 à 125 —	30m,00	0m,590	2mc,734	0mc,05060	25f,00	48f,350	5,574	3.5
125 à 150 —	33m,00	0m,730	4mc,604	0mc,07580	30f,00	138f,420	8,520	0.5
150 à 175 —	35m,00	0m,770	5mc,430	0mc,03304	30f,00	162f,900	9,486	0.4
175 à 200 —	36m,00	0m,795	5mc,957	0mc,02108	25f,00	148f,925	10,20	

est avantageux pour le propriétaire de vendre l'arbre à ce moment, bien qu'il n'ait pas atteint la moitié de l'accroissement moyen annuel qu'il prendrait de 125 à 150 ans.

Si au lieu de connaître les accroissements par périodes de 25 ans, on les avait observés d'année en année, on aurait pu calculer les intérêts pour chaque année, et on serait arrivé à déterminer les diverses exploitabilités avec plus de précision.

Pour l'arbre que nous avons pris comme exemple, l'exploitabilité relative à la rente la plus élevée, ou l'*exploitabilité commerciale*, est 100 ans. L'*exploitabilité absolue*, qui correspond au plus grand accroissement moyen annuel ou au maximum de production dans un temps donné, est 150 ans.

La première convient à un particulier qui veut tirer de son bien le plus grand revenu possible.

La seconde convient à un État qui ne cultive pas les arbres seulement pour en tirer des revenus, mais bien pour assurer les approvisionnements de la marine et de l'industrie en bois de dimensions et de qualités supérieures.

Comme il est très-difficile, pour ne pas dire impossible, qu'on ait sur la végétation d'un arbre les données qui nous ont servi à exposer la théorie de l'exploitabilité ; comme d'ailleurs les variations du prix des bois viendraient déranger à chaque période les calculs les mieux établis, les propriétaires se bornent à exploiter leurs arbres dès qu'ils ont atteint les dimensions qui les rendent propres à la fabrication des produits les plus recherchés par l'industrie.

Les nombreuses expériences faites pour déterminer l'âge où les arbres pris individuellement donnent le maximum de production, ont appris que ce maximum d'accroissement moyen annuel n'est le plus souvent atteint que lorsque leur cœur présente déjà des signes de décomposition.

Il est évident qu'une théorie qui conduirait à exploiter des arbres en partie cariés est entachée d'un vice radical; aussi a-t-on depuis longtemps considéré la recherche du maximum d'accroissement moyen annuel d'un arbre donné, comme une pure spéculation mathématique, sans application pratique.

Un forestier quelque peu exercé doit, d'un coup d'œil, distinguer les arbres mûrs, c'est-à-dire dont le bois a acquis toute sa qualité, de ceux qui gagneront encore à rester sur pied. Les erreurs d'appréciation qu'il peut commettre sont moins grandes que celles qui résulteraient de calculs basés sur l'observation des dernières couches d'accroissement.

Les signes extérieurs de maturité varient suivant les essences et la fertilité du sol, mais on peut indiquer comme un caractère général l'arrêt ou du moins le ralentissement de végétation de la flèche. L'apparition de branches mortes dans la cime est en général un symptôme de maturité et même de dépérissement, mais cet indice n'est pas toujours sûr. On voit en effet souvent les réserves *se couronner* après

l'abatage du taillis et se *refaire une tête* quand il a
repoussé.

Le tronc de ces réserves se couvre de branches
gourmandes. Lorsque l'exploitation du taillis vient le
mettre à découvert, la séve, arrêtée par cette végétation anormale, n'a pas assez de force pour arriver à
la cime qui se dessèche et meurt; mais, à mesure que
le taillis s'élève, les branches gourmandes s'étiolent
et la cime reprend sa vigueur. L'élagage de ces
branches gourmandes produit le même effet que
l'accroissement du taillis.

Pendant le cours de leur longue existence, les
arbres sont exposés à de nombreux accidents, provenant, soit des intempéries, soit du fait de l'homme.
Ces accidents déterminent des altérations du tissu,
des défectuosités internes qui prennent le nom de
vices. Ces altérations plus ou moins profondes se
manifestent à l'extérieur par des indices qu'il est très-
important de connaître. Nous empruntons à la *Revue
des eaux et forêts* la description des symptômes
apparents qui permettent de constater l'existence des
vices internes les plus graves:

« Quand l'écorce est terne et fort galeuse, qu'elle
se fend et se sépare elle-même, de distance en distance, et qu'elle peut s'enlever avec la main, surtout
avec le pied, c'est un présage bien sinistre. Si on
aperçoit de grandes taches blanches ou rousses, on
doit présager des gouttières, des écoulements d'eau
ou de séve, qui ont pourri le bois intérieurement.

« Lorsqu'on trouve sur l'écorce des mousses,

des champignons, des lichens [1], des agarics, ces plantes parasites indiquent quelque pourriture ou que les arbres sont usés de vieillesse ; car, quoiqu'elles ne se nourrissent pas de la séve des arbres, elles retiennent l'humidité extérieure qui imbibe l'écorce et altère le bois qui est dessous, et si l'écorce vient à pourrir, l'humidité qu'elle retient rend ces plantes vigoureuses. Pour cette raison, on doit se défier d'un vieil arbre qui se trouverait enveloppé et étouffé par le lierre, quoique ce végétal grimpant s'attache parfois à de bons sujets.

« Il y a différentes espèces de vers qui attaquent les arbres sur pied et qu'il est assez difficile de découvrir. Mais les piverts savent les trouver. Il faut donc se défier des arbres auxquels ces animaux s'attaquent. On peut être au moins assuré que le bois en est toujours tendre.

« Quand on aperçoit sur un tronc des chancres, des cicatrices de branches, des nœuds pourris en partie recouverts, qu'on nomme œils-de-bœuf, et des écoulements de substance, on peut être à peu près certain qu'il y a une carie intérieure. Les loupes fré-

---

1. Si la présence des mousses et des lichens était un symptôme de dépérissement, il y aurait bien peu d'arbres sains, car il est rare de voir un tronc entièrement exempt de ces cryptogames. Les lichens et les mousses n'accusent un état maladif de l'arbre que lorsqu'ils acquièrent un grand développement. La présence des champignons est un indice toujours inquiétant, parce que ces végétaux ne croissent que sur des substances organiques en voie de décomposition.

quentes, les excroissances ligneuses, les bourrelets et les élévations qui suivent les fibres du bois, tout cela indique une gélivure intérieure.

« Les arbres frappés du tonnerre ont généralement des fentes intérieures qui obligent à les réduire en bois de corde.

« Parmi ceux morts de la gelée, on en trouve parfois de bons à mettre en charpente.

« Si on voit le long de la tige des branches menues chargées de feuilles vertes, on doit craindre qu'en ces endroits le bois ne soit rouge et de mauvaise qualité.

« Il est encore important d'examiner l'aisselle des branches, car bien que ces parties soient renforcées par la nature, il arrive quelquefois que les grands vents ou le poids des givres les ouvrent; l'eau s'y infiltre, et il en résulte des gouttières. C'est pour cette raison que les arbres éclatés par le vent, dont les branches sont en partie rompues, en partie brisées, doivent être rebutés.

« La couleur pâle des feuilles et leur chute précoce indiquent un arbre dont les racines ne sont pas saines ou ne peuvent pas s'étendre dans le terrain. Les arbres dont les racines sont découvertes sont sujets à ce défaut; leur bois est ordinairement de mauvaise qualité. »

CULTURE DES ARBRES EN MASSIF
OU SYLVICULTURE.

Taillis. — On donne le nom de taillis aux forêts dont la reproduction s'opère principalement par les rejets de souches et les drageons. Ce mode de reproduction est basé sur la propriété qu'ont un grand nombre de végétaux ligneux d'émettre des bourgeons qui restent cachés sous l'écorce à l'état rudimentaire, tant que la séve est attirée vers les parties supérieures de la plante, et qui se développent sur le pourtour de la souche lorsque la tige a été coupée. Indépendamment de ces bourgeons préexistants qu'on désigne sous le nom de bourgeons *proventifs,* il naît souvent, dans les jeunes tissus du bourrelet qui se forme autour de la section d'une tige, des bourgeons dits *adventifs,* produits par l'affluence de séve qui s'accumule sur ce point. Ces derniers bourgeons apparaissent après les autres : ils sont moins vigoureux. C'est sur les rejets issus des bourgeons proventifs que repose l'avenir des taillis.

Le nombre de ces rejets est d'autant plus grand que la souche est plus haute; mais leur croissance est d'autant moins active qu'ils sont plus nombreux. Ceux qui croissent au niveau du sol émettent des racines qui leur donnent une vie indépendante de celle de la souche-mère et qui assure leur solidité. Ceux qui se développent sur des souches élevées vivent uniquement par l'intermédiaire de la souche qui les porte. Leur existence est complétement subordonnée à celle de cette souche. Ces rejets, tout à fait semblables à ceux que produisent les têtards, ne peuvent d'ailleurs prendre un grand accroissement, parce qu'ils se décollent dès que leur poids devient un peu considérable, l'empattement par lequel ils adhèrent aux tissus de la souche n'étant pas assez solide pour résister aux effets du vent agissant sur la masse des feuilles et du branchage.

Ces considérations ont fait adopter le mode d'exploitation au ras du sol comme offrant les meilleures garanties de durée des taillis.

On a observé qu'il ne se produit pas de bourgeons sur les parties de la souche où l'écorce a été détachée; il est donc très-important de ne pas détruire, lors de l'abatage, l'adhérence de l'écorce. Il ne l'est pas moins de tailler la souche de la circonférence au centre, afin que la section unie et un peu bombée laisse aisément s'écouler les eaux pluviales et la séve. Le séjour de ces liquides à la surface de la plaie occasionnerait la désorganisation des tissus et, par suite, la mort de la souche. Les vieilles souches encore vivantes devront être ravalées et nettoyées de tous les chicots, de manière qu'après l'exploitation la coupe ne présente à la vue que des plaies bien vives et nettes.

Quoique la vitalité de la souche soit renouvelée par les jeunes racines qui naissent au pied des rejets, elle a, en général, moins de durée que celle d'un arbre se développant normalement. Les exploitations réitérées occasionnent, en effet, des plaies dont la cicatrisation n'est jamais complète. La surface rugueuse de ces cicatrices retient l'eau des pluies, qui altère d'abord les tissus les plus anciens. La désorganisation se communique de proche en proche jusqu'aux couches externes, et la souche, entièrement cariée, finit par périr. La durée des souches est très-variable suivant les essences et les climats; elle est plus grande dans le Midi que dans le Nord.

Les arbres résineux ne produisent pas de rejets de souche; ils ne peuvent donc pas être exploités en taillis. Les feuillus de nos climats s'accommodent presque tous de ce mode de traitement qui convient particulièrement aux chênes de toute espèce, au charme, au châtaignier, à l'orme, aux érables, au frêne et à tous les bois blancs. Dans quelques régions de la France, on ne peut traiter en taillis le hêtre qui supporte sans inconvénient ce régime dans le Midi.

Le mélange de plusieurs essences est favorable à la production des taillis, à condition qu'on ne laissera pas prédominer celles qui tendraient à envahir toute la place au détriment d'autres plus précieuses.

La durée des révolutions à adopter pour les bois traités en taillis varie dans des limites très-étendues, avec les sols, les climats, les essences et les besoins du commerce.

Au delà d'un certain âge, les arbres ne produisent plus de rejets de souche; les bourgeons proventifs qui sommeillaient sous les couches corticales ont perdu à la longue leur vitalité, et il ne vient sur la souche coupée que des bourgeons adventifs dépourvus de vigueur. On ne doit donc pas donner à la révolution des taillis une durée plus grande que celle de la puissance reproductive des souches. Quarante ans est la révolution la plus longue qu'on ait appliquée à des taillis de chêne croissant en sol profond. En général, on fixe entre vingt et trente ans la révolution des taillis de bois durs; entre quinze et vingt ans celle des taillis mélangés; entre huit et douze ans celle des taillis de bois blancs, morts-bois et de châtaigniers.

Le tableau ci-contre résume les renseignements relatifs à la révolution des taillis donnés par Baudrillart dans son *Mémoire sur l'aménagement des forêts.*

L'aménagement d'un taillis consiste à partager la forêt en autant de coupes d'égale contenance qu'il y a d'années dans la révolution adoptée. Chacune de ces coupes, exploitée annuellement, produit un volume de bois qui représente la *possibilité* de la forêt.

Si la contenance de chaque coupe est trop petite, on établit deux, trois, quatre fois moins de coupes qu'il n'y a d'années dans la révolution. Les exploitations reviennent alors à des intervalles de deux, trois ou quatre ans.

L'ouverture de bonnes voies de vidanges est une des nécessités les plus impérieuses de la culture forestière. Un produit aussi encombrant que le bois perd la plus grande partie de sa valeur sur pied si les frais de transport sont élevés; il y a donc pour le propriétaire forestier un grand avantage à réduire ces

NOMS des ESSENCES.	MANIÈRE de les reproduire soit de souches, soit de racines.	AGE auquel on peut couper les bois venus de semence pour avoir un bon recru.		AGE auquel on peut couper les taillis dans les terrains de moyenne qualité et dans les climats tempérés pour avoir				AGES les plus élevés auxquels les souches peuvent encore donner un bon recru lorsqu'elles ont déjà été exploitées une ou plusieurs fois.
				des rondins.		des ramilles.		
		Au moins. 20 ans.	Au plus. 60 ans.	Au moins. 20 ans.	Au plus. 30 ans.	Au moins. 10 ans.	Au plus. 15 ans.	
Chêne.........	De souches et rarement de racines.	20 —	40 —	20 —	30 —	10 —	15 —	150 à 200 ans.
Hêtre.........	Id.	20 —	40 —	20 —	30 —	10 —	15 —	60 à 90 —
Charme........	Id.	20 —	40 —	20 —	30 —	10 —	15 —	80 à 100 —
Érable........	Id.	20 —	40 —	20 —	30 —	10 —	15 —	80 à 120 —
Orme..........	Id.	20 —	60 —	20 —	30 —	10 —	15 —	100 à 150 —
Frêne.........	Id.	20 —	40 —	20 —	30 —	10 —	15 —	80 à 120 —
Bouleau.......	Id.	20 —	30 —	20 —	30 —	10 —	15 —	50 à 60 —
Aune..........	Id.	20 —	30 —	15 —	25 —	8 —	12 —	50 à 80 —
Tilleul.......	Id.	20 —	60 —	15 —	25 —	8 —	12 —	100 à 150 —
Alizier des bois.	Id.	20 —	30 —	20 —	30 —	10 —	15 —	50 à 80 —
Alouchier ou alizier blanc...	Id.	20 —	30 —	20 —	30 —	10 —	15 —	50 à 80 —
Tremble.......	De racines et rarement de souches.	15 —	30 —	15 —	20 —	6 —	8 —	Le tremble ne repousse que des racines dans la vieillesse.
Peuplier......	De souches et des racines.	15 —	25 —	15 —	20 —	6 —	8 —	40 à 60 —
Saule et arbrisseaux........	Id.	10 —	20 —	10 —	20 —	6 —	8 —	20 à 40 —

frais au minimum en disposant les voies de vidange de manière à desservir toutes les coupes. Dans les pays accidentés, ces voies de vidange doivent être tracées de telle sorte qu'on puisse débarder les coupes par les parties inférieures, car il est toujours très-onéreux de faire remonter les bois par des pentes rapides. Dans les montagnes, la vidange doit s'effectuer par les vallées.

Pour assurer la prospérité et la perpétuité des forêts traitées en taillis, il est nécessaire de remplacer les souches détruites, soit au moyen de repeuplements artificiels, soit en réservant des *baliveaux* destinés à produire des graines qui fourniront des sujets francs de pied.

On donne le nom de *baliveau de l'âge,* ou simplement *baliveau,* au brin qui a l'âge du taillis au moment où il est exploité.

Lorsque ce baliveau a vu s'écouler une seconde révolution, il prend le nom de *moderne;* il devient *cadet* à la fin de la troisième révolution ; *ancien* à la quatrième, et *vieille écorce* après la cinquième.

Dans les taillis simples, on exploite les baliveaux à la seconde révolution.

Taillis composé. — Lorsque le propriétaire d'un taillis juge qu'il est avantageux de produire du bois d'œuvre en même temps que du bois de feu, il réserve à chaque exploitation des baliveaux qu'il laisse devenir modernes, anciens, vieilles écorces. Le taillis devient alors un *taillis composé.*

Quand on adopte ce mode de traitement, la durée de la révolution doit être assez longue pour que les brins du taillis aient, au moment de l'exploitation, une hauteur suffisante pour former le fût d'un arbre de dimension marchande ; car ces brins réservés ne croîtront presque plus en hauteur lorsque le taillis qui les environne aura été abattu. La révolution se trouvera ainsi fixée entre vingt et vingt-cinq ans au minimum.

A chaque exploitation on réserve, dans les forêts ainsi traitées, un certain nombre de baliveaux de l'âge et l'on livre à l'exploitation les modernes, les anciens et les vieilles écorces qui présentent des signes de dépérissement. Les baliveaux réservés sont choisis parmi les brins les plus droits et les plus sains.

Comme il est assez difficile de bien apprécier la qualité des baliveaux au moment où se fait le martelage, il est prudent de réserver tous ceux qui paraissent bons. Après l'abatage du taillis, on reviendra choisir, parmi les brins provisoirement réservés, ceux qui seront définitivement conservés.

L'art du forestier consiste à proportionner convenablement, eu égard à la nature du sol, de l'essence et au climat, le nombre de sujets de chaque catégorie à réserver et à abattre. Il n'y a à cet égard aucune règle précise ; tout ce qu'on peut dire, c'est que dans les bons sols où les arbres prennent une grande hauteur, il y a avantage à conserver bon nombre d'anciens et même quelques vieilles écorces ;

que dans les sols secs et sans profondeur on peut multiplier les baliveaux et les modernes. La croissance du taillis sera d'autant moins entravée par les réserves que leur fût sera plus élevé et leur couvert moins épais; aussi les baliveaux destinés à composer la réserve doivent-ils être choisis parmi les essences à couvert léger. Les chênes, les ormes, les frênes, les grands érables, les bouleaux, les charmes, les hêtres, les fruitiers font de bons baliveaux de l'âge et peuvent même être marqués comme modernes; mais on ne laissera dépasser la troisième révolution qu'aux chênes, aux ormes, aux frênes et autres bois durs qui sont susceptibles de prendre une grande hauteur sans donner beaucoup d'ombre.

Le bois des futaies sur taillis est en général de meilleure qualité que celui qu'on tire des futaies pleines. Les pièces ont une moindre longueur, elles sont moins régulières de forme, mais leur tissu plus dense offre plus de résistance que celui du bois qui a cru en massif.

Futaies pleines. — On donne le nom de *futaies pleines*, ou simplement *futaies*, aux forêts dont la régénération s'opère par voie de semis.

La méthode généralement adoptée aujourd'hui pour le traitement des futaies est celle dite *du réensemencement naturel et des éclaircies*, ou plus simplement *naturelle*.

Cette méthode indiquée par les naturalistes français du XVIIIᵉ siècle, et principalement par Duhamel de Monceau, fut adoptée d'abord en Allemagne. Elle fut introduite en France par MM. Lorentz et Parade, qui l'avaient étudiée et vu appliquer dans les forêts de la Saxe et de la Bavière.

Pour expliquer les procédés de culture qui constituent la méthode naturelle, nous allons prendre un jeune peuplement à sa naissance et le suivre jusqu'à l'époque où il devient exploitable, en indiquant quels sont les traitements qu'il faut lui faire subir pour favoriser son développement, assurer sa régularité et préparer sa régénération.

Nous supposons que le peuplement dont nous suivrons la croissance provient d'un semis et qu'il forme un fourré complet assez vigoureux pour se passer d'abri.

Les jeunes plants qui, au début de leur vie, pouvaient croître sans se gêner, parce qu'ils trouvaient dans le sol l'espace nécessaire à l'extension de leurs racines encore faibles, et dans l'atmosphère l'air et la lumière indispensables au développement de leur feuillage, acquièrent bientôt des dimensions telles que leurs racines et leurs branches se touchent et s'entre-croisent; leurs branches inférieures privées de lumière s'étiolent et meurent, leurs racines tendent à s'enfoncer pour chercher dans les couches profondes l'eau et les substances inorganiques que les couches superficielles ne contiennent plus en quantité suffisante. Les jeunes plants, serrés les uns contre les autres, luttent pour chercher la lumière qui les fait vivre; les plus faibles, bientôt dominés par les plus vigoureux, dépérissent et couvrent le sol de leurs débris. Les jeunes sujets qui prennent le dessus dans cette lutte pour la vie, s'allongent en se dépouillant de leurs branches basses, mais leur tige est souvent trop grêle pour supporter, sans l'aide des brins voisins, une tête qui prend trop d'ampleur.

C'est à ce moment que le forestier intervient pour favoriser le développement des sujets destinés à composer le massif. Il enlève les brins dominés, ceux des plus vigoureux qui sont en excès, et les essences inférieures, de manière à espacer suffisamment les brins réservés pour qu'ils puissent croître sans se gêner tout en couvrant complétement le sol. Cette opération, qui est désignée sous le nom de *nettoiement*, est renouvelée toutes les fois que l'état du peuplement l'exige. Les premiers nettoiements, qui exercent sur l'avenir de la futaie une grande influence, car ce sont eux qui préparent les éléments de son peuplement définitif, doivent être faits lorsque le semis est arrivé à l'âge de dix ans environ ; s'il est très-épais, il faudra avancer cette opération. Il est en effet dangereux de laisser les brins s'effiler, parce qu'ils ne sont plus assez forts pour se soutenir lorsqu'on vient plus tard enlever leurs voisins.

Il est certaines essences, comme le pin maritime, le pin sylvestre, le chêne, qui peuvent être soumises à des nettoiements énergiques ; d'autres, comme les sapins, les hêtres, les épicéas, s'accommodent mieux de nettoiements légers.

Ces nettoiements, répétés de dix en dix ans,

amènent le peuplement à l'état de *perchis*, dénomination qu'on donne aux massifs âgés de trente ans et plus. Si ces opérations ont été bien dirigées, le peuplement à cet âge est formé de brins élancés, régulièrement espacés et assez serrés pour que leur feuillage ne laisse pas les rayons du soleil arriver jusqu'au sol.

La lutte qui a commencé avec la vie des jeunes plants et qui s'est poursuivie pendant toute cette première période se continue, quoique avec moins d'énergie, pendant les périodes suivantes. Les arbres exigent d'autant plus d'espace qu'ils acquièrent de plus grandes dimensions ; les plus vigoureux tendent toujours à étouffer les plus faibles. Tout l'art du forestier consiste à rendre cette lutte favorable à la production, en enlevant successivement les sujets malvenants ou surabondants. Ces opérations, analogues aux nettoiements, prennent le nom d'*éclaircies* lorsqu'elles s'effectuent sur des peuplements âgés de plus de trente ans.

Suivant la nature des essences et l'activité de la végétation, les éclaircies se font à des intervalles réguliers de dix à vingt ans. Leurs produits, de plus en plus importants à mesure que l'âge de la forêt s'élève, prennent la qualification de *secondaires*.

Lorsque ces éclaircies répétées ont conduit le peuplement à l'âge où il devient exploitable, la futaie se compose d'arbres sains, élancés, dont les branches se touchent sans s'entremêler ; le sol couvert des détritus des feuilles et des menus branchages a acquis un haut degré de fertilité. C'est le moment de réaliser les produits ménagés pendant cette longue période d'attente et de préparer la génération d'arbres qui remplacera ceux qu'on va abattre. Ce double résultat s'obtient au moyen des coupes de *régénération*.

Dans une première coupe, qui prend le nom de *coupe d'ensemencement* et qui suit à un intervalle de dix à vingt ans la dernière éclaircie, on dégage le massif de manière que les arbres conservés puissent produire d'abondantes semences, tout en maintenant un couvert suffisant pour abriter les jeunes plants. Cette coupe a pour objet de procurer l'ensemencement naturel; on la fait *sombre* ou *claire*, suivant la nature des essences auxquelles elle s'applique.

Quand le sol est bien couvert de jeunes plants, il faut les faire prospérer, leur donner, suivant leurs besoins, l'air et la lumière sans lesquels ils ne peuvent vivre; mais comme ces jeunes plants ne sont pas toujours assez vigoureux pour se passer de tout abri, on procède à une seconde coupe, après laquelle il ne doit plus rester sur pied que les arbres nécessaires pour protéger le semis; enfin, une coupe dite *définitive* vient faire disparaître ces dernières réserves. Le nouveau peuplement, assez robuste pour se passer désormais de l'abri des arbres qui lui ont donné naissance, suivra les phases par lesquelles a passé celui qui l'a précédé.

Les opérations que nous venons de décrire : net-

toiements, éclaircies, coupes sombres, claires, défini-
tives, ne se font pas de la même manière dans tous
les cas. Suivant les aptitudes spéciales de chaque
essence et la consistance des peuplements, les coupes
sont fortes ou faibles, le massif maintenu serré ou
clair ; mais, en général, on préfère les exploitations
faibles mais répétées, aux abatis considérables qui
modifient trop subitement les conditions d'existence
des arbres conservés.

L'exploitabilité des futaies traitées par la méthode
naturelle se détermine d'après les principes que nous
avons indiqués page 136. Toutefois, la durée de
la révolution ne saurait être fixée au-dessous de
l'âge où les arbres donnent les semences fertiles ;
elle ne doit pas dépasser celui où ils commencent à
dépérir. La recherche du maximum d'accroissement
moyen annuel, dont nous avons indiqué l'inanité
lorsqu'elle s'applique à des arbres isolés, conduit à
des résultats très-précieux lorsqu'il s'agit de massifs,
car on a, dans ce cas, à considérer non-seulement les
dimensions de chaque arbre, mais encore le nombre
des sujets qui existent sur une surface déterminée
aux dernières phases de la végétation, ce qui change
complétement les conditions du problème. C'est en
comparant entre eux des massifs réguliers d'âges
divers que les forestiers arrivent à reconnaître l'âge
auquel il convient de fixer l'exploitabilité pour tirer
de la forêt les produits les plus avantageux.

La possibilité des futaies régulières ne peut pas
se baser sur la contenance comme celle des taillis,

car la nature éminemment variable des coupes de régénération ne permet pas de fixer à l'avance leur emplacement. Pour ne pas dépasser, dans les exploitations, la production annuelle, on divise la révolution adoptée en un certain nombre de périodes égales, et l'on assigne à chacune de ces périodes les cantons qui seront régénérés pendant sa durée. Si, par exemple, on a adopté une révolution de cent cinquante ans, les périodes, au nombre de cinq, auront chacune trente ans. On affectera à la première période les peuplements de cent vingt à cent cinquante ans; à la deuxième, ceux de quatre-vingt-dix à cent vingt, et ainsi de suite jusqu'à la cinquième, qui comprendra les semis de l'année et les gaulis de trente ans.

On forme ces affectations de manière à rendre leur production sensiblement égale, afin qu'il ne reste plus qu'à calculer la possibilité de la première pour connaître avec une approximation suffisante celle des autres. Cette première affectation ne comprenant que des arbres arrivés ou à peu près à maturité, il suffira de cuber leur volume actuel, d'ajouter au cube obtenu l'accroissement probable pendant la durée de la période et de prendre le trentième du total pour savoir le volume qu'on pourra annuellement exploiter sous forme de coupes de régénération.

Futaies jardinées. — Le jardinage est un mode d'exploitation qui consiste à parcourir chaque année toute la forêt pour en extraire les arbres dépérissants.

Ces extractions doivent se faire de manière à ne laisser aucun vide; et hors le cas où il faut enlever des arbres morts, on choisit toujours ceux à abattre dans les parties déjà regarnies de jeunes plants.

Ce mode de traitement produit sur chaque point de la forêt un mélange de bois de tout âge, condition peu favorable à la végétation et surtout à la régularité des formes des arbres; mais il offre l'avantage de ne jamais laisser le sol découvert t de maintenir toujours le massif; aussi est-il préférable à la méthode naturelle lorsqu'il s'agit de forêts de sapins, d'épicéas, de melèzes, situées à de hautes altitudes.

Les futaies de peu d'étendue ne peuvent s'accommoder d'aucun autre mode d'exploitation que le jardinage, qui, lorsqu'il est prudemment dirigé, donne de fort bons résultats.

Tire et à aire. — Les ordonnances de 1554, 1576, 1579 et 1669 proscrivirent en droit le jardinage, qui donnait lieu à de nombreux abus, et ordonnèrent de faire les coupes par contenances égales de proche en proche et sans rien laisser en arrière; de réserver dans les coupes de futaies dix arbres par arpent; enfin, elles ne permirent pas que dans une même révolution les coupes fussent soumises à plusieurs exploitations.

Ce mode, connu sous le nom de *tire* et *aire*, n'est autre chose que le régime du taillis appliqué à la futaie. Les coupes à tire et aire ont produit, en général, des peuplements irréguliers dans lesquels dominaient les bois blancs. Cependant il faut reconnaître qu'elles ont parfois fourni des futaies de chêne de très-belle venue.

Ce système, adopté à cause de sa simplicité, a mis fin aux abus excessifs qu'entraînaient les jardinages pratiqués par des fonctionnaires prévaricateurs ; il n'exige aucune aptitude spéciale de la part de ceux qui l'appliquent ; mais aussi ses résultats sont subordonnés au hasard ; c'est donc un mode défectueux qui doit être exclu de la pratique forestière.

Influence des divers modes de traitement sur la qualité des bois. — Les futaies régulières donnent les produits matériels les plus considérables ; les bois d'œuvre qu'elles fournissent sont longs, homogènes et peu noueux. Mais il paraît certain qu'ils sont moins denses et moins nerveux que ceux qu'on aurait tirés du même sol en appliquant toute autre méthode. Dans ces forêts les arbres poussent à l'état de lutte incessante dans le sol aussi bien que dans l'air ; leurs cimes, toutes sensiblement de même hauteur, forment obstacle à la propagation de la chaleur et de la lumière, et chaque sujet, en particulier, se trouve végéter dans les mêmes conditions que s'il était dans une région plus froide et sur un sol moins riche ; son bois est donc relativement gras ; il convient parfaitement aux travaux de fente.

Les futaies exploitées à tire et à aire offrent le même inconvénient pour la qualité des bois, sans le compenser par les belles dimensions des pièces.

Les futaies jardinées produisent des bois un peu plus serrés; leurs arbres ont tous des hauteurs différentes; la chaleur et la lumière pénètrent mieux et vivifient un plus grand nombre de feuilles par hectare; les pieds d'arbres sont, en outre, généralement moins nombreux; le bois est produit dans des conditions, à ce point de vue, un peu moins défavorables que dans les autres futaies et doit être un peu moins gras. Mais, par contre, ils sont moins longs, moins réguliers, moins sains et plus noueux, en sorte qu'on ne peut les préférer aux précédents.

Les arbres des taillis composés sont, au contraire, dans d'excellentes conditions pour produire de bons bois; chacun d'eux a l'air, la lumière et la chaleur en abondance, puisqu'il en reste encore assez pour faire végéter le taillis qui est au-dessous; comme grain, les bois qu'on tire de ces forêts sont les meilleurs que le sol et la situation puissent donner. Il est vrai qu'ils n'ont pas les belles dimensions et proportions du bois des futaies régulières; que beaucoup sont noueux et impropres à grand nombre de travaux, mais la qualité les fait préférer en maintes circonstances à ceux des futaies.

La puissance calorifique augmentant avec la densité, on classe les bois comme chauffage dans l'ordre de préférence suivant : d'abord les réserves sur taillis, puis les taillis simples, les taillis composés, les futaies jardinées, enfin les autres futaies.

Il est clair que cet ordre de préférence ne s'ap-

plique qu'à des bois tirés d'un même terrain et
d'une même exposition ; car une futaie régulière sur
bon terrain, dans une exposition chaude, donne des
bois a coup sûr préférables, à tous les points de vue,
à celui des taillis composés situés dans une exposition froide et sur un terrain maigre ; l'influence du
terrain, de la chaleur et de l'exposition étant toujours
plus forte à ce point de vue que celle de la méthode
de culture.

**Influence des divers modes de traitement au point
de vue du revenu.** — Supposons, pour fixer les
idées, que nous ayons une forêt de 150 hectares
en peuplement uniforme, aménagée en rapport sou-
tenu à la révolution de cent cinquante ans par périodes de trente ans : chaque année nous retirerons
les produits des éclaircies périodiques de certaines
parties et ceux des coupes principales de certaines
autres, le volume total obtenu sera égal au produit
total d'un hectare de ladite forêt pendant cent cinquante ans. Pour nous rendre compte du revenu
en matière et en argent d'une semblable propriété, il nous suffit donc de rechercher les revenus de cet hectare de forêt en négligeant les
intérêts des produits des éclaircies périodiques.
Nous augmenterons la valeur du sol de la forêt
d'une somme dont les intérêts seront égaux aux im-
pôts et aux frais de garde et autres dépenses d'entretien. Cette fiction facilitera le calcul sans en altérer
les résultats.

PÉRIODE.	De 0 à 30 ans.	De 30 à 60 ans.	De 60 à 90 ans.	De 90 à 120 ans.	De 120 à 150 ans.
Volume de bois à la fin de la première période. . .	53 mc.464	131 mc.241	226 mc.074	328 mc.738	448 mc.077
Valeur du mètre cube de bois à la fin de la période.	5	12	18	25	30
Valeur des bois à la fin de la période.	267.32	1574.89	4069.33	8248.45	12542.34
Volume enlevé à la fin de la période par l'éclaircie périodique	13.900	27.800	41.700	55.980	»
Valeur des produits de l'éclaircie périodique. . .	69.50	333.60	750.60	1398.25	»
Volume des bois restant après l'éclaircie périodique. .	39.564	103.441	184.374	272.808	»
Valeur des bois restant après l'éclaircie périodique. .	497.82	1241.29	3318.73	6820.20	»
Accroissement en volume pendant la période. . .	53.464	94.677	122.633	144.364	445.269
Accroissement en valeur pendant la période. . .	267.32	1377.07	2828.04	4899.72	5722.41
Volume moyen pendant la période.	26.732	85.402	164.757	256.556	345.442
Intérêt en volume obtenu pendant la période. . .	6.7 p. 100	3.6 p. 100	2.5 p. 100	1.7 p. 100	1.4 p. 100
Valeur du sol en tenant compte des frais d'entretien.	1000.00	1000.00	1000.00	1000.00	1000.00
Valeur moyenne des bois pendant la pé iode. . . .	433.66	886.35	2650.31	5768.59	9681.25
Capital moyen pendant la période.	1133.66	1886.35	3650.31	6768.59	10681.25
Intérêt obtenu par ce capital pendant la période en ne tenant pas compte de la valeur du sol. . . .	6.7 p. 100	5.2 p. 100	3.5 p. 100	2.8 p. 100	2.0 p. 100
Intérêt obtenu par ce capital pendant la période, en tenant compte de la valeur du sol.	0.8 p. 100	2.7 p. 100	2.6 p. 100	2.4 p. 100	1.8 p. 100

Nous supposerons que nous connaissons les volumes et le prix sur pied des bois à chaque âge. Enfin, nous admettrons que le capital pendant une période est la moyenne de la valeur de l'hectare au commencement et à la fin de cette période.

Ce tableau montre : 1° qu'en semblables conditions l'exploitation en taillis serait fâcheuse ; il faudrait, pour qu'elle fût avantageuse, que la valeur du sol et les frais d'entretien soient faibles. Si ceux-ci étaient nuls, ce serait le mode d'exploitation le plus lucratif, car il donnerait 6.7 pour 100 de revenu. On comprend que ce régime soit préféré par les petits particuliers qui gèrent eux-mêmes leurs propriétés et utilisent une partie de leur bois de chauffage ;

2° Que l'intérêt en volume pendant chaque période décroît progressivement avec l'âge ;

3° Que l'intérêt en argent décroît également dans le même sens, en sorte que le propriétaire recueillerait plus de profit en exploitant ses bois à quatre-vingt-dix ans qu'à cent vingt ans, et à soixante de préférence à quatre-vingt-dix. Qu'ainsi le régime des futaies ne convient pas au particulier, qui doit tirer de ses propriétés le plus grand revenu possible.

Cela revient à dire que le commerce ne paye pas suffisamment les bois de forte dimension pour en rémunérer la production.

Les résultats numériques auxquels nous avons été conduits par les calculs ci-dessus auraient varié si nous avions considéré une propriété située dans d'autres conditions de valeur de sol, de frais d'entretien, d'accroissement annuel et de valeur de bois sur pied ; mais ces résultats, bien que différents comme mesure, auraient toujours été dans le même sens, de telle sorte que les conclusions que nous avons tirées sont générales.

Le régime des futaies sur taillis étant un intermédiaire entre celui des taillis simples et des futaies régulières, se classe également entre eux au point de vue économique.

Les futaies proscrites par les particuliers conviennent parfaitement, au contraire, aux États. Ceux-ci sont des êtres impérissables qui ne peuvent faire des économies en argent ni les placer à intérêt ; ils ont besoin de s'assurer des ressources disponibles pour parer aux embarras possibles de l'avenir ; ils obtiennent naturellement ce résultat en n'exploitant leurs futaies qu'au moment où leur dépérissement menace. Ils se créent ainsi un capital de réserve et assurent au pays des matières de bonne qualité qu'il aurait à acheter à l'étranger. C'est pourquoi toutes les puissances tendent à exploiter leurs forêts en futaies à longue révolution.

REPEUPLEMENTS ARTIFICIELS.

La régénération des forêts ne s'opère pas toujours d'une manière complète par les semis naturels. Il y a maintes circonstances où l'homme doit intervenir pour compléter des repeuplements insuffisants.

Cette intervention est indispensable lorsqu'il s'agit, soit de restaurer des forêts détruites, soit d'en créer de nouvelles sur des terrains livrés à la culture ou au pâturage.

Ces travaux de repeuplement se font par *semis, plantations, marcottes, boutures* ou *drageons*.

Semis. — Pour faire un semis, il faut employer des graines provenant de sujets sains et vigoureux.

La récolte des graines doit se faire au moment de leur maturité. Cette époque varie pour chaque essence. Les glands et les faînes sont mûrs en octobre et novembre. C'est aussi à l'arrière-saison qu'on ramasse les cônes de pin sylvestre, de sapin, d'épicéa, et en général de tous les résineux. La graine d'orme est mûre en juin, celles des grands érables (plane et sycomore) sont mûres en septembre (Voir le tableau p. 168). Les semences lourdes, comme le gland, la faîne, se conservent difficilement au delà du mois de février qui suit la récolte. Les graines des résineux se conservent deux ou trois ans si l'on a soin de les placer sur une aire sèche et de les brasser souvent pour les empêcher de s'échauffer.

Lorsque l'aspect des graines laisse des doutes sur leur qualité, on s'assure qu'elles ont conservé leur vitalité en les faisant germer sous une bâche ou plus simplement sur un drap mouillé.

On peut abréger la durée de ces essais en soumettant les graines à une température de 18 à 22 degrés.

On accélère la germination des graines en les

mouillant avec des solutions de chlore, d'acide nitrique, d'acide sulfurique, de sulfate de fer, de
minium, de litharge et autres composés cédant facilement leur oxygène.

Dans quelques jardins botaniques, on fait tremper les graines, dont on veut hâter la germination,
dans de l'eau aiguisée par quelques gouttes de solution de chlore. La proportion usitée est d'une goutte
pour 30 grammes d'eau.

On prépare le terrain destiné à recevoir des
semis en le débarrassant des herbes et des arbustes
qui entraveraient le développement des jeunes plants.
Le sol est ensuite ameubli à la charrue, à la houe ou
à la bêche. Cet ameublissement doit être d'autant plus
profond que la végétation des plants est plus rapide,
le sol plus compacte. En général, il est avantageux
de défoncer profondément le terrain destiné à recevoir des semis. Les racines trouvant un milieu facile
à pénétrer se développent rapidement et arrivent en
peu de temps aux couches profondes où elles sont à
l'abri de la sécheresse; car la terre ameublie, mauvaise conductrice du calorique, conserve l'humidité
bien mieux que la terre tassée. Certaines essences,
comme le hêtre, le sapin, l'épicéa, exigent des abris
pendant leur jeunesse; on les leur procure en couvrant les semis avec des genêts, des branchages
qu'on renouvelle jusqu'à ce que le plant soit assez
fort pour supporter l'accès direct de la lumière.

Les semis se font, soit *en plein*, soit par *bandes
alternes*, soit par *placeaux* ou *poquets*.

On sème en plein, après un bon labour, les graines des essences robustes comme les pins sylvestres et d'Autriche, mais si l'on opère sur des sols que la gelée soulève, le labour sera plus nuisible qu'utile. Il faut, dans ce cas, semer sur la bruyère, sans culture aucune, ou même encore placer quelques graines au milieu des touffes de bruyère, en écartant, à l'aide d'une pioche courte, les mousses qui couvrent le sol. Les jeunes plants croissent ainsi à l'abri des bruyères qui empêchent le sol de se soulever par la gelée, et, après quelques années, ils finissent par prendre le dessus et par étouffer la bruyère qui les a protégés.

Ce mode de semis est employé avec un grand succès dans les reboisements du plateau central; il est sûr et fort économique, car la main-d'œuvre ne s'élève pas à 20 francs, et la quantité de graines à plus de 6 kilogrammes par hectare.

On sème par bandes alternes les terrains dont la culture est difficile et ceux qui sont trop en pente pour être ameublis sans danger. On donne aux bandes cultivées 40 centimètres de largeur; l'espace inculte laissé entre elles est ordinairement de 1 à 2 mètres.

Dans les terrains en pente, les bandes sont tracées suivant l'horizontale.

Le semis par *poquets* ou *placeaux* est employé lorsqu'il s'agit de repeupler des terrains déjà en partie boisés ou trop accidentés pour permettre une culture complète. Les placeaux destinés à recevoir les graines sont espacés aussi régulièrement que possible; on leur donne 0^m,50 à 1 mètre de côté, suivant que le sol est plus ou moins disposé à se garnir d'herbes. La culture des placeaux doit être profonde.

Dans les terrains argileux et humides, la végétation herbacée est si rapide qu'elle étouffe promptement les jeunes plants forestiers, dont la croissance est lente au début. On atténue ce danger en détruisant les herbes au moyen de l'*écobuage*. Cette opération consiste à enlever par mottes les herbes et les bruyères et à former avec ces matériaux des fourneaux auxquels on met le feu quand ils sont suffisamment desséchés. On répand ensuite les cendres provenant de cette combustion. Ces cendres renferment de l'argile devenue friable par la cuisson et des sels alcalins assimilables, qui constituent de très-bons stimulants.

L'écobuage est utile aux terres argileuses contenant des herbes et du terreau, principalement aux terres marécageuses. Les Anglais écobuent même les terrains crayeux; mais cette pratique, bonne peut-être sous le climat humide de l'Angleterre, ne saurait être recommandée en France. Dans le Midi, on écobue les bruyères et les guarrigues pour y semer du seigle ou du sarrasin; le terrain, ruiné pour longtemps, est abandonné après la récolte.

Le tableau ci-contre indique les quantités de graines des essences les plus répandues qu'il faut employer et les époques où les semis doivent être faits. Les indications de ce tableau n'ont rien d'ab-

DÉSIGNATION des ESSENCES.	LIMITE du poids d'un litre de graine saine en grammes.	ÉPOQUE de la récolte des graines.	LIMITE de la conservation des graines.	NOMBRE DE KILOS à mettre par hectar pour un semis	
				en plein.	partiel.
Chêne..........	550 à 600	Automne.	1er printemps	850 à 950	550 à 700
Hêtre..........	105 à 425	Id.	Id.	325 à 425	250 à 300
Châtaignier	»	Id.	Id.	»	700
Orme	40	Juin.	Id.	28 à 30	18 à 22
Frêne	170 à 180	Automne.	Id.	40 à 45	27 à 30
Érable..........	120 à 130	Juin.	2e printemps.	60 à 65	40 à 45
Bouleau..........	90 à 100	Id.	1er printemps	36 à 40	24 à 30
Robinier........	»	Id.	2 ou 3 ans.	20 à 25	14 à 16
Charme. { S. ailée...	50 à 60	Id.	Id.	50 à 55	33 à 38
{ S. désailée..	410 à 420	Id.	Id.	45 à 50	30 à 33
Aune	320 à 340	Id.	1er printemps	10 à 12	6 à 8
Sapin. . { S. ailée...	200 à 215	Septembre	18 mois.	»	40 à 15
{ S. désailée..	265 à 275	et octobre.	Id.	»	36 à 40
Epicéa . { S. ailée...	125 à 140	Après les	3 à 4 ans.	18 à 22	13 à 15
{ S. désailée..	400 à 430	froids.	2 ans.	15 à 18	10 à 12
Pin { S. ailée...	120à 140	Id.	3 à 4 ans.	»	10 à 12
sylvestre.{ S. désailée..	440 à 500	Id.	2 ans.	»	7 à 8
Pin { S. ailée...	»	Id.	3 à 4 ans.	15 à 18	10 à 12
maritime.{ S. désailée..	»	Id.	2 ans.	12 à 14	8 à 10
Mélèze.. { S. ailée...	160 à 175	Id.	2 à 3 ans.	»	16 à 18
{ S. désailée..	500 à 550	Id.	18 mois.	»	12 à 15

ÉE mination semis ait au printemps en semaines.	SAISON préférable pour faire les semis.	OBSERVATIONS.
4 à 6	Printemps.	Y joindre $\frac{1}{3}$ ou $\frac{1}{5}$ de graines d'essences de croissance rapide, bouleau, pin, etc.
3 à 4	Id.	Le jeune plant craint le soleil et doit être semé à l'ombre. Pour repeupler des terres vagues, il vaut mieux planter.
3 à 6	Id.	Demande un sol bien ameubli. Il est bon de semer les châtaigniers par lignes, et de cultiver quelques années des céréales entre elles.
2 à 3	Aussitôt après la maturité des graines.	Semer par bandes alternées par des cultures de céréales.
4 à 6	Printemps.	Semer par bandes alternées par des cultures de céréales. La graine ne germant que la seconde année, il est bon de la conserver un an en fosses; alors elle lève aux époques ci-indiquées.
»	Id.	Semer par bandes alternées par des cultures de céréales. Le jeune plant craint les gelées printanières.
»	Automne.	Semer par un temps pluvieux.
3 à 4	Printemps.	Le jeune plant craint les gelées, couvrir le sol de feuilles.
»	Id.	Même observation que pour le frêne.
»		
5 à 6	Automne.	La plantation est toujours préférée au semis dans les sols humides.
4 à 6	Mars, mai.	Même observation que pour le hêtre. Semer à l'ombre,
4 à 6		ou par bandes alternées, ou par pots ombragés par des broussailles ou par des céréales.
5 à 6	Printemps.	Même précaution que pour le sapin, quoique les jeunes
5 à 6		plants soient moins délicats.
4 à 6	Id.	Ne germant quelquefois que la seconde année et même
4 à 6		plus tard.
»	Id.	Convient parfaitement aux terrains sablonneux profonds.
»		Redoute le froid. Ne prospère pas sous le climat de Paris.
4 à 6	Id.	Même précaution que pour l'épicéa. Les plantations
4 à 6		réussissent mieux que les semis.

solu et peuvent être modifiées suivant le climat, le
sol et la nature des travaux entrepris.

Plantations. — Si le semis est dans certains cas
le mode de repeuplement le plus économique et le
plus sûr, il est des circonstances où la plantation doit
lui être préférée. Ainsi, lorsqu'il s'agit de propager
des essences à tempérament délicat comme le sapin,
l'épicéa, le hêtre, il vaut mieux opérer par voie de
plantation que par semis. La plantation est préférable au semis pour le repeuplement des terrains
légers que la gelée soulève et des terres fortes que
l'herbe envahit.

Les plantations forestières se font presque toujours avec des plants de basse tige. Le travail en est
moins coûteux et la reprise plus assurée. Les plants
de haute tige, c'est-à-dire de 1 mètre et plus de
hauteur, ne sont employés que pour les avenues,
les bordures et quelquefois pour compléter des peuplements exposés aux dégâts du gibier.

Les plants de basse tige peuvent être pris dans
les pépinières ou dans les recrus provenant de semis
naturels.

Les plants provenant des pépinières sont préférables à ceux qu'on extrait des forêts. Ces derniers
ont ordinairement des pivots très-longs et peu de
chevelu. L'extraction en est difficile, à cause de la
compacité du sol. Les plants de pépinière, au contraire, sont garnis d'un chevelu abondant; on les
extrait sans peine, parce que le sol des pépinières

est toujours bien ameubli; aussi présentent-ils de bien plus grandes chances de reprise. Il est cependant certain cas où l'on peut employer des plants qu'on trouve en abondance dans les bois, comme les bouleaux, les charmes, les érables, mais il est rare qu'on puisse utiliser les chênes, les sapins, les pins des semis naturels. On ne peut le faire que lorsque le sol d'où on les extrait est très-léger, parce qu'alors on peut les arracher sans détruire le chevelu.

Les plants de haute tige doivent toujours être pris en pépinière, car il est difficile d'extraire des bois des sujets un peu forts.

Les terrains propres à l'établissement des pépinières forestières ne doivent être ni secs, ni humides, ni argileux, ni gras. Un sol léger, de fertilité et de compacité moyennes, est celui qui convient le mieux; les sujets qu'on y élève y prennent beaucoup de chevelu et sont dans les meilleures conditions pour être transplantés.

On sème les graines forestières en lignes et très-dru.

Lorsque les plants ont deux ans, on les repique en les espaçant de manière à leur permettre de se développer en feuilles et en racines. L'espacement varie suivant qu'on veut obtenir des plants de basse tige ou de haute tige; pour ces derniers, il est de 0m,66.

Il est indispensable d'abriter soigneusement, par des couvertures de genêts ou d'autres végétaux, les plants de sapins, d'épicéas, de hêtres et autres essences délicates qui redoutent l'action du soleil.

Les semis doivent être souvent sarclés, pour empêcher le développement des mauvaises herbes; il faut les arroser pendant les fortes chaleurs.

L'extraction des plants se fait en ouvrant une tranchée parallèle aux lignes dans lesquelles les jeunes plants ont été placés. Cette tranchée doit être assez profonde pour laisser voir l'extrémité des racines. Les plants sont enlevés par bandes parallèles, en dégageant à la main leurs racines de la terre qui les entoure. Cette terre est rejetée en arrière, et il se forme ainsi, à la place des plants enlevés, une seconde tranchée qui facilite l'extraction d'un deuxième rang de plants. En procédant ainsi, on obtient des sujets bien intacts, et l'extraction est beaucoup moins coûteuse que si les plants étaient arrachés à la bêche.

On ne peut indéfiniment faire produire à une pépinière des plants vigoureux. Après quelques semis, le sol, épuisé, ne donne plus que des sujets malingres.

Pour lui rendre sa fertilité, il faut lui donner des engrais appropriés. Le fumier de ferme, bien décomposé, convient aux carrés destinés à recevoir des semis d'essences feuillues. Pour ceux qu'on destine aux résineux, on emploiera de préférence les composts de terreau et de feuilles mortes. Comme le haut prix des engrais rend ces fumures onéreuses, on se borne souvent à semer sur les carrés vides du sarrasin ou, mieux, du lupin qu'on enfouit en vert.

Les arbres transplantés pendant la végétation

périssent presque toujours, parce que leurs racines meurtries, réduites et privées d'une partie de leur 'chevelu, ne peuvent aspirer assez de séve pour compenser l'évaporation des feuilles. Si l'on était obligé d'effectuer une opération de ce genre, il faudrait abriter l'arbre contre les rayons solaires et entretenir avec soin la fraîcheur de sa tige et de ses racines. Les horticulteurs enlèvent la lame des feuilles en respectant les pétioles. Grâce à cette précaution, qui supprime l'évaporation des feuilles, ils sauvent souvent des arbres transplantés en pleine séve, mais on ne peut prendre de semblables précautions dans les transplantations des forêts. Celles-ci doivent donc être effectuées dans la saison où l'évaporation des feuilles n'est pas à craindre, c'est-à-dire depuis l'époque de la chute des feuilles jusqu'au moment où les boutons commencent à s'ouvrir.

Pour les essences qui ne craignent pas les gelées, on préfère l'automne, pour que la terre se tasse mieux autour des racines, sous l'action des pluies et des gelées d'hiver, et aussi pour que le chevelu des racines puisse se développer si l'hiver est doux.

Dans les terrains frais et aux grandes altitudes, les plantations doivent toujours être faites au printemps.

Si l'espacement donné aux plants est très-petit, le sol est ombragé, les herbes sont étouffées et la jeune plante est dans les meilleures conditions pour résister aux sécheresses. Sa reprise est donc facilitée, mais par contre il faut promptement faire des éclaircies pour donner de l'air, ce qui entraîne une certaine dépense.

On balance en général ces deux inconvénients en donnant des espacements de 0^m,66 à 1^m,33, en moyenne de 1 mètre aux plantations de basse tige et de 2 mètres à 8 mètres, selon leur hauteur, à ceux de haute tige. Enfin, pour tenir compte de la rapidité de la végétation, on doit planter plus serré dans les sols secs et arides que dans les fertiles, dans les climats froids que dans les tempérés. On doit également planter serrées certaines essences, telles que le hêtre et le sapin, qui aiment le couvert. On trouvera, plus loin, les résultats de quelques expériences faites pour mesurer l'influence de l'espacement des plants sur leur accroissement.

Il y a quatre manières de disposer les plants : 1° en allées ou files; 2° en triangles équilatéraux; 3° en carrés; 4° en triangles isocèles ou quinconces.

La méthode des triangles équilatéraux est celle qui utilise le mieux l'espace. Elle demande :

26,615 plants par hectare, pour des espacements de	0.66
11,550	—	—	1. »
6,259	—	—	1.33
2,888	—	—	2. »
722	—	—	4. »
321	—	—	6. »
180	—	—	8. »

La méthode des carrés n'exige que 8 % des quantités ci-dessus indiquées.

Les trous doivent être assez larges et assez profonds pour que les racines y soient à l'aise. Dans les sols très-compactes, il faut les faire plus grands, pour préparer le développement des racines. Enfin, dans ceux tout à fait aquatiques, on recommande de poser les racines sur le sol et de les butter avec de la terre et des gazons, qu'on obtient en creusant autour du sujet une rigole qui favorise l'écoulement des eaux.

On a souvent recommandé de creuser quelques mois à l'avance les trous qui doivent recevoir les plants. Cette précaution peut être bonne lorsqu'il s'agit de plantations de haute tige, parce qu'alors l'on atteint les couches profondes du sol, qui ont besoin d'être soumises à l'action de l'air pour devenir fertiles; mais, pour les plantations de basse tige, il vaut mieux ouvrir les trous au moment où l'on met le plant en terre. On diminue ainsi la dépense et les chances de succès sont aussi grandes.

Les racines des jeunes plants doivent être soigneusement garanties du vent et surtout du soleil. Quelques instants d'exposition au soleil suffisent pour dessécher le chevelu et empêcher la reprise.

Quand la plantation ne succède pas immédiatement à l'arrachage, on met les plants en jauge. Pour cela, on les place à l'ombre, dans une fosse où on les place obliquement en recouvrant leurs racines d'une épaisse couche de terre de jardin.

L'on emploie pour les expéditions de plants des caisses à claire-voie, qui sont bien préférables aux paniers ou aux caisses pleines, parce que l'air y circule plus aisément. Les plants entassés dans des caisses pleines s'échauffent et moisissent. L'intervalle des bottes de plants est rempli avec de la paille, de la mousse ou de la fougère.

Quelque bien arraché que soit un jeune plant, il n'a plus toutes les racines qui alimentaient sa tige ; il faut donc, si on ne veut le voir dépérir après sa trans-plantation, diminuer cette tige proportionnellement aux racines qu'il a perdues ; c'est le but de la *taille*. On doit en même temps couper toutes les racines contusionnées et raviver les extrémités flétries du chevelu.

Il faut bien se garder d'opérer comme le font beaucoup de planteurs, qui étêtent les sujets de haute tige avant de les mettre en terre. On doit se borner à raccourcir les branches. Si l'on voit, après une année de plantation, que les branches conservées sont mortes, on les rabat jusqu'au point où il y a des bourgeons vivants. On évite ainsi le grave inconvé-nient de former au sujet une tête défectueuse.

Les plantations de · basse tige de chêne, de charme, de châtaignier, prennent souvent plus de vigueur quand on les recèpe un an ou deux après la reprise. Cette opération se fait en coupant les brins un peu au-dessus du collet ; il se forme sur cette petite souche plusieurs rejets dont l'un finit toujours par dominer les autres, qui s'étalent par terre et ombragent les racines. Les jets dominés dispa-raissent peu à peu, soit naturellement, soit par les éclaircies.

Les essences résineuses et le hêtre s'accommodent

mal de ce *recépage* et même de la taille. C'est pourquoi l'on recommande de les planter en motte ; mais ce mode d'opérer ne peut s'employer que lorsqu'on a des plants à proximité du lieu où ils doivent être placés. Lorsqu'on ne se trouve pas dans cette condition favorable, on se sert de plants nus que l'on emploie sans faire usage de la serpe.

Quand on plante, on doit avoir la précaution de placer le jeune sujet bien droit et à la profondeur exacte où il était auparavant, de disposer la bonne terre entre ses racines et la mauvaise par-dessus pour boucher le trou.

Marcottage. — Le *marcottage* consiste à coucher en terre des rejets et même des perches munies de leurs rameaux, de façon à les recouvrir de terre sur toute leur longueur, en ne laissant dehors que quelques bourgeons de chaque rameau. Au bout de trois ou quatre ans, il s'est formé des racines sur tous les menus rameaux, on peut alors *sevrer* la marcotte, c'est-à-dire la séparer de la souche, et l'année suivante on transplante ces divers rameaux, si on ne veut pas les laisser où ils sont. Ce procédé est applicable même à des perches de 10 à 15 centimètres de diamètre à la base, il faut seulement dans ce cas faciliter leur ployage en leur faisant une incision à mi-bois près de la souche. Tous les jets qui sont sur la même souche que la marcotte doivent être coupés ; sans cette précaution, ils attireraient toute la séve, au détriment de la marcotte. On peut marcotter toutes les essences feuillues ou résineuses, mais les marcottes issues des branches latérales des résineux ne montent pas droit et ne peuvent par suite faire de bons bois de construction.

On facilite la réussite d'une marcotte en faisant une incision demi-circulaire au-dessous d'un nœud, dans la partie de la branche qui est recouverte de terre. Cette incision détermine la formation d'un bourrelet d'où sortent des racines qui rendent la branche marcottée indépendante de sa souche.

Boutures. — Le *bouturage* ne s'applique guère qu'aux plantations de peupliers, platanes, saules et osiers. On prend des jets vigoureux portant, outre la pousse de l'année, du bois de deux ou trois ans; on enlève toutes les ramilles, on coupe les jets en tronçon de 30 à 40 centimètres de longueur, en taillant les deux extrémités en biseau et on les plante, en laissant la tête dépasser le sol de 3 à 4 centimètres. Souvent on met les boutures en pépinière et on les transplante plus tard quand elles sont bien enracinées. Pour les saules et les osiers, on peut faire des boutures avec des branches de 3 à 4 mètres de longueur sur 4 à 8 centimètres de diamètre, qu'on plante à $0^m,50$ de profondeur et qu'on *étête* après les avoir traitées comme il est dit plus haut. On obtient alors des sujets plus avancés qu'avec les boutures en bois de deux ans.

Quelques essences feuillues, telles que les ormes, les peupliers, les faux acacias, etc., ont la propriété de drageonner, c'est-à-dire de produire par leurs racines des rejets qui peuvent vivre détachés de la souche mère.

Si les drageons ont assez de racines qui leur soient propres, on peut les planter de suite en pleine terre, mais s'ils n'en ont que peu ou pas, il faudra d'abord les mettre en pépinière, en ayant soin de les extraire avec la partie de la racine principale qui les avait produits et qu'on nomme la *noix*. Quand, plus tard, on transplantera en pleine terre, on supprimera cette noix, qui se pourrirait et pourrait gâter l'arbre.

Entretien des repeuplements. — Pendant les quelques années qui suivent la plantation, il est indispensable de la défendre contre l'envahissement des herbes, des broussailles, et, au bout de deux ou trois ans, de remplacer les manquants à l'aide de plants plus forts et très-bien venants.

La réussite d'un repeuplement artificiel n'est certaine qu'au bout de cinq ou six ans, quand les jeunes sujets s'élancent vigoureusement. Jusqu'à ce moment ils sont exposés aux effets de la sécheresse, des gelées et peuvent périr malgré leur bonne apparence.

La précaution la plus essentielle pour réussir est de ne planter que des essences appropriées au climat, à la nature du sol et à son exposition.

Pour déterminer l'essence qui convient à un terrain donné, il faut avoir égard à la composition et à la profondeur du sol, au climat, à la nature des végé-

DÉSIGNATION DES ESSENCES.		CLIMAT PRÉFÉRÉ.	EXPOSITION PRÉF
Chêne	Rouvre.....	Climats tempérés; est très-prospère en Provence.	Celle du midi est la m...rable.
	Pédonculé....	Est plus fréquent dans le Nord et moins dans le Midi	Indifférent.
	Tauzin.....	Les terrains sablonneux des Pyrénées à Nantes.	Indifférent.
	Vert......	Les climats chauds.	Indifférent.
	Liége......	Les climats chauds. La Provence, l'Espagne, l'Algérie.	Préfère celles du midi.
	Kermès	Id.	Préfère celle du midi.
Hêtre		Climats tempérés.	L'exposition du midi lu... traire.
Châtaignier.......		Supporte mal les froids rigoureux.	Les exposer est et sud-e...
Orme		Climats tempérés; n'aime pas les fortes chaleurs.	Midi et couchant sur les r... nord et est dans les régio...
Frêne..........		Climats froids et tempérés.	L'exposition du midi lui... traire.
Érable.........		Id.	Id.
Bouleau		Climats tempérés; supporte bien les froids.	Préfère les expositions S.-O. dans les climats... celle sud dans les clima...
Robinier (faux acacia)..		Climats tempérés. Les grands froids les font périr.	Préfère l'exposition du m...
Charme.........		Climats tempérés; supporte bien les froids.	Préfère l'exposition du n... porte bien les autres.
Alizier.........		Id.	Préfère l'exposition O., E
Aune		Se trouve dans tous les climats.	Préfère les expositions N
Peuplier-tremble....		Climats tempérés; supporte les froids.	Préfère les expositions N
Saule-Marceau		Tous les climats de l'Europe.	Prospère dans tous les ex
Platane d'Occident...		Origin. de l'Amérique du Nord.	Id.
Sapin commun ou argenté		Climats froids et tempérés.	Préfère les expositions N.
Epicéa		Supporte mieux le froid que le précédent.	Id.
Pin sylvestre......		Climats tempérés.	Supporte toutes les exposit... dans la zone méditerra...
Pin maritime......		Climats chauds et tempérés.	Toutes les expositions.
Pin laricio.......		Corse; s'acclimate en France bien qu'il craigne le froid.	Id.
Pin d'Alep.......		Climats chauds.	Id.
Pin à pignons		Climats chauds, ne dépasse pas Paris.	Préfère l'exposition sud.
Mélèze		Climats froids.	Préfère l'exposition N. et

E PRÉFÉRÉE DE LA FRANCE.	TERRAINS.
ollines et le pied gnes.	Aime ceux moyennement argileux; s'accommode des graveleux, calcaires et siliceux s'ils sont humides; souffre dans les secs et dans les marécageux.
ines et les coteaux.	Aime les sols profonds, fertiles, frais et même humides. C'est l'arbre qui s'accommode le mieux des argiles fortes; souffre dans les sols secs, superficiels ou accidentés.
aines.	Aime les sols profonds, légers et frais; réussit dans les dunes et dans d'autres terrains arides.
teaux et les petites s.	Aime les sols fertiles; s'accommode très-bien des calcaires; résiste presque dans tous les terrains, même les plus arides.
gions moyennes des s, jusqu'à 400 mè- tude.	Préfère les sols felds pathiques. Les terres compactes et humides lui sont contraires.
	Végète dans tous terrains.
lans les Pyrénées 800 mètres d'alti-	Aime les sols frais et divisés, ainsi que la conservation de ses feuilles mortes. Le sable sec, l'argile compacte et les fonds marécageux lui sont seuls contraires.
les coteaux et les ontagnes.	Aime les sols frais, légers, substantiels et profonds.
ge feuille se rencon- sez grandes haut^rs.	Ne craint que les sols trop argileux, marécageux ou trop arides.
, préfère les vallons nbragés.	Aime les sols profonds, frais et divisés; se plaît dans les prairies et sur les bords des ruisseaux; souffre dans les marécages, et s'accommode mal des sols secs.
ld.	Même observation que pour le frêne. Croît souvent avec le hêtre.
outes les hauteurs.	Se contente de tous les terrains qui ne sont pas très-compactes. La variété blanche ne se plaît pas dans les marécages; celle pubescente s'en accommode.
les montagnes; le a se.	Aime les terrains légers, mais substantiels, principalement les sables gras, pourvus de terreau, et les situations abritées des grands vents.
n plaine et sur les modérées.	Aime les sols un peu humides; préfère l'argile divisée par des pierres. Les terrains secs, arides, ceux trop compactes ou marécageux leur sont contraires.
r les hautes mon-	Aime les sols calcaires ou argileux assez profonds et mélangés de terreau; souffre dans les sables secs et dans les fonds humides
à toute hauteur.	Aime les terres humides; prospère dans les marais; les glaises lui sont absolument contraires.
i.	Aime les terres légères, fraîches et humides. Les marais lui sont contraires
es les altitudes.	Aime les sables gras un peu frais; s'accommode de tous les autres sols, excepté des marais et des argiles.
laines.	Aime les sols profonds et humides.
iontagnes et les alti- 500 à 1,000 mètres.	Aime les sols profonds, frais et faciles à pénétrer, sauf les terrains marécageux et les sables très-légers.
iontagnes et les alti- 800 à 1,500 mètres.	Se contente de peu de fond; aime les mêmes sols que le sapin, mais s'accommode mieux des marécages.
laines et les petites es.	Aime les sols légers et profonds tels que les sables et les calcaires crevassés; souffre dans les terrains humides ou compactes.
squ'à 1,000 mètres en t dans les Alpes.	Se contente des sols médiocres, pourvu qu'ils soient profonds; aime les sables purement quartzeux des Landes; souffre dans les terrains compactes et marécageux.
Corse entre 1,000 et etres.	Aime les sables granitiques.
, coteaux.	Aime les terrains légers et secs, même médiocres, par exemple les calcaires.
vallées.	Aime les sols légers et profonds; se contente même des sables, pourvu qu'ils soient frais.
e, ne prospère qu'à e de 1,200 à 2,000 m.	Aime les terrains frais et divisés.

taux ligneux et herbacés qu'on trouve dans la région. Le tableau p. 180-181 résume les données généralement admises sur les exigences des arbres les plus répandus dans notre pays.

CHAPITRE III.

STATISTIQUE FORESTIÈRE.

CONSISTANCE.

Il n'existe aucune statistique générale des forêts de l'Europe, mais les documents épars dans un grand nombre de publications fournissent, sur l'importance de la propriété boisée des principaux États, des renseignements qu'il nous paraît intéressant de mettre sous les yeux de nos lecteurs.

France. — D'après l'*Annuaire des eaux et forêts* de 1874, l'État possède 991,766 hectares de forêts. Les communes et établissements publics en possèdent 1,903,258 hectares; l'étendue des bois appartenant aux particuliers peut être évaluée à 5,000,000 d'hectares. Mais ces chiffres ne sont exacts qu'en ce qui concerne les forêts de l'État, des communes et des établissements de bienfaisance dont l'administration forestière a la gestion; ils sont fort douteux en ce qui concerne les bois des particuliers. Le comité des domaines de l'Assemblée constituante de 1791 n'évaluait qu'à 6,550,325 hectares la contenance du sol boisé. En 1826, M. de Martignac, déposant un projet de loi pour prohiber les défrichements, n'estimait pas cette surface à plus de 6,500,000 hectares, en se basant sur les données de l'administration forestière de l'époque. Sous le règne de Louis-Philippe, cette administration abandonna sa méthode d'évaluation et fit une nouvelle statistique, en prenant comme point de départ les données que lui fournit l'administration des contributions directes. Il est probable que celles-ci ne sont pas non plus fort exactes, car les cadastres désignent comme bois bien des terrains qui n'en ont que le nom, et il n'est pas même certain que ces cadastres aient toujours signalé les défrichements; en sorte que les données recueillies lors de l'enquête qui a été faite ne sont pas indiscutables.

Malgré ces imperfections, nous pouvons considérer les renseignements ci-dessus comme suffisamment approximatifs pour les comparaisons qu'on pourrait avoir à faire.

En 1868, il y avait, d'après un état de la direction générale des forêts du 3 décembre 1868, 683 forêts domaniales d'une surface de 1,088,830 hectares ainsi répartis :

		Hect.	
Forêts en essences feuillues	taillis. . .	275.139	
	futaies. . .	196.047	
Forêts en essences résineuses.		190.800	
Futaies en essences mélangées		86.690	
Forêts feuillues et conversion de taillis en futaies		269.550	1.088.830
Forêts feuillues et conversion en futaies résineuses.		13.925	
Vides non compris dans les aménagements.		56.679	

Depuis 1868, l'État a perdu les forêts comprises dans l'Alsace-Lorraine; celles qui ont été restituées à la famille d'Orléans et quelques parcelles vendues ou cédées aux communes, ce qui explique la différence entre les chiffres de la contenance en 1868 et en 1874.

Le revenu moyen des forêts domaniales pour les cinq années 1861-65 était de 39,436,256 francs.

D'après ces données, on pourrait évaluer *grosso modo* à 1,000 francs l'hectare la valeur moyenne des forêts de l'État.

Mais il ne faut pas oublier que si quelques-unes des forêts que l'État possède encore sont meilleures que celles vendues, il en est un grand nombre qui ne peuvent l'être parce qu'elles sont, ou situées dans des régions peu abordables, ou grevées de droits d'usage qui leur ôtent presque toute leur valeur. Quant aux bois communaux, leur valeur est très-certainement de beaucoup inférieure à 1,000 francs en moyenne.

Sur les 2 millions d'hectares de bois de cette catégorie qui figurent aux états d'assiette de l'administration des forêts, il y en a au moins un tiers qui consiste en pâtures, guarrigues, bruyères, qui n'ont de bois que le nom.

Le tableau ci-contre fait connaître l'importance des aliénations de forêts de l'État qui ont eu lieu à diverses époques.

LOI AUTORISANT L'ALIÉNATION.	ANNÉE de la vente.	CONTENANCE vendue	PRIX de la vente.	PRIX MOYEN correspondant par hectare.
		hectares.	fr. »	fr. »
Loi du 23 septembre 1814 .	1814-1815	45.900.39	38.851.043 »	846 »
Loi du 25 mars 1847 .	1818-1824	122.926.82	80.818.882 »	638 »
Loi du 25 mars 1831 .	1831	24.729 »	22.703.245 »	918 »
	1832	42.703 »	35.376.385 »	828 »
	1833	23.837.33	24.095.696 »	1.040 »
	1834	14.757.30	17.977.295 »	1.229 »
	1835	12.140.32	14.444.685 »	1.190 »
Loi du 7 août 1850 .	1852	7.404.49	9.404.446 »	1.229 »
	1853	15.743.33	13.437.775 »	848 »
	1854	2.942.48	2.221.415 »	762 »
Loi du 5 mai 1855 .	1855	9.294.54	7.514.736 »	808 »
	1856	5.635 »	6.302.188 »	1.118 »
Loi du 28 juillet 1860 .	1861	4.064.28	4.608.745 »	1.514 »
	1862	5.838.94	7.314.290 »	1.253 »
	1863	7.457.85	5.163.503 »	721 »
	1864	7.946.42	8.094.194 »	1.018 »
	1865	5.244.55	4.547.780 »	867 »
Total.		353.405.74	301.472.872 »	848 »

Le tableau ci-dessous permet de comparer la France aux autres contrées de l'Europe et montre qu'elle compte parmi les pays moyennement boisés. Il faut observer que ces données datent de 1844 et ne se rapportent plus exactement à l'état de choses actuel.

	RAPPORT de la surface boisée à la surface totale.	NOMBRE d'habitants par hectare.
Suède et Norvége	0.67	0.055
Russie.	0.38	0.105
Autriche.	0.29	0.550
Pologne	0.28	0.328
Prusse.	0.24	0.495
Turquie	0.24	0.287
Confédération germanique	0.22	0.552
Suisse.	0.16	0.595
France.	0.16	0.648
Grèce	0.14	0.221
Italie..	0.09	0.643
Hollande.	0.07	0.960
Belgique.	0.07	1.424
Espagne	0.07	0.269
Danemark	0.06	»
Portugal	0.05	0.380
Iles-Britanniques..	0.04	0.911

On a proposé en 1871 d'aliéner de nouveau une partie des forêts de l'État pour procurer des ressources au Trésor. Il a été répondu à cette époque que l'État ne pourrait vendre :

388.000 hectares de forêts placées sur le penchant des montagnes où elles sont nécessaires pour prévenir les inondations;

44.883 hectares de forêts situées en Corse qui ne trouveraient pas d'acquéreur;

84.290 hectares de forêts grevées de droits d'usage qui se vendraient à vil prix;

78.000 hectares de semis faits sur les dunes des Landes;

35.937 hectares représentant les forêts de Fontainebleau, Saint-Germain et Compiègne.

631.110 hectares. — Total.

Qu'il ne resterait que 326,383 hectares susceptibles d'être aliénés, représentant une valeur minime relativement aux besoins.

Empire d'Allemagne. — L'étendue totale des forêts de l'empire d'Allemagne est de 14,151,362 hectares, qui se répartissent ainsi qu'il suit dans les divers États :

Prusse.	8,366,947 hectares.
Bavière	2,596,894 —
Saxe.	472,419 —
Wurtemberg	595,102 —
Bade.	540,924 —
États entre le Rhin et l'Elbe. . .	497,479 —
États de la Thuringe.	393,059 —
États de la Baltique	270,201 —
Alsace-Lorraine	454,337 —
Total. . . .	14,151,362 hectares.

Le revenu brut de ces forêts est estimé à 332,289,000 francs, soit 23 fr. 50 par hectare.

Autriche-Hongrie. — La portion de l'empire austro-hongrois, désignée sous le nom d'Autriche cisleithane, contient 9,260,662 hectares de forêts qui se répartissent ainsi qu'il suit entre les diverses catégories de propriétaires :

Forêts domaniales et de fondations. 948,686 hectares.
— des communautés . . . . . 1,447,275 —
— privées de grands biens fonds. . . . . 2,527,920 —
— privées de petits biens fonds. 2,322,715 —
— de communautés et privées (en Gallicie). . . . . . 2,014,066 —
9,260,662 hectares.

L'Autriche transleithane (Hongrie, Croatie, Esclavonie) renferme 2,016,177 hectares de forêts domaniales et 57,434 hectares de forêts de fondations. La contenance des forêts possédées par les particuliers n'est pas exactement connue.

Russie d'Europe. — Les forêts de la Russie d'Europe, non compris la Finlande et le Caucase, couvrent une surface de 193,544,000 hectares, dont :

126,860,000 appartiennent à l'État.
5,995,000 à la couronne.
60,689,000 aux villes, églises, établissements publics et privés.

Total 193,544,000

Suède. — Norvége. — La Suède renferme 17,569,000 hectares de forêts dont l'État, la couronne et les fondations possèdent environ 3,427,000 hectares, le reste, 14,141,000 hectares, appartient aux particuliers.

L'étendue des forêts de la Norvége est évaluée

de 6 à 10 millions d'hectares, dont 688,800 hectares appartiennent à l'État.

Espagne. — L'*Annuaire forestier* de 1874 donne sur la consistance des forêts de l'Espagne les indications suivantes :

Forêts appartenant à l'État. . . .	345,932	hectares.
— — aux communes.	3,994,279	—
— appartenant aux établissements publics.	8,368	—
— exceptées de la désamortisation.	926,100	—
— déclarées aliénables. . . .	1,823,313	—
Total	7,097,992	hectares.

L'étendue des bois de particuliers n'est pas indiquée dans cette nomenclature.

Suisse. — D'après le rapport de la commission d'enquête sur les forêts, la contenance du sol boisé en Suisse est de 2,134,600 arpents.

Italie. — L'annuaire forestier de 1872 fait connaître la répartition des forêts dans chacun des districts forestiers du royaume. L'étendue totale du sol boisé de la péninsule, moins la province de Rome, et des îles qui en dépendent est de 4,389,178 hectares.

Les bois de l'État déclarés inaliénables figurent dans ce chiffre pour 30,624 hectares.

PRODUCTION.

La quantité de bois produite annuellement par les forêts varie considérablement avec les causes qui influent sur la végétation, la nature du terrain, l'exposition, l'altitude, le climat. Il est extrêmement difficile de fixer la moyenne de la production de chaque pays.

Les Allemands ont essayé d'établir ces données pour leurs divers États à l'aide d'expériences fort longues, dont les résultats ne concordent guère entre eux ; ce qui prouve à la fois les difficultés inhérentes à des recherches de ce genre et les variations qu'on peut rencontrer d'un pays à un autre. Aucun travail de cette nature n'ayant été fait pour la France, nous sommes obligés d'emprunter aux publications étrangères les renseignements dont nous allons présenter le résumé.

Saxe. — On doit à Cotta, conseiller supérieur des forêts, directeur de l'École forestière de Saxe, des tables donnant pour les principales essences leurs possibilités et leurs accroissements annuels à divers âges. Ces renseignements ont été convertis en mesures françaises et publiés à la suite du *Traité de l'aménagement des forêts,* de Salomon, 1837, ouvrage qu'il est assez difficile de se procurer aujourd'hui. Bien qu'ils n'aient qu'un intérêt quasi-historique, nous résumons dans les deux tableaux ci-dessous les chiffres donnés par Cotta.

D'APRÈS COTTA LES POSSIBILITÉS PAR HECTARE DES P?

DE FUTAIES RÉGULIÈRES EN PEUPLEMEN

AGE DES BOIS	EPICÉAS		
	SOLS TRÈS-MAIGRES.	SOLS MOYENS.	?
10 ans.	»	»	
20 —	11.029	40.754	
30 —	20.295	75.074	
40 —	31.324	115.702	
50 —	43.542	160.720	
60 —	56.908	210.084	
70 —	71.422	263.8	
80 —	85.936	317.422	
90 —	99.876	368.918	
100 —	113.242	418.241	
110 —	126.075	465.473	
120 —	137.637	508.318	
130 —	148.092	547.022	
140 —	157.399	584.257	
150 —	»	»	
160 —	»	»	
170 —	»	»	
180 —	»	»	

A DIFFÉRENTS AGES DE LEUR EXISTENCE DANS LE CAS

ANS DES TERRAINS DE DIVERSES QUALITÉS.

SAPINS		PINS SYLVESTRES			MÉLÈZES		
SOLS MOYENS.	SOLS TRÈS-FERTILES.	SOLS TRÈS-MAIGRES.	SOLS MOYENS.	SOLS TRÈS-FERTILES.	SOLS TRÈS-MAIGRES.	SOLS MOYENS.	SOLS TRÈS-FERTILES.
»	»	»	»	»	»	»	»
36.162	75.850	18.532	63.878	120.540	27.716	72.775	128.740
72.939	137.350	30.504	105.329	198.850	46.002	120.786	214.307
42.135	211.150	43.829	154.003	284.950	65.490	471.257	303.810
57.850	297.250	57.728	198.809	375.150	83.927	220.457	391.140
10.084	395.650	71.586	246.615	465.350	101.967	267.853	475.190
67.774	504.300	84.829	292.207	551.450	119.228	313.158	555.550
24.392	610.900	97.457	335.667	633.450	135.587	356.126	631.810
78.799	713.400	109.429	376.954	744.350	150.962	396.552	703.560
27.794	805.150	120.786	416.068	785.150	165.312	434.231	779.554
75.682	895.850	134.323	452.353	853.620	178.514	468.917	831.893
22.504	984.000	140.794	484.948	915.120	190.486	500.323	887.650
66.046	1066.000	149.076	513.484	969.035	201.446	528.285	937.260
05.242	1139.800	156.169	537.920	1015.160	210.371	552.557	980.340
40.092	1205.400	»	»	»	»	»	»
69.448	1260.750	»	»	»	»	»	»
93.392	1305.850	»	»	»	»	»	»
44.924	1340.700	»	»	»	»	»	»

43

AGE DES BOIS	ÉRABLES, FRÊNES, ORMES			CHÊNES		
	SOLS TRÈS-MAIGRES.	SOLS MOYENS.	SOLS TRÈS-FERTILES.	SOLS TRÈS-MAIGRES.	SOLS MOYENS.	
10 ans.	»	»	»	»	»	
20 —	13.858	44.403	82.615	13.284	31.898	
30 —	24.026	76.916	143.090	22.263	53.464	
40 —	35.055	112.299	208.895	32.226	77.285	
50 —	46.822	150.019	279.005	43.009	103.279	
60 —	58.835	188.600	350.755	54.694	131.241	
70 —	70.766	226.730	421.685	67.117	164.130	
80 —	82.492	264.327	494.590	80.414	192.782	
90 —	94.013	301.227	560.265	94.117	226.074	
100 —	105.288	337.389	627.505	108.691	260.801	4
110 —	115.743	370.886	689.825	123.164	295.569	5
120 —	125.337	404.636	747.020	136.984	328.738	8
130 —	134.029	429.546	798.885	150.101	360.267	6
140 —	141.819	454.444	845.215	162.524	390.033	6
150 —	»	»	»	174.209	418.077	7
160 —	»	»	»	185.197	444.440	7
170 —	»	»	»	195.816	469.983	8
180 —	»	»	»	206.148	494.747	8
190 —	»	»	»	216.152	518.773	89
200 —	»	»	»	225.582	541.364	93
210 —	»	»	»	234.028	561.618	97
220 —	»	»	»	241.490	579.535	100
230 —	»	»	»	247.968	595.074	102
240 —	»	»	»	253.454	608.235	105
250 —	»	»	»	257.890	618.977	107
260 —	»	»	»	261.416	627.382	108

HÊTRES		AUNES ET PEUPLIERS.			BOULEAUX		
SOLS MOYENS.	SOLS TRÈS-FERTILES.	SOLS TRÈS-MAIGRES.	SOLS MOYENS.	SOLS TRÈS-FERTILES.	SOLS TRÈS-MAIGRES.	SOLS MOYENS.	SOLS TRÈS-FERTILES.
»	»	4.961	19.680	38.130	3.608	14.432	27.962
25.994	47.519	11.521	45.756	88.560	9.553	38.130	73.882
47.396	86.674	19.639	78.146	151.290	16.318	65.234	126.403
72.734	133.004	29.356	116.932	226.320	23.657	94.546	183.188
99.958	182.735	39.770	158.219	306.270	30.914	123.656	239.563
29.232	236.283	51.086	204.884	390.320	37.545	150.101	290.854
59.490	291.592	61.431	243.171	470.680	43.419	173.717	336.569
91.265	349.689	69.946	278.185	538.535	48.749	195.037	377.897
223.983	409.549	77.242	306.885	594.090	53.436	212.626	411.927
256.988	467.400	»	»	»	»	»	»
289.050	528.490	»	»	»	»	»	»
320.087	585.275	»	»	»	»	»	»
349.771	639.395	»	»	»	»	»	»
378.184	694.465	»	»	»	»	»	»
405.203	740.829	»	»	»	»	»	»
429.967	786.134	»	»	»	»	»	»
452.025	826.478	»	»	»	»	»	»
468.507	856.643	»	»	»	»	»	»
»	»	»	»	»	»	»	»
»	»	»	»	»	»	»	»
»	»	»	»	»	»	»	»
»	»	»	»	»	»	»	»
»	»	»	»	»	»	»	»
»	»	»	»	»	»	»	»
»	»	»	»	»	»	»	»
»	»	»	»	»	»	»	»

D'APRÈS COTTA, LES PRODUITS MOYENS ANNUELS PAR HECT

DANS LE CAS DE FUTAIES RÉGULIÈRES EN PEU

AGES des BOIS.	EPICÉAS.			SAPINS.			PINS.			MÉLÈ	
	Produit moyen annuel obtenu jusqu'à l'âge ci-contre.	Produit moyen annuel de l'année suivante.	Rapport de ce produit au volume des bois existant, autrement dit intérêt en volume de l'accroissement.	Produit moyen annuel obtenu jusqu'à l'âge ci-contre.	Produit moyen annuel de l'année suivante.	Rapport de ce produit au volume des bois existant, autrement dit intérêt en volume de l'accroissement.	Produit moyen annuel obtenu jusqu'à l'âge ci-contre.	Produit moyen annuel de l'année suivante.	Rapport de ce produit au volume des bois existant, autrement dit intérêt en volume de l'accroissement.	Produit moyen annuel obtenu jusqu'à l'âge ci-contre.	Produit moyen annuel de l'année suivante.
10 aus..	»	»	»	»	»	»	»	»	•	»	»
20 —	2.038	3.272	8.028	1.803	3.969	10.975	3.194	4.059	6.354	3.639	4.690
30 —	2.502	3.911	5.210	2.431	3.638	5.070	3.511	4.510	4.281	4.026	5.018
40 —	2.8?2	4.428	3.818	2.804	4.461	3.978	3.775	4.739	3.138	4.281	4.96?
50 —	3.214	4.788	2.979	3.157	5.002	3.168	3.976	4.822	2.425	4.499	4.789
60 —	3.501	5.289	2.517	3.501	5.707	2.716	4.110	4.608	1.868	4.464	4.592
70 —	3.769	5.412	2 051	3.825	5.748	2.146	4.174	4.395	1.504	4.473	4.354
80 —	3.968	5.193	1.637	4.055	5.486	1.691	4.196	4.182	1.245	4.454	4.108
90 —	4 099	4.986	1.351	4.209	5.010	1.322	4.188	3.961	1.050	4.406	3.838
100 —	4.182	4.797	1.147	4.278	4.789	1.119	4.160	3.706	0.890	4.342	3.542
110 —	4.231	4.387	0.942	4.324	4.682	0.984	4.112	3.354	0.741	4.263	3.223
120 —	4.286	3.967	0.780	4.354	4.510	0.863	4.041	2.952	0.608	4.169	2.886
130 —	4.208	3.526	0.644	4.354	3.985	0 704	3.?53	2.542	0.495	4.063	2.525
140 —	4.151	3.108	0.534	4.323	3.633	0.600	3 842	2.132	0.396	3.947	2.132
150 —	4.075	2.681	0.438	4.267	3.050	0.476	3.721	1.682	0.301	3.817	1.713
160 —	3.981	2.255	0.354	4.184	2.550	0.381	3.586	1.189	0.207	3.681	1.328
170 —	3.873	1.673	0.254	4.079	1.984	0.286	3.437	0.634	0.109	3.534	0.836
180 —	3.741	0.983	0.146	3.955	1.474	0.207	3.276	0.242	0.011	3.375	0.322

LES ESSENCES, POUR DIFFÉRENTS AGES DE LEUR EXISTENCE

SUR TERRAIN DE QUALITÉ MOYENNE

	TRES.	ÉRABLES, FRÊNES, ORMES,			CHÊNES.			AUNES ET PEUPLIERS.		
...moyen annuel de l'année suivante.	Rapport de ce produit au volume des bois existant, autrement dit intérêt en volume de l'accroissement.	Produit moyen annuel obtenu jusqu'à l'âge ci-contre.	Produit moyen annuel de l'année suivante.	Rapport de ce produit au volume des bois existant, autrement dit intérêt en volume de l'accroissement.	Produit moyen annuel obtenu jusqu'à l'âge ci-contre.	Produit moyen annuel de l'année suivante.	Rapport de ce produit au volume des bois existant, autrement dit intérêt en volume de l'accroissement.	Produit moyen annuel obtenu jusqu'à l'âge ci-contre.	Produit moyen annuel de l'année suivante.	Rapport de ce produit au volume des bois existant, autrement dit intérêt en volume de l'accroissement.
»	»	»	»	»	»	»	»	1.968	2.476	12.581
992	7.603	2.220	3.140	7.091	1.591	2.095	6.581	2.287	3.034	6.630
517	5.310	2.564	3.485	4.531	1.782	2.320	4.340	2.604	3.788	4.847
640	3.629	2.807	3.714	3.307	1.932	2.512	3.289	2.923	4.095	3.485
885	2.887	3.000	3.854	2.569	2.065	2.738	2.651	3.164	4.288	2.710
001	2.322	3.143	3.829	2.030	2.187	2.935	2.236	3.348	4.198	2.079
132	1.964	3.239	3.761	1.660	2.301	3.124	1.928	3.473	3.657	1.503
271	1.710	3.304	3.715	1.405	2.400	3.271	1.697	3.477	3.034	1.090
288	1.468	3.347	3.633	1.205	2.512	3.452	1.527	3.409	2.357	0.768
230	1.257	3.374	3.477	1.030	2.608	3.501	1.342	3.292	1.722	0.523
132	1.083	3.372	3.116	0.840	2.687	3.378	1.143	»	»	»
993	0.935	3.345	2.895	0.720	2.739	3.189	0.970	»	»	»
861	0.818	3.304	2.534	0.589	2.771	3.042	0.844	»	»	»
755	0.728	3.246	2.238	0.492	2.785	2.829	0.725	»	»	»
525	0.623	3.175	1.910	0.401	2.787	2.681	0.641	»	»	»
304	0.536	3.092	1.549	0.313	2.777	2.566	0.597	»	»	»
820	0.402	2.998	1.074	0.210	2.764	2.509	0.534	»	»	»
105	0.236	2.888	0.820	0.157	2.748	2.410	0.487	»	»	»

Le premier tableau indique le volume par hectare et par essence à divers âges : 1° dans le cas d'un terrain très-maigre ; 2° d'un terrain de qualité moyenne ; 3° d'un terrain très-fertile. Le second indique, pour le terrain de qualité moyenne, le produit moyen annuel de l'hectare depuis son ensemencement jusqu'à divers âges ; puis l'accroissement moyen de l'année qui doit suivre celle de l'âge indiqué ; enfin le rapport de ce dernier accroissement au volume total de bois existant, en d'autres termes le taux de l'intérêt du volume pour cette année. Il faut observer que ces tables se rapportent uniquement aux futaies régulières à l'état de peuplement parfait ; qu'enfin il n'a pas été tenu compte des produits des éclaircies périodiques qu'on suppose être enlevés progressivement comme sous l'action de la végétation.

Prusse. — Hartig, grand maître des eaux et forêts de Prusse, a publié de nombreux écrits sur la sylviculture et a fait pour certaines essences des relevés d'accroissement et de rendement qui diffèrent notablement de ceux de Cotta. Témoin le tableau ci-contre, qui se rapporte à une futaie de pins sylvestres sans mélange et qui accuse une production de bois sensiblement uniforme pendant chaque période et presque double de celle indiquée par Cotta.

Otto de Hagen, directeur général des eaux et forêts de Prusse, a publié en 1867, à Berlin, un livre intitulé : *les Forêts en Prusse,* dont une traduction

DURÉE de RÉVOLUTION EN ANNÉES.	De 0 à 20 ans.	De 20 à 40 ans.	De 40 à 60 ans.	De 60 à 80 ans.	De 80 à 100 ans.	De 100 à 120 ans.
Produits en mètres cubes y compris les éclaircies périodiques.						
Bois d'œuvre................	»	»	36 mc	170 mc	294 mc	363 mc
Bois de quartier.............	»	»	121	170	165	224
Bois de rondins.............	72 mc	194 mc	194	179	185	177
Bois de souches.............	»	18	40	68	97	117
Menues perches et branchages..	97	117	109	111	116	149
Total................	169 mc	329 mc	500 mc	698 mc	854 mc	997 mc
Produit annuel moyen............	8.450	8.225	8.333	8.725	8.540	8.308

partielle, parue dans la *Revue des eaux et forêts*, de 1869, nous fournit les renseignements suivants :

« Il est difficile de donner des chiffres exacts pour exprimer le rendement en bois de toutes les forêts de la monarchie. On peut cependant s'en former une idée en prenant pour base la production bien connue des forêts domaniales de chaque gouvernement et l'appliquant à l'ensemble des forêts de ce gouvernement. Les résultats ainsi obtenus doivent être ensuite diminués dans une proportion d'autant plus forte que les forêts considérées se trouvent en plus grand nombre entre les mains de petits propriétaires. Au contraire, dans les contrées où les forêts appartiennent surtout à de grands propriétaires fonciers ou à des communes dont les bois sont soumis à la surveillance de l'État, on peut, sans grave erreur, supposer qu'elle s'élève au même taux que dans les forêts de l'État. C'est ainsi qu'on a estimé à 14,146,131 mètres cubes la production moyenne de toutes les forêts de la monarchie (non compris les pays de Hohenzollern et ceux annexés depuis Sadowa). Ce chiffre correspond à un rendement à l'hectare de $2^{mc},97$, soit à $0^{mc},713$ par tête d'habitant.

« Sur la masse totale, 70 pour 100 sont des bois de tige de plus de 3 pouces d'équarrissage, dont 14 pour 100 de bois d'industrie et 56 pour 100 de bois de feu ; 30 pour 100 sont des bois de tige plus petits, des branches et des souches.

« Une production moyenne à l'hectare de $2^{mc},07$ est assurément très-faible ; cependant elle est plutôt

exagérée qu'atténuée, car dans les forêts domaniales elles-mêmes elle ne dépasse pas 2^{mc},370, dont
0^{mc},608 de bois de service ou d'industrie, 1^{mc},454 de
bois de feu de tige et 0^{mc},608 de branches, ramilles
et souches.

« Elle est beaucoup plus faible qu'en Bavière,
4^{mc},376 ; en Wurtemberg, 4^{mc},863 ; dans le grand-
duché de Bade, 5^{mc},105; en Hanovre, 4^{mc},863; dans
la Hesse électorale, 2^{mc},796.

« Ce résultat tient à la mauvaise qualité du sol.

« Le rendement augmente quand on avance de
l'est vers l'ouest. »

Il faut noter que ces renseignements se rapportent à la Prusse proprement dite, non compris les
États annexés depuis Sadowa.

Wurtemberg. — Les *Annales forestières* ont
publié (1857, p. 231) une traduction partielle d'une
statistique assez complète des forêts de Wurtemberg.

On y lit qu'un hectare des forêts de l'État produit annuellement 6^{mc},26, et que la même contenance des forêts des communes et des particuliers
produit 3^{mc},76.

Bade. — Le grand-duché de Bade avait déjà
publié une statistique semblable en 1842 ; elle a été
traduite et publiée en France par M. Chevandier à
l'appui de son étude intitulée : *Considérations générales sur la culture forestière en France, 1844.* On
y trouvera des données très-intéressantes, entre

PRODUCTION PAR HECTARE.	CHÊNE.	HÊTRE.	SAPIN.	EPICÉA.	PINS SYLVESTRES.
	mc	mc	mc	mc	mc
A 40 ans.	212	185	»	»	321
Accroissement de 40 à 60 ans. .	153	140	»	»	479
A 60 ans.	365	325	466	516	500
Accroissement de 60 à 80 ans. .	105	165	207	249	120
A 80 ans.	470	490	673	765	620
Accroissement de 80 à 100. . .	100	105	102	103	80
A 100 ans.	570	595	775	868	700
Accroissement de 100 à 120 ans. .	135	85	177	199	30
A 120 ans.	705	680	952	1067	730
Le maximum de croissance annuelle de ces arbres est atteint à	77 ans.	95 ans.	76 ans.	85 ans.	51 ans.
	mc	mc	mc	mc	mc
L'accroissement moyen par hectare est, y compris les coupes d'éclaircies. . .	6.5	6.3	8.9	10.3	9.0
	7.7	7.7	13.0	14.0	11.0
Sur les très-bons sols cet accroissement est atteint à l'âge de.	»	»	115 ans.	50 ans.	40 ans.

autres sur le nombre de pieds réservés par hectare.
Nous résumons dans le tableau ci-dessus, p. 202,
es productions en mètres cubes accusées par hectare
t par essence à différents âges.

France. — Les recherches de ce genre ont été peu
nombreuses en France : beaucoup de forestiers ont
ait quelques essais, mais tellement restreints, qu'ils

AGES D'AMÉNAGEMENT.	PRODUITS ANNUELS PAR ARPENT SUR LES SOLS		
	LES PLUS MAUVAIS.	LES MEILLEURS.	MOYENS.
10	2	4.5	3.25
15	2.5	9	5.75
20	3.5	15	9.25
25	5.5	21	13.25
30	6.5	27	16.25
35	7	35	21
40	7	42	24.5
50	6	56	31
60	5	70	37.5
70	3	80	41.5
80	2	90	46.5
90	1	96	48.5
100	»	102	51
120	»	114	57
140	»	124	62
150	»	128	64
200	»	135	67
250	»	120	60
300	»	110	55

ne peuvent servir qu'aux buts particuliers que les auteurs de ces recherches avaient en vue.

Chez les anciens sylviculteurs, nous ne trouvons guère que Deperthuis qui ait apprécié la production moyenne du pays. Il l'a fait pour les forêts de chêne sans mélange dans le tableau ci-dessus. où il a compté cent cinquante bourrées pour une corde de chauffage et quatre cordes et demie de charbonnage pour la même mesure. La corde dont il parle était de 140 pieds cubes.

Baudrillart, après avoir énuméré les opinions de ses prédécesseurs, termine en disant : « Il résulte des expériences que j'ai citées que le produit moyen en bois d'un hectare situé dans un fonds de qualité ordi- naire peut être évalué ainsi qu'il suit, d'après les différents âges :

	CORDES de 5 pieds de haut.	De couche.	Longueur de bûches.
A 10 ans.	6 1/2	8 pieds.	3 pieds 6 pouces.
15 —	12	8 —	3 — 6 —
20 —	20	8 —	3 — 6 —
24 —	28	8 —	3 — 6 —
30 —	36	8 —	3 — 6 —
40 —	46	8 —	3 — 6 —
120 —	212	8 —	3 — 6 —

soit environ une corde par an. »

M. Chevandier de Valdrôme a fait le relevé des produits de 16,400 hectares de taillis sous futaies des Vosges, de quelques futaies du même pays et des futaies du duché de Baden. Il a conclu de ses traaux que, si on considère les *moyennes de toutes les essences*, les meilleurs taillis produisent par hectare 3,500 kilogrammes de bois sec par année et les plus mauvais 800 seulement, tandis que les meilleures futaies en donnent 4,300 et les plus mauvaises 2,100. Si on considère *les variations extrêmes pour chaque essence*, on trouve que dans les futaies le chêne a donné de 4,185 à 1,330 kilogrammes; le hêtre, de 1,340 à 1,695; le charme, de 3,251 à 1,583; le sapin, de 5,650 à 1,622; le pin, de 4,394 à 1,358; la distinction des essences n'a pas été faite pour les taillis sans futaies.

Il a remarqué que l'accroissement des taillis est d'autant plus faible que le terrain est plus perméable, mais que cette influence ne se fait pas sentir sur les futaies si l'essence est appropriée au terrain.

Enfin, il a estimé qu'en France les futaies de toutes espèces produisent annuellement en moyenne 8 stères, que les taillis de l'État et de la couronne en donnent 5, ceux des communes et des établissements publics 4, enfin ceux des particuliers 3st,75. Puis, tenant compte des surfaces de forêts de chaque espèce, il admet que la production moyenne de la France est de 4st,71. Si on admet qu'un mètre cube produit 1st,50, on voit que notre production moyenne ne dépasse pas 3mc,44 en moyenne par hectare.

Il est probable que ces chiffres, bien qu'assez faibles, sont un peu exagérés, car M. le directeur général des forêts estimait à cette époque que ce rendement n'atteignait pas 4 stères, ce qui, dans l'hypothèse ci-dessus, ferait 2^{mc},66.

Nous ne rechercherons pas les estimations analogues qui ont été faites depuis cette époque : aucune ne s'appuie sur des données certaines. M. Nanquette dit à ce sujet, dans la seconde édition, 1868, de son *Cours d'exploitation des bois*, p. 10 : « Quant au chiffre de la production forestière et à l'étendue de nos besoins en bois de fortes dimensions, personne ne les connaît. Ces renseignements n'existent nulle part, et j'éprouve un véritable regret de n'avoir pu les introduire dans la seconde édition de ce modeste ouvrage. Mais on sait d'une manière certaine que la quantité de bois nécessaire à l'entretien de notre flotte et de nos voies ferrées n'absorbe pas moins de 400,000 mètres cubes par année, ce qui équivaut à la possibilité de plus de 100,000 hectares de futaies de chêne en plein rapport... »

CHAPITRE IV.

EXPLOITATION.

ESTIMATION DES ARBRES SUR PIED.

Des ventes sur pied. — Les propriétaires de forêts vendent ordinairement sur pied les bois dont ils n'ont pas l'emploi direct. A cet effet, ils marquent, à l'aide d'un marteau dont le talon porte une empreinte spéciale, les arbres à réserver ou ceux à battre, puis ils vendent sur pied les arbres abandonnés à des industriels, qui les font abattre et façonner de manière à en tirer le plus de bois d'œuvre de la forme et de l'espèce la plus demandée. L'intervention de ces intermédiaires entre le producteur et le consommateur est profitable à l'un et à l'autre, surtout quand la vente comprend des arbres propres à fournir des bois d'œuvre, car le débit de ces arbres exige une grande expérience et une connaissance des besoins du commerce que le sylviculteur ne peut avoir.

Quand les arbres ne peuvent donner que du bois

de chauffage, soit à cause de leurs petites dimensions, soit à cause de leurs formes vicieuses ou de leurs qualités, l'intervention du marchand de bois est de peu d'utilité. Si le propriétaire peut assurer l'économie du travail, il fera bien d'exploiter lui-même ses coupes, sans laisser à un intermédiaire le bénéfice, qui lui est bien légitimement dû, d'une part pour l'emploi de son travail et de son expérience, de l'autre pour le risque qu'il court sur le rendement de la coupe en matière et sur la vente de ses produits.

Dans les coupes d'amélioration ou éclaircies périodiques, il est tellement difficile de désigner les arbres qui doivent être abattus, qu'on est fréquemment obligé d'attendre que les voisins soient enlevés pour pouvoir juger la situation de ceux qui restent et marquer parmi eux ceux qui doivent être abattus. Dans ce cas, le propriétaire fera bien d'exploiter lui-même, quitte à vendre les arbres abattus ayant leur débit. En un mot, le choix des sujets à réserver est alors tellement important et difficile, qu'il faut faire le sacrifice qui peut résulter de l'adoption de ce régime bâtard.

La même difficulté se présente, bien qu'avec une moindre importance, pour l'exploitation des taillis où l'on veut réserver des baliveaux. On peut la résoudre plus simplement en réservant d'abord trois fois plus de baliveaux qu'on n'en veut garder. Quand ils sont marqués, on peut vendre le taillis sur pied, et lorsque son exploitation est assez avancée, on passe la visite

de la réserve provisoire qui est bien éclaircie et facile
à examiner, puis on enlève ceux des sujets qui ne
doivent pas rester définitivement.

Cubage des arbres sur pied. — Les négociants
qui font régulièrement le commerce des bois arrivent
en peu de temps à apprécier, à première vue, non-
seulement les dimensions et le cube des arbres, mais
encore ce que ceux-ci peuvent produire de bois
d'œuvre, de bois de corde et de menu bois. Il leur
suffit de compter les arbres, s'ils sont gros, ou simplement de parcourir les coupes et d'en connaître la
superficie s'ils sont moyens ou petits, pour être fixés
sur leur rendement en matière et leur valeur en argent.
L'erreur qu'ils commettent en opérant de la sorte est
de l'ordre de celles qu'ils peuvent faire sur les autres
éléments qui déterminent leurs offres, savoir : les
frais d'exploitation et de transport, les prix de vente.
On conçoit, en effet, que le négociant qui a fréquemment fait exploiter des coupes, et qui a dû se rendre
un compte exact de leurs produits, finit par se graver
dans l'esprit la dimension des arbres qu'il a exploités
et peut, quand il voit de nouvelles coupes, les comparer mentalement aux anciennes et en estimer les
produits, de la même manière qu'un marchand de
bestiaux juge, en voyant une bête, de combien
elle diffère d'une autre qu'il a précédemment estimée, puis pesée. Toute personne attentive, qui se
trouve souvent appelée à estimer à vue des objets
donnés, arrive promptement à posséder un coup

14

d'œil juste, quand elle peut le rectifier par la comparaison fréquente de ses estimations avec la réalité.

Le sylviculteur a rarement l'occasion de se former le coup d'œil; il a cependant besoin de connaître, aussi bien que ses acheteurs, la valeur de sa marchandise. Il a bien en sa faveur la concurrence que les acheteurs se font entre eux, mais celle-ci n'existe pas toujours, elle est d'ailleurs quelquefois trompeuse; il est bon, dans tous les cas, qu'il se rende compte de la valeur de ce qu'il vend pour pouvoir traiter en connaissance de cause.

Pour déterminer la valeur d'un arbre sur pied, on commence par en faire le tour, afin de fixer, d'après sa forme, la limite supérieure de la partie de la tige susceptible d'être employée comme bois d'œuvre. Ce qui sera au-dessous de cette limite constituera une bille représentant à elle seule la majeure partie de la valeur de l'arbre; il faut donc l'estimer avec le plus de soin possible. Le reste n'est que branchage de moindre importance.

Pour avoir le volume de cette bille, on fera monter sur l'arbre un homme muni d'un fil à plomb et d'un ruban divisé, on lui fera tendre ce fil à plomb du point fixé comme limite supérieure jusqu'à terre; la longueur de ce fil donnera celle de la bille. L'homme qui sera dans l'arbre enroulera aussi régulièrement que possible son ruban divisé sur le contour supérieur de la bille, ce qui donnera la circonférence au petit bout. Puis, on mesurera la

circonférence de l'arbre à son pied, en ayant soin
de la prendre au-dessus de la partie qui est gonflée
par le voisinage des racines, ce qui a lieu généralement à 1.^{m},33 au-dessus du sol.

On prendra la moyenne de la circonférence du
pied et de celle de la tête et on calculera le volume
de la tige en supposant qu'elle est un cylindre ayant
pour hauteur la longueur trouvée et pour circonférence uniforme la circonférence moyenne obtenue.

Pour simplifier ce calcul, on se sert d'un
tableau qui indique les volumes de cylindres de
diverses conférences n'ayant qu'un mètre de hauteur.
Si la circonférence moyenne de l'arbre considéré
est l'une de celle données dans ce tableau, il suffira
de multiplier le volume correspondant par la longueur
de la bille, le produit donnera le volume en *grume*
de la bille considérée. Si la circonférence moyenne
trouvée n'est pas inscrite dans le tableau, on prendra
un volume intermédiaire à ceux indiqués pour les
deux circonférences qui comprennent celle que l'on
considère.

Estimation en argent. — Il faut maintenant
évaluer en argent la valeur de cette bille et pour cela
estimer d'abord la partie qui, pour défaut de forme
ou de qualité, ne peut être employée comme bois
d'œuvre.

Cette estimation est très-délicate et, dans les cas
douteux, demande le concours d'un homme expéri-

menté qui se base sur les signes extérieurs de défec-
tuosité ; une fois faite, il suffit de connaître la valeur
du mètre cube en grume sur pied dans la localité
pour avoir la valeur de la bille en argent.

Estimation du volume des branches. — Il ne
reste plus à estimer que les branches. Dans la plupart des cas, celles-ci ont des formes irrégulières
qui ne permettent pas d'en relever les dimensions
ni de les estimer isolément sur pied. Le mieux est
d'en évaluer le produit probable, en prenant pour
base les produits obtenus dans la localité pour des
arbres de même aspect placés dans les mêmes conditions. Voici le rendement moyen du branchage des
futaies sur taillis :

Un arbre de 150 ans donne 40 % du volume de la tige.
      —   120   —   35   —
      —   90   —   29   —
      —   60   —   20   —
      —   30   —   10   —
Un chêne de 1^m,00 de circonf. produit de 0st,75 à 1st,00.
      —   2^m,00   —   4st,00 à 5st,00.
      —   3^m,00   —   9st,00 à 10st,50.
Un hêtre de 1^m,00   —   1st,00 à 1st,33.
      —   2^m,00   —   3st,50 à 4st,50.
      —   3^m,00   —   8st,50 à 9st,50.

Les futaies donnent, par mètre cube équarri au 1/5 réduit,
   3st,00 à 3st,50 de branches, si elles sont très-branchues.
   2st,50 à 3st,00   —   —   moyen. branchues.
   2st,00 à 2st,50   —   —   peu branchues.
Les 3/4 du volume des tiges sont convertis en bois d'œuvre.

Il ne faut pas oublier qu'en se servant de ces données on peut commettre des erreurs considérables, car les volumes des branches varient énormément, et les chiffres que nous donnons, représentant la moyenne admise, peuvent différer beaucoup de chacun des cas particuliers qui peuvent se présenter. Aussi ne devra-t-on les employer qu'en dernière ressource, si tout autre moyen d'information fait défaut.

On doit également observer qu'en général l'arbre isolé a plus de branches que celui des taillis sous futaie, et que celui-ci en a plus de son côté que celui des futaies en peuplement serré. Le branchage est parfois si considérable sur l'arbre isolé qu'il n'y a presque pas de tige. Il est très-difficile d'établir une moyenne pour les arbres de l'espèce, en sorte que les chiffres ci-dessus se rapportent uniquement aux futaies sur taillis; on ne saurait les employer pour les arbres isolés sans s'exposer à des erreurs qui pourraient aller du simple au triple.

Les arbres qui ont un fût élancé et dénudé ont moins de branches que ceux dont le branchage commence plus près de terre. Il paraît y avoir une relation simple entre le rapport du volume total de l'arbre au volume de la partie de son tronc située au-dessous de la naissance des branches, et le rapport de la hauteur totale de l'arbre à la longueur de la partie précitée de son tronc.

L'étude de cette relation pourrait conduire à des données importantes touchant la circulation de la séve descendante.

Il faut, de plus, tenir compte de l'essence. Salomon dit, dans son traité d'aménagement des forêts : « Pour les bois résineux, les branchages peuvent être de $\frac{1}{6}$ à $\frac{1}{9}$ du volume total si le peuplement est serré, et $\frac{1}{3}$ s'il est clair. Les chênes et les bouleaux n'ont pas plus de branches. Les ormes, les hêtres, les érables, les frênes et les tilleuls en ont davantage. »

Les procédés que nous venons d'indiquer pour mesurer la circonférence et la hauteur de l'arbre sont rarement employés, parce qu'il est toujours long, coûteux et dangereux, quelquefois même impossible d'envoyer un homme au sommet de l'arbre ; de plus, quand cela est possible, il faut généralement lui munir les pieds de griffes qui font de petites encoches dans le bois, atteignent l'aubier, facilitent l'infiltration des eaux de pluies et provoquent la pourriture de cette partie de l'arbre éminemment fermentescible. Pour ces diverses raisons, on préfère des méthodes moins exactes, mais plus simples.

Pour évaluer la longueur, la meilleure méthode consiste à prendre une perche de 5ᵐ.25 de longueur et à la mettre verticalement le long de la tige, au-dessus de la tête d'un homme de 1ᵐ,75 de taille. L'extrémité supérieure de cette perche indique une longueur de 7 mètres de tige, et un observateur, se tenant à quelque distance, apprécie facilement, par comparaison, la longueur du reste de cette tige susceptible d'être employée comme bois de travail et même la hauteur totale de l'arbre s'il en est besoin.

On peut également employer les appareils dits *dendromètres,* qu'on place à une distance connue de l'arbre et qui en font connaître la hauteur à l'aide de triangles semblables. On a inventé un assez grand nombre de ces appareils. Le plus simple consiste dans une planchette de $0^m,10$ de largeur portant un fil à plomb à l'un de ses angles et une division en millimètres sur l'arête opposée. Pour se servir de cet instrument, on se place à 10 mètres de l'arbre A, B, qu'on veut mesurer, puis on en vise le sommet avec l'arête supérieure E, C, de la règle; le fil à plomb vient rencontrer l'arête divisée en un

point G, qui indique la hauteur cherchée. En effet, les triangles C, D, A, et E, F, G, sont semblables; de plus, ils ont C, D = 10 mètres, E, F = $0^m,10$, donc, C, D = 100 E, F, par suite A, D = 100 F, G. En d'autres ter-

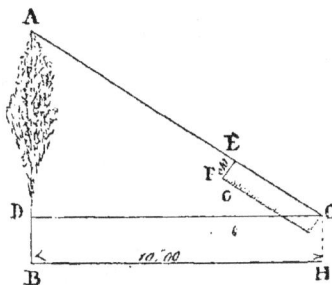

Fig. 61.

mes, l'arbre aura autant de mètres de hauteur que la planchette marquera de centimètres; il faudra seulement y ajouter la hauteur C, H, de la planchette au-dessus du sol.

Mais cet appareil exige le concours simultané de deux observateurs; il ne sert, de même que tous ses semblables, qu'à former l'œil des forestiers, il est leur instrument de contrôle et de vérification.

Quand, à l'aide de ces deux méthodes, le débutant
est arrivé à juger assez exactement la hauteur des
arbres, il se contente, comme le font les marchands,
d'en observer le faîte, en se mettant à distance ou en
restant à son pied, et estime assez exactement sa
hauteur d'après cette seule observation.

Pour évaluer la circonférence au sommet, on
commence par mesurer, comme nous l'avons indiqué, celle au pied, puis on s'éloigne à quelque distance de l'arbre, on en fait le tour et, comparant
à distance le diamètre du haut à celui du bas, on en
estime le rapport. Le produit de la circonférence au
pied, qui est connue, par ce rapport évalué, donne
la circonférence à la tête qu'on cherchait.

Cette circonférence est, du reste, l'élément qu'on
s'accoutume le plus vite à évaluer avec exactitude,
parce qu'on ne peut commettre d'erreur que sur
l'appréciation du rapport de la circonférence de la
tête à celle du pied ; or, celui-ci ne varie pas dans
des limites fort étendues dans la même contrée et
pour la même nature de culture ; il est tellement lié
à la forme générale de l'arbre qu'il suffit d'avoir
mesuré quelques arbres similaires pour connaître à
l'avance les limites assez rapprochées entre lesquelles
il doit se trouver. Il est assez généralement égal à
$0^m,80$ dans les futaies. Dans ce cas, la circonférence moyenne est égale au produit de la circonférence au pied par $0^m,90$.

Quand on a pu mesurer à l'avance, sur les arbres
abattus précédemment, de combien de centimètres

leur circonférence diminue par mètre de leur longueur, quand on a trouvé dans ces mesures que la loi de décroissement est sensiblement la même sur tous, on est fondé à admettre qu'il en est de même sur l'arbre considéré et à calculer sa circonférence au sommet à l'aide de cette base.

Si, par exemple, pour fixer les idées, l'arbre à estimer a 1 mètre de circonférence à $1^m,33$ du sol et $7^m,33$ de longueur; si, de plus, il est établi que les arbres similaires perdent toujours $0^m,10$ sur leur circonférence par chaque mètre de hauteur, on pourra admettre que la circonférence au sommet de l'arbre, c'est-à-dire à 6 mètres au-dessus de la circonférence de la base considérée, sera $1^m,00 - 6^m,00 \times 0^m,10 = 0^m,40$; qu'à $1^m,33$ au-dessous de cette base, c'est-à-dire au ras du sol, elle sera $1^m,00 + 1^m,33 \times 0^m,10 = 1^m,13$, de telle sorte que la circonférence moyenne sera $\dfrac{1^m,13 + 0^m,40}{2} = 0^m,76$.

En général, on néglige l'excédant de la circonférence de l'arbre au ras du sol sur celle mesurée à $1^m,33$, car tels sont les usages commerciaux; en sorte que la circonférence commerciale, dans le cas précité, serait $\dfrac{1^m,00 \times 0^m,40}{2} = 0,70$.

On se sert parfois d'un compas d'épaisseur à coulisse, qu'on nomme *compas forestier*, et on mesure alors le diamètre au lieu de la circonférence. Ce procédé a ses avantages et ses inconvénients. Il est certain que la mesure prise au compas forestier est

plus rapide et plus exacte, car il suffit de tenir la
règle horizontale pour ne pas commettre d'erreur,
et c'est chose aisée, tandis qu'il n'est pas facile de
tenir le ruban divisé dans le plan normal à la tige et
d'éviter les aspérités et exfoliations de l'écorce qui
causent parfois des excédants de circonférence très-
appréciables.

Si la section des arbres était un cercle parfait,
l'usage du compas serait préférable à celui du
ruban divisé. Mais les sections sont fréquemment
plus allongées dans un sens que dans l'autre.
Quand il en est ainsi, le compas ne peut indiquer que l'un des diamètres de l'arbre, le volume
qu'on en déduit est trop grand ou trop petit, selon
que le diamètre qu'on a relevé est le plus grand ou
le plus petit de la section de l'arbre. Dans ce cas,
l'emploi du ruban divisé donne un volume plus rap-
proché de la vérité. Si, pour fixer les idées, la section de l'arbre est une ellipse régulière dont le grand
diamètre est les $\frac{11}{10}$ du petit, et dont le volume réel
est V, le volume calculé, d'après le petit diamètre,
serait 0,909 V.

D'après le grand diamètre, 1,100 V.

D'après la circonférence mesurée au ruban,
1,002 V.

S'il s'agit d'estimer une futaie régulière, on
mesurera le diamètre au pied de chacun des arbres
qui la composent en employant la règle à coulisse. Pour la simplicité des calculs, on comptera les
diamètres par nombre de centimètres pairs. Il s'agira

alors de déterminer le volume moyen des arbres de
chacune des dimensions qui se trouvent dans la
futaie. A cet effet, on commencera par choisir un
arbre de chacune de ces dimensions, qui ait autant
de hauteur et de branchage que la moyenne de
ceux de même diamètre ; le problème sera ramené à
estimer le volume et la valeur de chacun de ces
arbres en particulier.

On pourra se contenter des procédés que nous
avons précédemment indiqués, mais on pourra en
employer un plus précis et peu coûteux. Celui-ci
consistera à abattre deux ou trois de ces arbres types
et à les débiter comme devra l'être la futaie entière,
c'est-à-dire en utilisant les bois de la manière la plus
profitable. On aura alors à la fois le volume marchand et la valeur de l'arbre.

Le forestier profite de ces occasions pour mesurer
le volume exact de ces bois, volume qui diffère
notablement de leur volume marchand. A cet effet,
il décompose la tige de l'arbre abattu en tronçons de
2 mètres de longueur et cube chacun d'eux d'après
ses dimensions exactes, puis il cube, par les mêmes
procédés, le volume de chacune des grosses branches.

Enfin, pour obtenir le volume exact des petites
branches et des fagots, il les met dans une cuve
régulière contenant de l'eau et note de combien
l'immersion de ces bois en fait monter le niveau.
S'il n'a pas de cuve disponible, il pourra se borner
à peser ces bois et à rechercher pour quelques-uns
de ces échantillons le volume correspondant à 10, à

50 ou à 100 kilos ; avec ces renseignements, il pourra calculer le volume exact des arbres types.

Cette méthode d'estimation des futaies est dite par *complage* et par *cubage individuels,* elle est assez simple et suffisamment exacte.

Estimations sommaires. — Ceux qui sont très-expérimentés en ces matières, ou qui ne veulent obtenir qu'une approximation grossière, peuvent se contenter de compter les pieds d'arbres et d'estimer à vue d'œil leur volume moyen. On peut se dispenser de compter les pieds d'arbres en se bornant à chercher le nombre d'hectares de futaie et à en voir l'ensemble. On conçoit que de tels procédés puissent conduire à des erreurs considérables quand ils sont employés par des gens peu expérimentés.

Lorsque la futaie est très-régulière, on peut marquer 10 ares de peuplement représentant assez bien l'ensemble du lot considéré, puis faire abattre, façonner et cuber tous les bois compris dans ces 10 ares. Mais cette méthode, en apparence excellente, est toujours d'une application difficile ; on ne trouve pas aisément un peuplement représentant la moyenne d'une forêt ; de plus, il faut opérer sur des contenances assez grandes, 10 ares est même une surface trop faible, et, en somme, on est plus susceptible de se tromper en opérant ainsi qu'en faisant comme nous l'avons conseillé tout d'abord.

Cette méthode d'estimation, qu'on nomme *par place d'essai,* est au contraire assez bonne quand il

s'agit d'évaluer des taillis simples de grande étendue. Si la forêt se compose d'essences de qualités
très-différentes et s'il est difficile de trouver un peuplement moyen d'essai, on pourra faire plusieurs
essais sur des parties représentant chacune la
moyenne d'un lot de forêt.

Mais s'il s'agit d'estimer un taillis de peu d'étendue et qu'on soit peu expérimenté dans les évalua-
tions de cette nature, on comptera le nombre des
brins, on en abattra quelques-uns ayant le diamètre
et la longueur moyens, et on se rendra ainsi compte
du produit probable en perches, en bois de corde et
en fagots.

Si on ne pouvait abattre ces quelques brins
d'épreuve et qu'on soit privé du concours de gens
experts, on pourrait se fier aux données du tableau
ci-contre donné par M. Noirot-Bonnet.

En général, on se borne, pour estimer les coupes
de taillis, à les parcourir attentivement en tous sens
pour se rendre compte des vides et de la manière
dont ils sont plantés, c'est-à-dire ce qu'il y a relativement de cépées sur vieilles souches, de drageons
et de jeunes plants; cette inspection suffit aux personnes exercées pour estimer le produit d'un taillis
par hectare.

Les taillis où les cépées de vieilles souches
dominent rendent beaucoup plus, à apparence égale,
que les autres.

L'accroissement moyen annuel peut se déduire à
l'inspection des épaisseurs des dernières couches

annuelles, mais le propriétaire qui voudra se rendre
un compte suivi de l'accroissement d'un taillis fera
bien d'y marquer une vingtaine de brins de dimensions moyennes et, chaque hiver, d'en mesurer la
circonférence et la grosseur, en répétant les marques

PÉRIODE D'AMÉNAGEMENT ou exploitabilité.	QUALITÉ DES SOLS.		GROSSEUR DES TIGES dans chaque classe du sol.	NOMBRE DE BILLOTS d'un mètre fournis par une tige.	NOMBRE DE BILLOTS pouvant entrer dans un stère.	NOMBRE DE BALIVEAUX ou tiges nécessaires pour former un stère.
Ans.			Centim.			
20	Qualité	inférieure.	19		221	37
		moyenne.	20	6	201	34
		bonne.	21		186	31
25	Qualité	inférieure.	22		171	26
		moyenne.	23	$6\frac{1}{2}$	159	24
		bonne.	24		147	23
30	Qualité	inférieure.	26		128	17
		moyenne.	27	$7\frac{1}{2}$	120	16
		bonne.	28		112	15
35	Qualité	inférieure.	30		99	12
		moyenne.	31	$8\frac{1}{2}$	94	11
		bonne.	32		88	10
40	Qualité	inférieure.	34		79	8
		moyenne.	35	10	74	7
		bonne.	36		70	7

pour que les mesures soient encore prises l'année
suivante sur les mêmes sujets. Il aura ainsi les éléments du calcul de l'accroissement relatif de ses
taillis et pourra en fixer l'exploitabilité en connaissance de cause.

L'accroissement moyen annuel serait, d'après un auteur allemand :

1/3 du capital superficiel sur un taillis de 5 ans.
1/5   —   10 —
1/10 à 1/12   —   20 —
1/14 à 1/16   —   30 —

Dans les taillis composés, on estimera à part le taillis et la réserve, en opérant, pour chacun de ces deux espèces de bois, comme nous l'avons indiqué plus haut.

ABATAGE DES ARBRES.

Au point de vue de la main-d'œuvre, il y a avantage, en général, à abattre les bois pendant la période où la culture des champs occupe le moins de bras, par conséquent pendant l'hiver et le printemps.

Quand on veut recueillir les écorces pour les vendre aux tanneurs, il faut les abattre pendant la montée de la séve, c'est-à-dire entre le 1er mai et le 1er juillet pour le centre et le nord de la France. Avant et après, il devient très-difficile, le plus souvent même impossible, de détacher les écorces des troncs auxquels elles adhèrent.

Si l'on se préoccupait uniquement de la reproduction des jeunes sujets qui doivent remplacer les arbres abattus, il faudrait exploiter en diverses saisons selon les pays et les circonstances. Dans les

contrées très-froides, on ne pourrait travailler avant
la fin des fortes gelées, de peur que celles-ci n'altèrent les tissus des souches et ne fassent éclater les
arbres abattus. Dans les régions plus tempérées, cette
considération a peu d'importance, et on doit s'y
préoccuper plutôt de la végétation du jeune bois. A
cet effet, on exploitera pendant l'hiver les taillis qui
doivent se régénérer de souches, et on s'efforcera
d'achever le travail avant la montée de la séve. Si
l'abatage ne se termine qu'à la fin du printemps,
c'est-à-dire après l'époque du mouvement de la séve,
les bourgeons proventifs ne se développent pas, et
les adventifs qui naissent sur le pourtour de la souche
n'ont pas le temps de s'aoûter avant l'hiver. Il y a
donc perte d'une année de croissance, ou, pour
employer l'expression technique, d'une *feuille*. Dans
les futaies qui se régénèrent par graines, on pourra
abattre en toute saison.

Mais ces diverses considérations sont d'une importance bien secondaire, du moins dans l'exploitation des bois d'œuvre, relativement à celle de la
qualité des bois, car il n'est pas douteux qu'il vau-
drait mieux payer la main-d'œuvre un prix plus élevé
et perdre une année entière de végétation, si cela était
nécessaire, pour assurer aux arbres, dont la croissance a été si lente et si coûteuse, leur maximum de
qualités.

Il y a une opinion très-accréditée, et qui remonte aux temps les plus reculés, c'est que les bois
ne durent pas s'ils ne sont abattus hors séve.

« On croit communément, dit Pline, que tout bois qu'on veut équarrir ne doit être abattu qu'après qu'il a produit son fruit. Le chêne rouvre est fort sujet à devenir vermoulu quand on le coupe au printemps ; mais il ne se gâte ni ne se courbe si on le coupe vers le solstice d'hiver, tandis qu'il est sujet à se déjeter et à se fendre quand on le coupe dans un autre temps. » Cette opinion, professée par Vitruve, a été acceptée en France jusqu'au siècle dernier. Un règlement de la table de marbre du 4 septembre 1601, renouvelé par l'ordonnance de 1669, a défendu de couper le bois en séve. Le règlement de 1706 a limité cette défense du 15 avril au 15 octobre. Actuellement, l'administration forestière impose comme limite extrême des exploitations à faire dans les forêts qu'elle gère, le 15 avril pour les taillis et le 15 mai pour les futaies.

Ces pratiques obligatoires pour l'exploitation des bois soumis au régime forestier sont également suivies par les particuliers. Quelques nations cependant ne les suivent pas et abattent leurs bois en séve.

Il est à remarquer que celles-ci sont des nations maritimes, qui ont par conséquent un intérêt plus grand que les autres à avoir des bois de bonne qualité et qui sont placées dans les meilleures conditions pour apprécier leur durée. Nous citerons dans cette catégorie les Anglais, qui estiment leur chêne au-dessus de tous les autres et qui les abattent de la fin d'avril au commencement de juin ; les Hollandais (c'est sans

doute à eux qu'on doit l'introduction dans les Vosges
de l'abatage des résineux en séve), les Italiens, qui,
en diverses contrées, principalement dans le royaume
de Naples, abattaient en juillet et en août les bois
avec lesquels on construisait, pendant le siècle
dernier, des vaisseaux qui étaient encore sains après
vingt-cinq ans, ce qui était alors une très-belle durée. Notre marine militaire elle-même ne paraît pas
attribuer à l'époque de l'abatage une influence considérable sur la durée des bois, puisque ses cahiers
des charges n'imposent aucune condition à cet égard.
On peut dire que l'administration ne pouvant contrôler l'époque de l'abatage des bois qu'on lui livre,
ne peut insérer dans ses cahiers des charges une
clause illusoire, mais que son silence à ce sujet ne
signifie pas indifférence. Cela est vrai, mais il est in-
contestable qu'elle aurait pris les mesures nécessaires pour commander et contrôler l'époque de
l'abatage des arbres, si elle avait cru que celle-ci
eût une influence capitale sur la durée des pièces
livrées.

Duhamel fit de nombreuses expériences pour
éclaircir cette question et trouva que l'aubier des bois
abattus en été s'était mieux conservé que celui des
arbres coupés en hiver; que la pourriture avait affecté
également les bois abattus en toute saison, que ceux
coupés au printemps et en été s'étaient plus gercés
que les autres.

Hartig fit également des expériences à ce sujet
et trouva que les bois abattus en hiver avaient une

plus longue durée que ceux coupés en temps de séve ; que ceux-ci avaient été plus tôt piqués des vers et détruits par les insectes que les bois abattus hors séve et pendant l'hiver.

En résumé, il y a désaccord dans les opinions et les pratiques des peuples, ainsi que dans les résultats des expériences spéciales faites en vue de résoudre la question.

La physiologie végétale a fait récemment assez de progrès pour nous permettre de préjuger le différend. Elle nous montre le cœur comme un corps inerte complétement lignifié, à peu près indifférent par lui-même aux mouvements et à la composition de la séve, tandis que l'aubier est formé de fibres et de vaisseaux plus ou moins complétement lignifiés et de cellules parenchymateuses *en partie vivantes*. Ces dernières sont les réservoirs où s'accumule pendant l'été l'approvisionnement d'hydrates de carbone qui doit être dissous par la séve ascendante du printemps et servir au développement des bourgeons. Cet hydrate de carbone est de l'amidon ou du sucre chez les arbres feuillus, de la résine chez les conifères. Si donc on compare un arbre abattu en hiver avec un autre coupé aussitôt après le développement de ses bourgeons et de ses feuilles, on trouvera leurs cœurs imbibés de séves de composition un peu différente, probablement un peu plus azotée et plus abondante chez le premier que chez le second, sans qu'il y ait entre les deux une différence de nature à faire craindre la décomposition prématurée de l'un d'eux. L'aubier, chez tous les deux, contiendra des cellules vivantes, par conséquent non lignifiées et toutes disposées à se décomposer (cellules des rayons médullaires et du parenchyme ligneux des faisceaux fibro-vasculaires), qui différeront cependant parce qu'elles seront pleines d'amidon ou de résine chez l'un et pleines de séve chez l'autre. Elles seront donc toutes disposées à s'échauffer sur l'un et l'autre de ces deux arbres, mais elles doivent l'être davantage sur l'arbre abattu après la montée de la séve où les cellules plus spongieuses auront accumulé une plus grande quantité des éléments nécessaires à la fermentation ; savoir : l'eau, l'air et la matière azotée. En outre, les cellules de 'arbre abattu en été contiendront en abondance la séve montante qui a dissous l'approvisionnement de matières azotées et peut-être des ferments contenus dans les tubes cribleux du liber et l'a répandu dans tout le corps de l'arbre.

L'aubier de l'arbre abattu aussitôt après la montée de la séve nous paraît donc devoir être moins durable, toutes choses égales d'ailleurs, que celui de l'arbre abattu en hiver. La différence doit être peu sensible pour les arbres résineux. Il est probable que l'aubier des arbres abattus en pleine végétation, c'est-à-dire de juillet à octobre, n'est pas dans de meilleures conditions ; ses cellules parenchymateuses se seront, il est vrai, déjà plus ou moins remplies d'amidon ou de résine, et la séve ascendante ne contiendra plus de matières azotées ni de ferments, conditions favorables. Mais, par contre,

il est à peu près certain que l'aubier renfermera
des matières azotées et probablement des ferments
de la séve descendante ; il ne sera donc pas, en
somme, dans de meilleures conditions de durée
que celui abattu après la montée de la séve. En un
mot, c'est sur l'arbre coupé en hiver que nous trouvons la composition de la séve la plus favorable à
la durée du bois ; les matières fermentescibles y sont
condensées dans le cambium et dans l'écorce ; l'aubier renferme, il est vrai, des éléments de détérioration rapide, mais du moins les autres cellules y
sont protégées autant que possible contre l'action de
l'eau et de l'air.

L'époque de l'abatage influe encore d'une autre
manière sur la durée des bois. Les arbres contiennent une grande quantité de matières azotées (voir le
résultat des analyses faites par M. Chevandier), au
détriment de laquelle vivent des quantités d'insectes.
Quand les exploitations ont lieu en été, ceux-ci trouvent dans les débris des feuilles et des écorces une
abondante nourriture ; ils pullulent et déposent leurs
œufs dans les fentes que le soleil fait naître sur les
bois abattus ; ces œufs, plus tard, éclosent dans le
bois et donnent naissance à des insectes qui y font
des ravages que nous étudierons plus tard. Les
arbres abattus en hiver sont beaucoup moins exposés
à ces accidents qu'on peut éviter en enlevant de
suite de la forêt les bois abattus en séve. Si cet
enlèvement ne peut être opéré, on fera bien d'immerger ces bois pendant le printemps de l'année

suivante, qui est l'époque où ces œufs éclosent.

Il y a également des insectes qui attaquent rapidement l'écorce de certains arbres et ensuite leur bois; cela a lieu principalement pour les résineux. Dans ce cas, il est avantageux d'écorcer les arbres aussitôt après les avoir abattus. Pour faire cette opération facilement, il convient de les couper après la montée de la séve.

Enfin l'abatage en été a l'inconvénient de dessécher trop vite les bois, par suite de les faire fendre. On recommande de ne pas arracher les écorces des arbres ainsi abattus, pour qu'elles protégent efficacement les bois contre la dessiccation. Cependant nous avons vu qu'il faut les enlever de suite pour les essences dont les insectes attaquent rapidement les écorces; dans ce cas, il est bon de couvrir les troncs avec des ramilles pour les garantir des rayons solaires.

Ainsi il est généralement avantageux d'abattre hors séve. Si des circonstances exceptionnelles obligeaient à le faire pendant la période de végétation, il faudrait réserver pour cette partie du travail les bois de feu, les arbres résineux et ceux des bois d'œuvre d'essences feuillues dont l'usage ne proscrit pas les fentes et exclut l'aubier.

Les bois employés pour la construction des navires sont, en général, dans cette dernière catégorie, et ceci nous explique pourquoi les nations maritimes n'attachent pas, à l'époque de l'abatage, la même importance que les autres.

Enfin nous observerons que les bois résineux doivent être moins sensibles à l'abatage en séve. De temps immémorial on les coupe en été dans les Vosges; les Badois, et plus tard les Allemands, ont fait fréquemment de même depuis 1830 pour soustraire les arbres de cette essence aux ravages des bostriches qui les attaquaient. Ce nouveau procédé n'a nullement diminué la durée des bois : il les a rendus plus blancs, plus lisses, moins résineux, plus légers et plus flottables, ce qui est avantageux pour certains usages.

Il y a, en outre, à tenir compte pour l'abatage des arbres de certaines conditions météorologiques spéciales. Ainsi il est prouvé que dans les Pyrénées les arbres abattus par temps chaud et vent du midi sont fréquemment piqués, soit que les vents du midi apportent des insectes, soit qu'ils élèvent la température, ce qui facilite la multiplication de ceux qui existent dans la localité.

Nous comprendrions, au point de vue des ravages des insectes, qu'il y eût intérêt à abattre les bois pendant le croissant de la lune, s'il était prouvé que son cours ait une influence certaine sur les pluies ou les vents. Pour le moment, rien ne justifie ces deux opinions traditionnelles et connexes. Les Romains les professaient déjà (voir Pline, liv. XVI, chap. XXXIX, *De la coupe des arbres*), mais aucune preuve ne les a justifiées jusqu'à ce jour. Les commerçants s'y conforment néanmoins autant que possible en coupant pendant le croissant de la lune; ils donnent

ainsi à leurs produits un vernis de bonne qualité qui
ne coûte qu'un peu d'ordre dans la distribution des
travaux d'exploitation.

Il serait, à coup sûr, fort désirable de transformer la matière qui accroît le diamètre de l'arbre
pendant l'année qui précède sa coupe, en durcis-
sant l'aubier. On aurait, en effet, grand avantage à
perdre une couche annuelle, si on pouvait par ce
sacrifice transformer l'aubier en cœur. Buffon a pensé
qu'on pourrait y arriver en écorçant les arbres sur
pied deux ou trois ans avant de les abattre. Vitruve
avait déjà dit dans son *Traité d'architecture* qu'en
entaillant les arbres vers le pied jusqu'au cœur
avant de les abattre et en les laissant sécher sur
pied, ils sont aptes à être employés de suite et d'un
bon service. Évelin avait affirmé, dans son *Traité
des forêts,* qu'autour de Hafson, en Angleterre, on
écorçait les bois sur pied dans le temps de la séve
et qu'on les laissait sécher jusqu'à l'automne suivant.

Buffon et, quelques années après, Duhamel vou-
lurent vérifier ces faits et firent d'assez nombreuses
expériences à ce sujet; tous deux constatèrent que
l'arbre doit être écorcé depuis la racine jusqu'à la
naissance des branches, qu'alors la densité de son
aubier augmente d'environ 8 pour 100 et sa force
de 13 pour 100, que cet aubier devient extrêmement
dur à travailler, et ils pensèrent, sans le vérifier
directement, qu'un bois si dur et si pesant devait
être très-durable. Ces expériences eurent un certain
retentissement, et dans quelques localités on pra-

tiqua l'écorcement avant l'abatage; on constata que les souches des arbres ainsi exploitées périssaient, et, bien que certains écrivains aient affirmé la longue durée des bois obtenus, on a reconnu depuis, d'après les expériences de divers auteurs allemands, que cet aubier devenu bois dur n'est cependant pas devenu bois durable.

Ce que nous avons dit touchant la circulation et la nature de la séve donne l'explication de cette anomalie apparente. L'arbre écorcé au printemps continue à vivre, il absorbe les sucs de la terre et les transforme, mais il ne peut utiliser toute la séve élaborée. Une partie de cette séve forme une couche ligneuse dans les branches qui n'ont pas été écorcées et le reste refoulé dans le corps même de l'arbre durcit, il est vrai, ses tissus en remplissant les vides, mais avec une matière azotée éminemment fermentescible qui doit hâter la décomposition du bois.

Abatage des taillis. — L'abatage des taillis est une opération des plus faciles : les bûcherons prennent les brins les uns après les autres, ils les coupent au pied en biseau, puis ils les jettent du côté où ils ont commencé leur travail, par conséquent sur les brins déjà à terre.

Il est très-important que l'écorce qui reste sur la souche ne soit ni décollée ni enlevée; c'est une condition indispensable pour la pousse des rejets de la souche. Il faut, pour remplir cette condition, que le bûcheron emploie des outils parfaitement affilés.

Abatage des arbres. — On doit, en coupant les arbres, prendre les dispositions nécessaires pour qu'ils ne se brisent pas dans leur chute et pour qu'ils ne nuisent ni aux bûcherons ni aux objets qui sont dans leur voisinage.

A cet effet, on abat tout d'abord une partie des branches, s'il y a un sous-bois faible à ménager. Si, au contraire, il n'y en a pas, on abat l'arbre avec ses branches, attendu qu'il est plus économique de les enlever sur l'arbre à terre et qu'elles amortissent le choc que le tronc éprouve dans la chute.

Puis on attache au faîte de l'arbre une corde qui doit servir à diriger sa chute. Quand on est en montagne, il convient de diriger sa tête vers le haut de la montagne pour que l'arc décrit et, par conséquent, la vitesse acquise soient les plus faibles possible, et que l'arbre ne soit exposé ni à se casser ni à glisser.

Les bûcherons se servent en général de la hache; ils commencent à pratiquer, du côté où l'arbre doit tomber, une entaille qui doit atteindre jusqu'aux deux tiers du diamètre, et quand il se trouve ainsi suspendu en équilibre instable, ils recommencent une autre entaille du côté opposé. L'arbre tombe de lui-même quand il ne reste plus assez de matière pour résister au mouvement des forces qui le sollicitent. On a soin en même temps de peser sur la corde directrice pour amener l'arbre dans la direction qu'on a choisie, car un défaut d'équilibre des

branches ou d'homogénéité des fibres pourrait le
faire dévier d'un côté ou de l'autre.

Ce procédé a deux inconvénients graves : le premier est de faire perdre pour l'entaille du pied environ 5 pour 100 du volume de la tige ; le second est de
déterminer fréquemment des fentes graves au pied
de l'arbre.

Les exploitants demandent quelquefois l'auto-
risation de déraciner le pied pour pouvoir prélever
cette entaille en partie sur les racines ; on peut leur
accorder cette facilité quand la souche restante ne
doit pas produire de rejets. Mais, même avec cette
modification, on perd encore beaucoup de bois et de
main-d'œuvre sans éviter les risques de fente.

Il y a une autre méthode plus rationnelle, jadis
proscrite par les ordonnances, et qui commence à se
répandre : elle consiste dans l'emploi de la scie à deux
manches, dite *passe-partout*. Deux bûcherons attaquent le tronc au ras du sol et lui font un trait transversal qui atteint jusqu'aux deux tiers du diamètre.
Ce trait se fait en général assez facilement au début,
mais à la fin l'arbre pèserait fortement sur la scie et
en rendrait la manœuvre très-pénible, si on ne prenait la précaution d'employer une scie de voie moins
forte et de soutenir l'arbre par des coins. Quand ce
premier trait est achevé, on en fait un second du côté
opposé et un peu au-dessus du premier ; on peut le
mener jusqu'à l'aplomb de celui-ci. Ce travail achevé,
on introduit des coins dans ce dernier trait et on
frappe dessus pour soulager l'arbre pendant qu'on

pèse sur la corde directrice; on détermine de la sorte
sa chute. Cette méthode exige plus d'intelligence de
la part des bûcherons, mais elle économise beaucoup
de bois et évite les éclats; son emploi est à recommander. On peut, suivant le cas, incliner un peu la
direction des traits pour rendre à volonté la chute
plus ou moins facile.

DÉBIT DES BOIS.

L'habileté de l'exploitant consiste à diriger le
débit des bois qu'il a abattus de façon à en tirer le
plus de profit possible; en général, il a intérêt à
conserver aux troncs toute la longueur et l'équarrissage dont ils sont susceptibles, attendu que les
gros bois valent à volume égal plus que les petits;
mais, dans certaines circonstances, quand les bois
sont difficiles à sortir des forêts, quand l'essence est
grasse, ou quand le commerce demande spécialement un article particulier, il y a parfois avantage à
recouper les grosses pièces elles-mêmes, de telle sorte
que le débit des bois est tout entier une question
d'appréciation.

Les divers produits qu'on tire des bois se divisent
en *bois d'œuvre* et *bois de feu*. Chacune de ces divisions se subdivise à son tour, d'après les usages du
commerce, en catégories nombreuses dont les plus
importantes sont indiquées dans le tableau suivant :

Bois d'œuvre.	Bois de service ou de construction.	Bois de marine. Bois de construction ou de.charpente. Bois de marronnage ou marnage. Traverses de chemin de fer. Poteaux télégraphiques. Étais de mines.
	Bois de travail ou d'industrie.	Bois de sciage. Bois de fente.
Bois de feu ou de chauffage.	Bois de corde	de quartier. de rondins.
	Bois à charbon. Fagots. Bourrées. Souches et rémanents.	

Quand un arbre est abattu, l'exploitant décide ce qu'il en doit faire. Dans les grandes exploitations il fait marquer par les ouvriers des diverses professions les parties qu'ils doivent utiliser. Le reste, qui n'est plus apte qu'à faire du bois de feu, se compose d'une partie des branches et des ramilles; le façonnage de ces bois est le premier travail à entreprendre pour dégager la coupe et permettre aux ouvriers spéciaux, scieurs, fendeurs, etc., de travailler à leur tour.

A cet effet, le bûcheron coupe ces branches, autant que possible avec la scie, en morceaux de la longueur que doivent avoir les bois de chauffage dans la localité, longueur variant entre 1 mètre et 1^m,33. Puis il refend avec des coins et masses ceux des morceaux obtenus qui excèdent $0^m,12$ de diamètre auxquels on donne le nom de *bûches*. Cette division des bûches donne des *quartiers* qu'on empile ensemble. Les morceaux dont le diamètre est compris entre $0^m,06$ et $0^m,12$ sont nommés *rondins* et empilés de leur côté. Les morceaux de moindre dimension sont ramassés avec les rameaux, ramilles, brindilles et menus brins, puis divisés en deux lots. Le premier contient ce qu'il y a de plus gros et plus beau dans ces résidus et est assemblé en *fagots*, qu'on serre par des liens tordus en bois de chêne ou de charme qui sont nommés des *harts*. Le second lot comprend tous les menus résidus et constitue des *bourrées*, qu'on forme également avec des harts.

Si on doit faire du charbon, on coupe le bois à la longueur de $0^m,60$ à $0^m,80$ et on y comprend, outre les quartiers et les rondins, tous les morceaux qui ont au-dessus de $0^m,02$. On fait de même pour les brins de taillis et on dégage ainsi le parterre de la coupe des objets les plus encombrants.

Les bois d'œuvre qui restent sur le sol sont parfois expédiés tels quels, par conséquent en grume ; seulement, lorsque l'écorce n'est pas utilisée, on l'enlève en forêt pour ne pas avoir à payer les frais de transport de ce poids mort. On expédie de cette façon les bois de construction qui n'ont pas de cœur et ceux dont on compte utiliser l'aubier, par exemple les sapins et les pins sylvestres.

S'il s'agit, au contraire, de bois dont on ne doit

pas utiliser l'aubier, par exemple des chênes de marine, il convient de les équarrir à quatre arêtes sur le parterre de la coupe, en ne donnant aux pièces que les dimensions qui seront payées par l'acheteur; tout l'excédant que l'exploitant laisserait en sus lui causerait des frais de transport dont il ne lui serait pas tenu compte. On opère de même pour les autres bois de charpente qui doivent faire un long trajet, tandis qu'on laisse en grume ceux qui doivent être conduits à peu de distance, de façon à laisser à celui qui doit employer le bois la faculté de le débiter à sa guise, quand on peut la lui donner sans inconvénients appréciables.

Les bois de sciage se débitent fréquemment sur le parterre de la coupe, tantôt parce que les scieries mécaniques sont éloignées, tantôt parce que la main-d'œuvre des scieurs de long n'est pas très-élevée, tantôt parce qu'à cause du manque de chemins ou des difficultés locales, le débusquement des bois est trop coûteux.

Dans ce cas, on commence par équarrir légèrement la bille sur quatre ou huit faces pour mettre à nu les vices extérieurs qui pourraient exister et permettre de mieux juger du parti qu'on pourrait tirer de la pièce. Cela fait, les ouvriers élèvent la bille sur deux chevalets et lignent sur ses deux têtes ainsi que sur sa face supérieure les traits que la scie doit suivre. On a maintes fois essayé de remplacer les chevalets par une fosse afin d'éviter l'élévation des pièces qui devient très-pénible pour les gros arbres, mais les ouvriers ont une répugnance marquée pour ce dispositif, et comme en général ils travaillent à la tâche, ils ne s'écartent pas de leurs coutumes, même dans les cas où celles-ci peuvent être améliorées. Quand la pièce est hissée, l'ouvrier monte dessus, son aide reste dessous et tous deux mettent en mouvement leur scie à cadre en bois, dite *scie de long,* le premier guidant la scie, suivant le trait ligné.

Il n'est pas indifférent d'attaquer les bois dans n'importe quelle direction. Il y a deux considérations importantes dont le ligneur doit tenir compte pour bien utiliser sa pièce : la première, c'est que dans tous les arbres le cœur est plus ou moins altéré et qu'il faut éviter de le comprendre dans les belles planches; la seconde, c'est qu'une planche est fort exposée à se voiler et à se fendre quand ses faces sont normales aux rayons médullaires (nous en verrons plus tard la raison), qu'elle est plus durable et d'un effet plus agréable à la vue quand elles sont parallèles à ces rayons. Ce mode de débit, qu'on nomme *sur maille,* est le plus estimé, aussi le ligneur doit-il s'efforcer de tirer de sa pièce le plus de planches sur maille qu'il est possible. Pour concilier ces deux considérations en quelque sorte opposées, on a l'habitude de prendre une planche contenant le cœur et de faire les autres parallèles ou perpendiculaires à celle-là. On a ainsi des bois qui ne sont pas exactement sur maille, il est vrai, mais qui s'en rapprochent beaucoup. La figure 62, ci-contre, indique le débit qui convient dans le cas où l'on a

besoin à la fois de quelques bois épais pour lesquels
la maille est sans importance et de menues planches
qui se vendent
mieux   quand
elles sont sur
maille. La coupe
de la figure 63
convient mieux,
au contraire, au
débit de plan-
ches de diverses
largeurs. On ne
peut indiquer à
l'avance aucune
règle générale

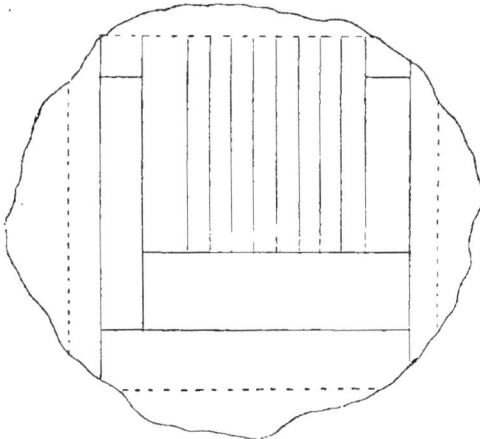

Fig. 62.

à suivre; l'ouvrier doit, dans chaque cas, chercher
la coupe qui convient aux dimensions et formes des
pièces à débiter.

Le sciage mécanique ne se fait pas, en général,
dans des conditions aussi avantageuses. Si le sciage
est lent, on monte plusieurs lames à la fois et on
débite toutes les planches parallèles les unes aux
autres, ce qui ne donne pas de beaux produits; de
plus, si la pièce contient un vice intérieur, on ne le
découvre qu'après le complet achèvement du débit,
on n'est plus maître de modifier le tracé de façon à
éviter ce vice, la pièce est alors mal utilisée, tandis
que le scieur de long aurait découvert le défaut en
travaillant et aurait alors changé son tracé pour utiliser au mieux ce bois vicié.

Si la machine-outil a, au contraire, une marche rapide, elle ne pourra avoir qu'une seule lame, ce qui lui donne les avantages du sciage à main; mais il n'y a que deux systèmes de ces scies à mouvement rapide. Celui dit à *scies circulaires* a l'inconvénient de ne pas se prêter au débit des fortes pièces et d'entraîner d'assez forts déchets de bois par suite de la largeur de la voie des scies (ainsi une bille de 0^m,40 d'équarrissage qu'on veut débiter en planches de 0^m,030 d'épaisseur donnera 12 de ces planches si la voie est de 0^m,0035, et n'en fournira que onze si cette voie est 0^m,0070 comme cela a lieu parfois). Celui dit à *scie sans fin*, ou *scie Perrin*, ne donne pas des surfaces bien planes quand les pièces

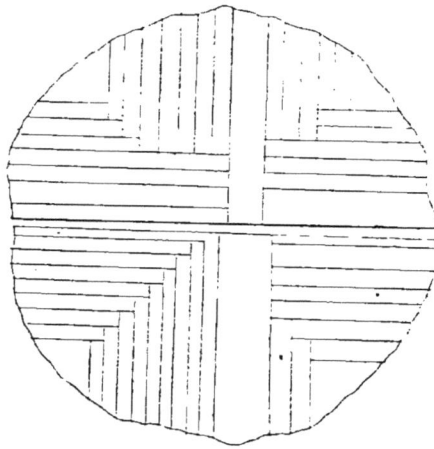

Fig. 63.

sont un peu fortes. Malgré ces inconvénients, on préfère en général le sciage mécanique (sauf le sciage à la scie sans fin) à la scie à main, parce qu'il est rapide, économique, et qu'il donne des surfaces bien planes, qualités que n'a pas le sciage à bras.

Les bois de fente se travaillent en général en forêt, parce que le travail se fait mieux pendant que les bois sont encore tout frais, et qu'en outre, les ouvriers fendeurs trouvent à utiliser des résidus qu'on ne penserait souvent pas à leur livrer au loin.

Les bois qui se prêtent le mieux à la fente sont ceux qui ont la fibre droite et qui sont exempts de nœuds. Les arbres de futaie et les bois gras sont les plus propres à ce mode de débit. Le chêne rouvre est le meilleur.

Les principaux consommateurs de bois de fente sont les tonneliers. Ceux-ci préfèrent le châtaignier et le chêne; ils sont d'autant plus exigeants sur la qualité et la provenance des bois que leurs pièces sont destinées à recevoir des vins de plus haut prix. Mais tous refusent les bois qui contiennent encore de l'aubier.

Pour fabriquer les bois de tonnellerie, les ouvriers coupent les billes à la longueur des produits qu'ils en veulent tirer, puis ils les fendent diamétralement avec un coutre en détachant ensuite des prismes dont ils retirent d'abord la partie du cœur, généralement viciée ou trop angulaire pour être utilisée, puis l'aubier. Ils divisent ensuite le restant par des plans perpendiculaires aux mailles, si ce morceau est gros, après quoi ils refendent ces blocs suivant les mailles (fig. 64).

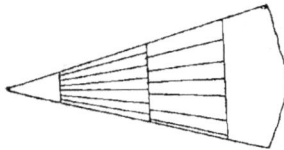

Fig. 64.

Les résidus qu'on ne peut pas utiliser pour la tonnellerie sont transformés en produits d'importance moindre, tels que les échalas, les roues de voitures, les gournables, les cercles et les menus objets qu'on nomme *ouvrages de raclerie*, avec lesquels on fabrique les boîtes, les petits seaux, les jouets d'enfants, les bois de brosse, les soufflets, la miroiterie, etc.

Nous donnerons, en traitant du commerce des bois, les dimensions commerciales de la plupart de ces produits et nous indiquerons les pertes ou déchets de leur fabrication.

ÉCORCES.

La tannerie consomme une quantité considérable d'écorces de chêne; elle prétend même que la production n'atteint pas toujours le niveau de ses besoins et qu'elle est obligée d'y suppléer par l'emploi de diverses matières tannantes d'origine étrangère. Elle évalue ses besoins à 300 millions de kilogrammes, qui lui seraient nécessaires pour tanner 100 millions de kilogrammes de peau fraîche, lesquels donneraient 50 millions de kilos de cuir vert.

L'écorce la plus recherchée par les tanneurs est celle du chêne vert; mais son transport dans le centre de la France est tellement coûteux qu'elle se consomme uniquement sur le littoral méditerranéen qui la produit, et en Angleterre, où elle parvient à meilleur compte qu'à Paris. C'est donc une minime ressource pour les tanneurs, et ceux-ci, obligés de se contenter des produits locaux, recherchent avant tout les écorces des taillis de quinze à trente ans, qu'ils estiment valoir au moins deux fois plus que celles des arbres de soixante à cent ans. On n'exploite ces dernières qu'à défaut d'écorces de taillis. Quant à celles des bois coupés hors séve et des vieux chênes destinés à la charpente ou à la marine, leur valeur est à peu près nulle.

Quand on veut écorcer un taillis, on doit commencer par couper, du 1er octobre au 15 janvier, tous les brins qui ne sont pas de chêne, et même tous ceux de cette essence qui sont trop petits pour faire de l'écorce, et on vide aussitôt cette première partie de la coupe, si cela est possible. Dès que les bourgeons commencent à se développer, on abat les réserves du taillis en commençant par les arbres les plus âgés, on continue par les baliveaux, puis par les brins de taillis. Pour la facilité du travail, on ne doit pas commencer l'abatage du taillis avant le 15 avril. Dans les forêts de l'État, il doit être achevé le 15 mai, sauf circonstances spéciales ; ailleurs on peut cependant ne l'achever que le 15 juin quand l'année n'est pas très-chaude et quand les écorces sont à des prix avantageux.

Il est très-important que l'écorçage soit effectué aussitôt après l'abatage et dans la saison de grande séve ; à cet effet, aussitôt que les bûcherons les plus forts ont coupé un arbre, d'autres font avec la serpe sur son écorce des incisions annulaires espacées de $1^m,16$, puis avec la pointe de la serpe ils pratiquent une incision longitudinale dans laquelle ils introduisent un morceau d'os, de bois ou de fer en forme de spatule et détachent successivement chaque fourreau d'écorce. Les femmes et les enfants aident au travail pour le mener aussi activement que possible, car une branche abattue depuis six heures s'écorce mal. On laisse sécher ces écorces quelque temps au soleil, puis on les réunit par bottes qui doivent avoir $1^m,14$ de longueur et $1^m,14$ de circonférence; elles cubent $0^{mc},125$ et pèsent de 15 à 20 kilogrammes, en moyenne 18. Ces dimensions varient suivant les localités. Un bon ouvrier fait de six à neuf bottes par jour, en moyenne sept, quand il travaille dans les taillis, et huit à douze s'il travaille en futaie.

La rapidité avec laquelle ce travail doit être fait cause une augmentation de main-d'œuvre importante qu'on peut éviter en *écorçant sur pied*. Pour cela, l'ouvrier fait avec sa serpe des incisions annulaires sur l'arbre ou le brin non abattu; avec la pointe de sa serpe il fait une fente longitudinale qui de l'incision inférieure monte jusqu'à la supérieure, et il enlève le fourreau d'écorce pendant que l'arbre est encore sur pied. Il peut, de cette façon, aller beaucoup plus vite.

Mais il faut, quand on applique cette méthode, veiller avec grand soin à ce que l'écorce de la souche ne soit pas atteinte, sans quoi la pousse de ses rejets serait compromise, et comme il est assez difficile d'éviter ces accidents, l'État et les particuliers considèrent ce procédé comme dangereux et ne l'autorisent ou ne l'emploient qu'à la dernière extrémité.

L'écorçage diminue naturellement le volume du

bois. D'après M. Bouvart, 100 stères de taillis sur pied produisent les quantités ci-dessous d'écorce sèche.

		AGES DES TAILLIS.			
		15 ans.	20 ans.	25 ans.	30 ans.
Nombre de stères	non écorçables (de dimensions trop faibles).	40	30	20	15
	qui seront écorcés. { Bois de feu . . .	10	15	55	72
	Charbonnettes. .	50	45	25	13
	total, en volume sur pied. .	100	100	100	100
Poids d'écorce sèche retirée de.	bois de feu, rendant 62 kilog. d'écorce par stère	620	1.550	3.410	4.460
	charbonnettes rendant 45 kilog. d'écorce par stère.	2.250	2.025	1.125	585
	Total.	2.870	3.575	4.535	5.049
	Total en nombres ronds. . . .	3.000	3.500	4.500	5.000

Inversement, · pour obtenir 1,000 kilogrammes d'écorce sèche, il faut écorcer

24 stères de taillis de 15 ans dont il ne restera que 16st,80
19 — 20 — 15st,20
18 — 25 — 14st,40
17 — 30 — 13st,60

le rendement de chacun de ces stères de taillis sur pied étant de 48, 52, 56, 60 kilogrammes, en moyenne 54 kilogrammes d'écorce sèche.

Ce rendement, rapporté au stère de bois pelard restant, varierait de 60 à 75 kilogrammes.

Le rendement d'écorce sèche par hectare de taillis varierait de 360 à 200 kilogrammes, suivant la qualité de ces taillis.

Les écorces sont d'autant meilleures que la végétation de l'arbre est plus belle : leur caractère est d'être lisse et brillante à l'intérieur, d'avoir une cassure blanchâtre. Il faut veiller à ce qu'elles restent sèches et ne s'échauffent pas ; quand cela arrive, leur tannin se décompose et leur qualité est altérée.

Dans ces dernières années, on a tenté d'écorcer les bois en toute saison, en les soumettant, au préalable, à l'action de la vapeur dans une étuve fermée ; l'écorce ainsi obtenue est au moins d'aussi bonne qualité que celle détachée en temps de séve.

Les frais d'écorcement à la vapeur ne sont pas plus élevés que ceux d'écorcement en séve.

Ce procédé, qui permet d'écorcer en toute saison et qui supprime par conséquent les exploitations d'été toujours préjudiciables aux taillis, paraît devoir remplacer complétement, dans un avenir prochain, l'écorcement en séve.

Les écorces de chêne ne sont pas les seules qui contiennent du tannin : celles de presque tous les autres arbres en ont également ; leur ordre de richesse est le suivant : chêne vert, chêne tauzin, chêne rouvre et pédonculé, châtaignier, saule, aulne, bouleau, épicéa, peuplier, etc. Mais ces diverses écorces n'ont pas toutes les mêmes propriétés. Celles de chêne, qui donnent un cuir serré, compacte, dur, servent au tannage des peaux de vaches et de bœufs, taureaux, chevaux. Celles de bouleau donnent les cuirs serrés et doués d'une odeur balsamique, qu'on nomme *cuirs de Russie*. Celles de saule servent à chamoiser les peaux de chevreaux

employées à la fabrication des gants dits de Suède,
mais les écorces de cette espèce doivent être tirées
du Nord. Le sumac est une poudre analogue à celle
d'écorce de chêne ou tan ; on l'obtient en broyant
les feuilles et les tiges de divers arbustes de la
famille des Rhus. Ces sumacs, suivant leur origine,
donnent des cuirs de nuances différentes. Leur ordre
de préférence et de richesse est le suivant : sumacs
de Palerme, de Malaga, de Sicile, de Provence, de
Virginie, de la Caroline.

Liége. — On exploite les écorces du chêne-liége
pour en faire des bouchons, semelles et autres objets
similaires. Quand l'arbre est jeune, il est recouvert
d'une écorce coriace qu'on nomme le *liége premier*
ou *liége mâle*. On l'enlève sur la moitié de la hauteur
du tronc quand l'arbre a atteint 0^m,12 à 0^m,15 de
diamètre, en dehors de l'écorce. Cette opération se
nomme le *démasclage*. Le premier liége n'a en lui-
même presque aucune valeur, mais celui qui le rem-
place pousse plus vite et est plus fin ; on le nomme
liége femelle, et quand on l'enlève, on dégarnit le
tronc sur une plus grande partie de sa hauteur. Quand
l'arbre devient plus âgé, on peut écorcer le tronc tout
entier et même la naissance des grosses branches.

Ces écorcements doivent se faire en séve, c'est-
à-dire de la fin de juin au commencement d'août.

Le liége donne des revenus fort importants, généralement 100 kilogrammes par hectare, et souvent
le double et le triple quand les arbres sont beaux.

CHARBONS DE BOIS.

Les bois, de même que tous les combustibles, sont très-faciles à décomposer. La nature des produits qui prennent naissance est déterminée par le degré de la température agissante; cela est vrai aussi bien pour les produits liquides et gazeux qui se dégagent que pour ceux solides qui restent. Les charbons qu'on obtient par la carbonisation des bois ne sont pas du carbone pur. M. Violette, qui a analysé les produits de la carbonisation du bois de bourdaine, leur a trouvé la composition suivante :

Température de la carbonisation	200°	250°	300°	350°	432°	1023°	1500°	fusion du platine
Poids des bois employés . .	100^k	100^k	100^k	100^k	100^k	100^k	100^k	100^k
Résidu solide obtenu . . .	77.1	49.7	33.6	29.7	18.9	18 7	17.3	15.0
Composition du résidu solide obtenu. Carbone	51.8	65 6	73.2	76.6	81.6	82.0	91.6	96.5
Hydrogène . . .	4.0	4.8	4.2	4.1	2.0	2.3	0.7	0.6
Oxygène et azote.	44 0	29.0	21.9	18.4	15.2	14.1	3 8	0.9
Cendres.	0.2	0.6	0.6	0.6	1.2	1.6	0.7	2.0
Total	100.0	100.0	100.0	100.0	100.0	100.0	100.0	100.0

On voit par ces chiffres que la composition du charbon obtenu à la température de 200° diffère peu de celle du bois. Jusqu'à 400° le charbon est *roux*; il faut une température supérieure pour obtenir des *charbons noirs* ou du *charbon de bois* proprement dit ; mais la composition de celui-ci varie peu si la température s'élève beaucoup au-dessus.

La durée de l'opération a aussi une grande influence sur la carbonisation. Karsten a trouvé, comme moyenne des expériences qu'il a faites sur onze espèces de bois, que leur rendement en charbon avait varié de 12.20 à 26.5 pour 100, et avait été en moyenne 14.4 pour 100 quand la combustion avait été vive, tandis qu'elle avait varié de 24.6 à 27.7 pour 100 et avait été en moyenne de 25.6 pour 100 avec une combustion lente.

La carbonisation se fait généralement en forêt afin d'éviter les frais de transport des bois qui la subissent. Par suite, on ne saurait y employer aucun appareil compliqué; on se contente de suivre un procédé séculaire qui est désigné sous le nom de *carbonisation en meules*.

On commence par choisir un emplacement à l'abri de l'humidité et des vents, dont le sol soit aussi sec que possible. On l'entoure d'un fossé, on en arrache le gazon, au besoin on y apporte des terres pour former un terre-plein, et on ajoute des fraisils des opérations précédentes. La dessiccation du sol augmente notablement le rendement du charbon; la première opération qu'on fait sur une aire nouvelle donne de 12 à 20 pour 100 moins de charbon que la seconde, et celle-ci de 4 à 6 pour 100 de moins que les suivantes.

On établit au centre de l'aire une cheminée formée de trois à quatre pieux d'environ 5 mètres de longueur espacés de 0^m,20 à 0^m,30 du centre, on les entoure de broussailles bien sèches et autres bois

faciles à enflammer, puis on entasse autour le bois
de charbonnette. Celui-ci, vertical près de la cheminée, est ensuite incliné progressivement et doit, à
l'extérieur, avoir l'inclinaison de 45° environ. Sur ce
premier plan de bois on en établit un second, quelquefois un troisième; mais on fait ces couches simultanément et non les unes après les autres. On couronne le tout par quelques rondins, on remplit les
vides avec du petit bois, puis on recouvre le tout
d'une couche de feuilles sèches recouverte d'une
autre couche de terre contenant du fraisil; celle-ci
est épaisse de $0^m,10$ en haut et $0^m,20$ en bas. Il est
bon de prendre de l'argile comme revêtement; cette
substance subit sous l'action de la chaleur des modifications très-nettes qui servent de guide pour la conduite des feux. On commence par allumer le feu dans
la cheminée et par en haut; il faut qu'en ce moment
l'air arrive facilement et, par conséquent, que le revêtement ne soit pas encore prolongé jusqu'en bas.
Quand on est certain de l'allumage, et que l'on n'a
plus à craindre l'extinction du feu, on termine ce revêtement et on restreint les carneaux ménagés à la
base pour l'arrivée de l'air.

Au début, il se dégage une fumée épaisse et
grise; plus tard, elle devient jaunâtre, âcre, chargée
d'acide, et contient la vapeur d'eau que le bois renfer-
mait et que la chaleur évapore. La fumée sort d'abord
par la cheminée, puis à mesure que le feu se prolonge elle reflue vers l'extérieur de la meule, et vingt-
quatre heures après l'allumage elle rend le revête-

ment humide. Les ouvriers disent que la *suée*
commence. Au bout de huit à dix jours, la fumée
devient plus claire, change d'odeur et s'élève dans
l'air au lieu de retomber comme elle l'avait fait jusqu'alors. Si on démolissait à ce moment la meule, on
la trouverait carbonisée comme le
montre la figure 65 ci-contre. Si on
continuait à y entretenir la combustion, on perdrait une grande quantité de charbon; aussi pour termi-

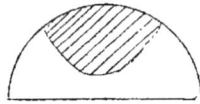

Fig. 65.

ner l'opération faut-il obtenir une sorte de distillation par le simple effet de la chaleur accumulée. A
cet effet, on bouche la cheminée, on ajoute de la terre
sur le dôme et on bouche toutes les fentes ou interstices
de l'enveloppe; de plus, on bouche presque tous les
carneaux du pied qui donnaient accès à l'air. La
meule est close de toutes parts, et les produits volatils que la distillation forme se frayent une issue à
travers les parois de l'enveloppe. Au bout de quelques jours, ces produits cessent de se dégager; la
carbonisation de la masse est achevée, sauf celle de
la couche inférieure de bois qui est refroidie par son
contact avec le sol. Pour celle-ci, il est nécessaire de
rouvrir quelques carneaux du pied et de produire une
nouvelle combustion qu'on nomme le *grand feu*; en
même temps, on ouvre des orifices d'évent aussi
rapprochés du sol que possible, afin de concentrer la
combustion uniquement dans les parties où il reste
du bois.

Toute combustion qu'on opérerait dans la partie

déjà carbonisée causerait une perte de charbon que rien ne peut réparer.

C'est en suivant la couleur de la fumée qu'on se rend compte de la marche du travail intérieur. Tant que la fumée est blanche et humide, le bois brûle ou distille; mais quand elle devient plus claire, s'élève dans l'air et commence à devenir bleue, il est temps de boucher les évents, car la carbonisation sur ce point est terminée, et d'en ouvrir de nouveaux plus bas pour l'amener dans une région où il y a encore du bois. Une fois la carbonisation achevée, on augmente l'épaisseur du recouvrement et on laisse la meule se refroidir d'elle-même.

La marche régulière ci-dessus décrite est souvent troublée par divers accidents. Le plus grave et le plus fréquent est la localisation de la combustion; on peut l'arrêter, quand on s'en aperçoit à temps, en bouchant les carneaux d'arrivée d'air. Si ce moyen ne suffit pas, si l'enveloppe s'affaisse en un point, il faut la rompre en ce point et faire avec un ringard un vide qu'on remplit avec du bois neuf. Cette opération, qu'on nomme *garnissage*, introduit dans la meule une masse froide qui arrête le progrès de la chaleur au point où il était dangereux. Parfois aussi l'enveloppe a peine à résister à la température intérieure; il faut l'arroser avec soin et, au besoin, la réparer avec du gazon et de la terre.

Le vent et surtout la pluie troublent beaucoup la marche de l'opération; aussi n'opère-t-on la carbonisation qu'en été et protége-t-on les meules contre le vent par des palissades quand on ne peut les établir à l'abri du vent.

On attend rarement que la masse se soit refroidie d'elle-même, ce qui demande plus d'un mois; on en retire le charbon successivement par petites quantités, qu'on éteint aussitôt avec de l'eau et qu'on trie de suite pour le classer par qualités. A cet effet, on détruit une petite partie du pied de l'enveloppe du côté opposé au vent et on en retire 20 à 30 hectolitres de charbon à la fois.

Le rendement des bois en charbon dépend beaucoup de leur dessiccation; les bois humides ou frais produisent peu de charbon, parce qu'ils en consomment une partie pour évaporer leur humidité. C'est pour cela que dans certaines localités on écorce les bois qui doivent être plus tard carbonisés, car les bois écorcés se dessèchent beaucoup plus vite que les autres. Le tableau ci-dessous résume les résultats des expériences faites par MM. Berthier et Juncker.

On carbonise généralement en été les bois abattus l'hiver précédent; dans ce cas, si la carbonisation a été régulière, le rendement en poids varie de 18 à 22 pour 100; le rendement en volume varie de 40 à 33 pour 100. Il faut donc 2 stères 1/2 à 3 stères de bois de charbon pour donner 1 stère de charbon de bois. L'exploitation de 2,558 hectares de taillis, composés de l'âge moyen de vingt-neuf ans, par les forges d'Audincourt de 1825 à 1850, a donné 539,472 stères, qui ont fourni 2,069,171 hectolitres de charbon à 22 kilogrammes l'un, soit un rende-

	RENDEMENT en poids de 100 kilog. de bois.
Hêtre rouge et chêne de 2 ans.	24.2
— 8 ans.	23.8
Chêne de 2 ans écorcé.	25.9
— 3 mois non écorcé	22.6
— 8 mois écorcé	24.9
— — non écorcé	19.5
Chêne d'abatage récent non écorcé.	13.8
Hêtre rouge de 3 mois non écorcé	20.1
— — écorcé.	24.2
— récemment abattu, non écorcé. . .	13.1

ment de 38.46 pour 100 en volume et 21.15 pour 100 en poids. Quinze coupes de la seconde révolution exploitées par la même compagnie de 1850 à 1865, contenant 1,561 hectares de taillis de vingt-cinq ans, ont donné 6st,85 de bois par année, lesquels ont rendu 41.92 pour 100 en volume et 23.06 pour 100 en poids, non compris le déchet de manipulation, estimé 10 pour 100.

L'analyse du charbon de bois fait en forêt a donné : (Voir le tableau p. 257.)

On voit donc que 100 kilogrammes de bois, contenant 50 kilogrammes environ de carbone, n'en donnent que 22 kilogrammes, et qu'à la combustion il s'en perd 28 kilogrammes. Cependant l'emploi du charbon de bois comme combustible ne cause pas une perte de chaleur aussi grande que cela paraît être à première vue. Cela tient à ce qu'en brûlant du

ESPÈCE DES BOIS	DENSITÉ absolue.	DENSITÉ apparente.	COMPOSITION.				
			Carbone.	Hydrogène.	Oxygène.	Azote.	Eau hygroscopique.
Charbon de bois de sarment	1.45		87.60	3.05	5.23	4.12	»
— bourdaine	1.53		90.93	3.03	4.48	1.56	»
— saule. . . .	1.55		89.87	2.94	5.53	1.66	»
— peuplier	1.45	de 0.134 à 0.203	87.48	2.92	7.54	2.06	»
— tilleul	1.46		87.38	2.65	6.47	3.50	»
— aulne	1.49		90.96	2.60	4.82	1.62	»
— chêne	1.35		88.20	2.80	7.40	1.60	»
— hêtre. . . .	»		85.89	2.41	1.46	3.02	7.23
Charbon des fabriques { dur. . . .	»		83.48	2.88	3.44	2.46	6.04
d'acides pyroligneux. { tendre. . . .	»		87.43	2.26	0.54	1.56	8.21

bois, il faut d'abord consommer une partie de son carbone pour évaporer l'eau hygroscopique qu'il contient et pour produire certaines décompositions organiques. Aussi 1 kilogramme de bois ordinaire, contenant 25 pour 100 d'eau hygroscopique, ne donne que 3,000 calories; il en donnerait 4,000 s'il était complétement desséché, ce qui ne peut avoir lieu en pratique. Or 1 kilogramme de charbon donne 7,000 calories; donc 1 kilogramme de bois qui, par la carbonisation, a donné 0^{kil},200 de charbon de bois, produit sous cette nouvelle forme $0,200 \times 7,000 = 1,400$ calories, c'est-à-dire la moitié de la chaleur dont il disposait primitivement. Si le bois est en pays de montagne, il doit coûter beaucoup comme frais de transport; il est probable que chaque calorie obtenue par ce charbon coûtera moins que par le bois.

Mais il y a d'autres circonstances où l'emploi du charbon est indispensable; si le foyer est tel que la chaleur soit recueillie uniquement par rayonnement; le kilogramme de bois ne rendra que $\dfrac{1}{3,3}$ de sa puissance calorifique, soit $\dfrac{3,000}{3,3} = 990$ calories, tandis que les 0,200 de charbon, résultat de sa carbonisation, rendront moitié de celle qu'ils possèdent, soit $\dfrac{1,400}{2} = 700$; la différence est déjà bien minime si, de plus, au lieu de brûler ce charbon dans un foyer de la capacité nécessaire pour brûler le bois, on le met dans un foyer plus petit proportionné à son propre volume, on aura redonné l'avantage au charbon. Enfin, si on tient à obtenir une température très-élevée, il est indispensable que la chaleur disponible agisse sur une petite masse, par conséquent sur du charbon ; l'emploi des bois obligerait à répartir sur l'eau et les autres produits volatils de la combustion la chaleur disponible au détriment de la température que celle-ci doit produire, en sorte que, dans ces cas particuliers, on est obligé de carboniser au préalable les bois. Cette obligation s'impose à tous les maîtres de forges et verriers qui veulent chauffer leurs fourneaux avec des bois.

Le procédé de carbonisation par meules verticales n'est pas le seul employé : on se sert dans certaines contrées d'un procédé, dit par *meules horizontales,* plus facile à conduire, mais donnant des produits moins beaux.

Dans certaines contrées où les bois sont très-résineux, comme dans les Landes et dans d'autres où les bois abondent et ne peuvent être exportés même comme charbon de bois, comme la Russie, on opère quelquefois la carbonisation des bois résineux pour en retirer le goudron. On modifie alors le mode de carbonisation en établissant au centre de la meule un conduit qui débouche au dehors dans un baril à goudron. Dans les Landes, la carbonisation du pin maritime fournit jusqu'à 20 pour 100 de son poids de goudron. En Russie, on ne retire guère que 2 pour 100, mais les bois sont peu résineux.

Depuis quelques années on y a établi des appareils à fours dits *suédois* qui ont porté le rendement de goudron à plus de 15 pour 100 et qui recueillent, en outre, une quantité considérable d'acide pyroligneux.

Dans d'autres contrées on a employé des fours pour augmenter le rendement en charbon des bois feuillus et recueillir l'acide pyroligneux et les autres produits secondaires qu'on perd dans la méthode des meules; mais les divers procédés n'ont pas donné en France des résultats suffisamment rémunérateurs. Leur rendement en charbon atteignait 28 pour 100 en poids.

TRANSPORT DES BOIS.

Le transport des bois se compose de plusieurs opérations distinctes.

La première, qu'on nomme le *débusquement* ou le *débuchage,* consiste à amener les bois du lieu où ils ont été abattus jusqu'au chemin d'exploitation le plus proche. Ce travail cause déjà bien des ennuis, des peines et des dépenses dans quantité de forêts de plaine, mais les difficultés sont beaucoup plus grandes en montagne à cause des accidents de terrain et de la rareté des chemins. Quand les pièces ne peuvent pas être manœuvrées à l'aide des seuls efforts des hommes et des chevaux, il faut recourir à divers expédients. Ici on installe des treuils pour re-

monter les bois ou pour en modérer la descente. Là
on juxtapose dans les ravins des billes de bois formant une sorte de rigole à section circulaire, qu'on
nomme une *glissoire*, et on y lance les bois, qui
glissent jusqu'au bas de la conduite ; des bûcherons, armés de longues perches, sont régulièrement
espacés et s'opposent aux arc-boutements, déraille-
ments et autres accidents inévitables dans des manœuvres de cette espèce. Ces glissoires ne peuvent
être convenablement installées si la pente est inférieure à $0^m,30$ par mètre. Quand on peut leur donner au départ sur une petite longueur une pente
de $0^m,40$, le reste peut n'avoir que $0^m,25$. On pourrait établir des glissoires sur des pentes plus faibles,
mais il faudrait dans ce cas que les bois pussent être
mouillés ou couverts d'argile fine détrempée. Quand,
au contraire, la pente est trop forte, il convient de
fractionner la descente en plusieurs sections pour
que les bois n'acquièrent pas de trop grandes vitesses
qui pourraient les endommager. On les amène ainsi
jusqu'aux chemins d'exploitation où dans les cours
d'eau flottables On abrége parfois ce parcours et
on se contente d'atteindre les parties de ravins
où l'on peut arrêter les eaux à l'aide de barrages provisoires et en accumuler assez pour faire
flotter les bois ; alors on détruit le barrage et
on produit une sorte de chasse d'eau qui les entraîne jusqu'à des torrents, ruisseaux ou rivières
flottables. Cette méthode n'est naturellement pas applicable aux bois fondriers et exige même que les

bois d'essence légère aient déjà été partiellement desséchés; elle a l'inconvénient de ne pas se prêter au débuchage de bois longs et de meurtrir et d'écorcher tous les angles et arêtes des bois. Dans d'autres circonstances, on descend les bois à l'aide de chariots glissant sur des cordages en fil de fer tendus en travers d'une vallée.

La seconde opération consiste à transporter les bois sur les chemins d'exploitation jusqu'aux rivières, canaux, routes et chemins de fer les plus voisins. Ces chemins, dits *chemins forestiers,* sont ou ne sont pas empierrés selon la quantité de bois qui y doit passer. Il est fort important de leur donner des pentes uniformes dans les parties les plus raides; cette précaution diminue les frais de transport. Lorsque les bois doivent descendre, on peut donner aux chemins jusqu'à $0^m,25$ par mètre de pente uniforme; dans ce cas, on charge les têtes des pièces sur un petit chariot à deux roues et on laisse leurs pieds traîner derrière. Ce dispositif donne un frottement qui sert de frein et dont on peut faire varier l'intensité en laissant une plus ou moins grande partie de la longueur des pièces derrière le chariot. Il faut que les courbes des voies de vidange soient en rapport avec la longueur des bois; on facilite le passage des pièces longues dans les courbes très-prononcées en garnissant les côtés de celles-ci d'espars plus ou moins inclinés, qu'on nomme *parados,* sur lesquels les pièces viennent frotter et monter. Dans certains cas, on établit en travers des

chemins forestiers des billons espacés de 2 à 3 pieds
les uns des autres et on traîne les bois sur ces billons; on a ainsi un frottement moins énergique
qu'avec l'emploi de voitures roulant sur de mauvais
chemins. Ce procédé est surtout recommandable
dans les endroits humides où les chemins seraient
promptement défoncés par les ornières.

La troisième opération consiste dans le transport
sur les canaux, rivières, routes et chemins de fer.

Quand on charrie les bois sur les routes, on
charge les longues pièces sur des *fardiers, diables* ou
triqueballes à deux roues, qui portent sur leur essieu
une chaîne et un long levier; à cet effet, on amène
le diable au-dessus de la pièce à enlever, on passe
la chaîne sous celle-ci et on l'amarre sans mou, puis
on agit sur le levier qui multiplie les efforts et soulève la pièce de bois, laquelle reste suspendue; on
lui amarre le levier. La position de la chaîne, par
rapport à la longueur de la pièce, doit varier légèrement selon les circonstances; si on doit aller en chemin plan ou monter ou bien descendre des pentes
très-faibles, on mettra la chaîne par le travers du
centre de gravité de la pièce; si, au contraire, on
doit descendre des pentes assez fortes, on la mettra
un peu en avant du centre de gravité, de façon que
le pied de la pièce touche le sol et fasse frottement
dans les limites de ce que la route peut supporter. Un
cheval sur les routes porte en moyenne 1,000 kilogrammes et peut parcourir 30 kilomètres par jour.
Le coût du transport sur les routes d'une tonne à un

kilomètre de distance, autrement dit de la *tonne kilo-métrique*, varie, selon les localités, de 20 à 30 centimes ; on peut admettre en moyenne 25 centimes quand les voituriers trouvent un chargement de retour. Si la route est en mauvais état, ce coût est plus élevé. Il est fréquemment de 40 centimes sur les chemins forestiers ; il atteint 80 centimes dans certaines contrées déshéritées, où les moyens de transport font défaut et où les chemins sont en mauvais état.

Le transport par eau est beaucoup plus économique et ne nécessite aucun outillage ; il s'effectue le plus souvent à bûches perdues dans les parties hautes des rivières et à l'aide de *trains* ou *radeaux* dans les parties navigables.

Les procédés employés pour constituer ceux-ci varient selon la nature des bois. S'il n'y a que des bois de charpente, on les réunit, par des *riolles* ou *roues* placées à leurs extrémités, à des pièces transversales nommées *pouliers*, pour en former des *brelles*, dont on met trois ou quatre à la suite les unes des autres pour former un *train*. Il faut mettre sur le côté de chaque brelle quelques belles pièces qu'on nomme des *gardes* et qui doivent avoir la longueur de la brelle.

Si, au contraire, il n'y a que des bois à brûler, on en forme des *coupons*, qui ne contiennent que des bûches et des rondins quand le bois est sec, mais dans lesquels on enfonce des barriques vides quand le bois est fondrier ; on consolide chaque coupon par deux perches placées longitudi-

nalement dessus et deux autres dessous, de façon à
donner à l'ensemble toute la rigidité voulue. On réunit trois ou quatre de ces coupons avec des perches
transversales nommées *traversins*, en se servant de
croupières ménagées dans les coupons. On attache à
la suite les uns des autres quatre ou cinq de ces
groupes et on a un train qu'on manœuvre avec deux
avirons de tête et deux de queue. Chaque coupon a
ordinairement 12 pieds de longueur, chaque grand
train en a 216. Leur largeur varie de 10 à 14 pieds
suivant le nombre de *branches*, c'est-à-dire de coupons juxtaposés de front. Leur épaisseur varie de
18 à 22 pouces. Ils contiennent en moyenne 25 cordes
de bois. Les règlements pour la police de chaque
canal navigable et flottable indiquent les longueurs
et tirants d'eau maxima des bateaux et trains qui
peuvent y circuler. Les règles que suit le service des
ponts et chaussées pour cette détermination sont les
suivantes : la longueur devra être telle qu'il reste
$0^m,30$ au moins de jeu dans les écluses; la largeur
sera celle des écluses, diminuée de $0^m,20$ pour les
bateaux, de $0^m,40$ pour les trains; le tirant d'eau
sera de $0^m,15$ inférieur à la profondeur d'eau sur le
fond normal du canal (circulaire du 21 juin 1855).

Ce système de transport a été appliqué pour la
première fois à l'approvisionnement de Paris, dans
le xvie siècle, par le banquier Jean Rouvet. Il sert
encore actuellement, malgré l'établissement des chemins de fer, au transport des bois du Morvan et des
Vosges à Paris, par la Marne et la Seine, et de

ceux du Jura dans le Midi, par le Doubs, la Saône,
le Rhône et le canal du Midi. Ce flottage traditionnel
s'est conservé sans modification sensible, parce qu'il
est simple, peu coûteux et bien proportionné aux
forces des mariniers. Son coût se compose de deux
éléments : l'un comprend les frais de confection des
radeaux et de conduite, l'autre les frais de péage.
Ceux-ci ont été fixés ainsi qu'il suit par le décret du
9 février 1867 :

DROIT PAR TONNE ET PAR KILOMÈTRE SUR LES RIVIÈRES ET CANAUX NAVIGABLES APPARTENANT A L'ÉTAT.	Sur les rivières et canaux énumérés dans les §§ 1 et 2 qui comprennent le Doubs, la Saône, le Rhône la Seine, la Marne, la Loire.	Sur les canaux et rivières assimilés désignés aux §§ 3 et 4 qui comprennent presque tous les canaux.
Bois transportés par bateaux.	0ᶠ,001	0ᶠ,002
— trains et radeaux.	0ᶠ,002	0ᶠ,002
Le droit pour ceux-ci sera calculé par mètre cube d'assemblage, sans déduction de vides (Voir loi du 9 juillet 1836, ordonnance du 15 octobre 1836, et circulaires des 15 octobre et 5 novembre 1836. 27 juin 1838).		
Le flottage en trains n'est soumis qu'à la moitié du droit sur la partie de la rivière où la navigation ne peut avoir lieu avec des bateaux.		

Le total des frais de transport sur les rivières est d'environ 0 fr. 015 à 0 fr. 020 par tonne kilométrique.

Sur les canaux de l'État, il varie de 0 fr. 020 à 0 fr. 025; mais il y a des canaux concédés appartenant à des particuliers sur lesquels les droits de péage sont assez considérables et augmentent notablement le prix de transport. Le transport par eau serait beaucoup plus coûteux s'il fallait remonter les rivières, même peu rapides, et il y aurait alors économie à transporter les bois par bateaux ou par terre.

Le transport par chemin de fer est plus coûteux; en outre, il n'est pas possible pour les pièces de très-grande longueur; mais, par contre, il a l'avantage de se prêter au transport des petites quantités, de se faire en toute saison, sans chômage, enfin, d'être plus rapide. Ces divers avantages le font fréquemment préférer aux transports par eau.

D'ailleurs, les compagnies ont aidé ce mouvement, en établissant des tarifs spéciaux à prix très-rapprochés de leurs prix de revient, et quelquefois même inférieurs. Ainsi, pour ne prendre qu'un exemple, le prix de revient de la tonne kilométrique était, en 1859, 0,0448 sur le chemin de fer de l'Est, et se composait des éléments suivants :

Voie	0.0060	
Traction.	0.0173	
Exploitation.	0.0116	0.0448
Service central et frais divers	0.0023	
Renouvellement de la voie et du matériel.	0.0076	

Néanmoins, cette compagnie transporte les bois dans certains cas à 0.03, parce qu'elle reporte sur les autres marchandises, et principalement sur les voyageurs et la grande vitesse, une partie de ses frais généraux, et peut ainsi abaisser ses tarifs presque jusqu'à la limite des dépenses spéciales que le transport de ces bois lui occasionne, dépenses qui sont à peu près 0 fr. 003 quand les wagons reviennent vides.

Les tarifs généraux sur nos grandes lignes sont, par tonne et par kilomètre :

0.16 fr. à 0.14 pour les bois façonnés de menuiserie et d'ébénisterie ;

0.14 et plus souvent 0.12 pour les mêmes bois, non façonnés ;

0.10 — pour les bois de charpente équarris ou en grume, les merrains, bois de chauffage et fagots,

à la condition que ces bois n'aient pas une longueur supérieure à 6ᵐ,50. Il y a, en outre, 1 fr. 50 c. ou 1 franc par tonne de frais de chargement, déchargement et de gare.

Mais chaque compagnie a, en outre, des tarifs spéciaux applicables aux expéditions de 5,000 kilogrammes au minimum ou payant pour 5,000 kilogrammes. Nous résumons ci-dessous ceux qui sont applicables aux bois de charpente, de sciage, de fente et de chauffage.

Toutes ces compagnies transportent aux mêmes tarifs les bois dont la longueur excède 6ᵐ,50, mais elles exigent que les expéditions comportent autant

DISTANCE EN KILOMÈTRES.	de 0 à 50.	de 51 à 100.	de 101 à 150.	de 151 à 200.	de 201 à 300.	au-dessus de 301.	OBSERVATIONS.
LIGNE DU MIDI.							Uniquement sur les sections de Bordeaux à Bayonne, de Lamothe à Arcachon, de Morceux à Mont-de-Marsan.
Bois de chauffage	0.07	0.06	0.05	0.05	0.05	0.05	0.25 par wagon de 9,000 kilog. et par kilomètre.
Bois de service	0.09	0.08	0.07	0.07	0.07	0.07	A destination de Cette, Estrecloux et Carmaux.
Traverses de chemin de fer. . .	»	»	»	»	»	»	
Poteaux de mines.	0.03	0.03	0.03	0.03	0.03	0.03	
LIGNE D'ORLÉANS.							Sur toutes les sections du réseau.
Bois de chauffage, de service et de sciage	0.07	0.07	0.07	0.05	0.05	0.04	A la descente de la Dordogne, de la Vezère, de l'Isle et de la Loire.
Pour les mêmes bois.	0.04	0.04	0.04	0.04	0.04	0.04	
LIGNE DE L'OUEST.							Sur toutes les sections du réseau.
Bois de chauffage	0.07	0.07	0.05	0.04	0.04	0.04	
Bois de charpente, de sciage et de fente	»	0.06	0.06	0.06	0.05	0.05	
LIGNE DU NORD.							De 0.055 à 0.066, suivant les sections.
Bois de chauffage, de charpente, de sciage et de fente.	»	»	»	»	»	»	
LIGNE DE L'EST.							Sur toutes les sections du réseau.
Bois de chauffage, de charpente, de sciage et de fente.	0.05	0.05	0.05	0.04	0.04	0.03	
LIGNE DE PARIS-LYON-MÉDITERRANÉE.							Sur toutes les sections du réseau.
Bois de chauffage, de charpente, de sciage et de fente.	0.06	0.06	0.05	0.05	0.05	0.04	

de fois 5,000 kilogrammes qu'elles nécessitent de
wagons, ou à défaut elles calculent les prix comme
si chaque wagon était chargé à cette limite. De telle
sorte que les envois qui comprennent des pièces de
6^m,50 à 13 mètres payent pour 10,000 kilogrammes;
ceux qui ont des pièces de 13 mètres à 19^m,50 payent
pour 15,000 kilogrammes, et ceux qui contiennent
des bois de 19^m,50 à 26 mètres payent pour
20,000 kilogrammes. Cependant, pour les distances
inférieures à 50 et quelquefois à 100 kilomètres,
elles relèvent un peu leurs tarifs. Les lignes de Lyon,
de l'Est et du Midi acceptent les bois jusqu'à
26 mètres de longueur; celles du Nord et d'Orléans ne les reçoivent que jusqu'à 20 mètres, en
assimilant les pièces de cette longueur à celles de
19^m,50. La ligne de l'Ouest n'a pas arrêté ses
limites et réserve sa liberté d'action à cet égard.
Les bois de marine sont généralement transportés à
raison de 12,000 kilogrammes par stère admis en
recette.

Ces renseignements ne donnent qu'un aperçu
général du prix de revient de nos transports par
chemin de fer, car les tarifs sont tellement compliqués
qu'on est contraint, pour les mettre sous forme de
tableaux comparatifs, d'omettre quantité de conditions secondaires qui ont le plus grand intérêt pour
les expéditeurs.

Il y a, en outre, des tarifs exceptionnels pour les
transports à effectuer entre des gares déterminées.
Ainsi le transport de 1,000 kilogrammes de bois à

brûler coûte, frais de chargement, de déchargement
et de gare compris :

	FR.	C.
D'Orléans à Paris	8	»
De Gien à Paris	6	50
De Saint-Florentin à Paris	7	»
De Nevers à Paris	8	50
D'Autun à Paris	12	»
De Châtillon-sur-Seine à Paris	8	50
De Soissons à Paris	6	15
De Senlis	4	30
De l'Aigle à Paris	7	50

Il résulte de tout ce qui précède qu'on ne doit
pas attendre de réduction importante dans le prix
actuel du transport des bois sur nos grandes lignes.

Les tarifs des lignes d'intérêt secondaires sont
beaucoup plus élevés : ils atteignent 0 fr. 16 c.

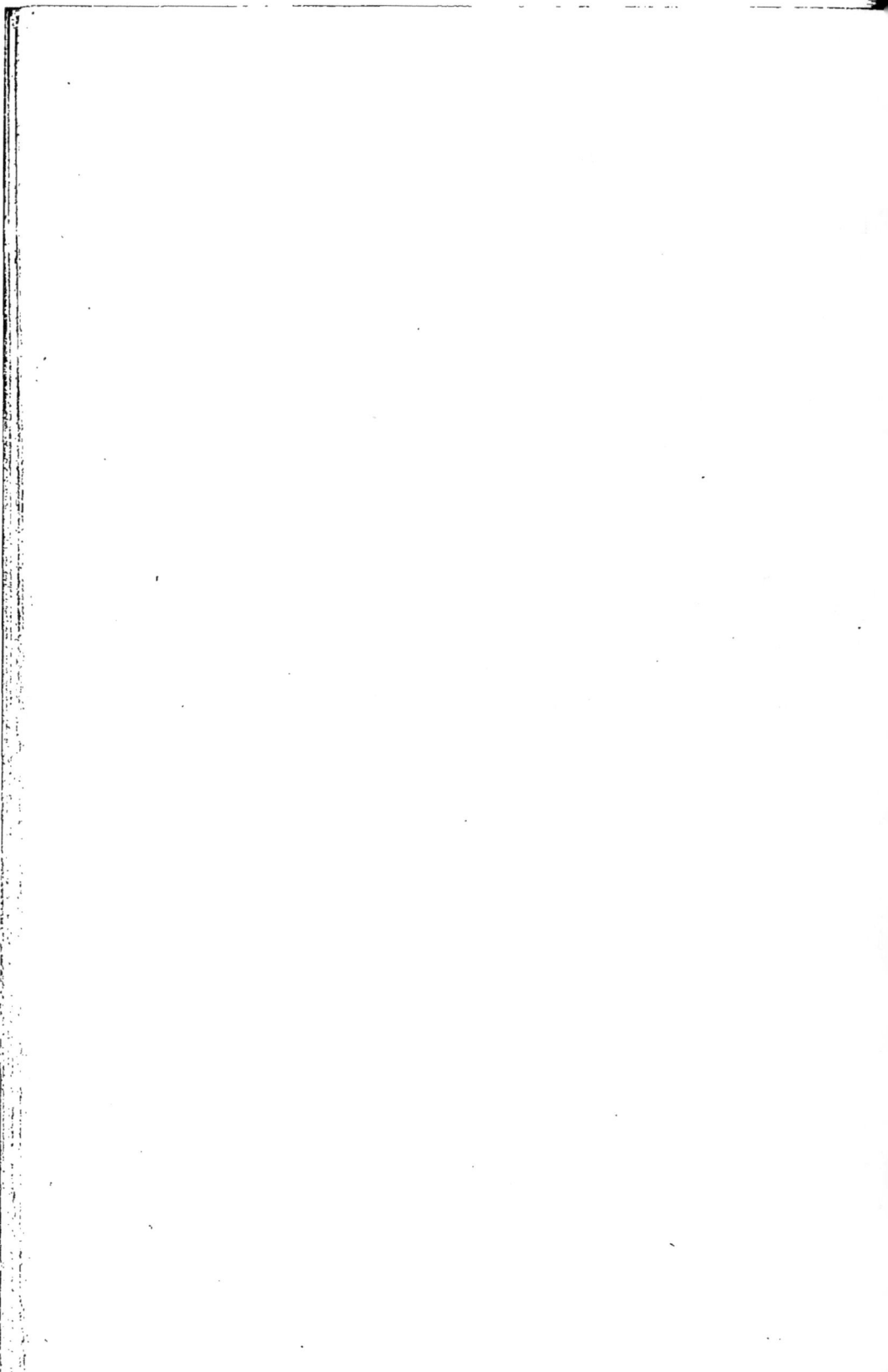

CHAPITRE V.

QUALITÉS ET DÉFAUTS.

QUALITÉS PHYSIQUES.

Dans toutes les matières homogènes, telles que les minéraux, par exemple, chaque élément est identique avec son voisin et éprouve le même effet quand il est soumis à l'action de la même force ; de sorte que toute matière homogène, soumise à une force uniformément répartie, se comporte comme un élément unique et ressent un effet proportionnel à ses dimensions. Il résulte de là que l'observation de l'effet d'une force quelconque sur une seule masse homogène permet de définir la loi générale donnant l'action de cette force sur tous les autres corps homogènes de même nature.

Les bois, au contraire, et en général tous les corps organisés sont composés d'éléments hétérogènes, groupés irrégulièrement, dont chacun éprouve, sous l'action des forces extérieures, des effets différents ; de telle sorte que l'effet total sur l'ensemble dépend non-seulement de la nature et de la quantité

18

des éléments, mais encore de leur proportion et de leur groupement, toutes choses qui varient avec les espèces, avec les variétés, avec les individus, et qui varient même sur un sujet unique, avec les organes et avec les conditions dans lesquelles il a accompli les différentes phases de son existence. Ainsi la couche ligneuse formée sur un arbre pendant une année sèche et chaude diffère totalement de celle qui aura été formée sur le même sujet dans une année pluvieuse et froide; ces deux couches, différant comme composition et comme structure, ne peuvent se comporter de la même manière sous la même force extérieure. On peut donc dire que chaque végétal se comporte, sous l'action des forces extérieures, d'une manière qui lui est propre et qu'on ne peut, par suite, établir de loi générale définissant mathématiquement l'action de ces forces sur les végétaux et en particulier sur les bois.

Mais on peut remarquer que les bois d'une même espèce et d'une même variété ne diffèrent les uns des autres qu'entre certaines limites extrêmes, auxquelles correspondent les variations maximum d'effet, et qu'à défaut de loi exacte applicable à tous les bois, on peut donner une loi approchée, en cherchant les effets des forces soit sur les végétaux qui sont dans les conditions limites, soit sur ceux qui sont dans les conditions moyennes, ou mieux encore en cherchant la moyenne des effets des forces sur un très-grand nombre d'individus de la même espèce et de la même variété. Cette relation conduira à d'autant moins

d'erreurs que les observations auront porté sur des
individus ayant vécu dans les mêmes conditions que
ceux auxquels on veut l'appliquer. Si donc on veut,
par exemple, préjuger l'action de la chaleur sur des
chênes du centre de la France, il faudra, autant que
possible, prendre pour base les résultats des expériences faites sur des chênes de la même variété,
ayant vécu dans la même contrée, à la même exposition, dans le même sol, et exclure tous les résultats
des expériences faites sur les arbres qui ont vécu
dans des conditions différentes, et surtout sur ceux
qui ont été produits dans des climats différents ; par
exemple, sur les rives de la Baltique, au Canada, en
Algérie, en Italie, en Provence ou dans le bassin de
la Garonne.

Dessiccation des bois. — Les arbres contiennent
de leur vivant une grande quantité de liquides qui y
sont introduits et maintenus par la force vitale ; ces
liquides s'évaporent dès que l'arbre est abattu et
privé de vie.

Cette évaporation marche très-rapidement aussitôt
après l'abatage, mais elle se ralentit progressivement,
et il arrive un moment où la quantité d'eau contenue
dans la matière ligneuse cesse de diminuer et où elle
augmente et diminue avec l'humidité et la sécheresse
du milieu dans lequel elle est placée. Cela tient à ce
que le bois contient non pas de l'eau pure, mais des
sucs et des tissus de compositions diverses, lesquels sont hygrométriques et retiennent par suite une

certaine proportion d'eau; l'évaporation cesse donc
au moment où l'action de la chaleur arrive à faire
équilibre à l'affinité de ces matières pour leur eau; tout
changement dans les conditions atmosphériques
entraînera un nouvel état d'équilibre qui se traduira
par une nouvelle évaporation d'eau ou par une absorption d'humidité. Il faut remarquer, en outre, que cet
équilibre s'établit en chaque point en raison des
forces spéciales qui y sont en jeu; que les parties
ligneuses du centre d'une pièce de bois ne peuvent
atteindre le même degré de siccité que celles de la
surface, attendu que la résistance opposée par la
masse ligneuse extérieure diminue l'action des agents
atmosphériques, lesquels n'exercent toute leur puissance que sur les parties externes. Cette considération
explique comment le cœur des très-gros bois très-
maigres ne peut se dessécher.

On peut juger de la plus ou moins grande dessiccation des bois d'après les variations de leur poids, et
l'on dit qu'ils ont atteint leur *complète dessiccation*
quand leur poids ne varie plus qu'en raison des conditions hygrométriques du milieu ambiant. Cette
expression est vicieuse, puisqu'à cet état les bois
contiennent encore une forte proportion d'eau que
nous appellerons *eau hygrométrique,* pour la distinguer de la partie évaporée que nous nommerons *eau
libre;* mais on ne peut modifier les expressions reçues
sans les remplacer par d'autres qui peuvent donner
de la confusion; nous conserverons donc les locu-
tions usuelles.

La quantité d'eau libre varie surtout avec la porosité des bois, par conséquent avec leurs espèces. Le tableau ci-dessous résume les données moyennes généralement admises pour la proportion d'eau totale contenue dans les bois de diverses espèces. En retranchant 17 pour 100 aux chiffres de la colonne B pour tenir compte de l'eau hygrométrique, on aura la proportion d'eau libre.

	Proportion pour 100 rapportée au poids total. A	Proportion pour 100 rapportée au poids du bois sec. B
Charme.	18.6	22.8
Saule.	26.0	25.4
Érable.	27.0	36.9
Cormier.	28.3	39.4
Frêne.	28.7	40.2
Bouleau.	30.8	44.5
Alizier.	32.3	47.7
Chêne rouvre.	34.7	53.1
Chêne pédonculé. . . .	35.4	54.8
Sapin (abies)	37.1	58.9
Maronnier d'Inde. . . .	38.2	61.8
Pin sylvestre.	39.7	65.8
Hêtre.	39.7	65.8
Aune.	41.6	71.2
Tremble.	43.7	77.6
Orme.	44.5	80.1
Sapin rouge (picea). . .	45.2	82.5
Tilleul.	47.1	89.0
Peuplier d'Italie	48.2	93.0
Mélèze	48.6	94.5
Peuplier blanc.	50.6	102.5
Peuplier noir.	51.8	107.4

On peut admettre que les bois du midi de la

France n'ont que les 9/10 de l'eau libre ci-dessus indiquée et que ceux du littoral méditerranéen n'en ont que les 3/4.

Cette proportion d'eau varie en outre avec la saison. Schubler et Neuffer ont trouvé dans le sapin (*abies*) 53 pour 100 d'eau en janvier, et 61 pour 100 en avril, de même ils ont trouvé dans le frêne 29 pour 100 d'eau en janvier et 39 pour 100 en avril; ce qui montre que l'arbre contient plus d'eau au moment de la montée de la séve qu'en hiver. On a trouvé de même que les petites branches contiennent plus d'eau libre que les grandes et que celles-ci en ont plus que le tronc. Ce résultat est conforme aux données que nous avons sur la porosité de ces divers organes.

La présence de l'écorce retarde considérablement la dessiccation. Uhr, ayant fait abattre des arbres en juin après la montée de la séve, et les ayant fait placer de suite à l'abri du soleil, trouva que les arbres écorcés avaient perdu 34,53 pour 100 d'eau en juillet, 38,77 pour 100 en août, 39,34 pour 100 en septembre, et 39,62 pour 100 en octobre, tandis que ceux non écorcés n'avaient perdu aux mêmes époques que 0,44 pour 100, 0,84 pour 100, 0,92 pour 100 et 0,98 pour 100. Ainsi la dessiccation des bois non écorcés est très-lente, celle des bois écorcés marche beaucoup plus rapidement. Cependant, il n'y a que les bois écorcés de faible dimension et les bois très-tendres qui se dessèchent avec la rapidité signalée ci-dessus. On peut admettre que les bois de chauffage atteignent leur dessiccation complète en deux ou trois ans, qu'il faut trois ans aux sciages résineux et quatre ans aux sciages de chêne de 0^m,10 d'épaisseur pour atteindre ce résultat.

En ce qui concerne les proportions d'eau enlevées, on peut admettre que les bois de chauffage perdent 22 pour 100 dans les six premiers mois qui suivent leur abatage, 4 pour 100 dans le semestre suivant, 3 et 2 pour 100 dans chacun des deux semestres ultérieurs. La dessiccation des autres bois suit une loi analogue.

Quant aux bois de construction de chêne (c'est-à-dire ceux qui ont environ 0^m,40 d'équarrissage), leur poids diminue pendant environ dix ans[1]; mais, bien qu'ils aient alors atteint ce que nous avons défini l'état de dessiccation complète, ils n'en ont pas moins le cœur frais, ce qu'on peut facilement vérifier en les sciant et en observant quelque temps le poids d'une de leurs planches du cœur. Cet effet est d'autant plus sensible que le bois est plus maigre. Nous avons vu maintes fois des pièces de très-gros équarrissage (0^m,70 à 0^m,80) en chêne d'Italie, très-nerveux, être complétement humides au cœur bien qu'elles aient quinze, vingt et même vingt-deux ans de séjour en

1. Les pesées que nous avons faites au port de Toulon pour déterminer la quantité d'eau restant dans les pièces de chêne de Bourgogne indiquent que la densité moyenne des bois à leur arrivée ou à leur sortie des fosses d'immersion, 1,07 devient, en moyenne, après un an de séjour en magasin, 0.955; après deux ans, 0.927; après trois ans, 0.895; après quatre ans, 0.865; après cinq ans, 0.840; après six ans, 0.822; après dix ans, 0,770.

magasin. Cette lenteur à la dessiccation est telle qu'il est admis comme règle au port de Toulon de n'employer à la confection des membrures que des bois ayant au moins dix ans de magasin, de les débiter et de les laisser sécher tout un été au soleil, puis de les monter et de les assembler sous cale couverte et de les y maintenir encore plusieurs années (de quatre à six ans), en ayant soin d'y percer aussitôt que possible les trous qui doivent recevoir ultérieurement les gournables et les chevilles. Ces trous très-nombreux hâtent la dessiccation. Ces précautions, dont l'efficacité est établie d'une manière certaine, donnent une idée de la difficulté qu'on éprouve à dessécher totalement les gros bois.

La quantité d'eau hygrométrique varie peu avec les espèces; elle paraît comprise entre 15 et 17 pour 100 du poids du bois arrivé à la dessiccation dite complète, soit entre 17 et 20 pour 100 du poids du bois proprement dit.

L'eau libre qui résiste à l'action atmosphérique cède à une température plus élevée, mais il faut atteindre 130 à 140° centigrades pour la faire disparaître tout entière. A 140° centigrades le bois commence à se décomposer.

Les divers éléments des bois (cellules, fibres, vaisseaux, etc.) diminuent de volume en se desséchant, par suite la pièce entière diminue également de volume. Inversement le bois desséché reprend ses dimensions primitives, quand on lui rend son humidité première. Mais ce retrait et cette dilatation ne se font pas de la même manière dans les diverses parties de la pièce. Ainsi Lave a trouvé, en mettant dans l'eau des bois préalablement bien desséchés, que ceux-ci s'étaient dilatés au moment de la saturation complète des quantités indiquées ci-dessous.

ESSENCES.	DILATATION LINÉAIRE POUR 100 UNITÉS sur la dimension		
	Longitudinale.	Radiale.	Périphérique.
Acacia.	0.035	3.84	8.52
Érable.	0.072	3.35	6.59
Pommier.	0.109	3.00	7.39
Bouleau	0.222	3.86	9.30
Poirier.	0.228	3.94	12.70
Hêtre pourpre . .	0.200	5.03	8.06
Hêtre blanc . . .	0.400	6.66	10.90
Buis.	0.026	6.02	10.20
Cèdre.	0.017	1.30	3.38
Citronnier. . . .	0.154	2.18	4.51
Ébène.	0.010	2.13	4.07
Chêne (jeune). . .	0.400	3.90	7.55
Chêne (vieux). . .	0.130	3.13	7.78
Frêne (jeune) . .	0.821	4.05	6.56
Frêne (vieux). . .	0.487	3.84	7.02
Sapin	0.076	2.41	6.18

Ces résultats montrent que la longueur ne varie pas d'une manière bien sensible, tandis qu'au contraire la section varie considérablement surtout dans le sens circonférentiel [1].

1. Un copeau composé de deux autres copeaux collés ensemble, dont l'un serait enlevé suivant la maille et l'autre suivant le plan normal, autrement dit suivant le plan tangent aux couches de croissance, constitue un excellent hygromètre, parce que la

Le bois, aussitôt après son abatage, se rétrécit donc deux ou trois fois plus à sa circonférence que suivant ses rayons ; chacun de ses anneaux de croissance annuelle enveloppe ainsi une masse qui se contracte moins que lui et se trouve par suite dans un état de tension rappelant la condition des cercles mis à chaud sur les moyeux de roues. Cette tension augmente au fur et à mesure que la dessiccation avance, jusqu'au moment où chacun de ses anneaux de crois-

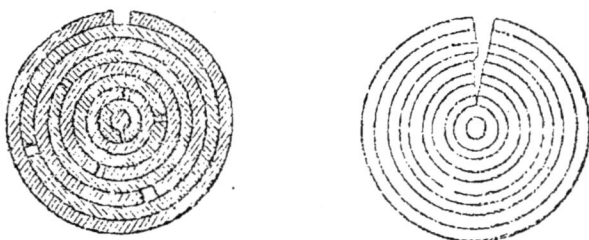

Fig. 66 et 67.

sance rompt au moins sur un point. Si chacun de ces anneaux était indépendant de ses voisins, son point de rupture serait l'endroit où il a la moindre résistance et la pièce de bois se trouverait en quelque sorte craquelée comme le montre la figure 66. Mais la nature a établi une certaine adhérence entre eux, adhérence qui ne leur permet pas de glisser à leur guise les uns par rapport aux autres ; par suite ils

face du copeau de maille se dilate moins que l'autre sous l'action de l'humidité et qu'ainsi l'ensemble prend une courbure d'autant plus grande que la différence de dilatation des deux faces est plus grande et par conséquent qu'il y a plus d'humidité.

rompent généralement ensemble comme une masse solidaire et produisent une *fente* (fig. 67). On remarquera qu'en vertu de la cause qui l'a fait naître, cette fente commence d'abord à l'extérieur et se propage

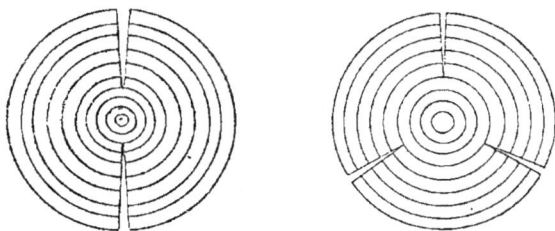

Fig. 68 et 69.

ensuite vers le cœur en même temps qu'elle s'agrandit sous l'action progressive de la dessiccation. Malgré la formation de cette fente les anneaux de croissance conservent encore un certain état de tension qui, à son tour, détermine parfois la formation d'une, deux ou trois nouvelles fentes. Si les anneaux sont uniformes, les nouvelles fentes seront régulièrement distribuées à 180°, 120° et 90° de la fente première, comme le montre la figure 70 ; si les anneaux ne sont pas uniformes, leurs points faibles détermineront les positions des nouvelles fentes. Dans tous les cas, on peut dire que plus il y aura de fentes, moins celles-ci auront d'ouverture et moins elles auront de profondeur.

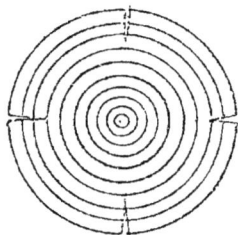

Fig. 70.

Il arrive fréquemment que ces fentes rencontrent des endroits accidentels où les couches annuelles ont peu d'adhérence entre elles; dans ce cas elles s'y arrêtent et, si le retrait du noyau restant exige encore une nouvelle fente, celle-ci se forme sur un point nouveau déterminé par la seule constitution de ce noyau, sans prolonger par conséquent la fente première. (figure 71).

Fig. 71.

Enfin, quand l'arbre abattu est vieux, son cœur a un commencement d'altération qui lui enlève de la résistance, et plus il est gros, plus la masse qui se rétrécit est considérable, et d'ordinaire le cœur, n'ayant pas assez de force pour résister aux actions de retrait qui s'opèrent, se détache et s'éclate en formant des *cadranures* ou des *fentes au cœur* qui facilitent le retrait de la matière.

Les mêmes accidents se produisent également sur les bois équarris.

Les bouts des pièces sont particulièrement exposés à fendre, parce que la dessiccation agit sur le bout autant que sur les faces, qui se voilent en même temps que les fentes se produisent.

Ces accidents nuisent considérablement aux bois qui doivent être débités; le meilleur moyen de s'en garantir consiste à leur donner, aussitôt que possible, un trait de scie au cœur (fig. 72) si ce travail ne doit pas nuire à l'emploi ultérieur de la pièce. Au retrait

chacune de ces demi-billes se voilera, ce qui peut
encore causer un travail ou un déchet lors de la mise
en œuvre, mais c'est un sacrifice nécessaire, qui
donne à la matière le moyen de résister aux fentes.
On sera encore dans de meilleures conditions, si on
peut donner à la pièce un autre trait de scie normal
au premier (fig. 73); la pièce, ramenée ainsi à quatre

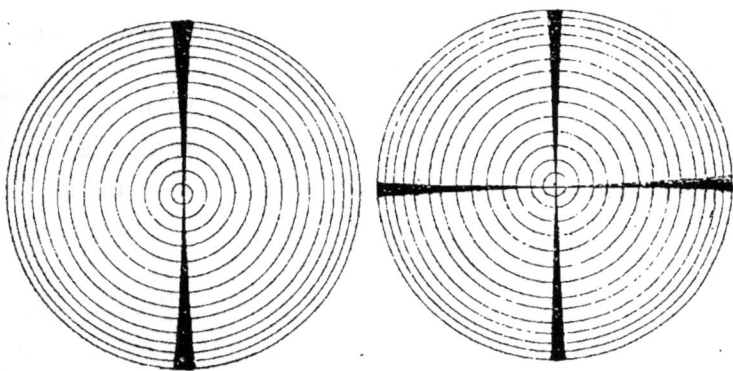

Fig. 72 et 73.

quartiers indépendants, ne court plus aucun risque
de fente grave.

Il sera bon enfin de transporter aussitôt que
possible l'arbre sous un endroit couvert, où il soit
garanti du soleil, de la pluie et du vent, tout en le
laissant participer dans une certaine mesure aux
variations atmosphériques, parce que les transitions
brusques mettent en mouvement les couches extérieures plus rapidement que les couches intérieures
et ajoutent ainsi une nouvelle cause de fentes. L'expérience journalière montre que les transitions brus-

ques sont encore plus nuisibles que la dessiccation proprement dite; elles sont la cause première des mille gerçures qui couvrent les bois. On ne saurait donc trop recommander de disposer les magasins destinés à recevoir les bois de telle façon que le soleil et les courants d'air n'y aient pas d'accès, et que cependant ils participent aux variations incessantes de l'atmosphère. Nous avons vu des magasins tellement bien fermés, qu'ils avaient une atmosphère particulière, différant de l'atmosphère extérieure; et nous avons toujours remarqué que leurs bois étaient comme *saisis* par l'air extérieur quand on les sortait de ces magasins, et qu'alors ils fendaient d'une manière extraordinaire en quelques jours d'exposition à l'air.

La participation des pièces aux variations quotidiennes de température aide, il est vrai, à la formation d'une quantité de petites gerçures à la surface des pièces, mais ces fentes n'ont aucune profondeur et n'ont pas l'effet nuisible des fentes profondes et larges qui détériorent si souvent les pièces exposées à une longue chaleur continue ou à un grave et brusque changement de conditions hygrométriques.

Ces observations montrent également le rôle important que joue la peinture dans la menuiserie. Les bois y sont finement travaillés, leur retrait ultérieur donnerait du jeu dans tous les assemblages. On se prémunit contre ces accidents en employant des bois déjà très-secs; mais ceux-ci, quelques bien desséchés qu'ils soient, ne peuvent manquer de jouer parce qu'ils sont hygrométriques; aussi l'ouvrier vient-il atténuer l'effet de ces variations hygrométriques en recouvrant les bois qu'il a travaillés d'une couche de peinture à l'huile, empêchant la pénétration de l'humidité et l'action de l'humidité. La peinture devient ainsi la cause secondaire de l'invariabilité des dimensions. Les vernis sont préférables aux peintures.

Il est bon de remplir avec du mastic ou mieux avec des matières élastiques, telles que l'étoupe ou le coton, les gerçures qui se produisent sur les pièces qu'on veut préserver; on empêche ainsi que l'action de l'air dans l'intérieur de la gerçure ne s'ajoute aux autres causes de fente, et le plus souvent les gerçures ainsi traitées ne s'agrandissent plus.

Densité. — La densité des bois est aussi variable que toutes leurs propriétés physiques. Sur un même sujet, elle varie avec la partie de l'arbre qu'on considère et avec le degré de dessiccation que la pièce a atteint. Elle est en général notablement plus grande au pied qu'à la tête, sur un arbre âgé que sur un jeune, dans les bonnes terres que dans celles mauvaises et surtout que dans celles humides, dans les climats chauds que dans les climats froids. Le tableau de la page 292 résume les données moyennes généralement admises pour les bois déjà desséchés.

Un excellent moyen de juger rapidement de la densité des bois consiste à examiner la manière dont ils flottent quand ils sont en poutres carrées, car alors le rapport du volume hors de l'eau au volume total indique déjà la densité. Ainsi, quand une poutre de $0^m,40$ de hauteur émerge de $0^m,10$, on sait qu'elle ne pèse que 3 kilogr. les 4 litres, autrement dit que sa densité n'est que $0,750$; si elle flottait dans l'eau de mer de densité $1,026$, elle pèserait 3 kilogr. $\times$ $1,026$ les 4 litres, et sa densité serait $0,750 \times 1,026 = 0,769$. De plus, si tout en flottant sa surface supérieure reste dans l'eau douce parallèle à la surface de l'eau, on est certain que sa densité est supérieure à $0,788$, chiffre au-dessous duquel les pièces n'ont plus d'équilibre stable et sont obligées de tourner jusqu'au moment où ayant l'arête en l'air elles trouvent une position d'équilibre. Le tableau de la page 292 indique le coefficient d'élasticité E et les résistances par millimètre carré au moment de la rupture R, déduits des résultats des expériences faites par flexion sur des barreaux d'épreuve de 4 centimètres de côté portant sur deux appuis espacés de $0^m,80$ et chargés en leur milieu de poids progressivement croissants jusqu'à ce que rupture s'ensuive.

On a admis dans ces calculs, ainsi que cela résulte de la théorie de la résistance des matériaux, que le barreau, dont le moment d'inertie est A, qui a le centre de gravité de sa section transversale espacé de la quantité e de son arête extérieure le plus éloignée et qui est soumis à la force P normale à la direction du barreau et distante de l son encastrement, subit dans ses fibres les plus éloignées une tension R donnée par la relation

$$R = \frac{Pl}{\frac{A}{e}}$$

On a admis en outre que, si sa flèche est f, son coefficient d'élasticité E est donné par la formule

$$E = \frac{Pl^3}{3Af}$$

Par suite, les barreaux de même dimension portant sur deux appuis distants de l, soumis à la force P appliquée à leur milieu, sont soumis à la tension

$$R = \frac{Pl}{\frac{A}{e}}$$

et ont pour coefficient d'élasticité.

$$E = \frac{Pl^3}{3Af}$$

On nomme *charge de rupture par millimètre carré à la flexion*, la tension R calculée comme ci-dessus avec la charge P qui produit la rupture.

On admet en général que dans les constructions il ne faut pas faire travailler les bois à plus de $\frac{1}{10}$ de leur force réelle, et il est d'usage de ne pas les charger *par flexion* à plus de 1/2 kilogr. par millimètre carré.

On admet aussi qu'on peut porter aux chiffres ci-dessous les charges par millimètre carré des bois soumis à la *traction longitudinale*.

	CHARGES DE RUPTURE par millimètre carré.	CHARGES PRATIQUES par millimètre carré dans le cas de construction de	
		Faible durée.	Longue durée.
	kil.	kil.	kil.
Chêne fort	10.00	2.00	1.00
Chêne faible.	6.00	1.20	0.60
Sapin de bonne qualité.	8.00	1.60	0.80
Frêne	12.00	2.40	1.20
Hêtre	8.00	1.60	0.80
Orme.	9.00	1.80	0.90

Quand les pièces doivent travailler *par compression* ou *par écrasement,* il est nécessaire de tenir compte de leur longueur ou, pour mieux dire, du rapport de leur longueur au plus petit côté de leur section transversale, la résistance de la pièce diminuant au fur et à mesure que celle-ci augmente de longueur. Le tableau ci-dessous indique les charges qu'on peut faire atteindre aux bois qui travaillent ainsi par compression, mais qu'il convient de ne pas leur faire dépasser.

RAPPORT de la hauteur à l'épaisseur.	CHÊNE OU SAPIN de bonne qualité.	CHÊNE OU SAPIN de moyenne qualité.	SAPIN JEUNE ET PEUPLIER.
	kil.	kil.	kil.
8 à 10	0.30	0.20	0.10
12	0.25	0.08	0.08
24	0.15	0.056	0.05
48	0.05	»	»
60	0.025	»	»

Cependant on fait travailler à $0^k,09$ les bois de mâture de choix du rapport 50 qu'on emploie comme bigues dans les gros apparaux de force.

Si les bois devaient travailler par glissement, c'est-à-dire si l'effort de traction ou de compression les sollicitant agissait latéralement aux fibres au lieu d'agir dans le sens de leur longueur, il ne faudrait plus compter que sur la dixième partie des résistances ci-dessus indiquées.

Cette dernière observation mérite grande attention ; il arrive parfois que, faute d'y avoir songé, on relie les pièces qui travaillent par traction à d'autres pièces, à l'aide de boulons ou de chevilles placées trop près des têtes de ces pièces, et qu'en service ces boulons ou chevilles se frayent un passage en écartant les fibres du bois, auquel cas les assemblages se disjoignent.

Les bois soutiennent d'autant mieux le choc qu'ils sont plus élastiques et plus résistants. On peut dire qu'en principe toute pièce qui supporte un choc reçoit un certain travail moteur dont elle transmet une partie à ses supports, lesquels à leur tour l'écoulent au sol, une autre partie au corps choquant lui-même, qui est rejeté au loin, et qu'elle absorbe le reste du travail moteur non employé de ces deux manières. Le travail moteur absorbé produit une déformation permanente de la pièce, le plus souvent même son éclatement et sa fente, attendu que le bois résiste mal à ce genre d'efforts.

L'élasticité varie surtout avec la quantité de liquides que le bois contient, elle est maximum sur l'arbre vivant, elle diminue après l'abatage au fur et à mesure de l'évaporation de l'eau libre de la séve.

ESSENCES.	NOMBRE D'EXPÉRIENCES EFFECTUÉES.	DENSITÉS MOYENNES.	CHARGES de rupture moyennes par millimètre carré à la flexion.	COEFFICIENT MOYEN D'ÉLASTICITÉ par millimètre sous la charge de 2 kil. par millimètre.	COEFFICIENT MOYEN D'ÉLASTICITÉ par millimètre sous la charge de rupture
			kil.		
Acacia.	12	0.783	10.93	980	946
Acajou de Honduras. . .	18	0.693	9.75	1000	790
Angélique de la Guyane .	8	(1.046)	8.53	1166	930
Bois de fer ou de Maracaïbo	2	1.486	10.50	823	800
Chêne d'Algérie (zeen). .	21	0.924	7.37	840	621
Chêne d'Amérique du Nord (blanc).	2	0.632	6.03	636	500
Chêne d'Ancône (quercia et farnia).	6	1.009	7.23	875	583
Chêne de Bourgogne (maigre)	16	0.805	6.90	943	656
Chêne de Bourgogne (gras)	12	0.760	4.70	859	735
Chêne de Dantzick (maigre).	24	0.734	6.96	1066	802
Chêne de Gallicie..	3	0.618	5.15	583	300
Chêne d'Illyrie.	28	0.762	4.76	1000	845
Chêne-liége.	6	1.040	6.82	673	485
Chêne de Livourne (quercia et farnia).	6	0.982	8.77	777	553
Chêne de Livourne (cerro)	6	(1.049)	6.75	537	500
Chêne de Naples (quercia et farnia)	14	1.001	7.08	963	630
Chêne de Provence. . . .	6	0.861	4.59	633	500
Chêne vert	6	0.985	7.93	686	583
Cormier	6	0.819	6.95	875	516
Frêne	2	0.736	11.86	1400	900
Gaïac..	1	1.339	17.71	1166	1333

ESSENCES.	NOMBRE D'EXPÉRIENCES EFFECTUÉES.	DENSITÉS MOYENNES.	CHARGES de rupture moyennes par millimètre carré à la flexion.	COEFFICIENT MOYEN D'ÉLASTICITÉ par millimètre sous la charge.	
				de 2 kil. par millimètre.	de rupture.
Mélèze des Alpes-Maritimes.	8	0.605	kil. 5.90	650	620
Mélèze du Canada (Tamarak).	15	(0.693)	4.61	700	585
Noyer du Canada	16	(0.842)	7.42	1077	813
Noyer du Dauphiné . . .	6	0.632	7.32	700	497
Orme du Canada.	22	(0.678)	7.78	945	565
Orme de Dunkerque. . .	14	0.546	4.05	432	266
Orme de France (centre).	16	0.631	7.07	875	690
Pin du Canada.	28	(0.458)	4.70	700	629
Pin de la Caroline (*pinus australis*).	9	0.691	9.84	1466	1160
Pin des Florides (*pinus australis*).	13	0.708	10.91	1321	1209
Pin laricio de Corse . . .	6	0.626	8.06	823	780
Pin sylvestre des Alpes-Maritimes.	42	0.591	5.08	1094	575
Pin sylvestre de Pologne.	18	0.543	6.49	930	705
Pin sylvestre de Suède. .	17	(0.538)	6.33	897	584
Pin de Vancouver	21	0.585	6.66	875	750
Platane de Provence . . .	6	0.755	6.71	972	552
Sapin des Alpes-Maritimes.	12	0.484	5.80	1089	690
Sapin du Jura.	27	0.454	5.30	744	654
Sapin de Suède	6	(0.408)	5.34	777	676
Sapin de Trieste.	17	0.444	5.64	741	628
Teak.	33	0.696	8.36	1060	830
Tilleul de Provence. . . .	6	0.528	6.48	853	784

elle atteint son minimum quand le bois ne contient
plus que son eau hygrométrique, quand, en un mot, il
a atteint son maximum de dessiccation. Qu'on trempe
le bois desséché dans l'eau, il reprendra une partie de
son élasticité, il en reprendra beaucoup plus encore
si on le soumet à l'action de l'eau chaude ou de la
vapeur d'eau. La matière intercellulaire se ramollit
sous l'action de la chaleur humide et permet aux
fibres ligneuses d'éprouver des déplacements relatifs
qui produisent l'élasticité. Dans les résineux principalement, on juge très-bien à vue de la flexibilité des
bois d'après leur nuance plus ou moins foncée, parce
que leur couleur est due à leur résine dont la quantité présage la quantité de séve.

Le tableau ci-dessus indique la moyenne des
résultats des expériences que nous avons faites sur
les bois *secs* employés dans nos arsenaux ; cependant
les bois dont les densités sont entre parenthèses
n'avaient pas encore atteint leur densité de dessiccation naturelle.

Il faut observer que ces expériences n'indiquent
pas exactement les résistances réelles des bois ; cela
tient à ce qu'il est très-difficile, quelques soins qu'on
y apporte, d'obtenir des barreaux d'épreuve dont
les fibres ne soient pas découpées, qui n'aient pas,
par conséquent, une cause d'affaiblissement primor-
dial. Ainsi, par exemple, nous n'avons pu trouver,
même dans un approvisionnement très-considérable
de bois de Provence, de barreaux d'épreuve en bois
droit sans fentes ni nœuds ; il a fallu accepter des bar-

reaux tirés de bois un peu courbes, qui ont moins résisté que ne l'auraient fait des barreaux convenables ; il en est de même, quoiqu'à un moindre degré, pour plusieurs autres essences, en particulier pour les chênes d'Italie. Le tableau indique donc plutôt les résistances sur lesquelles on peut compter, que les résistances absolues de la matière.

Le tableau ci-dessous donne les densités trouvées par les autres essences, sur les échantillons de l'École forestière séchés à l'air libre (Nanquette).

ESSENCES.	DENSITÉS	
	MINIMUM.	MAXIMUM.
Alizier blanc..........	0.734	0.938
Alizier terminal.......	0.847	0.989
Aune blanc..........	0.468	0.510
Aune commun........	0.444	0.662
Bouleau blanc........	0.517	0.771
Cerisier, merisier......	0.654	0.785
Charme commun.......	0.759	0.902
Châtaignier commun.....	0.554	0.742
Érable champêtre......	0.599	0.810
Érable plane.........	0.563	0.842
Érable sycomore.......	0.573	0.737
Frêne commun.......	0.626	0.930
Hêtre commun........	0.686	0.907
Micocoulier d'Orient.....	0.605	0.788
Olivier d'Europe.......	0.836	1.117
Peuplier blanc........	0.453	0.702
— d'Italie.......	0.349	»
— noir........	0.408	0.649
— tremble.......	0.452	0.612
Poirier sauvage.......	0.707	0.839
Pommier acerbe.......	0.803	0.865
Saule blanc..........	0.381	0.516

ESSENCES.	DENSITÉS	
	MINIMUM.	MAXIMUM.
Saule marceau.	0.428	0.725
Sorbier domestique	0.813	0.939
Sorbier des oiseleurs.	0.688	0.734
Cèdre du Liban	0.450	0.808
Pin d'Alep	0.532	0.866
— cembro.	0.418	0.575
— à crochet	0.491	0.605
— maritime	0.523	0.769
— pinier.	0.524	0.773
— Weymouth	0.320	0.488

QUALITÉS CHIMIQUES.

L'action des agents chimiques sur les bois n'est pas plus facile à définir que celles des agents physiques. Il est vrai que les enveloppes de tous leurs organes (cellules, fibres, vaisseaux) ont même composition élémentaire. Mais d'abord, cette matière constituante des enveloppes, la *cellulose*, se trouve sous divers états d'agrégation dans les différentes parties du même arbre, *a fortiori* dans les différents arbres et dans les différentes essences ; de telle sorte que de ce premier fait même, il résulte que les enveloppes des organes, bien qu'étant composées de mêmes éléments associés en même proportion dans tous les bois, n'y sont pas cependant accessibles au même degré à l'action des divers réactifs. En outre, la matière ligneuse ou incrustante n'est pas uniforme de composition et se trouve mélangée aux matières azotées, résineuses, huileuses, grasses, gommeuses et minérales, qui varient avec les essences et avec les conditions dans lesquelles les sujets ont vécu. Pour toutes ces causes on peut dire que chaque sujet et même chaque partie de chaque sujet a des propriétés chimiques qui lui sont propres ; on peut donc tout au plus définir les limites entre lesquelles ces propriétés peuvent varier par suite des essences et des conditions d'existence.

Le problème ainsi posé est des plus complexes ; nous n'en pouvons aborder que certaines parties.

La cellulose a pour densité 1,525. Les solutions alcalines faibles ne l'attaquent pas ; concentrées, elles la désagrégent puis la détruisent complétement. L'acide sulfurique très-étendu la change en amidon et lui donne par suite la propriété d'être colorée en bleu par l'iode ; quand il est peu étendu, il la dissout totalement et la convertit en dextrine, puis en glucose. L'acide azotique fumant la transforme en pyroxyline ou fulmi-coton. Tous ces caractères rapprochent la cellulose de l'amidon. Ces deux corps ont d'ailleurs même composition élémentaire ; ils semblent, par suite, être une même substance agrégée d'une manière différente.

La matière incrustante est plus abondante dans le cœur que dans l'aubier, dans les bois durs que dans les bois légers. Sa composition varie avec les espèces de bois. Elle est formée en grande partie d'une matière soluble dans la potasse et dans la soude, qu'on nomme plus particulièrement la *matière ligneuse.* Elle contient en outre, soit à l'état de combinaison, soit à l'état libre, des matières de composition très-variables.

La densité apparente des bois varie beaucoup, surtout avec les essences ; la densité réelle, c'est-à-dire la densité du bois dégagé de toutes les parties gazeuses qui logent dans ses cavités, est au contraire à peu près égale à 1,50 quels que soient les essences et les sujets ; pour les bois de fer, de chêne, de bourdaine et de peuplier, ses variations extrêmes sont comprises entre 1,51 et 1,52.

Action de la chaleur sur les bois exposés au contact de l'air. — Les éléments organiques qui constituent les bois forment des combinaisons diverses qui ont toutes le caractère commun d'être assez instables. Chauffés à l'air, ils perdent d'abord leur eau hygrométrique, puis ils commencent à se décomposer lorsque la température atteint 140° ; leurs produits sont volatils, varient au fur et à mesure que la température s'élève, et finissent par s'enflammer ; la décomposition se termine avec dégagement de lumière et de chaleur (le bois est dit alors *en ignition*), et quand celle-ci est terminée, il ne reste plus du bois primitif que les matières minérales constituantes, qu'on retrouve sous forme de *cendres*.

La puissance calorifique développée par cette combustion du bois dépend de la quantité d'eau que la matière expérimentée contient. On admet en général que chaque kilo de bois brûlé dégage 3,600 calories[1] s'il est parfaitement desséché, c'est-à-dire s'il ne contient plus que son eau hygrométrique, et qu'il en dégage de 2,800 à 2,700 s'il contient de 20 à 25 p. 100 d'eau libre, comme cela arrive ordinairement au bois de chauffage. La combustion de ce kilo de bois exige 6 ^{mc},75 d'air dans le premier cas et 5 ^{mc},40 dans le second.

Les bois légers et poreux brûlent promptement la chaleur pénètre facilement à travers leurs tissus et active la rapidité de la combustion; la majeure partie du carbone qu'ils contiennent brûle en même temps que les gaz combustibles; par suite, ils brûlent vite, dégagent beaucoup de flammes et ne laissent pas de charbon. Ces combustibles conviennent parfaitement au chauffage des objets qui sont éloignés des foyers, par exemple dans les fours à porcelaine, fours à brique, etc.

Les bois durs, au contraire, brûlent assez rapidement leurs couches extérieures, qui sont toujours poreuses, et les gaz combustibles que la chaleur dégage de leur centre; mais la masse est compacte, elle ne se fend ni ne se sépare facilement, elle laisse bientôt un bloc de charbon qui se consume lentement et sans flamme. Le combustible transmet une grande partie de sa chaleur par rayonnement, il

---

1. On nomme *calorie* la quantité de chaleur nécessaire pour élever d'un degré la température d'un kilo d'eau. La combustion qui développe 2,800 calories pourra donc élever 2,800 kilos d'eau de un degré, ou 280 kilos d'eau de 10 degrés, ou 56 kilos d'eau de 50 degrés.

convient bien au chauffage de nos cheminées et de nos foyers, il donne une bonne utilisation.

La température produite par la combustion ne dépend pas seulement de la puissance calorifique du corps brûlé, mais encore de la masse sur laquelle agit cette puissance calorifique. La chaleur donnée par la combustion du bois dans un foyer de chaudière, par exemple, ne passe pas tout entière en évaporation d'eau ; une partie est emportée par les gaz dans la cheminée, une autre est encore distraite par le rayonnement du foyer, la chaudière ne reçoit que le complément. Il est important de réduire les pertes au minimum, par conséquent d'entourer les foyers de matières mauvaises conductrices de la chaleur, telles que les briques, de ne laisser pénétrer à travers la grille du foyer ou à travers sa porte que la quantité d'air strictement nécessaire pour assurer la combustion, enfin d'employer des bois aussi secs que possible. Non-seulement l'humidité contenue dans les bois au moment de leur combustion ne donne pas de chaleur, mais encore elle en absorbe pour sa vaporisation et ainsi elle diminue à la fois la quantité de calories disponibles et la température du foyer. Aussi certains industriels, tels que les verriers, qui ont besoin d'une température élevée, prennent-ils généralement la précaution de faire bien dessécher leurs bois de chauffage avant de les employer. Quelques-uns vont plus loin et les soumettent un peu avant leur emploi à une température de 120 à 150°, destinée à en chasser l'eau libre.

Action de la chaleur sur les bois en dehors du contact de l'air. — Quand on chauffe les bois en dehors du contact de l'air, ils se décomposent encore, mais leurs produits sont différents; il y en a de gazeux qui sont combustibles dont on peut faire du gaz d'éclairage, il y en a de liquides, acide pyroligneux, goudron, etc., mais le plus important est le corps solide qu'on nomme *charbon*. Sa composition dépend de la température à laquelle a eu lieu l'opération; à 250° il reste dans le charbon une quantité de carbone double de celle qui s'est échappée avec les produits gazeux, entre 300° et 350° les parts sont égales, au delà de 1,500° il n'y reste plus que moitié du carbone emporté par les produits gazeux.

La puissance calorifique du charbon de bois est comprise entre 6,600 et 7,000 calories.

La moitié de cette chaleur au moins est transmise par rayonnement.

Les charbons de bois légers ou blancs sont plus poreux que ceux des bois durs, ils brûlent donc plus vite et conviennent bien dans les cas où on veut les allumer promptement et avoir une grande chaleur; les charbons de bois durs conviennent mieux au cas où l'on désire un feu de longue durée et économique.

Action de l'air. — L'air atmosphérique est sans action sur les bois quand il n'est pas aidé par la chaleur. La parfaite conservation des charpentes de nos cathédrales gothiques, partout où les toitures ont été suffisamment entretenues pour y empêcher l'accès de l'eau, prouve que les bois peuvent être exposés à l'air pendant plusieurs siècles sans subir d'altération.

Action de l'eau. — Les bois constamment plongés dans l'eau sont également impérissables ; les plus mauvaises essences peuvent très-bien convenir aux travaux qui doivent être *constamment* submergés.

Mais, au contraire, les bois se décomposent rapidement quand ils sont exposés à des alternatives d'imbibition et de dessiccation. Les meilleures essences ne résistent que quelques années à une action continue de ce genre.

Action de l'acide carbonique. — La décomposition marche beaucoup plus vite encore quand les bois sont dans un milieu humide, chaud, où l'air ne se renouvelle pas et où l'acide carbonique domine. Il y a tels cas de ce genre où le meilleur chêne ne résiste pas dix-huit mois.

Pourriture sèche. — Quand les bois sont maintenus d'une manière continue dans un semblable milieu, ils commencent par perdre de leur force ; mais leur flèche, au moment de la rupture, reste sensiblement la même, de telle sorte que leur coefficient d'élasticité diminue en même temps que leur résistance ; leur cassure devient de moins en moins fibreuse. Puis la couleur de l'ensemble se modifie, la masse émet de l'acide carbonique ; les parties les plus spongieuses, telles que les vaisseaux et les fibres produites au printemps, se désagrégent et tombent en poussière, les fibres automnales sont détruites à leur tour (fig. 74), les cellules des rayons médullaires résistent les dernières; la cassure devient nette comme celle des bois les plus gras (cassure de navet), et la masse entière n'est plus qu'un squelette qui se réduit en poussière

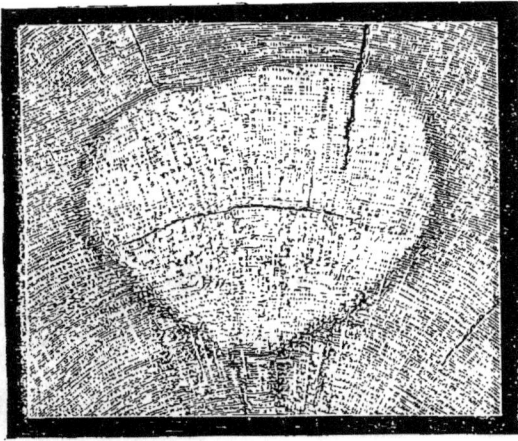

Fig. 74.

brune. Tandis que tous ces phénomènes se passent, de petits filaments blanchâtres apparaissent dans les vaisseaux et dans tous les pores du bois; ils précèdent la décomposition des organes ou du moins le moment où elle est sensible aux yeux; ces filaments se développent en même temps que la décomposition, principalement dans le cœur de la pièce; quand ils ont atteint un certain développement, ils gagnent les fentes, s'y étalent, les couvrent

d'une sorte de cuir blanchâtre (fig. 75), lequel,
petit à petit, gagne la surface extérieure de la pièce
et la couvre. Ces matières blanchâtres sont des
champignons. Leurs variétés sont assez nombreuses.
Le plus fréquent sur le chêne est le *Boletus lacry-
mans,* ainsi nommé parce que dans les lieux humides
il porte souvent des gouttes d'eau semblables à
des larmes, ce qui ne l'empêche pas d'être dans un

Fig. 75.

état parfait de sécheresse dans les endroits secs ; il
s'étend avec une rapidité surprenante dans le bois
sain. Le *Xylostroma giganteum* ou *Dematium giganteum* s'étend sur de très-grandes surfaces et les couvre comme d'une peau de chamois, mais il ne s'attache communément qu'au bois pourri qui lui a donné
naissance. Le *Sporotrichum* produit des appendices
microscopiques qui s'insinuent avec une grande rapidité dans les vaisseaux les plus fins des bois. On trouve

encore dans les cas de pourriture sèche beaucoup
d'autres champignons des genres boletus, agaricus,
merulius et polyporus. On sait que la spore primitive
des champignons émet un premier filament qui s'allonge, se ramifie peu à peu, et dont les ramifications
rampantes s'enlacent pour former une sorte de tissu,
nommé mycelium, qui s'étend de plus en plus et au
bord duquel apparaissent les spores ou cellules repro-
ductives dans lesquelles se reporte la vie. C'est grâce
à ce procédé de reproduction que le champignon se
propage en divergeant, et cela avec une rapidité
d'autant plus grande que le mycelium se trouve dans
des conditions de végétation plus favorables et que,
par suite, il fructifie plus vite.

Les cryptogames sont-ils le produit ou la cause
de la décomposition des bois? Leurs spores préexis-
tent-ils dans le bois? Y ont-ils été introduits pendant
la vie de l'arbre ou après son abatage? Ces questions
sont encore complétement indécises et rappellent
celles qu'on débat depuis de nombreuses années touchant l'origine des spores qui produisent la fermentation alcoolique. On ne peut, en effet, étudier la
pourriture sèche sans être frappé de son analogie
avec la fermentation alcoolique. Dans l'un et l'autre
cas, des spores parasites se développent dans la
matière mère et à ses dépens, la décomposent et la
transforment en divers produits parmi lesquels domine
l'acide carbonique ; leur action augmente progressivement d'intensité au fur et à mesure qu'ils ont
absorbé une plus grande partie de la matière azotée,

20

et qu'ils sont devenus plus nombreux et plus forts.
Le ferment se multiplie au détriment de la matière.
Dans l'un et l'autre cas, la végétation des spores, autrement dit la fermentation, se ralentit si une cause
quelconque modifie les conditions qui lui sont pro-
pices ; mais elle reprend dès que les circonstances
redeviennent favorables, à moins qu'on ne tue le
ferment par une température élevée, procédé inapplicable aux grosses pièces de bois, vu leur mauvaise
conductibilité. Qu'on mette à l'air sec et chaud une
pièce couverte de champignons, ceux-ci disparaîtront
de la surface en très-peu de temps ; ils mourront
même si la température ne leur convient pas ; mais la
masse ligneuse ne participant pas à ces variations de
température et d'hygrométrie conservera intactes les
parties alibiles qu'elle renferme et permettra une
nouvelle végétation de ces cryptogames, quand on
replacera le bois dans· le milieu qui leur convient.

On peut donc dire que, dans le cas de la pourriture sèche aussi bien que dans celui de la fermentation alcoolique, la décomposition de la matière organique est due à des cryptogames qui décomposent la
matière pour les besoins de leur propre végétation,
en vertu de leurs affinités vitales, et qui se nourrissent à ses dépens jusqu'à complet épuisement de la
matière ; autrement dit jusqu'à son retour sous la
forme minérale que ces éléments avaient avant que la
végétation les eût organisés. Le végétal supérieur est
ainsi ramené, à l'aide de végétaux inférieurs, au
règne minéral qui l'a produit, de la même manière

que les animaux les plus élevés sont ramenés au règne minéral, dont ils dérivent, eux aussi, plus ou moins directement, par les vers et autres animaux inférieurs.

Pourriture humide. — On nomme *pourriture humide* la décomposition que les bois éprouvent sous la seule action des agents atmosphériques, principalement de l'humidité, sans le concours des végétations cryptogamiques.

Conservation des bois. — Pour conserver les bois, il faut donc les mettre dans des conditions qui ne favorisent ni la pourriture humide ni la pourriture sèche. La première précaution à prendre pour y arriver, c'est de les mettre à l'abri de l'humidité et de l'acide carbonique, en les couvrant par une toiture et en les isolant du sol et de leur contact mutuel par des appuis assez épais pour que l'humidité ne séjourne pas. Nous avons vu (page 286) que de cette manière on évitera, en outre, les fentes si on a la précaution de garantir les bois contre les courants d'air et contre le soleil, tout en les laissant participer aux variations de température de l'atmosphère.

En admettant qu'on puisse prendre de telles précautions pour conserver les bois avant leur mise en œuvre, on ne peut plus les prendre pour conserver ceux qui sont placés dans l'intérieur des constructions. Ils sont dès lors voués à un dépérissement d'autant plus prompt que les constructions seront plus exposées à l'acide carbonique, à la chaleur et aux alternatives d'imbibition et de dessiccation. Il importe dès lors de chercher des remèdes plus complexes.

On fera bien de n'employer que des bois préalablement bien desséchés, puis recouverts sur toutes les surfaces extérieures avec de la peinture à l'huile ou, à défaut, avec du goudron. Si on doit employer le bois encore vert, il faudra se garder de le couvrir de peinture ou de goudron, car la pourriture sèche se produirait très-rapidement. Il faudra les laisser sécher en place avant de les peindre, et surtout leur enlever leur aubier. Si on doit employer des bois verts avec leur aubier, il sera bon d'en coaguler les matières azotées et d'en arrêter les ferments intérieurs par la chaleur. Ce procédé s'applique facilement aux poteaux qu'on doit enfoncer en terre; on laisse brûler leur surface dans un foyer, une partie de l'aubier se consume, la chaleur agit sur le reste de la masse, il y a de ce côté tout profit; il est vrai qu'en même temps on couvre la surface du bois d'une couche de charbon hygrométrique, qui attire l'humidité et qui nuit, par conséquent, à ce point de vue; mais, tout compte fait, cette opération est utile.

L'entretien à apporter aux bois mis en œuvre consiste à renouveler leurs peintures extérieures, à les préserver des pluies, de l'acide carbonique, à arracher par suite les plantes voisines dont les racines pourraient les atteindre, parce que les racines pro-

duisent un dégagement d'acide carbonique (page 81),
surtout dans les terrains calcaires, à assurer enfin le
renouvellement de l'air autour des pièces.

On a cherché à prolonger la durée des bois en leur
faisant subir à l'avance une préparation de nature à
prévenir leur fermentation ultérieure.

On a d'abord essayé l'immersion dans l'eau
douce ou dans l'eau de mer, afin d'enlever au bois,
par cette dissolution, une partie de ses principes fermentescibles. Il est certain que ce procédé est efficace,
mais seulement sur la petite couche extérieure, le
plus souvent d'aubier, sur laquelle l'eau agit. L'eau
douce dissout plus promptement ces matières que
l'eau salée, mais l'une et l'autre, même après de
longues années d'immersion, ne peuvent donner que
des résultats quasi insignifiants; et d'ailleurs, à côté
du profit qu'elle donne, l'immersion a pour effet nuisible de rendre les bois poreux. Il ne faut donc
employer ce procédé que pour empêcher les bois de
se fendre, de se détériorer ou d'être piqués par les
insectes avant leur mise en œuvre.

Les agents externes ne peuvent jamais avoir
d'action sur une fermentation tout interne et ne
peuvent constituer de véritables préservatifs. Aussi
la carbonisation superficielle, la peinture au soufre,
le lait de chaux et autres procédés similaires, déjà
essayés sur assez large échelle dans le siècle dernier,
ont-ils été abandonnés comme inutiles où nuisibles.

L'agent susceptible d'arrêter la fermentation
ligneuse doit inonder la masse tout entière, parce

que chacun des éléments de celle-ci est capable de
nourrir et de développer les germes de la fermentation. Nous ne connaissons pas bien l'action des
divers agents chimiques sur les germes de la putréfaction ligneuse, mais à en juger par les relations qui
unissent les divers ferments entre eux et par les
observations de M. Crace Calvert *sur le pouvoir que
possèdent plusieurs substances d'arrêter la putréfaction
et le développement de la vie protoplasmique*, nous
pouvons considérer l'acide crésylique (dérivé du goudron) comme l'agent le plus efficace; après lui viendraient l'acide phénique (également dérivé du goudron), le chlorure de zinc et l'acide sulfurique; ces
substances paraissent détruire presque complétement
la vie des germes et ne pas permettre leur réappa-
rition.

Le sulfophénate de zinc, l'acide picrique, le chlorure d'aluminium et l'acide prussique sont consi-
dérés comme déterminant la mort des germes qui
existent au moment de leur emploi, mais comme
n'arrêtant pas le développement de ceux qui viennent
ultérieurement. L'hypochlorite de chaux, le bichlorure
de mercure, le chlore en dissolution, la soude caustique, l'acide acétique, le sulfate de fer, le sulfophénate de potasse ou de soude détruisent au début les
germes, mais favorisent ensuite leur développement.
L'acide arsénieux, le chlorure de sodium, le chlorure
de calcium, l'essence de térébenthine sont réputés
sans action. La chaux, le charbon de bois, le per-
manganate de potasse, le phosphate de soude et l'am-

moniaque favorisent le développement des ferments et facilitent la putréfaction. Ces découvertes expliquent le succès de certains procédés d'injection sur la durée du bois.

Les premiers essais de ce genre remontent au siècle dernier; mais le docteur Boucherie a le premier conçu l'idée de faire pénétrer une dissolution de sulfate de cuivre dans les arbres en utilisant la force d'ascension de la séve des arbres sur pied ou en chassant, au contraire, par pression la séve des arbres abattus. Son procédé est encore appliqué à la conservation des poteaux télégraphiques et à celle de certaines traverses de chemin de fer.

On emploie fréquemment aussi un autre procédé d'injection, qui consiste à mettre les bois dans une étuve qu'on ferme et dont on chasse l'air par un courant de vapeur; ceci fait, on condense cette vapeur, on pompe l'air qui se dégage des bois et celui qui s'introduit dans l'appareil, on y maintient quelque temps un vide aussi complet que possible, et quand on juge que les pores du bois sont suffisamment vidés, on y introduit le liquide à injecter et on l'y pousse par l'effet de la pression atmosphérique aidée par une pompe foulante.

L'appareil de MM. Légé et Fleury Pyronnet, basé sur ce principe, permet d'injecter 1,500 traverses par jour ou 600 poteaux télégraphiques. La créosote impure, laquelle contient quantité d'acide phénique, est le liquide préféré par les Anglais pour les injections; il leur permet de rendre impérissables les traverses qu'ils font avec les sapins de Norvége et du Canada. Les Allemands emploient avec succès le chlorure de zinc. Les recherches de M. Crace Calvert confirment la supériorité de ces deux matières sur les autres produits en usage. Les dérivés du goudron en usage en Angleterre ont, en outre, l'avantage spécial d'être hydrofuges et de préserver parfaitement les bois de l'humidité, et, par suite, des variations de volume qui déterminent l'apparition des fentes. Quelles que soient les matières injectantes, elles ne pénètrent et ne préservent, par conséquent, que les bois mous, spòngieux, et seulement l'aubier des bois durs.

Durée des bois. — La durée des bois dépend, avant toutes choses, des soins apportés à leur conservation avant et après leur mise en œuvre, à leur préparation, puis des conditions dans lesquelles on les place et de leurs qualités propres.

Il est intéressant de connaître la durée des principales essences placées en service dans les conditions ordinaires. Nous ne pouvons donner à cet égard que des indications assez générales, car la constitution des sujets influe au moins autant que leur essence. On peut dire en général que les bois imprégnés de certaines matières antiseptiques, telles que le teack, le gaïac, etc., occupent le premier rang dans l'échelle des durées ; puis viennent les essences dont les canaux sont totalement obstrués : angélique, mélèze ; ensuite les essences contenant du tannin : chêne, châtaignier, aune ; enfin celles qui ne contiennent aucune

substance préservatrice et qui ont leurs canaux
ouverts. Dans chaque classe, les bois durent d'autant
plus que leur séve est moins riche, qu'ils sont moins
poreux, moins denses, et que leurs vaisseaux sont
moins gros. Ainsi, l'aubier dure moins que le cœur ;
la différence est d'autant plus grande que le climat
est plus chaud. Les bois gras d'une essence durent
toujours beaucoup moins que les bois maigres de
même espèce, à densité et porosité égales. Les bois
du Midi durent moins que ceux du Nord, ces derniers
ayant la séve pauvre.

La durée des bois employés dans la construction
des navires est extrêmement variable; elle dépend du
mode de construction, de l'état de siccité du bois
quand il est mis en œuvre et des fatigues que les bâtiments éprouvent. Pour trouver des conditions comparables il faut remonter au siècle dernier; à cette
époque, les navires naviguaient presque constamment,
on les faisait souvent avec une essence unique, suivant les mêmes règles de forme et de construction;
leur durée dépendait surtout de leur essence.

Au milieu du xviie siècle, les Anglais construi-
saient leurs bâtiments de guerre avec du chêne très-
sec, de bonne qualité; ils obtenaient une durée de
trente ans. A la fin du siècle, leurs constructions,
faites plus hâtivement, ne durèrent plus que quatorze
ans; leur durée se réduisit enfin à huit ans, lorsque
les guerres du premier Empire obligèrent à construire vite et avec des bois frais. Les autres matériaux donnèrent les durées suivantes :

	DURÉES.	DATES DES CONSTRUCTIONS.
Chêne provenant de l'Allemagne (Holstein)	De 4 à 6 ans.	1772 à 1809
Chêne blanc du Canada	5 ans.	1807
Pin de la Baltique (de Pologne).	8 à 9 ans.	1757 à 1805
Pin des Florides	6 à 6 1/2	1814
Pin rouge du Canada..	3 1/2	1814
Pin blanc du Canada	3 ans.	1814

On admettait pour base de nos budgets, en 1827, que la durée moyenne des bâtiments de guerre construits en chêne de France avait été de onze ans dans le passé et serait de douze ans dans l'avenir ; que celle des bâtiments construits en bois de Provence ou de Sardaigne avait été de quinze ans. On admettait également, à cette époque, que les bas mâts et basses vergues duraient à la mer neuf ans, les mâts et vergues de hunes six ans, les mâts et vergues de perroquet trois ans, tandis que la mâture des bâtiments désarmés durait dix-huit ans. Notons, en passant, que des travaux entrepris pour établir les bases de ce budget est ressortie cette donnée : que le cube du bois équarri nécessaire à la construction d'un bâtiment est, à très-peu près, le double exact du cube du bois ouvré qui y entre ; en d'autres termes, qu'il y a sensiblement autant de déchet que de bois employé. Depuis cette époque, les grands progrès accomplis dans la construction proprement dite, et les grands soins apportés tant au choix des bois qu'à leur mise en œuvre, ont augmenté considérablement la durée de nos bâtiments : témoin nos frégates de 450, *l'Eldo-rado,* par exemple, lancée en 1843, actuellement encore en bon état, après seize années de navigation. Il est à noter que ceux de nos anciens vaisseaux à voiles, qui ont séjourné longtemps sur chantier, qui y ont été transformés en navires à vapeur et lancés aussitôt après leur transformation, sans que leurs bois nouveaux aient eu le degré de siccité voulue, ont dû être promptement refondus et que la partie trouvée en mauvais état a été précisément la partie faite avant lancement. Ainsi *le Charlemagne,* mis en chantier en 1833, est resté sur cale jusqu'en 1850, époque à laquelle son arrière a été démoli et refait à neuf ; il a été mis à l'eau en 1851 ; dix ans après son arrière était déjà en mauvais état, bien qu'il eût peu navigué ; il fallut le refondre en 1868. En faisant le travail on trouva que l'avant et le milieu, autrement dit les bois de 1833, étaient en très-bon état et que ceux de 1850 étaient seuls pourris ; il est possible que les bois de 1868 périssent eux-mêmes avant ceux de 1833. Les exemples de cette nature abondent et prouvent l'influence de la siccité sur la durée des bois.

Hartig a fait, de son côté, de nombreuses expériences sur la durée des bois mis en service dans diverses conditions. Il a trouvé pour la durée maximum des pièces de $0^m,08$ de diamètre (de vingt ans environ) plantées verticalement en terre avec la moitié de leur longueur à l'air : cinq ans pour le hêtre, le charme, le bouleau blanc, l'aune commun, l'aune blanc, le peuplier noir, le tremble, le peuplier d'Italie, les saules de toute espèce, le tilleul, le marronnier d'Inde, l'érable plane, l'érable à feuilles de frêne, le platane, le peuplier blanc; huit ans pour l'érable à fruit cotonneux, l'érable-sycomore, l'orme, le bouleau noir, le frêne, le sorbier des oiseleurs; après dix ans le chêne, le pin sylvestre, le sapin et l'épicéa avaient leur aubier attaqué, mais le cœur sain; après le même laps de temps, l'acacia, le mélèze, le pin cembro, le pin laricio, le thuya occidental et le genévrier de la Virginie étaient totalement intacts. Une expérience analogue, faite avec des bois de $0^m,10$ d'équarrissage provenant d'arbres ayant acquis tout leur développement et auxquels il avait laissé une partie d'aubier, lui permit de constater que ceux-ci duraient exactement le même temps que les rondins de jeune bois. Il fit encore une autre série d'expériences avec des cabrions de $0^m,10$ carrés sciés dans des arbres âgés, en ayant soin de planter totalement les pieux en terre sans qu'il en sortît rien. Après cinq ans, l'érable plane, le hêtre, le tilleul, le bouleau commun, le bouleau noir, l'aune commun, l'aune blanc, le tremble, le peuplier noir, l'érable à feuilles de frêne, le peuplier blanc, le peuplier d'Italie, le marronnier d'Inde, tous les saules et le sorbier des oiseleurs étaient totalement pourris; le sapin, l'épicéa et l'érable à fruit cotonneux étaient pourris après dix ans; les chênes rouvre et pédonculé, les ormes, l'érable-sycomore, le chêne rouge d'Amérique, le platane et le pin de lord Weymouth étaient

pourris après quatorze ans ; le mélèze, l'acacia et le
pin sylvestre de cent trente ans étaient encore intacts
à cette époque.

QUALITÉS PHYSIOLOGIQUES.

Chaque essence a sa constitution anatomique spéciale qui lui donne ses qualités propres ; on peut donc
à l'inspection d'un tissu ligneux reconnaître l'arbre
duquel il provient. Les études approfondies de ce
genre ne peuvent être faites qu'à l'aide d'instruments de précision, disposés pour former des tranches
de bois extrêmement minces, et de microscopes nécessaires pour les examiner dans tous leurs détails.
Mais sans viser à cette précision, chacun peut étudier
la constitution des diverses essences en fabriquant un
rabot ou mieux une varlope dont le fer soit incliné
de 25° avec la semelle et parfaitement affilé ; ce
rabot permettra de lever des copeaux très-minces,
surtout si on a le soin de faire tremper au préalable
les bois à étudier dans de l'eau chaude pendant plusieurs heures. Cette opération, pratiquée sur des bois
cassants ou très-mous, offre parfois quelques difficultés. On les atténuera en laissant sécher ces bois, puis
en les couvrant d'acide stéarique, qu'on fait pénétrer
dans les pores au moyen de la chaleur appliquée
à l'aide d'un fer chaud. Cet acide stéarique se fige
dans les pores du bois où il pénètre, il les remplit et
donne à la masse ligneuse une résistance suffisante

pour assurer le fonctionnement du rabot. On débarrasse ensuite les copeaux de cet acide en les plongeant dans l'alcool ou dans tout autre dissolvant.

Quelle que soit la méthode employée, on obtiendra des copeaux très-minces, qui, examinés par transparence, indiqueront très-bien la disposition et la grandeur des mailles, ainsi que la position, la grandeur et le nombre des vaisseaux, ils montreront enfin si les vaisseaux sont ou non obstrués. Cet examen suffira fréquemment pour juger de l'essence et de la qualité des bois.

On pourra encore augmenter la transparence du copeau et rendre ses cellules et ses fibres visibles en les débarrassant de leur matière incrustante. Il suffira pour cela de mettre le copeau dans un godet contenant de l'eau et d'y ajouter goutte à goutte une solution de potasse caustique ; on verra la matière incrustante se détacher et tomber au fond du godet en laissant un copeau bien transparent dont tous les organes sont faciles à voir à l'œil nu. On jugera encore mieux en faisant usage d'une loupe. L'emploi d'un microscope d'hôpital, dont le prix ne dépasse pas 80 francs, permettra de voir avec des grossissements de cent à cent cinquante fois tous les détails des organes.

On trouve d'ailleurs dans le commerce des préparations toutes faites, notamment celles de Nœrdlinger [1], qui évitent ces menus préparatifs préalables.

---

1. Nœrdlinger (H.), ancien élève libre de l'École forestière

Quel que soit le procédé d'observation que l'on emploie, on remarquera que les bois résineux sont dépourvus de vaisseaux, tandis que les bois feuillus en ont tous de plus ou moins gros. De là deux grandes divisions.

En comparant les divers bois résineux entre eux on les subdivisera eux-mêmes en deux groupes. Le premier comprendra les bois qui n'ont aucuns canaux résinifères; à cette catégorie appartiennent le genévrier, l'if, le sapin argenté. Le second comprendra les résineux ayant des canaux résinifères; l'épicéa, le mélèze, le cèdre et les différents pins appartiennent à ce second groupe. Ainsi on peut déjà, avec ces seuls caractères, reconnaître si un bois de sapin provient d'un abies ou d'un épicéa. On arrivera de même, et cela assez promptement, à reconnaître les différents bois qui composent chaque groupe, à distinguer, par exemple, l'épicéa, dont les canaux sont fins, dispersés et très-rares, du pin sylvestre, dont les canaux sont plus gros et nombreux. Mais on fera bien de ne pas se fier à un échantillon unique pour juger des caractères de chaque essence et de prendre un échantillon sur plusieurs sujets dif-

---

de Nancy et professeur à Grandjouan) : *Les Bois employés dans l'industrie.* Caractères distinctifs, descriptions accompagnées de cent sections en lames minces des principales essences forestières de la France et de l'Algérie. — Cent sections de bois montées sur beau papier, accompagnées d'un texte et d'un tableau dans un élégant cartonnage. — Paris, J. Rothschild, éditeur. — Prix : 30 francs.

férant comme âge, comme sol et comme climat,
afin d'éliminer les influences que ces éléments ont
sur la constitution des divers
sujets.

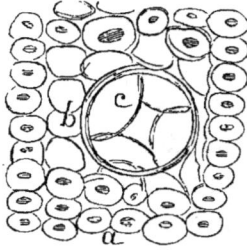

Si on compare de la même
manière les divers bois feuillus,
on remarquera que les uns ont
au bord intérieur de leurs couches de croissance annuelle
une multitude de vaisseaux formant une ligne de démarcation
parfaitement tranchée entre la
fin de la production de l'année
et le commencement de celle de
l'année suivante; presque tous

Fig. 76.

Coupe transversale d'un conduit résinifère du bois de
Pinus sylvestris.
a. Cellules ligneuses.
b. Cellules minces.
c. Cellules sécernantes proprement dites, qui environ-
nent la lacune.

les bois durs appartiennent à ce groupe : châtaignier,
chêne, orme, frêne, acacia. D'autres, au contraire,
ont leurs vaisseaux plus ou moins régulièrement dis-
tribués dans la masse de la couche de croissance
annuelle, et la ligne de séparation de leurs différentes
couches n'est guère accusée que par la différence de
grosseur existant entre les cellules produites à l'automne et celles produites au printemps; ce second
groupe comprend tous les bois blancs (aune, saule,
tilleul, platane (fig. 77), hêtre, marronnier, noyer,
érable, peuplier, bouleau), et même quelques bois
durs tels que l'acajou (fig. 78), le teak (fig. 79), le
pommier, le poirier, le cornouiller, le cormier, le
sorbier, le buis, l'olivier. On observera que, par suite
de cette constitution, les bois de ce second groupe

sont plus homogènes que ceux du premier, sont
moins sujets à se fendre et sont préférables pour les
travaux fins. Aussi on appelle souvent les bois durs
de ce second groupe *les bois fins.*

La largeur des rayons médullaires, le nombre

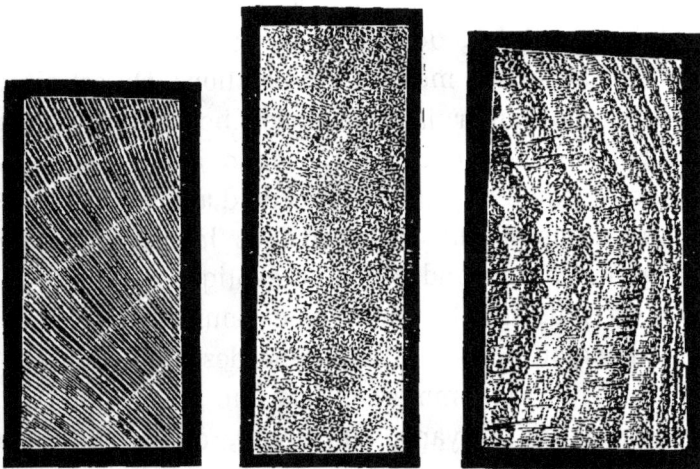

Fig. 77.   Fig. 78.   Fig. 79.

77. Section faite dans un platane d'Orient ayant crû au champ de bataille de Toulon,
dont le sous-sol est humide.
78. Section faite dans de l'acajou de Honduras, de croissance moyenne.
79. Section faite dans une pièce de teak provenant de Moulmein.

des cellules qui les constituent, le nombre, la grosseur et le groupement des vaisseaux, la grosseur des
fibres et leur direction, la coloration du bois, la nature
de sa matière incrustante et son odeur achèveront de
caractériser chaque espèce.

En faisant ces recherches on ne peut manquer

d'être frappé de ce fait : que tous les bois dont la longue durée est proverbiale (mélèze, angélique, teak, etc.) ont tous leurs fibres et même leurs canaux obstrués par des matières incrustantes de nature diverse, carbonate de chaux, acide silicique, etc., au milieu desquelles les principes huileux ou résineux dominent; on remarque même que les mélèzes de certaines contrées, dont la durée est moins bien établie, ont beaucoup moins d'incrustations. On est ainsi conduit à préjuger la qualité des bois d'après leur examen microscopique. C'est donc à tort qu'on a négligé jusqu'à ce jour un procédé d'analyse appelé à rendre de nombreux services dans la recherche de l'origine des bois indigènes ou exotiques; il suffit en effet du plus simple microscope pour distinguer le bois d'acajou de Saint-Domingue des produits similaires livrés au commerce, tels que les acajous de Honduras, de Guyane, du Brésil, de la côte d'Afrique.

On ne devra d'ailleurs, dans aucun cas, négliger les indices que l'examen des pièces peut donner.

S'il s'agit de résineux, la couleur plus ou moins foncée des pièces, l'aspect de leurs nœuds, la résistance des copeaux et surtout leur odeur, suffiront souvent à l'homme exercé pour reconnaître l'essence et la provenance.

S'il s'agit de bois feuillus, la nuance de la pièce à la surface, celle qu'elle prend quand on la mouille, celle qu'on découvre en lui donnant un coup de ciseau ou d'herminette, la dimension des mailles, l'aspect du grain et des fibres sur la section et sur

Fig. 80.   Fig. 81.

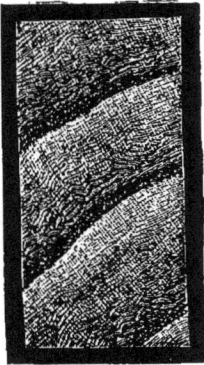

Fig. 82.   Fig. 83.

80. Orme du Canada. Les couches de croissance annuelle sont tellement minces qu'on a peine à les distinguer les unes des autres.
81. Orme dit de Dunkerque, provenant des plaines riches et humides du Nord. Bois très-gras, à grosses couches.
82. Orme, provenant du champ de bataille de Toulon, dont le sous-sol est très-humide. Grâce à la chaleur du climat le bois est assez nerveux.
83. Orme de Provence provenant de terrains moins humides.

les diverses faces, seront d'excellentes données pour un praticien.

L'examen des couches de croissance annuelle mérite une attention toute particulière, elles sont le signe infaillible de la qualité du bois.

Si chacune de ces couches est épaisse, si ses fibres sont serrées et bien nourries de matières incrustantes, on peut être certain que l'arbre a vécu dans un terrain riche, modérément humide, sous un climat chaud, et que ses fibres ont acquis leur maximum de résistance et de durée. Ce bois est dit *maigre* ou *dur,* quelquefois *rouvre.* Alors aussi son grain sera fin, sa coupe sera lisse et difficilement perméable à l'eau, le rabot lui enlèvera des copeaux longs et résistants, le bois sera lourd et enclin à la fente, si l'essence est de la catégorie de celles qui ont leurs vaisseaux condensés au pourtour de la couche de croissance; tel est le chêne, par exemple, principalement le chêne de Provence (fig. 87).

On observera que la partie de la couche annuelle, qui est dépourvue de vaisseaux, occupe la plus grande partie de la couche totale; que, de plus, elle est compacte, quasi huileuse; on la nomme le *tissu corné,* pour la distinguer de la *zone des vaisseaux,* laquelle est moins colorée, moins dure et plus pénétrable à l'eau. Quand on rompt de tels bois, leur cassure produit de longues esquilles, indices de la résistance de chacune des fibres qui les composent. Ils sont très-sujets au retrait et à la fente.

Si, au contraire, les tissus sont gros, mous, lâches, privés de matières incrustantes, on peut être certain que la terre qui les a produits était humide à l'excès, que le bois n'a pas de résistance, qu'il est léger et pénétrable à l'eau, qu'en le rompant sa cassure sera nette comme le serait celle d'un navet, qu'en le rabotant les copeaux seront courts et sans résistance. On dit que ce bois est *gras;* tel est le cas

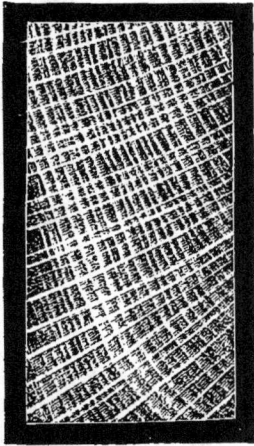 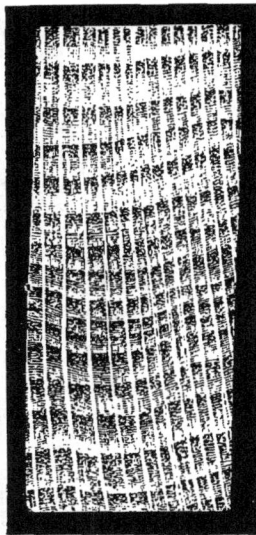

Fig. 84.   Fig. 85.

4. Chêne du Nord importé de Dantzick, maigre relativement à sa provenance. 85. Chêne d'Alsace gras.

des ormes de Dunkerque, (fig. 84) et des chênes d'Alsace (fig. 85). Les terrains secs peuvent aussi fournir des bois gras quand leur sol est complétement pauvre. Nous renvoyons, à cet égard, aux observations contenues page 97. Si l'essence de ces bois est de celles qui ont leurs vaisseaux condensés au bord intérieur de la couche de croissance

annuelle, le tissu corné différera peu, comme nuance
et comme dureté, de la zone des vaisseaux et sera
d'ailleurs peu important. Ces bois sont peu enclins
à la fente.

On rencontre une infinité de bois compris entre

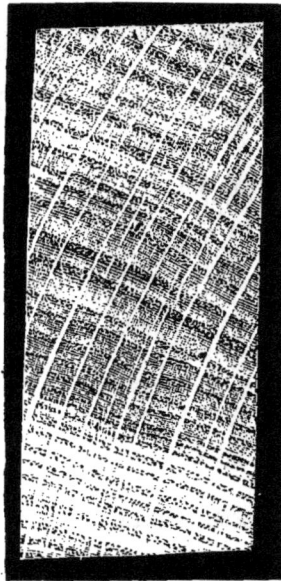 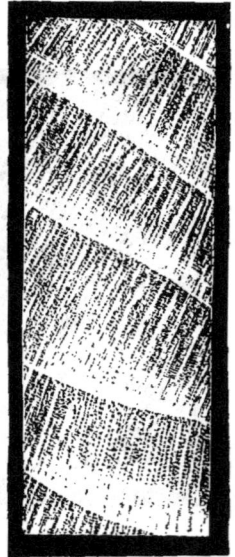

Fig. 86.   Fig. 87.

86. Chêne de Bourgogne, très-maigre vu sa provenance.
87. Chêne de Provence, très-maigre.

ces deux limites extrêmes, car la nature produit tous
les intermédiaires possibles suivant les conditions
particulières, variées à l'infini, dans lesquelles elle
opère.

Ainsi les chênes qui nous viennent de la Bosnie
ont fréquemment des couches de croissance épaisses

et présentent un tissu corné très-beau à côté de zones de vaisseaux très-poreux. Cela tient à ce que ces bois proviennent de plaines immergées au printemps dont la première production est un tissu lâche et *gras*, tandis qu'en été, l'excès d'humidité du sol ayant dis-

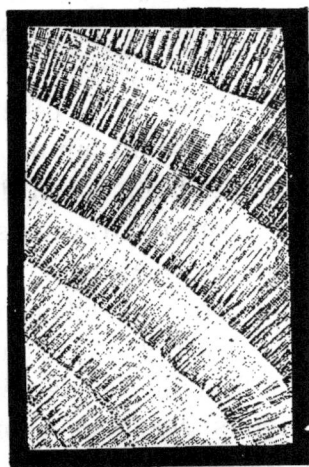

Fig. 88.   Fig. 89.

88. Chêne d'Italie, maigre.
89. Chêne d'Italie, maigre, couche très-forte.

paru, la production est du tissu *corné* ou *maigre* d'excellente qualité. Chaque couche de croissance est ainsi partie en bois gras et partie en bois maigre. Ces chênes n'ont, à proprement parler, ni la force ni la durée des bois maigres, ni la résistance à la fente et au retrait des bois gras.

VICES.

Nous avons vu que chaque bois a une densité, une résistance, une élasticité, une conductibilité, un retrait à la dessiccation et une propension à la fente qui lui sont propres; l'habileté de celui qui l'emploie consiste à l'affecter au travail qui est le mieux en rapport avec ses propriétés. Le bois léger conviendra à la confection des emballages et à celle du matériel flottant, la pesanteur y serait un défaut; elle est, au contraire, une qualité là où il faut de la stabilité et du poids, comme dans les travaux submergés. De même la roideur est une qualité pour les travaux de charpente, elle serait un défaut pour la confection des cercles, des barriques et autres travaux qui demandent de la flexibilité et de l'élasticité. Ainsi qualités et défauts sont des expressions qui rappellent plutôt la plus ou moins bonne utilisation des bois qu'une idée absolue. Tant que le bois provient d'arbres sains, il n'a guère par lui-même ni défauts, ni qualités; mais, s'il provient d'arbres malades, il est atteint de défauts absolus qui s'opposent à tout emploi et qu'on nomme des *vices* pour les distinguer.

Nous avons vu, page 140, comment on préjuge les vices quand l'arbre est encore sur pied, *il nous reste à voir ce qu'ils sont eux-mêmes et comment on les reconnaît sur la pièce équarrie.*

Les vices spéciaux au pied des arbres sont la pourriture au pied, la cadranure, et la fente au cœur.

Pourriture au pied. — La pourriture au pied provient, soit de la mort accidentelle d'une ou plu-

Fig. 90.
Commencement de pourriture noire au pied d'un chêne de Bourgogne.

sieurs racines, soit plus souvent de ce que l'arbre est venu sur une souche, laquelle a été recouverte plus ou moins, souvent en entier, par le sujet rejeton, s'est pourrie sous cette enveloppe et a communiqué d'autant plus facilement son mal au rejeton, qu'une partie des racines anciennes de cette souche a été également atteinte. Ce mal est toujours très-grave sur les bois

blancs et sur ceux·gras, mais sur les bois maigres il
peut être localisé. En général, ce vice (et il en sera
naturellement de même de tous les autres vices que
nous aurons à examiner) se sera d'autant moins pro-
pagé dans l'intérieur de l'arbre que l'essence sera plus
compacte et plus maigre. On a remarqué que sur
les chênes ce vice a rarement une grande étendue
quand la pourriture est noire ou blanche (fig. 90),
qu'elle est plus dangereuse quand elle est jaune et
surtout quand elle est rouge. Dans ce dernier cas il
est rare que la pièce ne soit pas complétement
atteinte; souvent on essaye d'en purger la partie
malade, et quand on croit y être arrivé, on est tout
étonné de retrouver le même vice un peu plus loin.
La pourriture au pied se devine fréquemment, quand
l'arbre est sur pied, à l'aspect du gonflement de
son tronc à la naissance des racines; le gonflement
est d'autant plus fort que la souche mère enveloppée
était plus grosse; quand en la frappant au marteau
on entend un son sourd, on est certain que la pourriture y est très-développée.

Cadranures. — Nous avons vu précédemment,
page 284, que les fentes au cœur dites *cadranures*
sont dues à des causes spéciales et méritent un
examen tout particulier.

Quand la cadranure existe sur l'arbre encore vert
au moment de son abatage, par exemple, on peut
être assuré que l'arbre était sur le retour, que
le cœur est altéré et que son bois ne peut servir

comme charpente, on ne peut l'employer qu'aux travaux de sciage ou de fente. Il fait dans ce cas un excellent usage, car, en retirant la partie du cœur qui est altérée, il reste un bois dont les fibres ont atteint le maximum d'incrustation et de qualité. On a nommé ces fentes des cadranures, parce qu'elles sont larges au centre, fines à l'extérieur et qu'elles représentent pour ainsi dire les différentes positions des aiguilles sur un cadran. Si la cadranure ne se produit que par le fait de la dessiccation de la pièce, elle paraît tout d'abord au pied, elle peut ne point se produire à la tête, dans ce cas le mal n'est pas grave; si, au contraire, elle se produit à la fois à la tête et au pied, il faudra, pour l'apprécier, tenir compte de la dimension de la pièce et de sa densité.

Fentes au cœur. — Une fente unique au cœur est encore un signe qui caractérise l'arbre âgé, mais cette fente unique montre que le cœur a encore assez de résistance pour ne pas se cadraner.

Au reste, il faut bien remarquer qu'un très-gros arbre, même très-sain, ne peut résister au travail de retrait que son cœur éprouve, témoin l'impossibilité d'obtenir de grosses masses de fonte qui ne soient pas caverneuses à leur centre. Il conviendra donc, quand on voit une fente ou plusieurs fentes au cœur, de tenir compte de la grosseur de la pièce et de la qualité de l'essence pour juger si ces défauts sont seulement le résultat des dimensions ou celui de la décrépitude; la résistance des esquilles qu'on détache du cœur achève de renseigner à ce sujet. Si les fentes sont le résultat des dimensions de la pièce, il faudra examiner si elles existent seulement sur une certaine longueur à partir du pied ou si elles existent d'un bout à l'autre. On peut prendre pour règle à cet égard, que les bois très-maigres ne se dessèchent pas facilement au cœur, ne se cadranent par suite qu'aux extrémités; tandis que les bois très-gras sont d'ordinaire cadranés dans toute leur longueur, quand leur poids et leur aspect annoncent une dessiccation complète de toute la masse. Une pièce grasse, saine au cœur, peut encore être sauvée de la cadranure de bout en bout si on la refend en deux par le cœur aussitôt que la cadranure se manifeste au pied et à la tête.

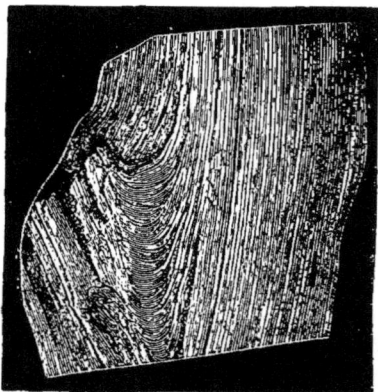

Fig. 91.

Branche brisée, non recouverte, ayant occasionné la pourriture d'un tronc d'orme. Le pourtour du tronc est seul intact. La pourriture a remonté au dessus du nœud, mais y est moins grave qu'au-dessous.

Grisettes. — Les vices plus spéciaux à la tête des pièces, sont les égoûts, les gouttières et la grisette. Nous avons vu, page 142, que le bris des branches et l'infiltration des eaux dans les esquilles, qui

restent adhérentes au tronc, amènent d'ordinaire une
décomposition du moignon de branche (fig. 91),
laquelle se propage petit à petit dans le tronc lui-
même et y descend progressivement jusqu'au pied de
l'arbre. Cette maladie se produit dans les conditions
d'alternatives de sécheresse et d'humidité qui amènent
la pourriture sèche; elle suit, par conséquent, les
différentes phases de cette pourriture; les fibres

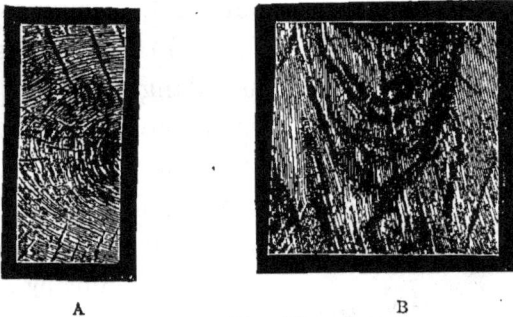

A   B
·Fig. 92.

A. Taches de grisette brune sur la section d'un chêne; B. taches correspondantes
sur sa face. Échelle de 1/10.

atteintes deviennent brunes, poreuses, perdent leur
résistance, prennent une odeur désagréable, sont
envahies par de petits champignons plus ou moins
blancs qui prennent peu à peu du développement et
finissent par se montrer en dehors des fentes comme
le montre la figure 92, A. En général le mal progresse
de haut en bas, cependant il remonte d'ordinaire
un peu au-dessus de l'insertion du nœud ou de la
branche qui l'a produit (fig. 91); il est probable
que la séve ascendante emporte chaque année une

certaine quantité de principes fermentescibles qui sont au-dessous des nœuds et les porte au-dessus où il se développent et propagent le mal. Mais le vice est d'ordinaire beaucoup plus grave au-dessous qu'au-dessus du nœud ou de la branche malade. Il est à peu près impossible de présager où s'arrête une grisette, aucun vice n'a une marche plus irrégulière, elle reparaît à côté de l'endroit qu'on vient de purger ; elle cesse parfois tout à coup après une poche toute pourrie. Les flammes jaunes (fig. 93) sont beaucoup plus dangereuses que les blanches et que les brunes. Toute pièce atteinte de la grisette doit être exclue des travaux de charpente ; essayer de la purger c'est en perdre une partie notable sans profit, car on ne sera jamais certain de l'avoir purgée complétement ; le mieux est donc de réserver pour les travaux de sciage et de fente toute pièce qui se trouvera atteinte de ce vice.

Fig. 93.

Tronc de chêne à l'échelle de 1/10, présentant près du cœur des flammes de grisette jaune.

Les nœuds qui sont sur les faces des pièces doivent être également examinés avec soin. Il faut se méfier de ceux qui, sains en apparence, ne sont pas cependant parfaitement adhérents ; souvent ils ont laissé passer l'eau à travers leurs vides annulaires et cette eau a produit une pourriture ou grisette qui s'est formée et développée sous les tampons sains. (Cet accident arrive fréquemment après l'abatage aux bois qui sont restés longtemps exposés à la pluie dans les chantiers ou sur les ventes.) Il est donc bon de sonder tout nœud non adhérent, ou au moins de le frapper fortement. En faisant cette opération, il arrive souvent que le nœud malade se détache et pénètre dans la cavité que les infiltrations ont produite au-dessous.

On doit à plus forte raison visiter les nœuds gâtés. Ceux qui sont noirs se purgent d'ordinaire facilement; les jaunes, au contraire, sont en général atteints par la *pourriture sèche,* soit sous forme de mal localisé dit *tabac d'Espagne,* soit sous celle de grisette proprement dite ; dans l'un et l'autre cas le mal est très-grave. Toutefois, quand un mal est localisé sous forme de poche nettement définie , dite *huppe* (fig. 74), on a chance de le purger complétement. On nomme *œils-de-perdrix* les points noirs ou de couleur foncée, qui accusent parfois le centre des nœuds même les plus petits; ils accompagnent et décèlent souvent les huppes.

Branches mortes. — Quand on trouve au centre des nœuds un bois brun foncé très-dur , il faut veiller à la texture de cette partie qui était déjà morte sur l'arbre vivant et qui est par conséquent malade. Si elle présente, comme cela arrive souvent, des pores largement ouverts, il est à craindre que ces canaux n'aient communiqué quelque maladie à la pièce et il est bon de s'en assurer; ces accidents résultent d'ordinaire de la mort de quelque branche et donnent au bois l'aspect de la figure 90.

Il y a une nouvelle catégorie de vices dus à des causes accidentelles qui peuvent atteindre toutes les parties de l'arbre indistinctement.

Lunure, double aubier, gelure. — Au premier

Fig. 94.

Gelure de chêne, à l'échelle de 1/3. La zone du double aubier commence à se décomposer et tombe en poussière. Une fente s'est produite à travers le bon bois et a aussi divisé le double aubier, une autre fente diamétralement opposée s'est produite à travers le double aubier.

rang, comme gravité, vient la *lunure*, le *double aubier*, la *gelure* ou l'*aubier entrelardé*. On rencontre souvent dans les bois quelques couches de croissance annuelle juxtaposées qui ont la couleur claire de l'aubier et qui en ont le tissu spongieux. Ces couches sont nommées *lunures*, quand elles sont au centre de la section; on les nomme, au contraire, *double aubier* ou *gelure* quand elles sont intercalées au milieu du cœur ou duramen (fig. 94). Dans tous les cas, ce vice se retrouve du haut en bas de l'arbre, dans toutes les couches produites pendant les mêmes années. L'origine de cette maladie est encore incertaine. Beaucoup de praticiens l'attribuent à la gelée et pensent que les gelées de certaines années exceptionnellement froides altèrent les tissus jeunes des arbres.

Nous ne pensons pas que ce soit là la cause normale des lunures et des gelures : d'abord, s'il en était ainsi, on n'aurait pas manqué de remarquer, d'après la position de ces couches, leur concordance avec les dates des hivers exceptionnellement froids, puis la maladie atteindrait tous les bois d'une même contrée à la fois et les plus frileux les premiers ; enfin le mal serait beaucoup plus grave dans les branches que dans le tronc, attendu que celles-ci sont garanties par des écorces beaucoup plus fines.

Duhamel, expérimentateur très-sagace, croit que lorsque les racines des arbres traversent un sol inapte à amener la sève au degré de qualité normale il se produit un nombre plus ou moins grand de couches de double aubier.

Nous sommes portés à nous rallier à cet avis par cette considération, que certaines forêts sont en quelque sorte vouées fatalement à la gelure, que presque tous les arbres y sont atteints de cette maladie, et que la position de leurs couches malades ne se rapporte nullement à une année unique,

22

à plus forte raison à un hiver rigoureux ; elle
correspondrait plutôt à une position à peu près
déterminée de leur période de croissance indivi-
duelle, par conséquent à un accident du sol qui les
produit. Au reste, toute cause qui appauvrit ou
altère l'arbre pendant quelques années peut causer
un double aubier; le froid pourrait le produire dans
certains cas particuliers, de même un coup de soleil
ou une grande chaleur pourrait le causer dans
d'autres cas. Le vice dit *double aubier* sera d'autant
plus grave que la zone altérée sera plus poreuse et
qu'elle différera davantage du duramen enveloppant.
Il est possible, dans certains cas, de conserver cette
zone dans les sciages, mais elle devra toujours être
proscrite des travaux de charpente, de charronnage
et de tonnellerie, car elle se décompose aussi promptement que l'aubier. Sa couleur se confond parfois avec
celle du bon bois quand les pièces sont bien sèches;
il est, par suite, prudent de rafraîchir les sections des
bois douteux, ou mieux encore, de les doler et de les
mouiller. Quand la gelure ne règne pas sur une partie
de la couche de croissance annuelle, en d'autres
termes, quand elle n'occupe qu'un arc partiel, on dit
que c'est une *gelure entrelardée*. Sa production peut
être attribuée à une maîtresse racine, laquelle aurait,
seule, traversé un mauvais sol.

Roulure. — Parfois la coupe du bois présente
une solution de continuité ou une non-adhérence entre
deux couches successives. D'ordinaire le manque de

continuité n'existe que sur un arc plus ou moins grand
(fig. 71); mais parfois il règne sur toute leur surface, et il est alors facile de détacher le noyau central
de son cylindre enveloppe. Ce vice restreint, dans tous
les cas, le parti qu'on peut tirer de la pièce, car on
ne peut employer aux travaux de sciage un arbre
ainsi découpé; souvent même il est dangereux d'employer de tels bois da   la charpente, et, dans tous
les cas, avant de le faire, il sera bon d'examiner si
le défaut existe seulement sur une certaine longueur
près de la section qui le montre, ou s'il règne d'un
bout à l'autre de la pièce. Pour cela il convient de
remarquer le degré de dessiccation du bois. Si la roulure existe déjà sur une pièce encore verte, il est
certain que le défaut préexistait dans l'arbre vivant
et qu'une cause quelconque y a rompu l'adhérence
de la couche déjà formée avec celle qui la recouvrait;
il restera alors à déterminer si le mal a été localisé
ou s'il a eu une certaine étendue. S'il règne sur toute
la circonférence, on sera fondé à penser qu'il doit
régner aussi sur une grande longueur; s'il règne sur
la tête de la même manière que sur le pied, la roulure court encore risque d'être continue; si, même, il
ne paraît qu'au pied, mais que la couche immédiatement inférieure soit d'un tissu un peu spongieux, il
sera encore à craindre que le mal ne soit fort étendu.
Mais fréquemment la roulure ne paraît qu'après la
dessiccation complète, ne se montre qu'au pied ou
qu'à la tête, ne recouvre pas une partie spongieuse
ou une partie présentant quelque trace d'altération

dans ses tissus; quelquefois même elle n'a qu'une faible étendue; on est alors fondé à admettre qu'elle est le résultat du retrait à la dessiccation et qu'elle s'est produite parce qu'il y a eu, accidentellement, sur le sujet observé, moins d'adhérence entre les couches-enveloppes qu'entre les fibres des mêmes couches. Dans ce cas la roulure ne peut guère régner au delà de la partie atteinte par la dessiccation, de la même manière que la fente au cœur ne pénètre pas dans la partie centrale de la pièce qui a conservé son humidité.

Fig. 95.

Bille d'orme dans laquelle une petite branche élaguée a été recouverte par une grosse, laquelle a été élaguée à son tour, et a été elle-même recouverte. Il y a solution de continuité entre les sections de ces branches et les tissus qui les recouvrent.

Manque d'adhérence aux branches recouvertes. — On trouve également des solutions de continuité dans les arbres auxquels on a coupé de fortes branches; le tissu mis à nu au moment de l'élagage est resté assez longtemps exposé aux injures de l'air, il a généralement perdu sa vie protoplasmique et n'a pu contracter d'adhérence avec les tissus plus jeunes qui l'ont recouvert. (Fig. 95.)

Gélivures. — Les arbres ont souvent pendant

leur existence des fentes longitudinales internes qui, partant de la circonférence, pénètrent plus ou moins profondément dans l'intérieur du tronc. On les nomme *gélivures,* parce que le plus souvent elles sont dues à la congélation de la séve pendant les grands froids (fig. 96). L'écorce, qui s'est ouverte au moment de l'accident, s'est généralement fermée par une extravasion du cambium qui a produit une écorce

Fig. 96.

Section faite dans une pièce de chêne maigre (échelle de 1/8). Une grande fente a voilé la face supérieure et les deux latérales. A gauche, à mi-hauteur, une frotture formant tache blanche. En bas, au milieu, un trou de ver se détache en noir.

nouvelle dans le plaie, mais l'écorce ancienne conserve longtemps au dehors ses deux lèvres saillantes, qui sont alors les indices de la gélivure du tronc.

Frotture. — Quand des arbres ont éprouvé pendant leur existence des chocs ou contusions locales, les cellules de leur aubier ont perdu leur vie dans la partie attaquée, leur organisation n'a pas pu se compléter, et, bien que la croissance de l'arbre les ait enveloppées de couches nouvelles qui, n'ayant aucune cause d'altération, ont suivi leur phase de développement normal, il n'en est pas moins resté dans l'arbre une partie spongieuse qui rappelle l'aubier et qui est enclavée dans le bon bois; on nomme *frotture* cette partie spongieuse. Si la plaie première est peu étendue et si l'essence de l'arbre est bonne, la plaie s'est recou-

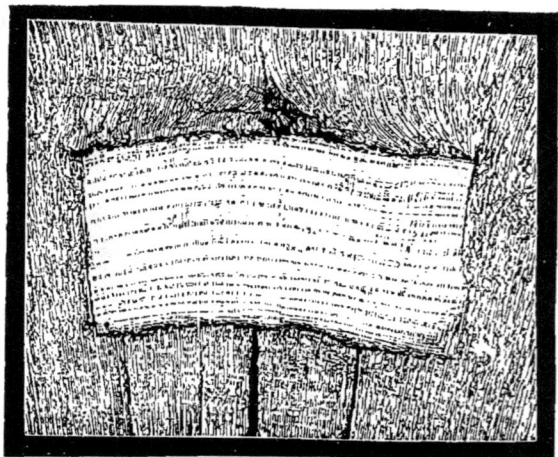

Fig. 97.

Petite frotture sur bois maigre (vraie grandeur).

verte promptement, la frotture sera saine et ne régnera que sur les parties primitivement contusionnées (fig. 97); il suffira d'enlever cette partie pour que la pièce puisse être employée dans la construction. Mais si la plaie est large, elle n'a pu se recouvrir promptement, elle a subi longtemps l'influence des agents atmosphériques, elle a pu commencer à se décomposer, surtout si l'essence est grasse; dans ce cas, elle a pu produire une grisette, et il faudra peut-être rebuter la pièce. La gravité du mal peut donc varier depuis la simple roulure jusqu'à la frotture et même jusqu'à la grisette proprement dite.

Entre écorce. — On trouve parfois de l'écorce enfermée dans le bois; cela peut arriver dans le cas de frotture, cela arrive communément dans le pied de l'arbre à l'insertion des racines. Ces écorces, qu'on nomme des *entre-écorces,* ne sont jamais dangereuses au point de vue de la conservation; il n'est pas nécessaire de les enlever du bois de charpente; le tannin dont elles sont chargées suffit pour les garantir de la pourriture.

Fibres torses. — Certaines pièces de bois paraissent avoir subi une véritable torsion autour de leur axe de longueur, toutes leurs fentes sont en quelque sorte hélicoïdales; il en est de même de leurs fibres. Le vent paraît être la cause principale de ce défaut, qui est très-grave pour les travaux de sciage, mais qui n'est pas par lui-même un cas rédhibitoire dans beaucoup de travaux de charpente.

Arbres frappés de la foudre. — Quand la foudre tombe sur un arbre elle y occasionne une multitude de fentes, qui rappellent celles qu'éprouve une pièce de bois jetée dans un feu violent; cet arbre n'est bon qu'à faire du bois de corde.

Excentricité du cœur. — L'épaisseur d'une même

couche de croissance annuelle n'est pas toujours régulière tout autour de l'arbre; il arrive fréquemment, chez les arbres végétant sur des pentes rapides, qu'un des côtés de l'arbre a des couches épaisses et que l'autre diamétralement opposé en a de faibles, alors le cœur de l'arbre est excentré (fig. 98). C'est un défaut qui nuit à beaucoup d'emplois de

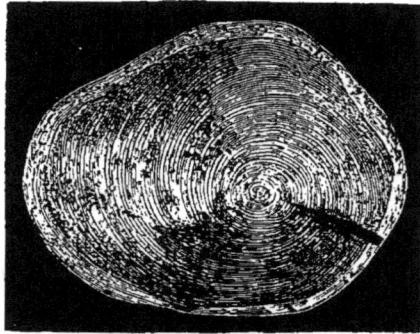

Fig. 98.

Tronc d'un mélèze venu sur un penchant de montagne incliné à environ 60 degrés par rapport à l'horizon. Son cœur est placé au 1,3 du grand diamètre du côté du sommet de la montagne.

la matière; il est dangereux quand les fibres de la partie mince sont spongieuses.

Taches. — Les taches de couleur noire, qu'on rencontre souvent sur la tranche des bois, ne sont pas nuisibles à leur conservation; elles paraissent résulter de l'action de leur tannin sur quelques parties de sels de fer introduites, sous un certain état libre, dans la séve ascendante; cependant ces taches peuvent nuire à la vente des bois parce qu'elles en gâtent le coup d'œil.

Les trous de pivert sont au moins l'indice que le bois est tendre; ils présagent souvent la présence des insectes dans le bois.

En dehors des vices précédents, lesquels préexistent dans les arbres, ou qui y ont leurs germes développés, les bois peuvent encore être atteints pendant ou après leur exploitation par d'autres vices de même gravité.

Fentes d'abatage. — D'abord, au moment de leur abatage, il se produit parfois une sorte d'éclat ou de fente au pied. Cet accident est la conséquence d'une maladresse; il peut obliger à ébouter la pièce, mais il n'en altère pas la qualité.

Pourriture sur chantier. — Puis fréquemment on laisse les bois exposés au soleil et au vent, ce qui les fend, à la pluie, ce qui les pourrit. Il faut remarquer que la pourriture causée par la pluie dans

Fig. 99.

Pièce de chêne pourrie sur chantier, échelle de 1/12. La partie attaquée peut être réduite en poudre avec la main.

un chantier est une pourriture qui se produit au cœur de la pièce en un point de la longueur qui n'est pas accusé par des indices extérieurs, c'est là le caractère des *pourritures* dites *sur chantier* (fig. 99).

Enfin, on voit fréquemment les vers et les insectes attaquer les bois abattus si on n'a pas pris la précaution de les écorcer immédiatement et de les sortir de la coupe. On sait que les arbres contiennent une grande quantité de matière azotée (p. 75); leur écorce

Fig. 160.
Trous de vers faits dans un chêne ronceux, demi-grandeur.

et surtout leur cambium, qui est la partie la plus riche, est la première attaquée, aussi on doit s'en débarrasser au plus tôt pour qu'elle n'attire pas les insectes; l'aubier, matière tendre et encore assez riche en matières nutritives, ne tarde pas à être attaqué à son tour, les larves y pullulent, il devient *vermoulu*. On doit, dans les charpentes, éloigner toute cette vermine en enlevant toujours l'aubier, dût-il rester des flaches nues. Le cœur du bois est atteint le dernier, les larves ne s'y attaquent qu'après avoir épuisé les autres aliments disponibles, encore la plus grande partie des espèces paraît-elle inapte à attaquer les bois qui ont la dureté du chêne.

Trous de vers. — Les *cerfs-volants* (*lucanus cervus*), et surtout les *capricornes heros* (*cerambyx heros*), font dans le cœur des chênes de gros trous irréguliers d'un et deux centimètres de diamètre, quelquefois plus gros (fig. 100), lesquels n'altèrent pas la qualité du bois. Ils attaquent les arbres vivants aussi bien que ceux fraîchement abattus, et de préférence les vieux chênes de forte dimension.

Les *gats* ou *gossus des bois* (*cossus ligniperda*) attaquent de la même manière les ormes, plus souvent les peupliers et les chênes.

Les sarpèdes chagrinées (*sarpeda carcharia*) se trouvent parfois dans les peupliers, bien qu'en général elles s'attaquent plutôt aux jeunes plants qu'aux arbres développés.

Piqûres du lymexilon. — Le *lymexilon navale*, au contraire, fait de petits trous en apparence inoffensifs, mais il quitte difficilement la pièce, il s'y propage avec rapidité, la mine, et souvent il y laisse des germes de putréfaction. L'insecte dépose ses larves dans les fentes ou dans les gerçures; celles-ci cheminent à travers le bois normalement à sa longueur, et viennent faire un trou à la surface pour

évacuer les sciures, mais le travail a commencé
d'ordinaire avant que les trous aient accusé la présence de l'ennemi. Les larves meurent parfois dans
ces galeries. Celles qui survivent sortent au printemps
(de fin mars à fin juin), après avoir effectué leur transformation. Quand en travaillant une pièce on y trouve

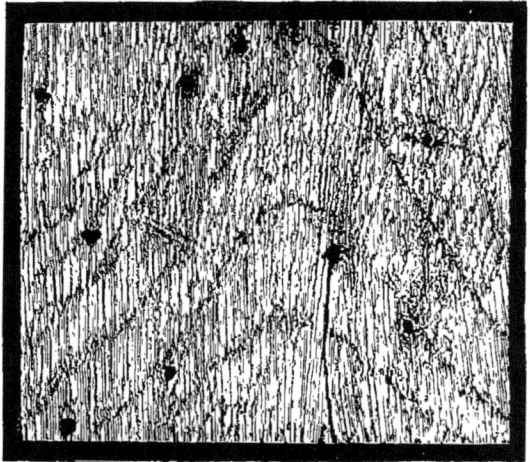

Fig. 101.
Piqûres du lymexilon dans du cœur de chêne, trous vides, vraie grandeur.

des trous de piqûre (fig. 101), on doit regarder si le
trou contient encore des matières blanches, et si les
copeaux voisins ont l'odeur de rhum; dans ce cas
l'animal y est encore vivant, ou, s'il en est parti, il a
laissé dans ses trous des germes de décomposition; il est alors urgent d'immerger la pièce. Cette
immersion a le double avantage de tuer la larve et
de détruire les germes de putréfaction qui peuvent

exister dans le bois; sa durée peut être limitée à six mois quelle que soit la saison, et à trois mois si on est dans la période d'éclosion.

Ce procédé simple a été sanctionné par une longue expérience lors de l'épidémie qui attaqua les bois constituant l'approvisionnement du port de Toulon en 1820, époque à laquelle on condamna jusqu'à 20 pour 100 de la consommation pour piqûre. Il faut observer que le bois guéri par l'immersion n'est pas garanti, pour l'avenir, des ravages de l'insecte et qu'il peut encore être attaqué, s'il est placé dans un milieu infecté. On a remarqué que le lymexilon fuit le soleil, les courants d'air et en général toutes les causes de trouble; il paraît rechercher de préférence les centres des piles, principalement celles situées dans les hangars clos où il trouve l'ombre, une température égale et un repos absolu. Les bois d'Illyrie et de Bosnie sont particulièrement infectés de ces insectes.

Piqûres du termite. — Le port de Rochefort a été longtemps ravagé par une fourmi ailée dite *termite, termite lucifuge* (*termes lucifugum*) apportée d'outre-mer, qui s'est multipliée beaucoup plus rapidement que le lymexilon et qui ronge le bois tout entier. Cet insecte, fort heureusement, s'est peu répandu en dehors de cette localité; il n'y est même plus abondant. Cependant il y dévore encore les bois implantés en terre, surtout les jeunes bois, il y attaque même quelquefois les végétaux vivants.

Piqûres du taret. — Le bois est égalemement un aliment recherché par quantité d'animaux marins. La plupart d'entre eux se contentent, comme le font les moules par exemple, de s'y cramponner et de sucer leur surface pour en extraire la nourriture qui leur convient. Un billon de 0ᵐ,30 de diamètre en sapin peut résister huit ans à leur action dans nos climats. Mais il y a d'autres espèces plus dangereuses; par-dessus toutes il faut citer le *taret* (*taredo navalis*), qui pénètre dans le bois, qui s'y loge, qui le perfore en tous sens, surtout dans le sens de la longueur des fibres, et qui le met hors service en six mois ou un an. Jadis ces animaux rongeaient les bâtiments flottants; ils en ont limité la durée jusqu'à la fin du siècle dernier, époque à laquelle on imagina de recouvrir les carènes d'un doublage en cuivre pour les préserver. Depuis cette époque le taret n'est plus dangereux pour le matériel flottant; mais il attaque encore les pilotis et les estacades des travaux hydrauliques.

On préserve les bois immergés des attaques du taret en les doublant soit en zinc, soit en tôle zinguée. Les parties ligneuses les plus rapprochées de la surface de la mer sont les plus exposées. On peut considérer comme préservés les bois qui sont mis dans une eau alternativement douce et salée, ou qui, par suite des marées, sont tantôt immergés et tantôt émergés, de même ceux qui sont dans une eau de mer fortement viciée par les déjections d'une ville, par les résidus des savonneries, ou par la dissolution de la séve du bois qu'elle renferme. Un billon de sapin de 0^m,30 de diamètre placé à la surface de la mer ne résiste pas six mois à l'action du taret sur les côtes de la Méditerranée.

Il faut se méfier des trous qu'on aperçoit à la surface, si petits qu'ils soient ; ils ne montrent que le point d'entrée de l'animal naissant ; en poussant dans le petit trou imperceptible un jonc ou un fil de fer, on reconnaît vite la large galerie qu'il s'y est creusée en se développant.

Trous de vers et piqûres d'insectes des bois tropicaux. — Les bois des pays tropicaux sont exposés aux attaques d'animaux différents, mais non moins

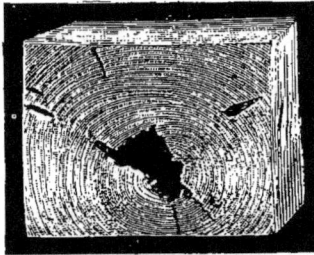

Fig. 102.

Tronc de teak présentant cinq trous de vers, dont un au centre constitue une grande cavité.

dangereux. Le teak, que nous recevons des Indes et de la Birmanie, porte des trous faits par de gros vers (fig. 102). Le bois d'angélique que nous avons reçu dernièrement de la Guyane était criblé de piqûres de faible profondeur, habitées par un insecte verdoyant tout différent du lymexilon.

De la visite des bois lors de leur recette. — On comprend, d'après cet exposé, que les bois équarris doivent toujours être, de la part de celui qui les reçoit, l'objet d'un examen très-attentif qui exige une étude préalable non-seulement des bois en général, mais encore spécialement de la variété présentée.

Faute d'avoir négligé des piqûres de lymexilon, on
peut avoir tout son approvisionnement attaqué.

Pour faire une bonne visite il convient de passer
l'herminette sur le cœur du bois au pied, puis à la
tête, de visiter tous les nœuds, et tous les divers points
de la pièce que leur nuance accuse douteux. Souvent
même il sera bon de mouiller les bois pour leur res-
tituer leur couleur naturelle ; il y a quelques défauts
dont les nuances s'effacent avec la dessiccation. Quand
on aura reconnu un vice et qu'on voudra en apprécier
l'étendue dans l'intérieur de la pièce, il faudra se
figurer l'arbre sur pied, rechercher la cause de son
mal et, d'après la cause et l'essence du bois, présager
son développement. Il n'y a pas d'estimation qui
exige plus d'expérience. Quand on pourra ébouter la
partie malade, on devra en examiner les sections
obtenues avec la scie, voir si on a affaire à un vice qui
commence ou à un vice qui finit. La tarière donnera,
de son côté, des indications souvent utiles.

Il ne faut pas craindre de purger toutes les parties viciées des bois qu'on emploie dans les charpentes ; ce qu'on enlève n'affaiblit pas la pièce, puisque
c'est une partie malade.

CHAPITRE VI.

TRAVAIL DES BOIS.

OUTILS MANUELS.

C'est en coupant certaines parties et en respectant les autres, qu'on arrive à donner au bois les formes qu'exige son emploi. Il faut couper les fibres tantôt normalement, tantôt longitudinalement, dans certains cas par grandes quantités à la fois, dans d'autres par très-petites; un outil unique ne peut satisfaire à la fois à tant de conditions diverses, il est donc nécessaire d'en avoir une série variée et appropriée aux divers travaux. Quels que soient ces outils, leurs parties travaillantes peuvent être assimilées à des coins agissant sur les bois sous certains angles qui ont la plus grande influence sur le travail produit.

Examinons le cas d'un coin en fer chassé entre les fibres d'une pièce qu'il s'agit de fendre. Il pénètre dans le bois sous l'action d'une pression ou d'un choc, écarte les faisceaux fibreux de leur position naturelle, et ceux-ci, de leur côté, compriment ses deux faces

23

avec une force qui dépend des angles de ce coin et
de ses frottements, ainsi que de l'intensité de la
force motrice. La mécanique nous apprend que l'angle au sommet γ ne doit pas être trop grand, que
dès qu'il atteint une certaine limite (64° dans le cas
où le coefficient de frottement est 0,62, chiffre trouvé

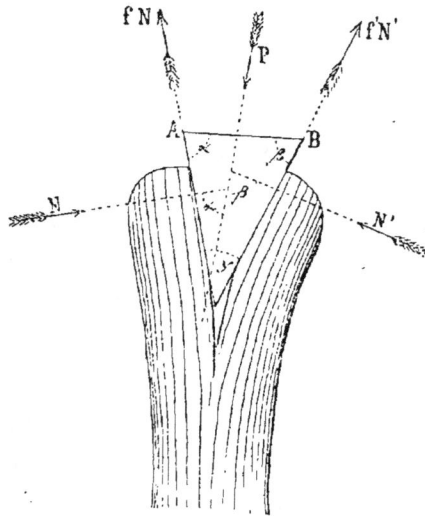

Fig. 103.

par M. Morin pour le fer glissant à sec sur du chêne),
le coin est repoussé au dehors aussitôt que la force
motrice P cesse d'agir; qu'en outre, aucune force motrice P, si considérable qu'elle puisse être, n'est
capable de surmonter les frottements qui se produisent, quand l'un des angles α, β est plus petit que
l'angle de frottement (32° dans le cas précité); qu'enfin, le coin ayant les deux angles α, β égaux est celui

qui utilise le moins bien le travail moteur[1], tandis que celui qui a l'un de ces deux angles droit, est celui qui l'utilise le mieux (fig. 103). Ces dernières déductions supposent naturellement que dans l'un et l'autre cas les circonstances restent les mêmes, en particulier que les fibres sont simplement séparées et infléchies d'un même angle, ou au contraire qu'elles sont rompues de la même manière. On remarquera qu'avec un semblable outil le bois se fend suivant ses lignes de moindre résistance sans que l'ouvrier puisse diriger son travail à son gré, aussi le coin *proprement dit* et ses dérivés ne peuvent-ils être que des outils dégrossisseurs.

Pour terminer un travail préalablement dégrossi

1. On déduit des équations d'équilibre des forces agissant toutes dans le même plan dans le cas de la figure 103, que :

1°
$$N = \frac{P\,(\sin \beta - f \cos \beta)}{(1 - ff') \sin \gamma + (f + f') \cos \gamma}$$
$$\text{et } N' = \frac{P\,(\sin \alpha - f \cos \alpha)}{(1 - ff') \sin \gamma + (f + f') \cos \gamma}$$

2° Les forces P ne peuvent surmonter le frottement qui s'exerce sur la face AC quand $\tan \alpha < f$.

3° Au moment où la force P cesse, les forces N et N' continuent à agir sur le coin et le repoussent quand $\tan \alpha > \dfrac{f + f'}{1 - ff'}$ mais elles sont impuissantes à le repousser quand $\tan \gamma < \dfrac{f + f'}{1 - ff'}$.

4° Le rapport du travail utile au travail moteur est proportionnel à $\dfrac{\sin \gamma - (f + f') \cos \alpha \cos \beta}{(1 - ff') \sin \gamma + (f + f') \cos \gamma}$, fraction qui atteint son maximum quand α ou β est droit et son minimum quand $\alpha = \beta$.

il est indispensable de ne plus enlever que de petites quantités de matière à la fois et de pouvoir les régler. On arrive à ce résultat à l'aide de *taillants* ou *dents* avec lesquels on attaque les faisceaux fibreux sur de petites longueurs, en ayant soin que les parties ainsi détachées ne provoquent pas la fente des éléments qui les prolongent dans la masse à respecter.

Considérons un de ces taillants détachant une petite épaisseur de matière ligneuse (fig. 104.).

Dans le cas de la position **A**, il déterminera la fente des fibres en avant de son arête *a*, si les parties ligneuses qui composent le copeau formé ont assez d'élasticité et d'adhésion pour supporter sans se rompre la flexion qu'on leur impose ainsi; le travail de cet outil sera aussi incertain et aussi mauvais que celui du coin agissant en plein bois. Si, au contraire, l'angle *bac* est plus grand que celui que les fibres peuvent supporter, le copeau éprouvera une série continuelle de petites ruptures partielles à la naissance de chacun de ses éléments. Ces ruptures accroîtront son élasticité sans le briser totalement et lui donneront la forme d'un ruban continu de grande longueur, à moins que le bois qui le constitue ne soit raide ou sans consistance, car dans ce cas il se brisera en une multitude de tronçons très-courts; mais quelle que soit d'ailleurs la forme de ces copeaux, l'ouvrier sera maître de diriger son travail à son gré sans craindre les fentes. L'effort qu'il aura à vaincre pour faire avancer cet outil se composera de la résis-

tance au cisaillement opposé par le bois à l'action du
taillant a, plus des composantes des réactions du
copeau ae sur les faces ab et ac de l'outil et des frottements causés par ces réactions ; il sera plus grand
avec les bois résistants qu'avec les bois mous, avec
les bois raides qu'avec ceux élastiques.

Si on tourne le taillant pour lui faire occuper la
position B, on augmentera d'un côté la résistance en
a', ainsi que les réactions et frottement exercés sur

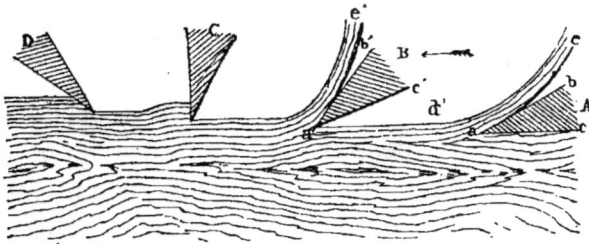

Fig. 104.

la face $a'b'$, mais on supprimera les réactions et frottements exercés sur la face $a'c'$, l'effort total à exer-
cer pourra donc être moindre que dans le cas A. S'il
continue à tourner, sa mise en action nécessitera bientôt une force plus grande que celle du taillant A.

En continuant ce mouvement, il arrivera un
moment où la face $a'b'$ fera, avec la normale au mouvement de l'outil, un angle moindre que l'angle de
frottement, ou par suite le taillant ne pourra plus
pénétrer dans le bois, alors le bois se refoulera et se
déchirera au lieu de se couper. Il en sera à fortiori
de même quand la face $a'b'$ deviendra perpendicu-

laire à la direction du mouvement comme en C. La résistance au mouvement de l'outil deviendra beaucoup plus grande que dans les cas A et B.

Puis il arrivera un moment D où le bois ne sera même plus déchiré, où il ne sera plus que comprimé.

Tous les outils à bois travaillent dans l'une des conditions ci-dessus.

L'angle de leur taillant ou de leur dent est commandé par la qualité de l'acier employé à leur confection, par la durée qu'on désire leur donner, par les facilités de leur affûtage, ainsi que par la dureté des bois à travailler. Il varie de 60° à 30° pour les scies (au-dessus de 60° les dents ne mordent plus suffisamment, au-dessous de 30° elles n'ont plus assez de solidité et elles s'émoussent promptement), il est d'environ 30° pour les outils à deux biseaux, tels que les haches et les cognées, il est au plus de 22° sur les outils dégrossisseurs à un seul biseau, tels que les bédanes et les fers de galère et de varlope, il diminue progressivement au fur et à mesure que l'outil doit enlever moins de matière et travailler des bois moins durs, il est de 15° pour les rabots et pour les ciseaux il descend jusqu'à 12° qui est la limite inférieure compatible avec la qualité des aciers employés.

L'angle suivant lequel l'outil attaque la pièce varie avec les conditions du travail. En général on s'attache avant toutes choses à ne pas produire d'éclats de bois ou d'esquilles, et, comme les fibres ne se présentent pas toujours dans la même direc-

tion, on est conduit à donner aux taillants une assez
grande inclinaison; on met leur face supérieure à 45°
ou 50° avec la pièce, on dépense dans ce cas pour
leur manœuvre une force supérieure à celle qui
résulterait de l'emploi d'angles plus faibles. C'est un
sacrifice qu'on fait pour se prémunir contre les accidents précités. Les rabots, les scies de long et quantité de scies mécaniques sont montés de cette façon.
Quand l'ouvrier peut faire varier facilement l'inclinaison de ses taillants, ce qui arrive quand il
emploie des outils emmanchés, il en profite pour
diminuer ses angles d'attaque, et obtenir ainsi économie de force sans compromettre son travail, parce
qu'il suit à chaque coup la direction des fibres qu'il
attaque. On augmente au contraire les angles d'attaque quand on dégrossit des bois, quand on tient à
réduire l'affûtage et qu'on a une force motrice peu
coûteuse; dans de telles conditions il peut y avoir
intérêt à aller jusqu'à 90°, et même nous verrons,
plus loin, que dans certains cas on est conduit à
faire travailler des scies sous des
angles obtus.

Les taillants et les dents sont en
acier trempé, mais le reste de
l'outil doit être en fer quand il est
exposé à subir des coups violents;
on soude la mise d'acier à plat sur
le taillant *b* quand il est à un seul

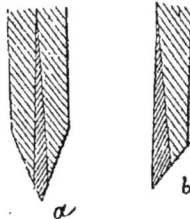

Fig. 105.

biseau, ou entre deux fers *a* quand il est à deux
biseaux (fig. 105). On emploie d'ordinaire l'acier poule

pour ces taillants, mais les forgerons habiles réussissent à y mettre l'acier fondu ; dans l'un et l'autre cas la mise doit être mince, sous peine de se décoller en service. Les outils aciérés ont sur les outils tout en acier l'avantage d'être moins coûteux et de ne pas être aussi exposés à se rompre sous le choc. Les petits outils, étant moins exposés aux chocs et coûtant aussi cher aciérés que tout en acier, se font d'ordinaire en acier fondu.

Tout taillant s'use et s'émousse en travaillant, il devient nécessaire après un certain temps de service d'en reconstituer l'arête vive. La trempe de ces outils est assez douce pour que l'opération puisse se faire à la lime ou à la pierre ; on l'appelle *affûtage* dans le premier cas, *aiguisage* dans le second.

Pour aiguiser un outil on se sert souvent d'une meule montée sur un axe en fer et arrosée par un petit filet d'eau, à laquelle on donne une vitesse circonférentielle d'environ $1^m,50$ à $2^m,00$ par seconde. L'ouvrier promène le biseau qu'il veut repasser sur le plat de la meule pendant que celle-ci tourne, en ayant soin de le promener partout pour ne point créer de sillons à la surface de la meule. Si l'outil a deux biseaux il les aiguise successivement, mais s'il n'en a qu'un il doit bien se garder d'user sur la meule le plat de son taillant, autrement il refoulerait le fil du tranchant et son outil ne couperait guère mieux que s'il avait deux biseaux. Cependant, quand la meule a produit une *bavure* ou *morfil*, il faut la faire tomber en promenant le biseau sur une pierre fine, telle

qu'une pierre à rasoir à surface bien plane ; il est
prudent de faire porter sur cette pierre d'abord le
talon du biseau, puis d'incliner progressivement le
biseau jusqu'à ce que son arête porte, auquel cas
l'huile reflue ; enfin il faudra passer le plat de l'outil
sur la pierre pour achever d'en enlever le morfil.
L'emploi de cette pierre à rasoir avive en outre le
tranchant.

La forme des dents de scie ne permet pas de les
aiguiser à la meule, on a alors recours à la lime. On
saisit la lame à affûter entre les mâchoires d'un étau
qui la maintiennent verticale et on en lime les dents,
en ayant soin que leurs faces soient bien normales
au plan de la lame, et qu'après leur affûtage il n'y en
ait aucune plus saillante que les autres. Les limes
triangulaires, dites *tiers-points,* servent à affiler les
pointes taillantes, les faces planes et les angles ren-
trants ; celles rondes, dites *queues-de-rat,* servent à.
approfondir les parties courbes. Dès que l'affûtage
proprement dit est terminé, l'ouvrier rectifie la *voie*
de la lame, c'est-à-dire qu'à l'aide d'un *tourne-à-
gauche* (dont il existe de nombreux types, tels sont
ceux *r* et *s, t* et *u, v* et *x* (fig. 110), il oblique d'un
bord toutes les dents paires et de l'autre toutes les
dents impaires. Une lame de scie est bien affûtée
quand toutes les dents bien affilées, ont même saillie,
en hauteur et de côté. Ce résultat est assez difficile
à atteindre, il exige de bons ouvriers ; on fabrique
un tourne-à-gauche à arrêt qui facilite beaucoup le travail de la voie, mais ses dimensions n'en permettent

l'emploi que pour les petites lames. Dans la plupart des ateliers on diminue le coût de ces affûtages dispendieux en se contentant d'affiler à la lime les dents qui ont travaillé un certain temps, et on ne leur donne un affûtage général, c'est-à-dire on ne les défonce et on ne les égalise, qu'après que leur saillie a été réduite d'au moins un tiers par les affilages légers préalables. Un affûteur use une lime et demie par jour.

On a imaginé depuis quelques années de fabriquer des meules en émeri aggluliné assez minces pour pénétrer entre les dents des grandes lames de scie; leur emploi est excellent; il donne, dit-on, plus de 50 p. 100 d'économie, aussi il se généralise dans toutes les usines importantes. Un ouvrier use à peu près une de ces meules en deux jours; il peut défoncer 4 mètres courants de lames par heure, en employant des meules de 0,28 de diamètre, donnant 1,000 tours par minute; il lui faut ensuite le même temps pour affiler les dents défoncées.

Il est à remarquer que l'affûtage à la meule, à la lime ou l'émeri, n'altère pas la trempe des outils à bois.

On peut diviser les outils manuels à bois en sept groupes : outils à fendre, outils à scier, outils à tranchant proprement dit, outils à raboter, outils à percer, outils à tourner, outils à frapper, à ligner, à marquer, à mesurer, etc. Nous allons les examiner successivement.

Outils à fendre. — L'outil qui sert exclusivement à fendre est le *coin*, c'est le seul outil à bois qu'on fasse tout en fer sans acier. Nous avons vu page 355 que son angle ne doit pas être trop ouvert; on lui donne 10° sur les petits coins qui servent à ouvrir les fentes, 8° sur les gros qui servent à les agrandir et 9° sur ceux de moyenne grosseur. Les gros coins sont exposés à rencontrer des matières dures telles que des nœuds et des clous; leurs arêtes s'émousseraient immédiatement vu la mauvaise qualité du fer qui les constitue

Fig. 106.

d'ordinaire; on atténue cet inconvénient en portant à 50° leur angle d'attaque comme le montre la figure 106. Cet accroissement de l'angle au sommet sur une faible longueur ne nuit d'ailleurs en rien, puisque ce coin est destiné à agrandir une fente déjà formée et qu'ainsi il ne travaille que par ses deux faces principales. Remarquons, en outre, que le travail moteur destiné à fendre le bois, étant appliqué par choc, est employé, pour une partie, à déformer la tête du coin ou la panne du marteau. Si celui-ci est en bois, en cuivre ou en toute autre matière plus molle que le fer du coin, la déformation se portera sur le marteau qu'il faudra remplacer fréquemment; si, au contraire, il est en métal plus dur que le coin, par exemple en acier ou en fer aciéré, ce sera la tête du coin qui se déformera, elle s'aplatira, s'exfoliera, et ses bravures saillantes s'opposeront à la complète entrée du coin dans le bois. On atténue cet inconvénient en terminant le coin par une tête sphérique, celle-ci durera plus longtemps que la tête plate A B de la figure 103.

On emploie également des coins en bois ayant environ 9° d'angle au sommet et choisis parmi les bois de droit fil, mais on les réserve pour les travaux faciles ; ils ne pourraient fendre les bois noueux.

Enfin on emploie également pour fendre les bois divers outils à deux biseaux, tels que la hache de charpentier, la cognée du bûcheron, le coutre des fendeurs, la doloire, etc., que nous étudierons p. 373, avec les outils tranchants.

Outils à scier. — Les scies à main sont formées d'une lame d'acier plane, mince et droite, portant d'un côté un grand nombre de dents aiguës et d'égale saillie, montée sur un cadre en bois ou sur une poignée qui permet de lui imprimer un mouvement alternatif. Chacune de ces dents coupe ou racle le bois et produit un sillon nommé *trait* qui s'approfondit progressivement. Pour éviter que cette lame ne soit coincée dans la pièce, ce qui augmenterait le travail à dépenser pour la mouvoir et ce qui pourrait amener un échauffement de nature à la détremper, on oblique les dents paires d'un bord et celles impaires de l'autre ; c'est ce qu'on appelle *donner la* *voie*. Grâce à cette précaution, la scie fait un trait plus large que l'épaisseur de la lame et celle-ci est préservée de tout frottement ; on prend d'ailleurs la précaution d'interposer un coin ou une cale dans le trait pour en maintenir la largeur. Chaque dent ne peut être dévoyée d'une quantité plus grande que la demi-épaisseur de la lame, tel est le cas *b* de la figure 107, car si elle l'était davantage comme en *c*, il

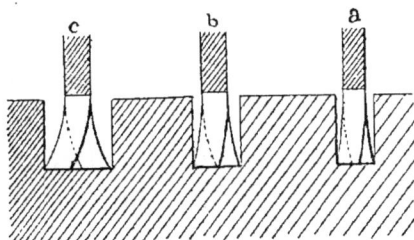

Fig. 107.

y aurait entre les deux files de dents un onglet de bois non attaqué qui arrêterait la scie ; on recommande même de ne pas la dévoyer de plus du quart de l'épaisseur de la lame comme en *a*; avec cette proportion une lame de $0^m,002$ d'épaisseur fait un trait de $0^m,003$ de largeur qui suffit le plus souvent, et il importe de ne pas porter la largeur de ce trait au delà du strict nécessaire, car plus elle est grande, plus on prend de bois et plus il faut dépenser de travail moteur pour le réduire en sciure.

Le vide entre deux dents consécutives sert à emmagasiner la provision de sciure produite par l'une d'elles pendant une course de l'outil ; il doit donc être plus grand pour le sciage des bois tendres que pour celui des bois durs; par suite, on peut employer pour ces derniers des dents moins saillantes et plus rapprochées que pour les premiers.

La forme des dents dépendra du mode de travail. Si la lame doit scier pendant son aller et pendant son retour, on sera nécessairement conduit à lui donner des dents également inclinées vers les extrémités de la lame (fig. 108) et le seul élément qui restera à déterminer sera l'angle au sommet de ces dents; on le fixera d'après la nature de l'acier, la dureté du bois, le plus ou moins grand intérêt qu'on aura à éviter les fréquents affûtages au détriment du travail moteur; ordinairement il varie de 60° à 50°. Il est clair que les dents travaillent toutes sous un angle obtus, par conséquent dans des conditions très-défavorables pour la bonne utilisation du travail moteur. Si, au contraire, la lame ne doit scier que pendant l'aller, on peut en disposer les dents de façon qu'elles attaquent la matière sous les angles aigus réputés les meilleurs, c'est-à-dire leur donner 30° à 40° d'angle au sommet et les disposer de façon que leur face supérieure fasse de 40° à 60° avec le fond du trait, selon la dureté du bois à travailler (fig. 109).

Les scies à main, qui coupent d'ordinaire pendant l'aller et le retour, sont employées le plus sou-

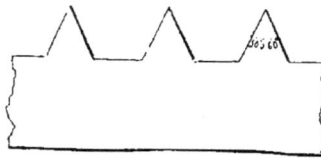

Fig. 108.

vent à tronçonner ou ébouter les pièces; on les
désigne sous les noms de *passe-partout, scies de charpentier, scies à bûches.*

Les *passe-partout, harpons* ou *godendarts* sont
formés d'une lame portant à chacune de ses extrémités une douille rivée dans laquelle on passe un
manche en bois. Il faut deux ouvriers pour les

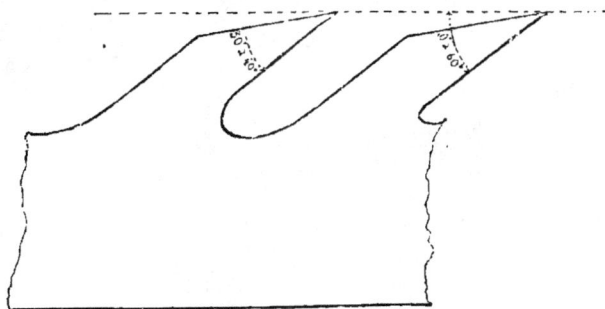

Fig. 109.

manœuvrer, chacun d'eux se place de chaque côté de
la pièce, prend un des manches de la scie et lui
imprime un mouvement de va-et-vient. Il est d'usage
de donner à ces lames plus de hauteur au milieu
qu'aux extrémités, de disposer en un mot les dents
en arc de cercle *l* (fig. 110). Cette disposition a pour
but de prolonger la durée de l'outil, qu'il faudrait
sans cela promptement condamner, parce que les
dents du milieu travaillent plus longtemps que celles
des extrémités et s'usent plus promptement. Ces
dents doivent être nécessairement droites; on peut
les juxtaposer, comme en *g,* si on doit travailler des

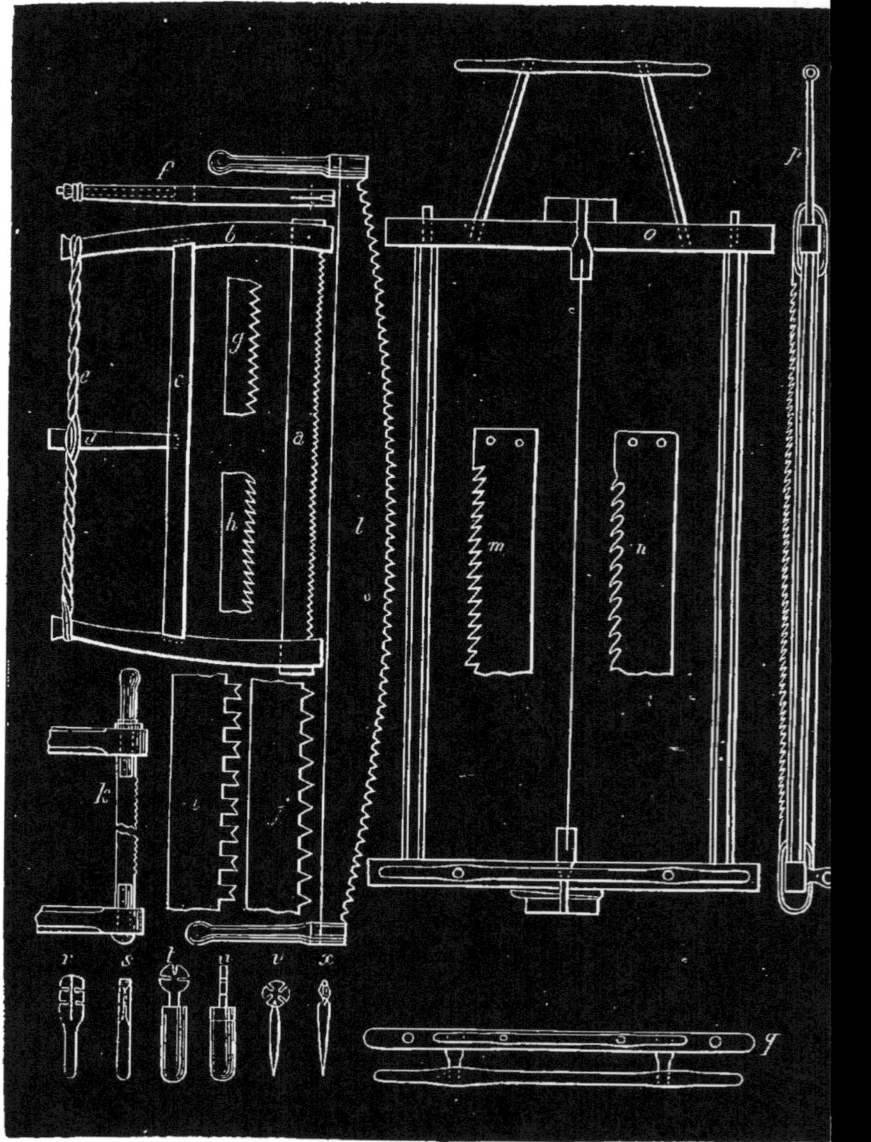

Fig. 110.

ois résistants secs ; il faut au contraire les éloigner, omme en *j*, quand les bois à travailler sont verts, ious ou cotonneux. Parfois on adopte le profil *i*, dit *dent de loup*, quand on tient à économiser le travail ioteur.

La scie de charpentier est composée d'une lame e scie à dents droites *a* (fig. 110) dont chaque extré- iité est assujettie à l'aide d'un clou rivé dans un iontant en bois *b*; les deux montants sont tenus à istance par une *traverse c* parallèle à la lame ; une orde *e* en trois ou quatre brins réunit enfin les deux xtrémités des montants qu'on nomme *crossettes*, et ine *clef* ou *garrot d* engagé entre les brins de la orde permet de la tordre, par conséquent de la rac- ourcir, ce qui a pour résultat de tendre la lame. Juand celle-ci est suffisamment tendue, on fait passer i queue de la clef par-dessus la traverse du côté onvenable pour que la torsion de la corde l'y main- ienne. Les dents sont généralement juxtaposées, omme en *g*, lorsqu'on doit couper des bois secs et lurs ; on met quelquefois des dents espacées, telles jue *f*, quand on doit travailler des bois verts ou mous. Cette scie ne sert pas à des travaux assez impor- ants pour qu'il y ait intérêt à lui donner des dents le loup. Les deux ouvriers doivent tirer la scie l'un iprès l'autre ; celui qui ne tire pas, ne fait qu'accom- pagner la lame pendant son recul et ne la laisse pas porter de tout son poids quand elle mord trop.

La *scie à bûches* n'est qu'une variété de la scie de charpentier.

24

Les scies qui ne travaillent que pendant l'aller ou que pendant le retour de la lame sont les plus nombreuses et les plus variées.

La plus importante de cette catégorie est la *scie de long o, p* et *q* (fig. 110). Celle-ci se compose d'une lame à dents couchées, montée à l'aide de deux *équiers* dans un *châssis,* composé de deux *montants* réunis par deux *traverses* ou *sommiers* portant chacun une *poignée.* La poignée supérieure se nomme *chevrette,* l'inférieure *renard.* La pièce à refendre est montée sur des chevalets. On pourrait éviter cette manœuvre pénible, du moins dans les chantiers de quelque importance, en établissant une excavation. Le scieur de long, placé debout sur la pièce, élève la scie en ayant soin d'écarter les dents du fond du trait pour conserver leur affutage; il la dirige quand elle descend pour la maintenir dans le trait, et il opère alors la pression strictement nécessaire pour faire mordre les dents; il recule à mesure que le travail avance. Ses deux aides se placent sous la pièce; l'un d'eux peut n'être qu'un manœuvre ignorant le métier, qui se contente de tirer avec force quand la lame descend et qui l'aide un peu dans son ascension en écartant légèrement la lame du trait; l'autre doit être un ouvrier de la profession, il aide son manœuvre dans tous ses mouvements, et, de plus, il veille constamment sur le trait pour y maintenir la scie; tous deux marchent en avant à mesure que la scie avance. Ce travail est pénible; l'expérience a appris les précautions à prendre pour le réduire au minimum. Les

ouvriers emploient des lames de longueurs proportionnées à l'équarrissage des pièces, des dents dont
l'espacement et la voie sont en rapport avec la résistance et la siccité des bois; ils suiffent la lame,
ils inclinent leur trait par rapport à la verticale et
la courbent d'une quantité suffisante pour que toutes
les dents travaillent successivement sous la meilleure
inclinaison sans cependant qu'elles broutent. Deux
ouvriers suffisent pour les bois tendres ou de faible
équarrissage. La production varie considérablement
avec la dureté, l'équarrissage et la dessiccation des
bois. Il est donc très-difficile de déterminer exactement le travail produit par journée d'ouvrier. On en
aura cependant une assez bonne mesure en considérant que les ouvriers scieurs de long du port de Toulon, dont l'effectif dépassait deux cents, et com-
prenait des ouvriers bons, des médiocres et des
mauvais, gagnaient en moyenne 2 fr. 53 c. par jour
(moyenne annuelle), alors qu'on les payait d'après le
tarif suivant, p. 372, dont les prix étaient assez bien
proportionnés.

La moyenne du produit de quarante fers de scie
à deux hommes, relevée pendant vingt-deux jours
de travail, a été, au port de Toulon, de 16 mètres
carrés en chêne, et 19 mètres carrés en bois résineux.

D'excellents ouvriers atteignent une moyenne de
19 mètres carrés pour du chêne de $0^m,28$ à $0^m,36$ de
largeur, et une moyenne de 27 mètres carrés pour des
résineux de $0^m,30$ de largeur. On cite un maximum

PRIX DU MÈTRE CARRÉ DE LA SURFACE DU TRAIT DE SCIE

DONNÉ DANS LES MATS, PLANÇONS, BILLONS RONDS ET CARRÉS, BORDAGES ET PLANCHES
D'APRÈS LE TARIF EN USAGE AU PORT DE TOULON EN 1849.

DÉSIGNATION DES BOIS.	PIÈCES DE BOIS de 0m,60 de largeur et au-dessus.		PIÈCES DE BOIS de 0m,50 à 0m,59 de largeur.		PIÈCES DE BOIS de 0m,30 à 0m,49 de largeur.		PIÈCES DE BOIS de 0m,29 de largeur et au-dessous.	
	TRAITS droits.	TRAITS courbes.	TRAITS droits.	TRAITS courbes.	TRAITS droits.	TRAITS courbes.	TRAITS droits.	TRAITS courbes.
	fr. c.	fr. c.	fr. c.	fr. c.	fr. c.	fr. c.	fr. c.	fr. c.
Bois de chêne provenant de la démolition de la coque des bâtiments, et bois d'Italie d'au moins 12 ans de coupe..........	0.95	»	0.75	0.90	0.60	0.70	0.50	0.60
Chêne vert et cormier............	»	1.10	0.70	»	0.60	0.70	0.55	»
Chêne d'Italie bois neuf, chêne ordinaire vieux bois provenant de la démolition des chantiers et autres établissements...	0.85	0.95	0.65	0.75	0.50	0.70	0.40	0.50
Chêne de Bourgogne et teak...	0.80	0.90	0.65	0.75	0.45	0.70	0.35	0.50
Pin des Florides, pin de Corse et mélèze.	0.75	»	0.60	»	0.45	»	0.30	»
Cerisier, merisier, noyer et peuplier.....	0.75	»	0.60	»	0.55	»	0.45	»
Cèdre, frêne et orme.....	0.70	»	0.60	»	0.50	»	0.40	»
Pin du Nord et du Canada pour mâture..	0.65	»	0.55	»	0.40	»	0.30	»
Pin du Nord, sapin et pin de Corse en vieux bois provenant de démolitions...	0.65	»	0.45	»	0.35	»	0.30	»
Hêtre et tilleul........	0.60	»	0.50	»	0.40	»	0.30	»
Pin du Nord, pin du pays, sapin et billon du Canada...	0.50	0.60	0.40	0.50	0.30	0.40	0.30	0.35
Bordages des Florides:.	0.55	0.65	0.45	0.55	0.35	0.45	0.30	0.35

Ces prix étaient augmentés de 10 p. 100 pendant les mois de novembre, décembre, janvier et février.

de 38 mètres carrés en chêne et de 40 mètres en résineux comme produit du travail exceptionnel de deux journées de deux très-excellents ouvriers sciant des pièces de 0^m,30 à 0^m,33 de largeur.

La *scie de long à crans* est une forte lame munie de poignées à chacune de ses extrémités.

La *scie de menuisier* est une scie de charpentier à dimensions réduites, qui ne doit être actionnée que par un seul ouvrier et qui a par conséquent les dents couchées telles que h (fig. 110). L'ouvrier qui l'emploie maintient avec la main gauche sa pièce en position pour être sûr de son trait, tandis qu'avec la droite il met la scie en mouvement.

On peut rattacher à ce type plusieurs scies destinées à des usages spéciaux, telles que la *scie à araser*, la *scie à tenons*, la *scie allemande*, la *scie à chantourner* k (fig. 110), la *scie de charron*, la *scie à merrains*, etc. Celles de ces variétés qui doivent faire des traits courbes doivent avoir la lame aussi mince et la voie aussi forte que possible, afin qu'elles produisent un trait large dans lequel la lame puisse être obliquée.

Les *scies à main*, ou *feuillets*, ou *passe-partout à poignée*, sont des lames à dents couchées munies de poignées à l'une de leurs extrémités; quantité de professions les emploient; il y en a par suite une très-grande variété.

Outils tranchants. — Les outils tranchants proprement dits peuvent être divisés en deux catégo-

ries, selon que leur taillant porte un ou deux biseaux.
La plupart fonctionnent par choc.

Les outils à deux biseaux coupent moins bien que
ceux à un biseau, mais ils fendent mieux. On les fait
lourds, parce qu'ils sont destinés à des travaux grossiers où l'on cherche à enlever beaucoup de bois;
on leur donne un large taillant quand on désire des
entailles larges mais peu profondes, et au contraire
un taillant étroit quand on cherche des entailles profondes; dans l'un et l'autre cas, on a soin d'employer
des taillants courbes quand l'outil doit couper, parce
qu'alors le taillant glisse légèrement à chaque coup,
ce qui le fait agir un peu à la façon des scies ou des
couteaux; sans cette précaution l'outil briserait les
fibres et ne les couperait pas. Les outils de cette
catégorie sont la *hache de charpentier* g et r (fig. 111);
la *cognée* de bûcheron, qui est une hache de charpentier à biseau étroit; la *hache de charron* c et d,
outil plus court et plus allongé; le *fermoir*, sorte de
ciseau à deux tranchants m et n qui sert à enlever
les gros éclats; le *coutre* des fendeurs. Le manche de
ce dernier outil sert de levier; en l'inclinant à droite
ou à gauche, l'ouvrier exerce une pression sur l'une
ou l'autre des parties déjà fendues qui lui permet de
provoquer les fentes ultérieures dans la direction
qui lui convient; il est d'autant plus maître de son
travail, que le manche est plus long et que le taillant
est plus étroit.

Les outils à un seul biseau coupent mieux, mais
ils sont moins commodes pour enlever de gros éclats,

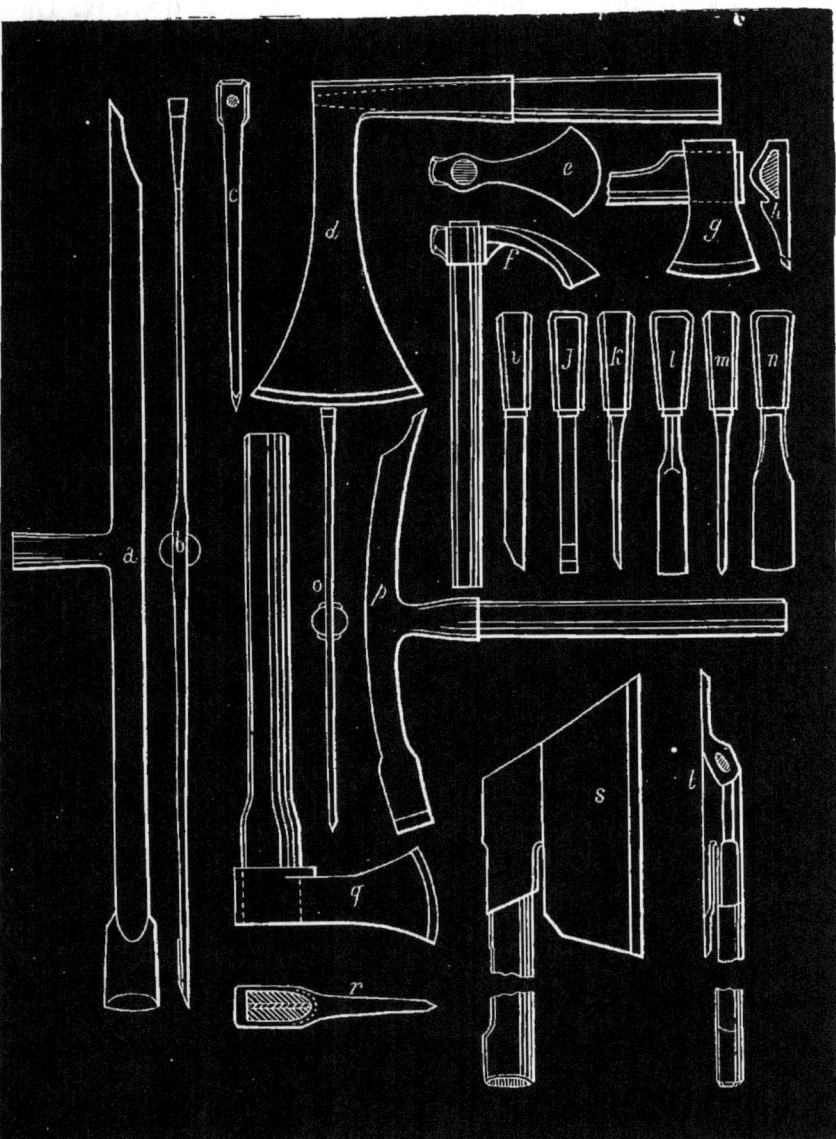

Fig. 111.

ils se prêtent donc mieux à finir les travaux. On trouve dans cette catégorie quantité d'outils spécialement employés à fendre et à couper, tels sont la *doloire* ou *épaule de mouton*, *s* et *t*; certains petits *coutres*; la *hache à main*, *g* et *h*, dont on modifie la forme au gré des diverses professions pour faire les *haches* de *menuisiers*, de *poulieurs*, de *tonneliers*, etc. On en trouve d'autres spécialement destinés aux travaux de finissage, tels que l'*herminette* ou *essette*, *c* et *f*, l'*asse de rognage*, la *plane* et ses nombreux dérivés, les *bédanes*, *i* et *j*, les ciseaux, *k* et *l*, que les diverses professions ont modifiés selon leurs convenances pour former les types dérivés de *ciseaux de charrons*, *ciseaux de sculpteurs*, *ciseaux de mateurs*, *ciseaux de meubliers*, etc., les *gouges* qui sont des ciseaux courbes et qui ont autant de variétés que les ciseaux proprement dits, enfin divers outils spéciaux tels que les *couteaux de Barillat*, les *couteaux à liége*, les *losses* ou *bondonnières*.

Les ouvriers recherchent les outils à plusieurs fins qui leur évitent la multiplicité des outils et la perte de temps qu'entraîne leur changement. Le plus important des instruments de cette classe est la *bisaiguë*, *a* et *b* (fig. 111), formée d'une barre de fer plat portant à l'une de ses extrémités un ciseau large, à l'autre un bédane étroit, et au milieu une douille; cet outil est assez lourd pour rendre inutile le maillet que la plupart des autres outils tranchants exigent. Le *piochon*, *o* et *p*, remplit le même but, mais moins commodément et moins bien.

Outils à raboter. — Tous les outils à raboter sont composés d'un taillant nommé *fer*, tenu par un *coin* en bois dans une *mortaise* fort évasée pratiquée dans un *fût* en bois dur (cormier, cornouiller), portant quelquefois une *poignée* ayant les deux angles supérieurs abattus pour ne pas blesser les ouvriers. On interpose le plus souvent entre le coin et le fer un *contre-fer*, dont l'arête inférieure est travaillée en biseau saillant et qui est destiné, d'une part à aider le dégagement du copeau, et de l'autre à maintenir l'extrémité du fer. On nomme *lumière* l'ouverture de la mortaise dans la face inférieure ou *semelle* du fût. Le dessus du fer fait ordinairement de 45° à 50° avec la semelle. En imprimant à cet outil un mouvement de va-et-vient, on arrive à enlever une série de copeaux à la même position ; si ces copeaux sont fins, ce qu'on peut toujours obtenir en réglant à l'aide de coins la saillie du fer, et si de plus le bois est convenable, on arrive à obtenir une surface plane, lisse et même polie.

Le rabot le plus grossier se nomme *galère;* il ne sert qu'à dégrossir ; son taillant est en général un peu courbe (on lui donne le plus souvent 0^m,065 de largeur) ; il trace, par suite, dans la pièce une sorte de sillon qu'on fait disparaître ensuite avec des outils plus fins. Il faut souvent deux ouvriers pour le mettre en mouvement. Les menuisiers emploient une sorte de galère réduite qu'ils nomment *riflard*.

La *demi-varlope* et la *varlope* sont des outils qu'on passe après la galère pour enlever les sillons ou aspérités que celle-ci a produites; la largeur de leur fer est le plus souvent 0^m,046. On donne à l'axe de leur fût une légère inclinaison par rapport au chemin qu'on leur fait parcourir pour que le fer se présente

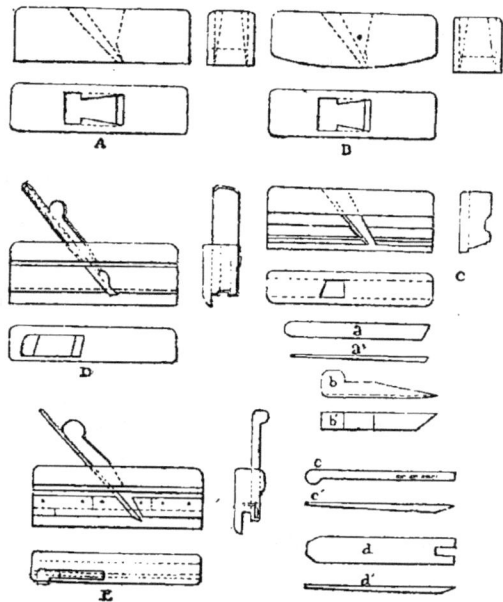

Fig. 112.

A. Bois du rabot ordinaire. — B. Bois du rabot cintré. — C. Bois de doucine, $a\,a'$, son fer, $b\,b'$, son coin. — D. Bouvet à languettes à un fer, $d\,d'$, son fer. — E. Bouvet à rainures à un fer, $c\,c'$, son fer.

sous une légère obliquité par rapport aux fibres et les coupe mieux.

Le rabot est l'outil finisseur par excellence son; fût est exactement droit et a généralement; 0^m,049 de largeur A (fig. 112); on s'en sert au lieu de varlope quand les dimensions de la pièce à travailler sont trop faibles ou quand il n'y a qu'à finir un travail déjà très-dégrossi. On réduit de plus en plus l'épaisseur du fer à mesure que la surface devient de plus en plus polie. Il faut avoir soin de ne jamais attaquer le bois à contre-fil, autrement on formerait des éclats; ainsi, s'il s'agit de raboter une surface concave, il faudra l'attaquer en allant de chaque extrémité au milieu de la courbure et, dans le cas d'une surface convexe au contraire, il faudra la raboter en allant du milieu vers chacune des extrémités. L'emploi du rabot cintré B est indispensable au travail des surfaces concaves.

Si les surfaces à raboter doivent avoir une section ronde ou plus compliquée, on emploiera des rabots *ronds* (concaves ou convexes) ou des rabots dits *moulures* à fers profilés, dont il existe une très-grande variété, *doucines, mouchettes, quarts de ronds, grains d'orge, congés, baguettes,* etc.

On emploie les *bouvets à languettes* D pour faire les languettes sur l'épaisseur des planches qu'on veut assembler, et les *bouvets à rainures* E pour faire les rainures ou feuillures correspondantes, enfin les *guillaumes* quand on veut seulement dresser ou polir le fond des feuillures.

Les tonneliers emploient un gros rabot dont le fer a au moins 0^m,060 de largeur et le plus souvent 0^m,080 monté sur un fût incliné immobile, sur lequel ils passent les bords des douves qu'ils veulent dresser ou équarrir; ces rabots spéciaux sont dits *colombes*. Ils emploient aussi un rabot à semelle cylindrique de

0^m,030 de largeur de fer pour raboter les faces de ces douves; cet instrument se nomme *rabot de tonnelier*.

Outils à percer. — Les tout petits trous se percent avec la vrille *e* (fig. 113); ceux plus grands, quand ils doivent avoir une faible profondeur, se font à l'aide de *vilebrequins aa'* (fig. 113), portant des *mèches, ff'*. Si leur diamètre n'est pas supérieur à 0^m,020, on prend des *mèches ordinaires*, dites aussi *mèches à cuillère*, et on a soin de donner un coup de gouge sur le bois, à l'emplacement du trou demandé pour préparer le logement de la cuillère. Mais quand le diamètre est grand ou quand le bois est dur, on emploie la *mèche à trois pointes, ff'*, dont la pointe centrale sert à maintenir la direction de l'axe; l'une des pointes extrêmes est disposée de façon à découper le bois sur tout le pourtour du trou à faire, et la troisième pointe sert d'appui au taillant qui enlève au fond du trou un copeau de faible épaisseur, compris entre le centre du trou et le trait circonférentiel fait à l'avance par la pointe traçoir. Les trous faits à la mèche à trois pointes ont une surface intérieure nettement découpée, en quelque sorte lisse, qui se distingue nettement de la surface rugueuse des trous obtenus à la mèche ordinaire. La série usuelle de ces mèches à trois pointes part de 0^m,008 jusqu'à 0^m040 de diamètre. Le vilebrequin n'est pas suffisamment fort pour permettre la confection des trous d'un diamètre plus grand, il faut alors augmenter le bras du levier dont l'ouvrier se sert pour produire la rotation; on obtient ce résultat en engageant un manche dit *gouvert* dans une douille pratiquée à la tête de la mèche. Les mèches ainsi modifiées portent le nom de *tarières,* elles permettent de faire des trous de toute longueur.

On distingue trois espèces principales de tarières.

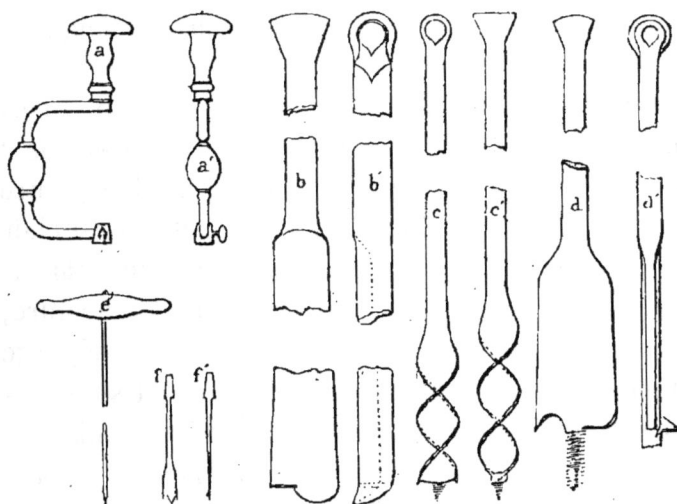

Fig. 113.

Les *tarières ordinaires* ou *à cuillère, bb'* (fig. 113) ont même taillant que les mèches ordinaires. Le plus fort trou qu'un ouvrier puisse faire avec cet outil dans du chêne varie de $0^m,026$ à $0^m,022$ de diamètre, selon la résistance et l'humidité du bois. Quand on veut obtenir un trou de diamètre plus grand, il faut percer un *avant-trou* du plus grand diamètre possible, puis *passer* une série de tarières variant de 2 en 2 millimètres jusqu'à la dimension limite qu'on désire; on fait ainsi autant de *passes* qu'il y a de fois 2 millimètres entre le diamètre de l'avant-trou et celui du trou définitif. On peut réduire le nombre de ces passes en prenant des mèches variant de 4 en 4 millimètres, et en mettant deux ou trois ouvriers, selon la résistance. Les copeaux produits pendant le travail s'emmagasinent dans la cuillère, et il faut retirer l'outil du trou, autrement dit *le dégorger,* quand la cuillère est pleine.

Les *cuillères à hélice cc'* sont formées de deux lames hélicoïdales diamétralement opposées, dont chacune porte en bas un traçoir et un taillant; entre ces deux taillants on établit un cône fileté. Il est clair qu'un semblable instrument avance toujours parfaitement droit, quel que soit l'obstacle qu'il rencontre, qu'il coupe par deux taillants à la fois et qu'il dégorge de lui-même ses copeaux, quand le bois est suffisamment sec, raide et peu résistant; mais sa mise en action est pénible, on ne peut guère l'employer au-dessus du calibre de $0^m,040$, et, de plus, quand les copeaux sont frais et résistants, ils engorgent les spires et il faut encore retirer l'instrument pour le dégorger, opération assez longue avec des outils de ce type.

Quand on doit percer d'un seul jet des trous d'un diamètre supérieur à $0^m,040$, on préfère employer une *tarière à trois pointes, dd',* portant un petit cylindre fileté directeur, lequel mord sur la surface intérieure d'un avant-trou de diamètre convenable préalablement percé. Cet outil se nomme *tarière à mamelon*. Il faut naturellement mettre sur son manche ou gouvert un nombre d'hommes proportionné à son calibre et à la résistance du bois travaillé.

On voit que ces trois variétés de tarières ont chacune leurs avantages et leurs inconvénients. Celles à hélice et celles à mamelon vont admirablement droit dans un bois homogène ou sans fente; quand, au contraire, leur mamelon rencontre un nœud dur ou les bords d'une fente dure, il est souvent dévoyé, et l'instrument le suit jusqu'à ce que la résistance devienne insurmontable ou que l'instrument casse; de même, quand le mamelon tombe dans une fente plus grande que lui, il lui est assez difficile de mordre, et l'outil ne progresse plus qu'en raison de la pression exercée par les ouvriers, pression difficile à obtenir. La tarière ordinaire, au contraire, travaille plus lentement, moins droit, mais elle marche toujours, et un ouvrier adroit peut en toute, circonstance rectifier pendant les diverses phases successives les irrégularités que les nœuds, les fentes et les divers obstacles ont pu amener à son avant-trou; elles dégorgent d'ailleurs très-vite. Pour ces raisons, les tarières ordinaires sont préférées pour le travail des bois irréguliers, noueux, fendus, et de ceux qui engorgent facilement les tarières.

Enfin, quand on doit percer des trous de plus de $0^m,140$ de diamètre, il convient de faire tout d'abord un avant-trou, puis de terminer l'aide de fortes tarières du genre des tarières à mamelon, ayant des lames mobiles et dont le mamelon très-long traversant l'avant-trou est engagé dans un écrou métallique placé en dehors du trou.

Outils à tourner. — Les pièces à tourner sont montées sur l'axe d'un tour qui leur imprime une vitesse circonférentielle d'environ 5 à 6 mètres par seconde, si elles sont en bois très-dur, tel que le gaïac, le chêne vert ou le chêne; 7 à 8, si elles sont en bois résineux; 8 à 9, si elles sont en orme ou en frêne; l'ouvrier approche de la pièce en mouvement les taillants appropriés aux formes qu'il désire obtenir, le bois se coupe et les outils sont changés ou déplacés au fur et à mesure que le travail avance.

Les outils du tourneur sont représentés sur la figure 114 ci-contre : 1 et 2, *outils de côté;* 3, *bec d'âne;* 4 et 5, *ongles;* 6, *petit ciseau;* 7, *crochet;* 8 et 9, *planes;* 10, *grain d'orge;* 12, 13 et 14, *peignes pour fileter;* 15, *ciseau pour tourneur;* 16, *grain d'orge;* 17, *gouge.* Les outils de côté et les ciseaux servent à former les parties cylindriques, coniques ou convexes; les gouges servent, au contraire, à former les parties concaves et à faire les parties creuses.

Outils à frapper, ligner, marquer, mesurer. — Les outils à frapper, à ligner, à marquer et à mesurer, qui complètent, avec les établis et les boîtes à outils, l'outillage des ouvriers, n'offrent rien d'assez particulier relativement au travail des bois pour mériter d'être mentionnés ici.

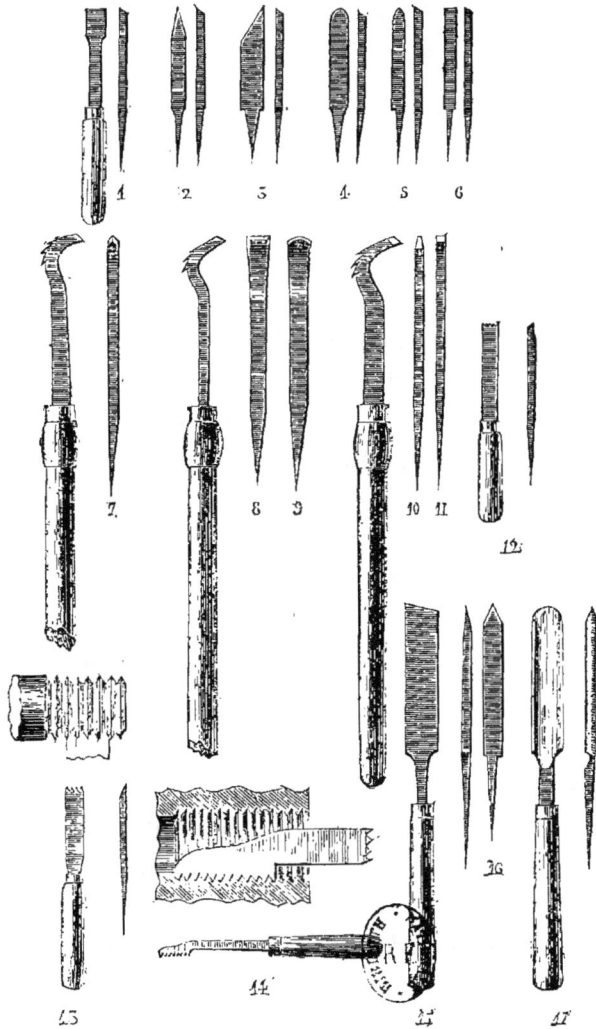

Fig. 114.

OUTILS MÉCANIQUES.

Comparaison du sciage mécanique avec le sciage à bras. — Le sciage est le premier travail des bois auquel on ait appliqué les machines. Les lames de ces scieries mécaniques, étant mues par une force considérable et brutale, seraient exposées à se rompre, quand elles rencontrent des nœuds et autres résistances que les pièces comportent, si on ne leur donnait une épaisseur plus grande qu'aux lames de scies de long. Cette modification entraîne une augmentation de déchet et de travail. Ainsi, tandis que la scie de long refend une pièce de chêne sec en planches de $0^m,015$ d'épaisseur avec une lame épaisse d'un millimètre, qui fait un trait de 1 millimètre et demi de largeur, causant ainsi un déchet de 10 pour 100 en sciure, et n'exige que 30,000 kilogrammètres de travail moteur par mètre carré de surface de trait, la lame de scierie mécanique qui fera le même travail ne pourra avoir moins de $0^m,002$ d'épaisseur, fera un trait de $0^m,003$ de largeur, causera un déchet de 20 pour 100 et exigera 63,000 kilogrammètres par mètre carré de sciage produit.

Le sciage mécanique a, de plus, l'inconvénient de débiter les pièces d'un seul coup sans tenir compte des fentes et des vices qu'elles renferment, tandis que le scieur de long modifie son lignage pendant le cours de son travail dès qu'il rencontre un vice imprévu, de telle sorte qu'il obtient de la pièce viciée la meilleure utilisation possible.

Par contre, le sciage mécanique offre l'avantage de faire des traits nets, réguliers, bien plans, et d'éviter le gauche que présentent les planches débitées à la scie de long par des ouvriers médiocres, en sorte qu'il compense par ce fait l'augmentation de déchet que ses grandes. voies occasionnent. De plus, son prix de revient par mètre carré est moins élevé que celui du sciage à bras, bien qu'il exige un capital important et un grand travail moteur. On peut donner comme base approximative que le mètre carré de trait mécanique ne coûte que 0 fr. 20 c. à 0 fr. 15 c. pour le chêne et les autres bois durs, 0 fr. 15 c. à 0 fr. 10 c. pour le sapin et les bois blancs, alors que le travail à bras coûte de 0 fr. 50 c. à 0 fr. 40 c. dans le premier cas, et 0 fr. 40 c. à 0 fr. 30 c. dans le second. Cette économie est assez considérable pour que le sciage mécanique ait été adopté partout où il y a des travaux suffisants pour l'alimenter régulièrement; le sciage à bras n'a été conservé que dans les chantiers ou ventes de faible importance.

On divise les scies mécaniques en *scies à mouvement alternatif* et *scies à mouvement continu*.

Scies droites à mouvement alternatif. — Les scies à mouvement alternatif se composent en général d'un *châssis* ou cadre, sur lequel on fixe les lames aux distances convenables, et qu'une bielle, con-

duite par un bouton excentrique ou par un coude de
l'arbre, fait alternativement monter et descendre.
Les lames ne travaillent que pendant leur descente.
La machine n'a donc qu'à soulever le châssis pendant son ascension ; quand celui-ci a achevé les trois
quarts de sa course montante, un toc fait avancer la
pièce de bois à débiter d'une quantité qu'on nomme
l'avance et qui est égale à celle que la lame doit
enlever pendant sa descente. Quand le châssis descend, les lames mordent au fond du trait et l'allongent
d'une quantité égale à l'avance. À chaque tour de
l'arbre, le châssis fait son double mouvement et les
lames allongent le trait.

L'avance dépend de la dureté du bois, de sa
hauteur, de la force des divers organes de la machine
et de la puissance du moteur. Les fabricants disposent en général les scieries mécaniques de façon
à pouvoir faire varier l'avance de $0^m,001$ à $0^m,010$,
pour prévoir les cas extrêmes ; mais en pratique on
n'emploie guère l'avance de $0^m.001$ que dans le
cas de bois à fort équarrissage très-dur, tel que le
chêne d'Italie, et les avances de $0^m,005$ à $0^m,010$
pour les bois tendres de faible échantillon; les chênes
de France de moyenne dimension, c'est-à-dire de
$0^m,300$ à $0^m,400$ d'équarrissage, se débitent le
plus souvent avec $0^m,002$ à $0^m,004$ d'avance. On
pourrait, il est vrai, employer de plus grandes
avances, car avec une machine suffisante on peut
vaincre la résistance du bois, mais il faut alors
augmenter proportionnellement la résistance de la

lame qui sert d'intermédiaire entre la machine et le bois ; or, augmenter la lame, c'est augmenter le déchet ; ainsi on emploie, dans les États du sud de l'Amérique des scies de $0^m,090$ de course, avançant de $0^m,050$ par coup dans le chêne, mais leurs lames ont $0^m,006$ d'épaisseur et $0^m,300$ de largeur ; si on les employait à faire des planches de $0^m,015$, elles feraient 60 pour 100 de déchet. En tenant compte des temps perdus employés pour monter les lames et pour présenter les pièces, le débit de chaque machine n'est guère que de 80 à 200 mètres courants dans le chêne par journée de dix heures de travail, avec des machines donnant de 120 à 180 tours par minute, selon leur mode de construction, la force de leur moteur et celle des machines. La surface correspondante dépend du nombre de lames travaillant à la fois.

Ces lames ne doivent pas être exactement verticales ; il convient de les obliquer d'environ $0^m,007$ par mètre, ou mieux de les mettre parallèles à l'hypoténuse d'un triangle rectangle, ayant pour côtés la course de la lame et l'avance de la machine. Grâce à cette disposition, la première dent qui rencontre le bois n'a pas à supporter tout l'effort de la machine, chaque dent n'enlève qu'une fraction de l'avance totale du bois, et ne supporte ainsi qu'une partie du travail moteur de la machine. Il est bon, en outre, de ne leur donner au dos que les deux tiers de leur épaisseur à la denture.

Le mouvement de la bielle d'un bord à l'autre

du plan de symétrie de la machine fait que le centre
de gravité général du système se déplace tantôt d'un
bord, tantôt de l'autre, ce qui cause des vibrations
et des ébranlements qui se transmettent aux arbres,
aux paliers, aux bâtis et de là aux charpentes auxquelles ils sont reliés. En analysant mathématiquement les conditions d'équilibre de la machine, on
voit qu'on ne peut arriver par des moyens simples
et pratiques à équilibrer le système dans toutes ses
positions, mais qu'on peut du moins l'équilibrer dans
deux. Quelques constructeurs cherchent à supprimer
les réactions pour les extrémités de la course de la
bielle ; leurs machines sont alors soumises à de fortes
actions horizontales quand la bielle est à mi-course.
On préfère en général équilibrer les machines de
façon à supprimer les actions horizontales, contre
lesquelles elles ne sont pas suffisamment armées
d'ordinaire, et on les consolide de façon à résister
aux ébranlements verticaux, qu'on ne peut alors
éviter.

Les ateliers dont les arbres moteurs et les trans-
missions sont installés dans des fosses et dont les
bâtis sont scellés directement dans le sol, sont donc
dans de meilleures conditions de fonctionnement que
ceux qui ont leur manége et leurs bâtis établis en
l'air ou sur un plancher.

Chaque machine doit être munie d'un volant
suffisant pour régulariser le mouvement de la bielle,
laquelle est soumise à des efforts différents pendant
sa montée et pendant sa descente ; mais il est bon

F. BOURDELIN

Fig. 115. — Scie verticale à six lames et à ch

BELLOCHE

de la réduire au strict nécessaire pour ne pas augmenter les frottements et surtout pour pouvoir arrêter promptement le châssis quand on désembraye.

On ne saurait attacher trop d'importance aux dispositions à prendre pour que ces pièces de bois soient facilement approchées, promptement montées à poste et qu'elles restent solidement maintenues pendant toute la durée du travail. Il faut, de plus, que l'une des extrémités de la pièce puisse être déplacée à la demande du trait, quand le trait doit être légèrement courbe; il est entendu que dans ce cas la lame doit toujours être dans la direction de la tangente au lignage.

Enfin, il convient de disposer les choses pour qu'on puisse enlever la pièce aussitôt que son débit est terminé, sans qu'on soit obligé, à cause des bâtis, de la laisser courir quelque temps sur l'avant, pour que le chariot de conduite de la pièce (quand il y en a) revienne rapidement à sa position de départ aussitôt après le débit de la pièce qu'il portait. Ces précautions de détail ont la plus grande influence sur le rendement de la machine.

Le type ci-joint de M. Arbey (fig. 115) a son chariot relié par un crochet à la chaîne Galle qui produit l'avance, on retire le crochet quand le débit de la pièce est terminé et on remet le chariot à poste pour recevoir une nouvelle pièce, sans qu'il soit besoin pour cela de ramener la chaîne Galle en arrière comme on est obligé de le faire avec les appareils à crémaillère. Cette disposition fait gagner beaucoup de temps, elle s'oppose, en outre, au recul que les pièces éprouvent parfois sous l'action des lames, soit au moment de la mise en marche, soit au cours du travail, lors de la rencontre d'une résistance anormale.

Scies articulées à mouvement alternatif. — On a construit d'autres scies à mouvement alternatif, dont le châssis, au lieu de se déplacer verticalement, est mû par un système articulé analogue à celui de la coulisse de Stephenson. Son mouvement rappelle assez celui de la scie de long. L'avantage de ce système est que les dents se présentent sous une faible inclinaison par rapport à une surface cylindrique, qu'elles mordent plus facilement le bois, l'arrachent par gros copeaux au lieu de le râper, et que de plus toutes les dents s'usent également. On a donc avec ce système une économie de force motrice (laquelle a été trouvée être de 50 p. 100 sur les machines Normand de l'espèce), une plus longue durée des lames et une certaine économie d'affûtage. Mais ces avantages ne sont pas suffisants pour compenser l'excédant considérable du prix de revient de ces machines, aussi leur emploi ne s'est pas généralisé.

Scies alternatives à avance continue. — Nous avons vu, p. 388, qu'en général dans les scies alternatives droites ou articulées le mouvement d'avance est donné à la pièce quand la bielle est arrivée aux trois quarts de sa course ascendante;

qu'il est terminé au moment où la bielle est arrivée au sommet de sa course, de telle sorte que la pièce reste immobile tant que les lames descendent et travaillent. Dans ces machines, les choses se passent donc de la même manière que dans le sciage à bras.

On a construit, au contraire, des scies alternatives dans lesquelles la pièce avance constamment d'un mouvement uniforme. Il est clair tout d'abord que par ce seul fait les lames n'attaquent plus le fond du trait sous les angles que leurs dentures montrent et que si l'on tient à conserver les angles d'attaque reconnus bons, il faut coucher davantage les dents et les coucher d'autant plus que l'avance est plus considérable. Comme il serait incommode d'avoir dans un même atelier plusieurs profils de dentures pour une même machine, on préfère obtenir le même résultat en obliquant la lame elle-même en grand. C'est pourquoi on recommande d'une manière toute particulière dans les machines de l'espèce de mettre les lames parallèles à l'hypoténuse du triangle rectangle, dont les côtés sont la course et l'avance du bois par coup de scie. Exemple : si une lame de $1^m,000$ de longueur a $0^m,050$ de course et doit débiter des bois à l'avance de $0^m,002$, il conviendra de donner à cette lame une pente de $0^m,004$. On comprend qu'en suivant cette règle, la lame attaque toujours le fond du trait sous le même angle.

En examinant en détail le fonctionnement d'une scie de ce genre, on voit que si on ne prenait pas cette précaution, le haut seul de la lame mordrait dans le cas de faible avance, tandis que le bas seul de la lame mordrait dans le cas d'avance considérable; dans l'un et l'autre cas les dents s'émousseraient promptement si elles ne se rompaient, et il y aurait, en outre, des ébranlements violents.

Cette observation montre également que *l'inégalité d'usure des dents des deux extrémités d'une lame est l'indice certain de la pente qu'il convient de lui donner.*

On remarquera que dans le type de la figure 116 ci-contre l'avance est produite par des rouleaux tournant d'une manière continue, lesquels sont constamment maintenus en contact avec la pièce par l'effet d'un contre-poids pendant dans la fosse et que le dessin ne permet pas de voir. Cette scie convient bien au débit des bois déjà équarris, les pièces peuvent s'y succéder sans interruption, surtout si elles ont même largeur.

Les scies à mouvement continu sont de deux espèces : les *scies circulaires* et les *scies sans fin* ou *à ruban*, ou *Périn*.

Scies circulaires. — Les scies circulaires sont des disques d'acier de faible épaisseur, portant à leur circonférence des dents analogues à celles des scies droites et percées à leur centre d'un trou circulaire qui permet de les monter sur un arbre portant un ou deux taquets en fonte auxquels on marie la lame à l'aide d'un prisonnier, de sorte que cette lame se

L.GUIGUET.DEL.

F. ARBEY a PARIS.

Fig. 116. — Scie verticale, alt

vance continue. — Page 394.

L. GUIGUET. INV. et DEL.

Fig. 117. — Scieries verticales et circulaires installées dans

... mues par des machines à vapeur locomobiles. — Page 395.

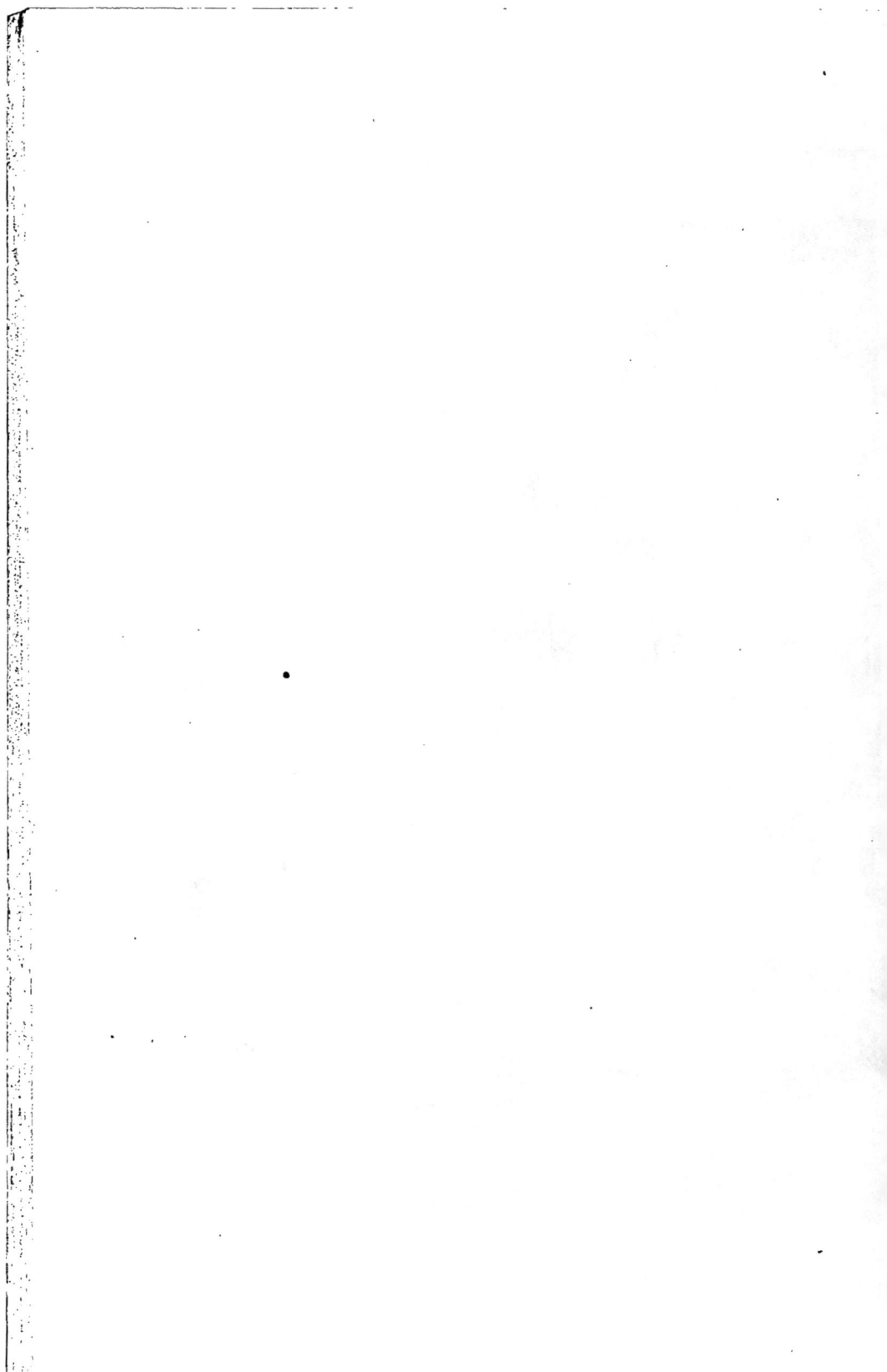

trouve entraînée avec l'arbre dans son mouvement
de rotation. On établit un banc ou une table au-
dessus, en ayant soin que la scie circulaire la dépasse
des deux tiers de son rayon. On a ainsi une machine
qui peut couper les bois qu'on lui présentera. Une
de ces machines est représentée au premier plan à
gauche de la figure 117 ci-contre.

Un tel outil ne peut faire que des traits mathématiquement plans; il ne peut faire aucun trait gauche quelque légère que soit la courbure. De plus les
inégalités de résistance qui se présentent tantôt d'un
côté, tantôt de l'autre du plan du trait, l'obliquité
des surfaces attaquées, celle de la force qui maintient ou pousse la pièce, sont autant de causes qui sollicitent la lame à fléchir tantôt d'un côté, tantôt de
l'autre. Si celle-ci n'a pas assez de raideur pour résister à ces efforts, elle se déforme, devient souple, flé-
chit au moindre obstacle, se gondole à chaque instant, produit un trait irrégulier beaucoup plus large
que sa voie et absorbe une force considérable en
même temps qu'elle cause de grands déchets; quand
le défaut s'exagère la lame s'échauffe, se détrempe
et ne mord plus. On atténue ces inconvénients dans
la mesure du possible en établissant deux guides à
hauteur de l'axe ou de la table pour maintenir le plan
de la lame pendant sa rotation.

Ces inconvénients n'ont pas de gravité pour les
scies de petit diamètre, aussi la scie circulaire de
petite dimension est-elle très-répandue partout où
l'on a besoin de refendre de menus objets par plans .

bien exacts. Ils acquièrent, au contraire, une importance considérable, quand on veut employer ces outils au débit des gros bois; les scies d'un mètre de diamètre sont à peu près la limite supérieure qu'on puisse atteindre pour le travail des bois très-durs, tels que le chêne maigre; celles de 1m,40 sont la limite supérieure pour le travail des bois tendres, tels que le sapin. Du reste, la qualité des lames et le serrage des coussinets et des guides jouent le plus grand rôle quand on approche de ces limites.

Comme il faut donner aux lames de très-grandes vitesses, l'inertie les raidit, le travail obtenu est plus grand et meilleur. On imprime assez ordinairement 400 tours par minute aux scies d'un mètre de diamètre, affectées au débit des bois durs dans le sens de leur longueur, 500 à 600 tours à celles qui débitent les bois tendres similaires.

La surface sciée par heure dépend de la qualité de la lame; quand celle-ci est bonne et ne chauffe pas, quand, de plus, on pousse les bois avec la machine elle-même, on peut lui faire scier plus de 1m,30 courant par minute avec les plus gros équarrissages, et obtenir ainsi 700 mètres courants ou 250 mètres carrés par jour en bois tendres. Le nombre de mètres courants augmente à mesure que l'équarrissage et la résistance diminuent. Il est considérablement réduit quand on pousse les gros bois à la main.

Ces machines scient donc beaucoup plus de surface que les scies droites, et ces dernières ne peuvent leur être comparées que dans le cas où elles refendent toutes les pièces successives en planches minces de même épaisseur, sans qu'on ait à modifier la position de leurs lames. C'est cet avantage, joint au bon marché de ces scies et à leur facile installation, qui les a fait adopter dans beaucoup de chantiers. Par contre, elles ont le défaut d'exposer les ouvriers à avoir les mains coupées, d'exiger des lames de bonne qualité, de dépenser beaucoup de force motrice et de causer de très-grands déchets. Cette dernière considération a son importance ; une scie circulaire de $0^m,003$ d'épaisseur produit, à cause de sa voie et de sa vibration, un trait de $0^m,005$ de largeur ; si on l'emploie à refendre des pièces en planches de $0^m,015$, elle fera un déchet de 33 pour 100, tandis qu'une scie droite donnant un trait de $0^m,003$ ne fera que 20 pour 100 de déchet. Pour ces diverses raisons, ces scies ne conviennent que pour le travail des gros bois de peu de valeur ou pour les menus travaux plans.

On construit des machines de ce type dont l'arbre porte-lame peut s'abaisser à volonté, disposition qui sert à faire des rainures dans les bois ; on en construit d'autres dont l'arbre peut s'incliner par rapport à l'horizon, ce qui augmente leur utilité. Enfin, quelques constructeurs montent une mèche sur l'extrémité de l'arbre, lequel est alors disposé vis-à-vis un chariot muni de trois mouvements rectilignes, ce qui permet, comme nous le verrons plus loin, d'avoir à peu de frais une machine à mortaiser.

Scies sans fin ou à ruban. — La scie à ruban sans fin, que nous devons à M. Périn, bien qu'elle ait été inventée à la fin du siècle dernier par le célèbre Samuel Bentham, inspecteur général des arsenaux de la marine anglaise, sous les ordres duquel travaillait Brunel, se compose d'une lame d'acier mince et étroite, bordée de petites dents peu saillantes, et qui s'enroule sur les gorges de deux poulies animées d'un mouvement très-rapide (environ 25 mètres par seconde à la circonférence). Les bois qu'on présente à la lame sont râpés et sciés avec une très-grande rapidité (fig. 118).

Il faut avoir le soin de garnir les gorges de ces poulies de bandes de caoutchouc, pour préserver la denture de la lame du portage sur la fonte et pour donner un peu d'élasticité au système. Il faut, de plus, tendre la lame à un certain degré en montant le tambour supérieur de la quantité convenable, la maintenir à l'aide d'un guide contre les flexions transversales qu'elle peut éprouver, enfin, la changer dès qu'elle commence à s'échauffer. Grâce au dispositif de ces machines, les changements de lames sont très-simples, les ouvriers habiles les font en moins d'une minute.

Ces machines se prêtent mieux que toutes les autres au sciage des bois petits et moyens suivant des traits courbes ; elles conviennent également au travail des bois de prix, parce qu'employant des lames très-minces elles causent de très-faibles déchets ; elles sont, en outre, très-bien appropriées aux chantiers

Fig. — Scie à ruban pour le bois.

... à couteau. La scie b ...

... données à M. ... bien qu'elle
... à la ... donner par le
... Boucher, inspecteur général des
... la machine, ... sous les ordres du
... Brunel, ... d'une lame d'acier
... bordée de ... dents peu sail-
... et qui ... sur des ... de deux
... animées d'un mouvement très rapide (envi-
... par seconde à la circonférence). Les
bois ... à la lame sont râpés et sciés avec
une ... (fig. 118).

... gorges de ces
... de ... convenable, la
... d'un guide ... les flexions
... qu'elle peut éprouver ...
... qu'elle commence à s'échauffer, ...
... ces machines, les changements de lames
... très-simples, des ouvriers habiles les font en
... d'une minute.

... machines prêtent mieux que toutes les autres
... le bois petits ... suivant des traits
... également au travail des
... employant des lames ...
... le ... d'el
...

Fig. 118. — Scie à ruban, sans fin.

dont la force motrice est coûteuse. On a essayé de les employer au débit des gros bois, mais outre les difficultés des manœuvres on a rencontré beaucoup de difficultés pour obtenir dans ce cas des surfaces planes; ceci tient à ce que la lame n'a pas par elle-même de raideur, qu'elle dévie facilement de son plan au moindre obstacle, et que n'étant pas alors rappelée dans sa position habituelle, elle continue quelque temps son trait dévoyé jusqu'à ce que la tension qu'elle subit devienne assez grande pour la ramener à la position d'équilibre, qu'elle dépasse naturellement en vertu des forces acquises pour faire un nouvel écart de l'autre côté, moindre que le premier, et qu'elle produit ainsi une sorte de surface ondulée. Une voie très-régulière, un bon montage et un choix judicieux des lames peuvent éviter ces accidents. Nous répétons, d'ailleurs, qu'on n'y est exposé que dans le débit des gros bois, et qu'aucune machine ne se prête mieux au débit des bois menus, petits et même moyens. Aussi l'usage des petites scies de ce genre à pédales (fig. 119) tend-il à se généraliser.

Quelques constructeurs disposent des ressorts ou des tendeurs à contre-poids pour tendre la poulie supérieure au point convenable; c'est une complication, dont le but est de dispenser les ouvriers du soin qu'ils doivent apporter avec les machines ordinaires pour les tendre quand ils en montent les lames. On peut, avec cette précaution, confier la scie à des ouvriers médiocres.

L'affûtage de ces scies nécessite un banc spécial

L. GUIGUET

ARBEY
À
PARIS

Fig. 19.

sur lequel on monte et on tend la lame ; un guide en
bois, formant étau, permet de tenir et de raidir
la partie de la scie qu'on affûte (fig. 120).

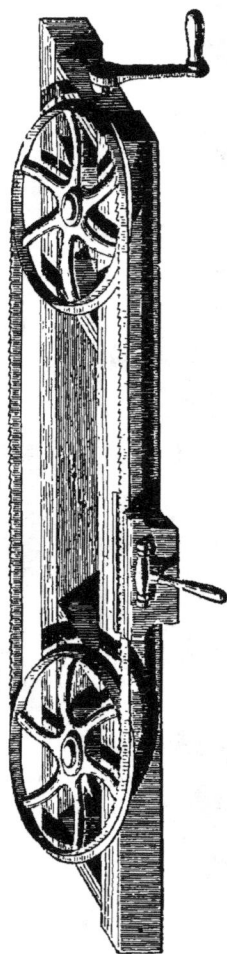

Fig. 120.   Fig. 121.

Il faut, de plus, avoir un autre outillage pour souder, autrement dit *braser,* les lames quand elles se brisent; cet accident est très-fréquent. L'opération se fait facilement, en employant la pince spéciale (fig. 121) qu'on chauffe d'abord au rouge clair et avec laquelle on saisit ensuite les deux bouts qu'il s'agit de souder et qu'on a eu soin de préparer et d'entourer de soudure comme il faut le faire pour toutes les soudures. Cette pince joue ainsi à la fois le rôle de pince et de fer à souder. On vend aussi des forges spéciales pour exécuter ce travail, mais elles ne sont pas indispensables.

Machines à percer. — Les machines à percer le bois sont construites exactement de la même manière que les machines à percer les métaux; on les munit d'ordinaire de mèches hélicoïdales, telles que $c\ c'$ de la figure 113, parce que les mèches évacuent plus facilement que les autres les copeaux qu'elles produisent. L'avance se donne presque toujours à la main, parce que l'ouvrier la règle ainsi en raison de la dureté du bois et de la chaleur dégagée par l'outil. Il est bon que le mouvement de rappel de l'outil soit très-rapide.

Machines à raboter. — Les premières machines à raboter ont été formées par des couteaux qu'on montait sur un socle carré comme en *a* (fig. 122). En général on leur donnait une vitesse circonférentielle de 13 mètres par seconde et une inclinaison de 45° avec la tangente à leur circonférence, autrement dit avec la pièce à raboter. L'avance était plus ou moins grande, selon le degré de fini qu'on voulait obtenir, car on conçoit que l'outil déterminait à la surface de la pièce une série de petits cylindres accolés *b* (fig. 123) dont les arêtes de jonction étaient d'autant moins saillantes que les cylindres étaient plus rapprochés. Ce travail, si imparfait qu'il soit, suffisait cependant pour *blanchir* les bois. Ces machines sont encore très-employées pour les travaux grossiers ; on les munit généralement de fers verticaux qui blanchissent les côtés des planches ou qui y pratiquent des feuillures

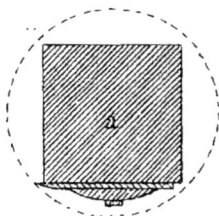
Fig. 122.

Fig. 123.

et des rainures, tandis que les outils horizontaux en blanchissent une face ou les deux faces. L'avance de ces machines est ordinairement de 5 mètres par minute.

Quand on veut obtenir un meilleur fini, on emploie la raboteuse à lames hélicoïdales (fig. 124), dont l'outil attaque les fibres obliquement et évite, par suite, les éclats que fait une surface exactement plane, parce que d'abord le taillant est bien affûté par une meule parallèle au banc, qui lui donne la forme exactement cylindrique, et que, de plus,

Fig. 124. — Machine à raboter à lames hélicoïdales. (*Brevet* MARESCHAL *et* GODEAU). — Page 404.

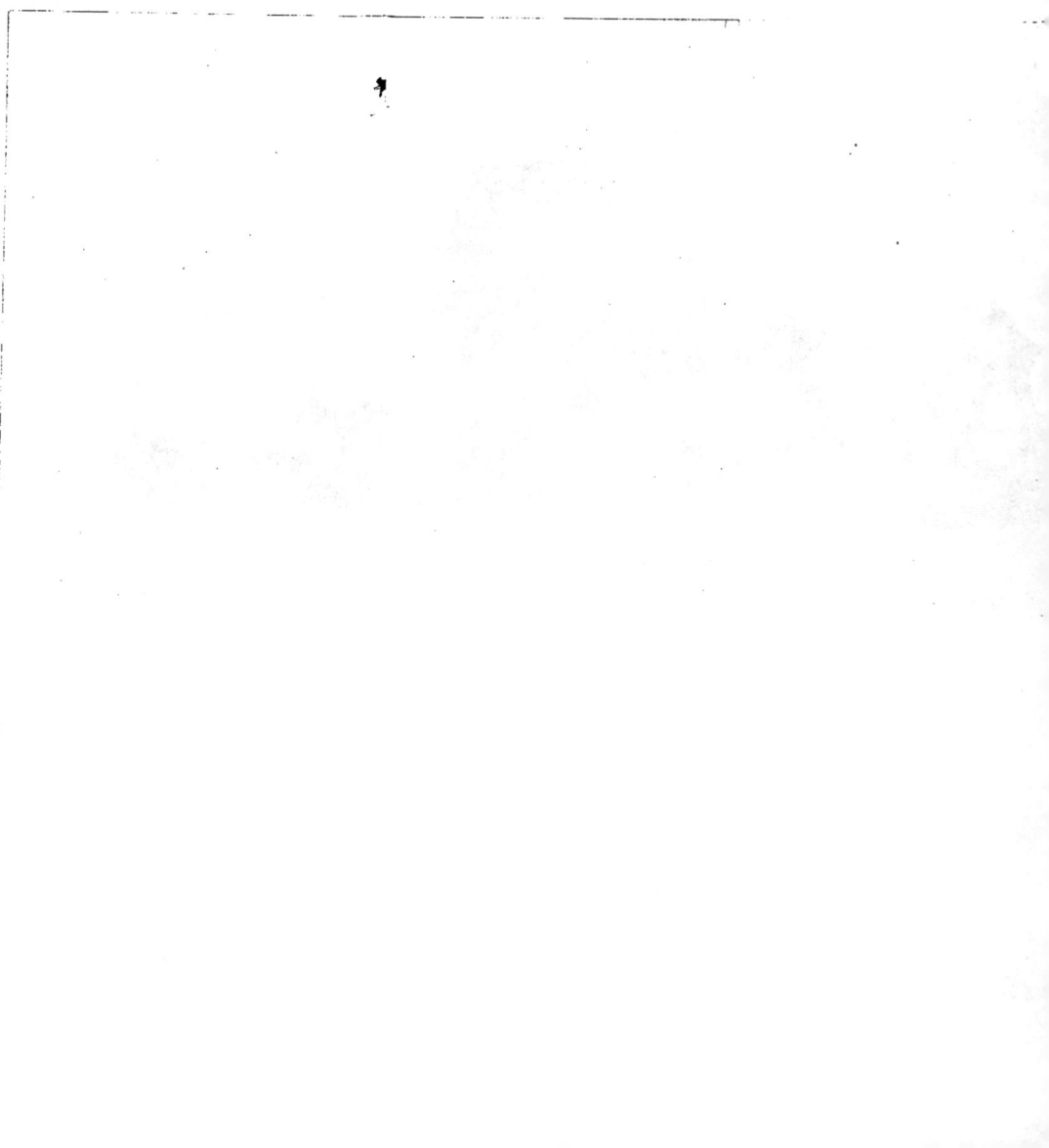

l'avance de la pièce est très-faible par rapport à la vitesse de l'outil. Si on remarque, en outre, que ces machines sont solidement construites, que leurs bancs sont massifs, que les pièces y sont très-solidement fixées, on comprendra que toutes les précautions ont été prises pour éviter les vibrations et pour obtenir un bon travail. Le haut prix de ces engins s'est seul opposé longtemps à leur vulgarisation, mais les simplifications apportées récemment à leur construction en ont diminué le prix d'achat et faciliteront leur propagation pour tous les travaux mécaniques d'ébénisterie et de menuiserie.

Enfin on a construit des machines à raboter composées d'un fer fixé sur un bâtis rigide sur lequel on fait passer la pièce à raboter. Cette machine, qui fonctionne en principe à la manière du rabot à main, donne de très-belles surfaces. Elle exige beaucoup de force et de soin. Des machines similaires ont été établies en vue de former des lames minces pouvant être employées comme placages et même comme papier de tenture ; il est alors indispensable d'employer des bois parfaitement homogènes.

Machine à faire les moulures. — Il suffit de remplacer le fer droit d'une machine à raboter par un fer de moulure, pour avoir une machine apte à faire les moulures sur des bois droits.

Pour faire des moulures sur les bois courbes aussi bien que sur les bois droits, on emploie avec profit

Fig. 125.

une machine particulière dite *toupie* (fig. 125), dont l'outil fait 4,000 tours par minute. Il importe, en s'en servant, de ne point aller à contre-fil, ainsi que

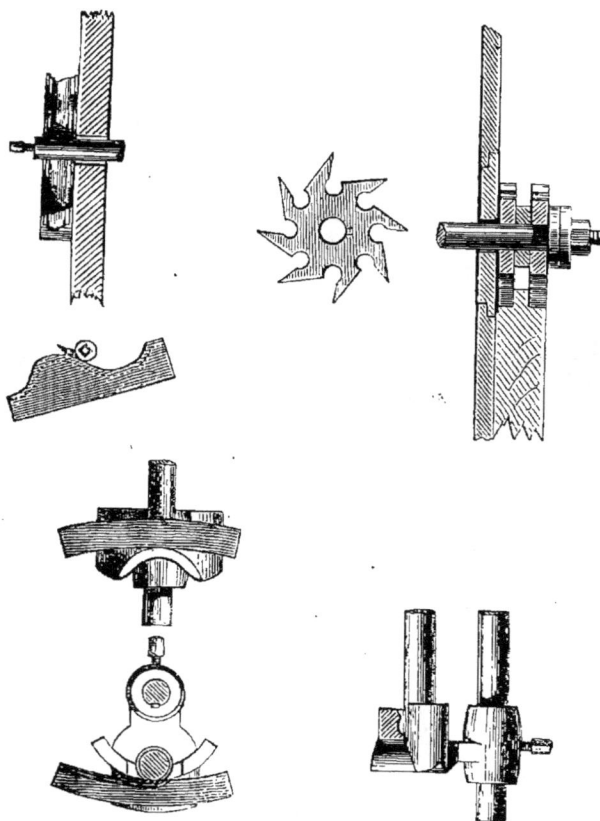

Fig. 126 à 131.

nous l'avons fait remarquer à propos du rabotage manuel, p. 379. Les figures 126, 127, 128, 129, 130 et 131, représentent les détails de la construction de cette machine qui, bien que des plus simples

et des moins coûteuses, rend les plus grands services. On peut l'utiliser à dresser les joints des planches ou à y pratiquer des feuillures ou des rainures,
il suffit pour cela d'y monter des fers appropriés.

Machines à tourner. — Les tours mécaniques
ne diffèrent pas d'une manière sensible des tours à
pédales. En général, l'ouvrier tient l'outil à la main.
Cependant, quand on a à faire une grande quantité d'objets de la même forme, on peut les faire mécaniquement en employant diverses machines spéciales
dites *machines à façonner* et qui dérivent du tour.
Dans toutes ces machines, dont les formes et les
dimensions sont appropriées à l'emploi spécial qu'on
veut leur donner, il y a un gabarit et à côté une série
de pièces de bois grossièrement ébauchées qu'il s'agit
de façonner. Ces gabarits et ces pièces sont solidaires
en tous points les uns des autres : si le gabarit
tourne d'un certain angle, les autres pièces tour-
nent du même angle ; si, de plus, le gabarit se
déplace longitudinalement, s'élève ou s'abaisse, les
autres pièces suivront exactement les mêmes mouvements et de la même manière. En cet état de choses,
on dispose au-dessus du système ci-dessus un arbre,
animé d'un mouvement rotatoire des plus rapides,
qui porte un petit galet au-dessus du gabarit et une
série d'outils taillants de même saillie que le galet
précité ; chacun de ces outils vient toucher et attaquer une des pièces ébauchées. On conçoit qu'il
suffit de faire toucher le galet-guide en tous les points

du gabarit, pour que les divers outils taillants repro-

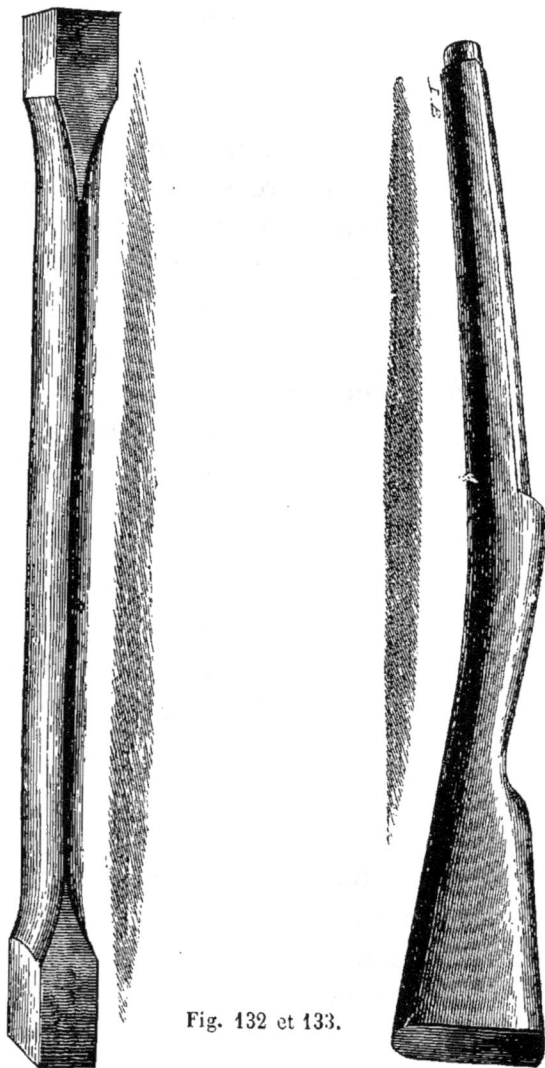

Fig. 132 et 133.

duisent exactement sur les pièces ébauchées les formes du gabarit employé. La figure 134 ci-contre représente une machine de ce genre faite spécialement pour la fabrication des raies, des fusils, des

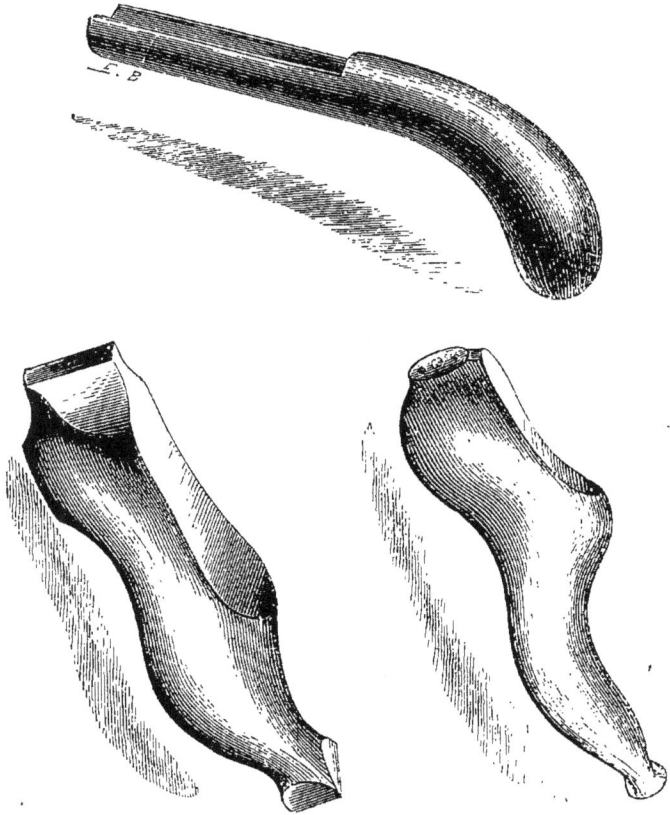

Fig. 135 et 136.

sabots, etc. Les figures 132, 133, 135, 136 montrent des spécimens des divers objets qu'elle peut fabriquer.

On trouve des machines dites *menuisiers uni-*

Fig. 134. — Machine à façonner les ra

BELLOCHE

…s, bois de fusils, sabots. — Page 410.

C. LAPLANTE.

Fig. 437. — Machi

J. Touché

versels, qui permettent de faire mécaniquement tous les travaux de menuiserie, mais ces outils sont assez compliqués et demandent bien des combinaisons qui font perdre du temps à leurs conducteurs. On préfère, en général, diviser le travail en diverses machines dont chacune a sa spécialité.

Machines à mortaiser. — La fabrication des tenons et des mortaises a été résolue de bien des manières.

La figure 137 ci-contre donne une des solutions les plus simples comme conduite, entretien et durée. Quand on emploie des lames bien affûtées, les surfaces sont nettes.

On obtient le même résultat en montant sur la toupie des outils tels que ceux des figures 126 à 134, mais il vaut mieux avoir recours à des machines faites sur le même principe, munies de porte-outils spéciaux.

On fait encore les mortaises à l'aide d'une mèche montée sur l'arbre d'une machine à forer; la pièce de bois est montée sur une coulisse à laquelle on donne un mouvement de va-et-vient d'une longueur égale à celle de la mortaise qu'on veut obtenir.

D'autres constructeurs commencent par percer un trou de diamètre égal à la largeur de la mortaise, puis ils engagent dans le trou un ciseau muni d'un mouvement de va-et-vient rapide, lequel agrandit la mortaise et la fait carrée. Les ciseaux résistent difficilement à ce genre de travail.

Du travail absorbé par les machines-outils. — Nous n'avons pas d'étude faite avec ensemble sur la quantité de force motrice absorbée par les machines-outils à travailler le bois. Les expériences faites à ce sujet sont isolées et leurs résultats ne sont pas comparables. On admet en général que les bonnes machines scient, par cheval et par heure, 4 mètres carrés de chêne de France, sec, de $0^m,30$ à $0^m,50$ de hauteur, avec $0^m,003$ de largeur de trait, autrement dit que le débit de 1 mètre carré de chêne sec exige 63,000 kilogrammètres de travail moteur mesuré sur la lame. La scierie de l'arsenal de Toulon scie en moyenne 1 mètre carré de chêne sec, dont 1/3 de bois très-dur d'Italie; de plus, elle scie et elle rabote 1 mètre carré de bois résineux par cheval de 75 kilogrammètres developpé sur les pistons de la machine motrice.

MISE EN ŒUVRE DES BOIS.

Les bois sont rarement employés sous la forme arrondie que la nature leur donne, forme qui ne se prête pas aux assemblages et qui ne peut être conservée que dans les circonstances où les pièces travaillent isolément comme dans les pilotis. Sauf ces cas exceptionnels, les bois doivent être équarris ou débités. L'ouvrier examine le tronc brut qu'il doit travailler; il le suppose, dans son esprit, divisé par des plans parallèles et normaux, et décide quelle est, parmi les diverses solutions de débit possibles,

celle qui donnera les produits les plus avantageux.
Quand il aura ainsi déterminé comment il doit travailler sa pièce, son premier soin sera de représenter
sur le corps même de cette pièce les plans et surfaces
qui séparent la matière à enlever de celle à réserver.

Pour cela, l'ouvrier doit d'abord tracer sur
sa pièce le plan de symétrie, le plan principal ou à
défaut un plan fictif auxiliaire dont il se servira
ensuite comme point de départ pour tracer les autres
plans dont il a besoin. Il peut naturellement employer
plusieurs méthodes pour y arriver. La plus simple

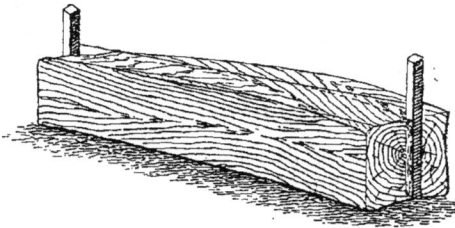

Fig. 138.

consiste à virer la pièce jusqu'à ce que son plan déviré
devienne vertical, à déterminer avec le fil à plomb
la rencontre de ce plan avec le petit bout de la pièce,
à clouer une règle saillante le long de cette ligne,
puis à se transporter au gros bout, à y représenter
de la même manière la trace du plan demandé, enfin
à tendre un cordeau entre les repères faits sur le gros
et sur le petit bout et à battre le cordeau sur le fût
de la pièce ou à défaut à marquer en dégauchissant
ce cordeau avec les règles précitées la rencontre du
plan demandé avec le fût de la pièce (fig. 138).

Quand il a ainsi déterminé le premier plan, il détermine facilement les autres plans ou les surfaces qui doivent achever le lignage.

Si l'arbre doit être simplement équarri, le bûcheron fait avec sa cognée des entailles, distantes d'environ deux pieds sur les bois durs et de neuf pieds sur les bois faciles à fendre; celles-ci traversent et divisent la matière à enlever et s'arrêtent à quelques millimètres de celle à conserver. Il ne reste plus qu'à donner quelques coups de cognée dans le sens des fibres pour enlever la matière comprise entre les entailles et faire apparaître les plans désirés. On achève de façonner ceux-ci à la *doloire*. On pourrait également obtenir le même travail avec la scie de long, mais ce second procédé est quatre ou cinq fois plus coûteux (le scieur de long produisant par tête et par jour quatre ou cinq fois moins de surface que le bûcheron), en sorte qu'on n'équarrit à la scie que dans les endroits où la valeur des dosses données par la scie compense l'augmentation de main-d'œuvre inhérente à ce mode de travail. On équarrit, au contraire, à la cognée toutes les fois que les dosses ne coûtent guère plus que les copeaux.

Les bois destinés à la charpente sortent en général des forêts avec un équarrissage de ce genre, dit aux 4/5, qui laisse paraître l'aubier à chaque arête. La raison d'être de cet usage est double : on cherche d'une part à ne pas grever le prix de revient de la pièce du prix de transport des croûtes extérieures le plus souvent inutilisables, de l'autre on garantit les angles de la pièce contre les détériorations qu'elle peut subir pendant son transport en leur réservant une partie d'aubier. D'ailleurs, on emploie souvent les bois équarris de la sorte en se bornant à enlever l'aubier de leurs arêtes et en conservant les flaches ainsi formées ; on a alors une pièce moins belle d'aspect, mais plus résistante que celle à dimensions réduites qu'on obtiendrait si on cherchait à la mettre partout à vive arête sans aubier.

Les pièces s'emploient rarement seules ; en général on en marie plusieurs ensemble pour coopérer au même but ; à cet effet, on les assemble suivant des méthodes différentes, selon leurs positions relatives et la direction des efforts qui les sollicitent. Le dispositif général d'une charpente et la proportion de ses éléments sont du ressort de l'art de l'ingénieur et ne peuvent être étudiés ici ; cependant nous pouvons examiner, à titre d'exemple, un des cas simples.

Supposons qu'on ait à construire un hangar composé d'un nombre quelconque n de *travées*, ayant chacune 5 mètres de largeur, 10 mètres de longueur, 5 mètres de hauteur, dont la charpente soit formée de $n+1$ files de 3 *poteaux* en bois A, supportant chacune une *poutre* B ; que des chevrons C portant sur ces poutres forment un plancher destiné à supporter des fourrages ou autres poids divers ne dépassant pas 600 kilogr. par mètre carré de plancher dans les parties les plus chargées ; voyons quelles sont les dimensions à donner à chacune de ces pièces et la manière de les assembler (fig. 139).

Les chevrons ou solives seront chargés proportionnellement à leurs longueurs et en raison inverse de leur espacement. Le plus souvent leur équarrissage est imposé par les usages commerciaux, leur espacement est seul facultatif. Si le constructeur est dans ce cas et doit employer des chevrons carrés de $0^m,15$ de côté ou des soliveaux de $0^m,18$ de diamètre (ces

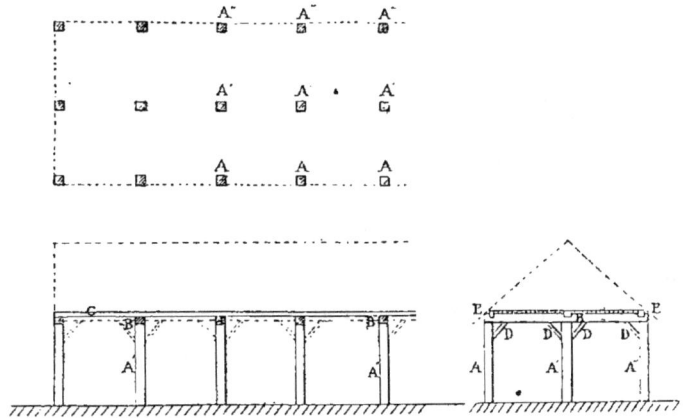

Fig. 139.

A. Projection horizontale. — B. Élévation longitudinale. — C. Élévation transversale.

deux pièces ont même force à qualité égale), susceptibles, vu leur qualité, de supporter une charge d'un demi-kilo par millimètre carré, la résistance des matériaux nous apprend que dans ce cas il les faut mettre à $0^m,18$ d'axe en axe, c'est-à-dire en contact.

Chacun de ces chevrons C reportera sur chacune des poutres B, sur lesquelles il repose, la moitié de sa charge totale, celles de ces poutres qui n'appartiennent pas aux faces extérieures reçoivent les charges des chevrons situés à leur droite et à leur gauche ; chacune de ces poutres intermédiaires se trouve donc chargée au portage de chaque chevron, par conséquent tous les $0^m,18$, de forces dont la plus grande ne dépasse pas 540 kilos (puisque chaque chevron ayant 5 mètres de longueur et $0^m,180$ de diamètre ne peut être chargé de plus de 600 kilos par mètre carré) et dont la somme est égale à la charge d'une travée entière. Si cette poutre est carrée, si elle peut travailler à raison d'un demi-kilogr. par millimètre carré, si de plus on la suppose chargée à la position de chaque chevron de l'effort maximum fixé à 540 kilogr., la résistance des matériaux montre que dans ce cas son équarrissage doit être $0^m,30$ (voir les formules page 289).

Si on considère chacune de ces poutres comme coupée au-dessus de son support milieu, on voit que le poteau milieu A′ reçoit la moitié de la charge entière de la poutre, par conséquent la moitié de la charge totale de la travée, soit 15,000 kilogr., en ne considérant que la charge sur chevron, et 18,000 kil. en tenant compte du poids des chevrons et des poutres. Les deux montants de façade A et A″, au contraire, ne portent que la moitié de cette charge. Si le poteau A′ est en bois capable de résister par compression à une charge de 10 kilos par centimètre carré, sa section doit être de 1800 centimètres carrés, par suite son équarrissage doit être de $0^m,43$ s'il est carré ou de $0^m,48$ s'il est rond. Chacun des poteaux A et A″ pourrait n'avoir qu'une section moi-

27

tié moindre, c'est-à-dire $0^m,30$ carrés; mais ces poteaux, étant exposés à des chocs provenant de l'extérieur, doivent être renforcés, et on fera bien en général de leur donner le même équarissage qu'aux montants intermédiaires A', c'est-à-dire $0^m,43$. On pourrait cependant leur donner seulement $0^m,35$ à tous, en imposant aux poutres B le soin de répartir les efforts uniformément.

Les dimensions principales des pièces étant ainsi fixées, il reste à déterminer leur mode d'assemblage.

Les chevrons C reposeront purement et simplement sur les poutres B; ils doivent être en contact les uns avec les autres; il est donc inutile d'entailler leur extrémité dans ces poutres pour assurer l'invariabilité de leurs positions respectives. On pourra cependant se garantir contre les poussées accidentelles, qui pourraient se produire dans la masse supérieure, en entaillant chacun des chevrons placés au-dessus des montants A. Cette opération n'affaiblira pas du reste les poutres B, lesquelles travaillent peu à ces positions et peuvent par suite être affaiblies par des entailles sans qu'il en résulte d'inconvénient.

Les poutres B devront être reliées solidement aux poteaux A, A', A'', de façon qu'une poussée accidentelle ne les désunisse pas, car si cet accident se produisait en un point quelconque, la poutre B n'y étant plus soutenue, romprait sous la charge. On pourra à cet effet ménager un tenon aux poteaux A, et une mortaise aux poutres B. On pourra de même remplacer chaque poutre B par deux autres d'épaisseur moitié moindre assemblées par côté à mi-bois. La nature des matériaux disponibles commande le plus souvent ces diverses dispositions.

Puis on consolidera le système en établissant dans les $(n + 1)$ plans des poteaux A, A', A'', des *décharges* ou *jambes de force* D, qui soulageront les poutres B et assureront la rigidité du système dans le sens transversal.

Il faudra, en outre, s'opposer aux mouvements que les pans de bois transversaux pourraient prendre en tournant tout d'une pièce autour de leurs points d'appui sur le sol. A cet effet on établira sur chaque face longitudinale une *sablière* E entaillée à mi-bois avec les poutres et reliée aux poteaux des façades par des décharges que l'élévation longitudinale montre en trait pointillé.

Enfin il sera bon d'établir à chacun des quatre angles de la charpente un *gousset* qui, assemblé avec la sablière et avec la poutre, maintiendra invariable l'angle que les pièces forment entre elles.

Nous rappellerons, pour terminer l'étude de cette charpente élémentaire, que les poteaux pourriraient promptement si on laissait leur pied dans la terre humide; il faut donc, pour assurer leur durée, les faire reposer sur des dés en pierre ou en maçonnerie qui les isolent et les préservent de l'humidité du sol.

Cet exemple montre comment on se trouve conduit dans les constructions à assembler les pièces de

bois les unes avec les autres. Les procédés d'assemblage usités sont très-nombreux, ils varient suivant
les angles que les pièces font entre elles et suivant la direction des efforts auxquels elles sont soumises. Nous nous bornerons à décrire les plus usités, mais nous pouvons poser comme principe : que
tout assemblage est vicieux, si les parties ligneuses

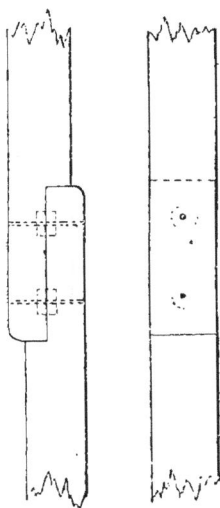 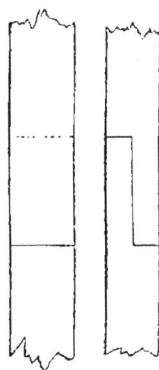

Fig. 140.   Fig. 141.

réservées dans la confection des assemblages sont
formées de fibres coupées transversalement, adhérant
peu, par conséquent, au corps même de la pièce et
par suite faciles à décoller; qu'il l'est également si
ces parties réservées offrent des angles trop aigus
susceptibles de s'éclater ou si leurs éléments sont
mal proportionnés.

Le cas le plus simple qui puisse se présenter est

l'obligation de former une pièce longue avec d'autres plus courtes. La solution de la figure 140 assure à l'ensemble les deux tiers de la résistance suivant l'axe qu'avait chaque pièce considérée isolément. Celle de la figure 141 est plus agréable à l'œil, mais ne donne plus que la moitié de cette résistance. Toutes deux peuvent être consolidées par des boulons, par des brides et par des dés, tels que la figure le montre en

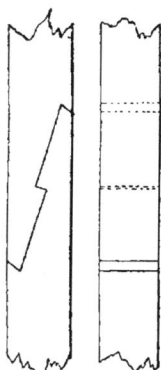 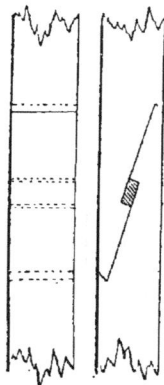

Fig. 142.   Fig. 143.

ponctué. On peut encore employer l'assemblage *à trait de Jupiter simple* (fig. 142) ou celui *à trait de Jupiter simple avec clef* (fig. 143). Ces deux dernières solutions ne se prêtent pas aussi bien que celles des figures 140 et 141 à l'emploi des dés en bois dont on ne saurait trop recommander l'usage dans les assemblages de pièces de charpente, parce qu'ils donnent sans dépenses sensibles une grande solidité au système; l'ajustage de leurs logements doit être fait aussi exactement que possible; nous recommanderons à cet

effet de les faire traverser par un boulon dont le
trou préalablement percé servira de guide à la tarière qui doit pratiquer le logement du dé.

Si l'on veut renforcer une pièce, ou si l'on veut
faire une pièce forte avec d'autres plus faibles, on

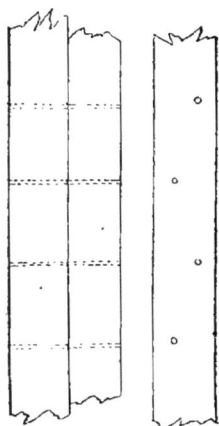 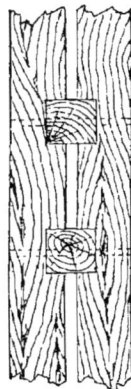 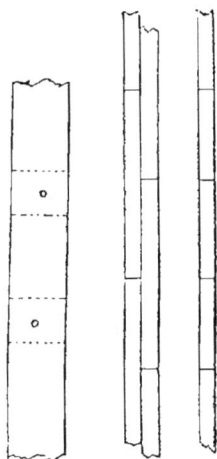

Fig. 144.   Fig. 145.   Fig. 146.

pourra employer la disposition de la figure 144, ou
mieux celui de la figure 145.

Si l'on a besoin non-seulement de renforcer, mais
encore d'allonger une pièce, on pourra combiner les
systèmes précédents; mais il faudra toujours avoir
soin de croiser les écarts des pièces d'un plan
avec celles de l'autre. La figure 146 indique la
méthode la plus simple qu'on peut employer; elle
nécessite beaucoup de boulons; des dés ou des
clefs la renforceront notablement sans grandes dépenses.

Il arrive fréquemment qu'on a à relier, pour les faire travailler ensemble, des pièces qui se croisent sous différents angles.

Si ces pièces se continuent toutes deux au delà de leur rencontre, on pourra adopter l'assemblage de la figure 147 ou celui de la figure 148. Avec la

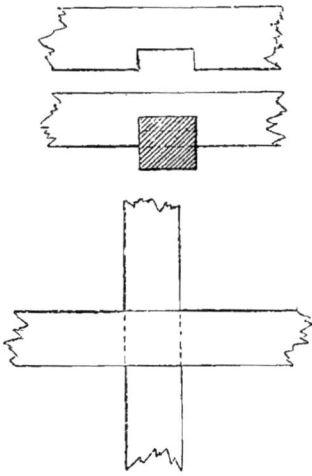

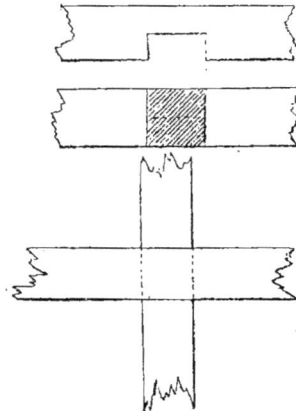

Fig. 147.   Fig. 148.

première solution, chaque pièce conservera les deux tiers de sa force primitive; avec la seconde elle n'en conservera que la moitié; mais dans ce dernier cas les faces des pièces seront dans un même plan, disposition plus élégante, imposée dans maintes circonstances.

Si l'une seulement des pièces se continue au delà du point de rencontre, on pourra employer l'assemblage par *entaille à mi-bois* A, ou celui à *queue d'hironde* B, ou celui à *tenon et mortaise* C de la figure 149.

Enfin, quand les pièces ne se prolongent ni l'une ni l'autre au delà de leur point de rencontre, on emploie divers assemblages, tels que ceux A et B de la figure 149. On peut également en employer d'autres plus compliqués, si on tient à dissimuler

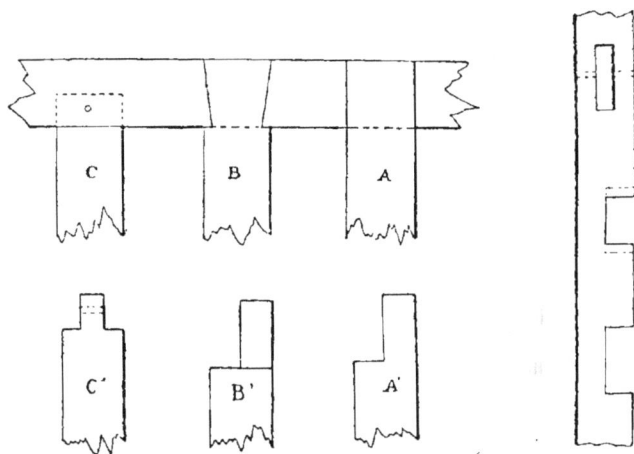

Fig. 149.

l'ajustage, comme cela arrive fréquemment dans les travaux de menuiserie et d'ébénisterie. La figure 150 indique la disposition adoptée pour l'assemblage des battants A avec les traverses B pour les portes de menuiserie ; quand il s'agit de portes de meubles, on réduit le tenon de B d'un tiers de sa longueur, pour qu'il ne paraisse pas. La même figure montre l'assemblage des panneaux C avec les battants A et avec les traverses B.

Ces divers exemples montrent les principaux
moyens employés pour relier les diverses pièces de
bois : l'art de l'architecte, de l'ingénieur et du charpentier consiste à choisir dans chaque cas particulier
la combinaison qui affaiblit le moins les pièces. L'ouvrier qui l'exécute doit toujours se préoccuper du

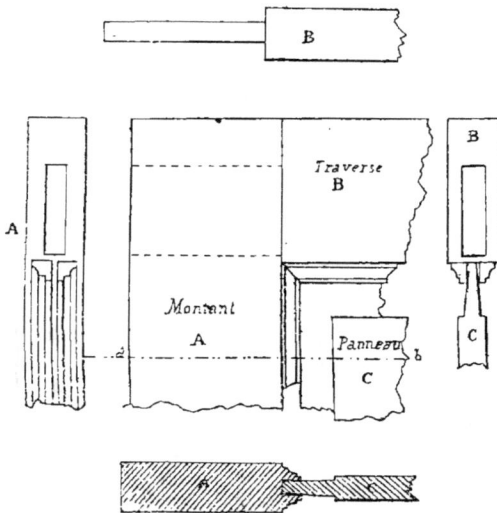

Fig. 150.

retrait transversal que chaque pièce prendra en se
desséchant et chercher à l'atténuer en la travaillant.
Ainsi, quand il fera un tenon et une mortaise, il aura
soin de faire le tenon aussi gros que possible, de façon
qu'on soit obligé de le forcer pour le faire pénétrer
dans la mortaise ; sans cette précaution, l'assemblage aurait du jeu quand les bois seraient secs et
les pièces pourraient prendre, au bout de quelque

temps, un certain déplacement les unes par rapport
aux autres, déplacement qui faciliterait les vibrations.
L'accès de l'humidité ou de la pluie est souvent la
ruine de la charpente.

Du chevillage des pièces. — Quand on réunira
deux pièces de bois, on devra préférer le boulon
à la cheville rivée et la cheville conique à la cheville
cylindrique, attendu que le boulon et la broche conique peuvent être ultérieurement serrés, de façon à
faire disparaître le jeu dû au retrait par la dessiccation des pièces.

On recommande dans le même but de percer les
trous qui doivent recevoir des chevilles, des goujons
et des clous, avec un diamètre moindre que celui des
chevilles des goujons ou des clous qu'ils doivent recevoir. Ainsi le trou destiné à recevoir un goujon carré
devra avoir pour diamètre le côté du carré du goujon ; le trou destiné à recevoir une cheville devra
avoir $0^m,003$ de moins sur le diamètre que la cheville correspondante, celle-ci étant supposée avoir
moins de $0^m,60$ de longueur ; le trou destiné à
recevoir un clou ne sera percé que sur la mi-longueur de ce clou, et il devra avoir pour diamètre le
côté du carré de ce clou à sa mi-longueur. Si on met
des chevilles en bois, il sera bon de les comprimer
au préalable et de les faire légèrement coniques. En
appliquant ces règles, on est parfois conduit à faire
éclater le bois selon la direction des fibres ; cela
montre qu'on a atteint la limite de compression con-

venable; si cependant on tient à le comprimer davantage, sans toutefois le faire éclater, on emploiera, au
lieu de goujons ou de clous carrés, des goujons et des
clous à section rectangulaire, dont on mettra le grand
côté parallèle à la longueur des fibres (fig. 151)[1]. La
marine cheville une partie de
ses bois avec des chevilles coniques en bois de chêne ou
mieux en acacia, qu'on nomme
gournables, et dont on a le soin
de réduire préalablement le dia-

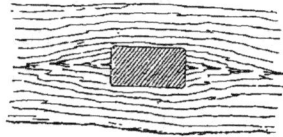

Fig. 151.

mètre de 20 à 30 pour 100 par une forte compression opérée dans un laminoir spécial. Ce système
donne une tenue excellente; appliqué aux bois immergés, il assure l'étanchéité absolue du chevillage,
surtout si on a soin de fendre la tête et le pied des
gournables pour y introduire un petit coin à bois.

Les chevilles grillées, chassées à bout perdu, ont
une tenue moitié moindre que celle des chevilles
lisses, parce qu'elles déchirent le bois en y pénétrant
et qu'ainsi elles reposent sur de la sciure. Les chevilles carrées n'ont pas plus de tenue que les chevilles
rondes, sans doute pour qu'elles détruisent davantage
l'élasticité du bois, laquelle est la cause première de
la tenue. La résistance à l'arrachement des chevilles
croît beaucoup moins vite que leur section. Leur

1. Les clous plats en cuivre rouge de 0m,55 de longueur,
de 0m,024 sur 0m,022 d'équarrissage, pesant 2k,400 l'un, que l'on
emploie en marine pour cheviller les bordages de 0m,22 d'épaisseur, exigent un effort d'environ 4,500 kilogrammes pour leur mise
en place et exigent un effort d'arrachement de 5,000 à 6,000 kil.

rivure sur rondelles n'ajoute point à leur résistance à l'arrachement, si leur longueur est suffisante.

Les vis à bois sont mises en place dans des trous préalablement percés avec des mèches de diamètres légèrement inférieurs aux diamètres des vis mesurés au fond des filets ; les pressions transversales qu'elles supportent sont bien moindres que celles qui agissent sur les chevilles, elles s'exercent en outre sur des surfaces moindres ; elles sont par suite insuffisantes pour assurer la tenue des vis ; celle-ci n'est assurée que par la résistance à l'arrachement des parties de bois comprises entre les filets. La vis à bois sera donc bien proportionnée si la résistance du bois compris entre les filets est égale à la résistance du filet lui-même et si celle-ci est égale à la résistance de la vis dans sa section au fond du filet. Ces considérations ont conduit le commerce à fabriquer des vis à bois bien proportionnées. Quand la marine a dû fabriquer des vis à bois de très-grandes dimensions pour tenir les cuirasses, les ferrures d'artillerie ou les fondations de diverses machines, elle a pris pour règle les proportions suivantes :

Diamètre de la partie lisse		1^m,00
Diamètre circonscrit au filet	à l'origine . . .	1^m,00
	au bout	0^m,90
Diamètre du noyau	à l'origine.	0^m,75
	au bout.	0^m,65
Pas.		0^m,75
Saillie du filet		0^m,125
Base du triangle générateur du filet.		0^m,15
Inclinaison de la face d'écrasement		0^m,075

Les ouvriers enfoncent parfois les petites vis à coups de marteau ; cette pratique est vicieuse, car en opérant ainsi on brise les fibres du bois et les vis ne tiennent pas.

Il est indispensable de faire zinguer avant leur mise en place les boulons, goujons, clous, chevilles ou vis à bois en fer qu'on met dans les bois qui contiennent du tannin, principalement dans le chêne ; sans cette précaution le fer se ronge, la tenue en est compromise et le bois lui-même s'injecte en noir et se détériore. La même précaution est encore bonne pour les bois résineux, mais elle n'est pas nécessaire au même degré.

Travail du charpentier. — Chaque profession a, pour ainsi dire, un mode particulier de travail, lequel résulte du but qu'elle désire atteindre et des outils qu'elle emploie. Le charpentier cherche le plus souvent à donner aux faces extérieures des bois qu'il travaille des surfaces à peu près planes pour satisfaire l'œil, mais il ne s'attache à obtenir des plans exacts que pour les faces de ses assemblages. Il ne peut donc tracer les surfaces planes de ses assemblages en partant d'une surface plane extérieure, préalablement formée, comme les ouvriers de certaines professions le font d'ordinaire, et il est contraint de prendre pour guide un plan fictif qu'il choisit convenablement et qu'il trace à l'avance sur la pièce, comme nous l'avons vu p. 413 ; de telle sorte qu'il lui est tout aussi facile d'assembler une pièce en grume qu'une pièce équarrie aux $\frac{4}{5}$. A l'aide d'épures convenablement tracées en grandeur naturelle, il déduit les cotes des différentes entailles qu'il doit exécuter par rapport à ce plan fictif. Il facilite d'ailleurs le plus souvent ses tracés en virant ses pièces de telle façon que leur plan de lignage soit vertical, et il les dispose les unes au-dessus des autres sous les angles qu'elles doivent avoir lors du montage. On comprend que ces précautions simplifient considérablement le tracé ou le piqué des pièces.

Travail du menuisier. — Le menuisier (et par suite ses similaires ébénistes, etc.) commence par dégauchir et placer une des faces extérieures de la pièce qu'il doit travailler ; le plus souvent il se fie à cette face plane pour tracer, à l'aide du trusquin, les autres surfaces planes dont il a besoin, de telle sorte que si, par une raison quelconque, son premier plan s'était voilé, il marquerait et ferait les autres surfaces également voilées. Cette méthode est excellente, parce que la planche mince, qui est la matière première du menuisier, est flexible et peut, au moment du montage, être ramenée à la forme plane qu'elle avait au moment du travail si, par une raison quelconque, elle a été légèrement gauchie.

De plus, le menuisier doit se préoccuper du retrait à la dessiccation de ses bois beaucoup plus que ne le fait le charpentier ; celui-ci ne cherche à combattre le retrait que dans les assemblages, il lui importe peu que les dimensions transversales de ses

pièces diminuent en dehors des assemblages; le
menuisier, au contraire, tout en veillant au retrait
dans les assemblages qui intéressent la solidité de son
ouvrage, doit aussi se préoccuper du retrait transversal dans les autres parties, parce qu'il doit d'ordinaire fabriquer des objets de dimensions invariables

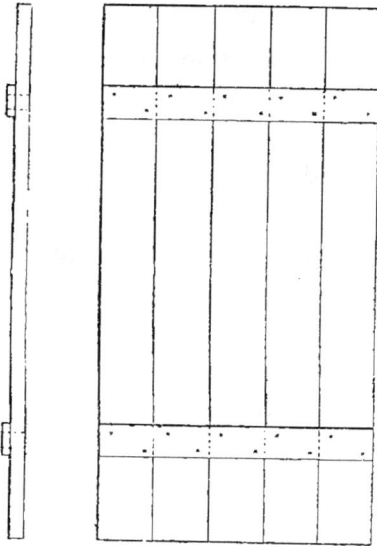

Fig. 152.

avec des matières qui se rétrécissent avec le temps.
Prenons, par exemple, la confection d'une porte. Si
on la fait avec des planches jointives clouées sur deux
traverses (fig. 152), au bout de peu de temps les
planches laisseront des vides entre elles parce qu'elles
sont clouées par leur milieu; une telle porte laissera
passer l'air et la lumière et ne pourra servir que

comme clôture rustique. Si, au contraire, on la constitue avec des planches jointives assemblées à rainure et languette dans deux traverses (fig. 153), si de
plus, par un moyen quelconque, on a relié chaque
planche à sa voisine, alors ces planches ne se dis-
joindront plus en se desséchant, mais elles seront

Fig. 153. Fig. 154.

fixées dans les rainures de leurs traverses et leur
ensemble se rétrécira de la somme des retraits
individuels des planches qui la constituent; la peinture se décollera le long des assemblages des traverses, et de plus la porte pourra manquer son dor-
mant; cette solution, bien que préférable à la
première, n'est pas encore satisfaisante. Le menuisier
préférera la solution de la figure 155, qui assure

l'invariabilité du contour extérieur; il aura soin, de plus, d'assembler les planches du panneau à rainures et languettes et de les réunir les unes aux autres avec de la colle, de façon à en faire un tout dont le retrait sera masqué par son emboîture dans les battants; en prenant la précaution de forcer cette emboî-

Fig. 155.

ture au moment du montage et de prendre des bois bien élastiques, on conçoit que le retrait pourra s'effectuer sans créer de vide et que la peinture indiquera seule le mouvement de la matière. (Voir la fig. 150.)

Si la porte est haute, les planches du panneau auront besoin d'être soutenues en leur milieu pour

28

résister aux efforts accidentels auxquels elles sont exposées; dans ce cas on emploiera la solution de la figure 155.

Si la porte est large, le retrait du panneau sera plus grand que ce que le joint du cadre permet de

Fig. 156.

dissimuler; dans ce cas on emploiera la solution de la figure 156.

Le menuisier soucieux de la bonne qualité de ses travaux doit, en outre, diminuer tous ces mouvements le plus possible; à cet effet il fera bien de n'employer que des bois parfaitement desséchés et de les peindre à deux ou trois couches de peinture à l'huile aussitôt qu'il aura terminé son travail. Les bois de Suède, qu'on emploie d'ordinaire, ont près d'une année de coupe quand ils arrivent dans nos magasins de France, mais ils sont loin d'être secs; il est bon de ne les employer qu'après trois ans de séjour en magasin. La peinture à l'huile retarde l'évaporation et relie les fibres extérieures du bois; par ces deux raisons elle prévient les fentes du bois et en conserve les dimensions, elle est la sauvegarde indispensable d'un bon travail.

La colle forte avec laquelle on relie les unes aux autres les diverses planches d'un panneau doit être mise à chaud. On s'assure de sa bonne qualité en collant soigneusement deux baguettes de bois de Suède bien sec, formant ensemble un angle de 10 à 20 degrés, et en frappant le tout avec un marteau : si la colle est bonne, la disjonction doit se faire par éclat de bois plutôt que par décollement. Avant de coller les surfaces, il est bon d'en faire disparaître le poli en passant un rabot à fer strié dit *rabot à dents*.

Travail du tonnelier. — Le tonnelier doit bien plus encore se préoccuper du retrait des bois, car l'étanchéité des tonneaux qu'il fabrique est une qualité indispensable. Le procédé adopté pour leur confection est heureusement des plus simples et ne nécessite pas autant d'habileté manuelle que le travail du menuisier. Prenons en effet un tonneau bien confectionné, n'ayant par conséquent aucune fuite; laissons-le sécher, ses douves se rétréciront et des vides se produiront entre chacune d'elles; si à ce moment on veut supprimer ces vides qui produiraient ultérieurement des fuites, il suffira de frapper les cercles pour rapprocher toutes les douves jusqu'au contact. On peut même dire d'une manière approchée que si les bois s'étaient rétrécis tous de $\frac{1}{100}$, il suffirait de chasser les cercles d'une quantité correspondant à une différence de $\frac{1}{100}$ sur le diamètre primitif de la barrique. Cela n'est pas en réalité exact, parce que, bien que les douves aient été toutes rétrécies, les deux fonds ne l'ont été que sur un de leurs diamètres (celui qui est perpendiculaire à la direction de ses fonçailles), tandis qu'ils ont conservé leur longueur primitive suivant la direction de leurs fonçailles. Ainsi, quand on chasse un cercle, il se déforme, son diamètre augmente dans le sens des fonçailles des fonds (notons en passant qu'il est bon de mettre les fonçailles des deux fonds dans la même direction), tandis qu'il diminue dans la direction normale; le cercle suit ainsi les douves dans leur nouvelle position, il se moule sur la surface qu'elles forment et il les maintient en contact les unes avec les autres, quelle que soit la force intérieure qui tende à les disjoindre. Il ne peut alors rester entre les éléments de ce tonneau que des vides sans importance, lesquels disparaîtront lorsque y ayant mis des liquides, ceux-ci gonfleront la face intérieure des douves et boucheront les petits interstices qui pourront rester. Si, au contraire, le tonneau n'était pas primitivement étanche, ce dont l'ouvrier s'aperçoit facilement en regardant par l'intérieur ou mieux en y mettant de l'eau, il suffit de le démonter et d'introduire un peu de roseau avec de la colle de pâte pour remplir l'interstice, et le tonneau ainsi étanché se trouvera dans les mêmes conditions que le tonneau bien confectionné précédemment étudié.

Pour confectionner un tonneau, l'ouvrier commence par dégrossir ses longailles à l'aide d'une sorte de hachot de fendeur dite *manaire*, il leur *donne*

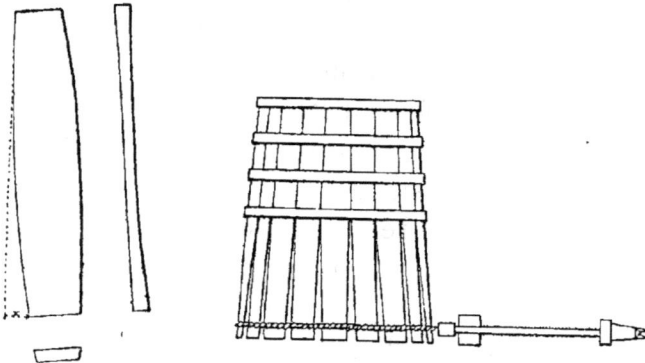

Fig. 157.

d'abord *le rond*, c'est-à-dire le contour curviligne des deux faces de joint, ensuite il les *creuse* et les *met d'épaisseur*, puis il les rabote sur leurs faces extérieures et intérieures; enfin il les passe sur la *colombe* pour leur *donner le bouge*. Cette dernière opération, toute spéciale aux tonneliers, consiste à raboter sur un outil fixe les faces qui doivent venir en contact avec d'autres douves et, en le faisant, à rectifier le rond et à donner l'angle qui convient pour le montage. L'ouvrier a l'habitude de juger, du moment où le rond est achevé, en mettant un doigt entre la colombe et l'extrémité de la douve ; suivant la phalange à laquelle le doigt s'arrête, il sait quelle est la flèche x (fig. 157), et par conséquent la courbure, autrement dit le rond de la pièce, il sait par conséquent s'il est arrivé au degré voulu. Ce procédé de repère grossier suffit parfaitement, car ces travaux n'ont rien de précis. Quand il a par ce procédé façonné un nombre suffisant de douves pour faire une barrique, il *monte* sa futaille. A cet effet, il dis-

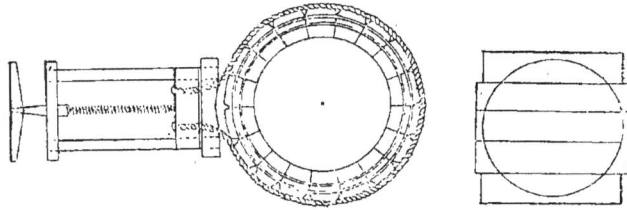

Fig. 158.

pose ses douves, dont il a soin de mouiller préalablement les deux faces, dans quatre gros cercles qu'il nomme les *formes* (voir la fig. 158), puis il allume un petit feu de copeaux dans l'intérieur, et, au moment où la chaleur commence à se faire sentir sur la face extérieure des douves, il en rapproche les têtes avec une presse, et dès qu'elles sont arrivées au contact, il les y maintient d'abord avec un cercle, puis il enlève la presse et engage les autres cercles. Enfin, tandis que la barrique est encore chaude, il la monte sur son chevalet, la *rogne,* puis en fait le *jable.* Cette dernière opération se fait avec un instru-

ment nommé *jabloir*, qui pratique à chaque extrémité des douves une rainure dans laquelle le fond
doit s'engager (fig. 159). Il façonne les fonds, si ce
n'est pas déjà fait, il retouche
et répare les parties des douves
qui peuvent en avoir besoin,
puis enlevant un ou deux cercles, il engage un fond, recercle, engage de même le second
fond, recercle de nouveau, po-
lit la barrique en la rabotant
extérieurement, enfin cercle

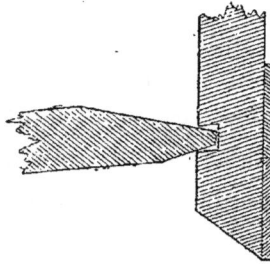

Fig. 159.

définitivement. Chaque barrique doit avoir 8 cercles
en fer, dont 2 têtes, 2 collets, 2 seconds et 2 ventres,
à moins qu'elle ne soit cerclée en bois, auquel cas il
en faut trois à quatre fois plus.

CHAPITRE VII.

COMMERCE DES BOIS.

NOMENCLATURE DES ÉCHANTILLONS COMMERCIAUX.

Considéré au point de vue du mécanisme social, le commerce des bois a une importante fonction à remplir, c'est de réduire au strict nécessaire la série illimitée des dimensions demandées par les diverses industries qu'il approvisionne, en les obligeant parfois à modifier légèrement leurs travaux, de telle façon que l'approvisionnement de bois nécessaire à toutes nos industries soit limité au plus petit nombre possible de dimensions types, d'une fabrication courante, parmi lesquelles chacun trouve la matière première qui lui est nécessaire aussi ébauchée que possible.

Ce travail de classement imposé par la force des choses a été opéré depuis des siècles, il a été donné satisfaction à chaque industrie dans la mesure de ses besoins réels, et il en est résulté une série de dimensions commerciales que nous résumons ci-après en indiquant, autant que possible, les places de commerce où on les trouve et les modes de cubage qui y sont employés.

Quand des besoins de types nouveaux se produisent, ce qui arrive fréquemment, les industries qui les éprouvent sont obligées de faire opérer des débits spéciaux, qui augmentent les prix de revient jusqu'à ce que ces types soient entrés et classés dans le domaine public, alors l'équilibre des prix s'établit et l'approvisionnement est assuré.

Bois de marine. — La construction des navires nécessite une grande quantité de pièces de formes diverses généralement courbes, auxquelles on a donné les noms des organes de la construction qu'elles doivent produire.

Dans la marine militaire, chaque *signal* ou *variété* a été divisé en *espèces,* dont les dimensions ont été établies de telle façon que les bois de la même espèce aient sensiblement même valeur, quels que soient leurs signaux ou variétés. Le rang de l'espèce représente ainsi la rareté des bois, la difficulté qu'on éprouve à se les procurer, il mesure donc leurs prix. Ceux-ci oscillent actuellement autour des chiffres suivants pour le stère rendu dans le port de Toulon.

		FRANCS.	
Pièces de chêne de 1re espèce.	195	Prix passibles
— 2e — .	185	d'une retenue de 3 %
— 3e — .	175	au profit de la caisse
— 4e — .	160	des Invalides
— 5e — .	165	de la marine.
—. 6e — .	135	

Ils se sont progressivement élevés depuis le commencement du siècle, mais beaucoup moins que ceux
des autres bois de charpente. Ainsi, pour ne parler
que des quatrièmes espèces de chêne de France
rendus à Toulon, la marine les a payées

De 1830 à 1840. . . . .   125 fr.
En 1850 . . . .   135 fr.
En 1860 . . . .   140 fr.
En 1870 . . . .   156 fr.

ce qui ne fait qu'une augmentation de **23** pour 100
depuis quarante ans.

Cela tient à ce que la marine ne pouvait autrefois
se passer de bois, qu'elle subissait la concurrence de
la marine marchande et était obligée de payer les
bois de marine un prix beaucoup plus élevé que les
autres bois. Depuis vingt ans, au contraire, la
marine marchande ne construit presque plus en
France; de plus, on a notablement diminué le volume
des bois qui entrent dans la construction des navires,
par suite des consolidations en fer qu'on y établit;
enfin, en construit quantité de bâtiments tout en fer,
ce qui réduit encore la consommation des bois et
arrête la hausse des prix dont on a été un moment
menacé. Actuellement les constructions en fer se
développent de plus en plus; elles ont sur celles en
bois l'avantage de durer beaucoup plus, de demander moins d'entretien et de s'établir plus promptement, mais elles ont l'inconvénient d'exiger un peu
plus de force motrice, de se salir plus promptement,

de nécessiter de fréquents passages au bassin; en sorte que, suivant les points de vue auxquels on se place, on est conduit à construire tantôt en bois, tantôt en fer. Mais qu'on trouve le moyen de préserver les carènes des salissures, les constructions en fer remplaceront immédiatement et presque partout celles en bois; alors aussi, par contre-coup, les bois courbants, privés de leur débouché actuel, perdront beaucoup de leur valeur, d'autant plus que leur grain serré et nerveux, leur propension à se fendre et leurs formes courbes les rendent impropres à quantité de travaux industriels. Il n'est pas besoin d'escompter ce progrès futur pour affirmer que « *la France ne périra pas faute de bois* », comme le disait Colbert; elle doit bien plutôt craindre le manque de charbon.

Nous définissons dans les tableaux des pages 446 à 450 les signaux les plus employés.

Les bois droits et courbants doivent être d'essence de chêne maigre. Les produits des départements de la Meurthe, de la Moselle et d'une partie de celui de la Haute-Marne sont exclus des fournitures de la marine comme trop gras et trop fréquemment lunés; ceux du bassin de la Garonne, et principalement ceux de la Provence, sont les plus appréciés. Cependant, la marine militaire admet l'orme pour les quilles et les bittes, le pin pour les baux, demi-baux, barrots, ainsi que pour certains plançons. La marine du commerce, au contraire, emploie tous les matériaux qu'elle peut se procurer à bon compte, mais elle paye alors des primes d'assurance proportionnées aux durées que ces matériaux font préjuger.

La largeur, ou équarrissage sur le *tour*, est la distance entre les faces courbes des pièces; elle se mesure sur les faces planes et est indiquée en numérateur dans les tableaux ci-dessus. La cote en dénominateur donne l'épaisseur ou l'équarrissage sur le *droit*, laquelle se mesure sur les faces courbes. Les accolades indiquent deux dimensions équivalentes comme classement. Quand un équarrissage manque, c'est qu'il n'y a pas de conditions de dimensions imposées.

Les quilles, étambots, bittes et étraves doivent être exempts de défournis, ainsi que de gerçures, gélivures, cadranures, roulures et de fibres torses.

Les plançons, préceintes et pièces de tour doivent être régulièrement courbes et susceptibles d'être débités en bordages.

Les baux, barrots et demi-baux doivent être exempts de défournis.

Les varangues, demi-varangues, varangues acculées, allonges, bouts d'allonges, guirlandes et genous, peuvent avoir des fentes, des défournis, des encoches et autres défauts similaires qui ne seraient pas trop forts, mais leur bois doit être très-sain.

Les bordages, bouts de bordages et planches doivent être exempts de fentes, de nœuds non adhérents ou même de nœuds parfaitement sains, mais nombreux.

Les sondages opérés lors de la recette par les

		SIGNALEMENT.	1re ESPÈCE.			2e ESPÈCE.	
			Longueur.	Équatrissage		Longueur.	Équa...
				au milieu.	au petit bout.		au milieu.
Quille { 1re variété		Q¹	déc. 110	$\frac{44}{44}$	$\frac{44}{44}$	déc. 100	$\frac{40}{40}$
Quille { 2e variété		Q²	»	»	»	90	$\frac{44}{44}$
Étambot		ET	108	$\frac{50}{44}$	$\frac{50}{44}$	86	$\frac{46}{40}$
Bitte		BI	»	»	»	»	»
Plançon		P	»	»	»	110	$\frac{40}{40}$
Demi-bau		DB	»	»	»	90	$\frac{44}{44}$
Bau		B	120	$\frac{44}{44}$	$\frac{44}{44}$	100	$\frac{40}{40}$
Barrot		BG	»	»	»	110	$\frac{36}{36}$
Jas d'ancre		JA	»	»	»	»	»
Demi-varangue		DV	»	»	»	»	»
Bout d'allonge, ...		BA	»	»	»	»	»
Varangue plate		V	»	»	»	80	$\frac{18}{10}$
Préceinte de tour		PR	100	$\frac{40}{40}$	$\frac{40}{40}$	90	$\frac{38}{38}$
Allonge		A	»	»	»	»	»

Left vertical label: BOIS DE CONSTRUCTION proprement dits de chêne, teak, angélique et exceptionnellement d'orme.

Bois DROITS.

Bois COURBANTS.

...issage au petit bout.	4e ESPÈCE. Longueur.	Équarrissage au milieu.	Équarrissage au petit bout.	5e ESPÈCE. Longueur.	Équarrissage au milieu.	Équarrissage au petit bout.	6e ESPÈCE. Longueur.	Équarrissage au milieu.	Équarrissage au petit bout.	TAINS. Longueur.	Équarrissage au milieu.	Équarrissage au petit bout.	FLÈCHE de L'ARC EXTÉRIEUR en millimètres par mètre de longueur.
36/36	déc. 80	32/32	32/32	déc. »	»	»	déc. »	»	»	déc. »	»	»	Nulle.
40/40	70	36/36	36/36	»	»	»	»	»	»	»	»	»	Nulle.
44/36	70	40/32	40/32	»	»	»	»	»	»	»	»	»	Nulle.
»	»	»	»	46	42/42	38/38	40	36/36	30/30	»	»	»	Nulle.
30/30	90	30/30	26/26	70	26/26	22/22	50	22/22	20/20	»	»	»	de 0 à 12.
32/28	90	32/28	28/24	70	28/24	24/20				»	»	»	
40/40	80	36/36	36/36	»	»	»	»	»	»	»	»	»	de 8 a 10.
36/36	80	32/32	32/32	»	»	»	»	»	»	»	»	»	de 10 à 15.
32/32	80	30/30	30/30	70	24/24	24/24	»	»	»	»	»	»	de 15 à 20.
»	50	50/56	»	40	40/46	»	36	32/36	»	»	»	»	de 25 à 35.
»/40	50	48/38	38	40	40/36	36	»	»	»	»	»	»	de 35 et au-dessus.
»	»	»	»	»	»	»	36	32/28	»/28	26	22/22	»/22	
»/36	60	40/32	»/32	50	36/28	»/28	46	32/24	»/21	»	»	»	— —
36/36	70	32/32	32/32	»	»	»	»	»	»	»	»	»	Sur le tour, 35 et au-dessus. Sur le droit, de 0 à 10.
»/40	44	36/36	»/36	»	32/32	»	36	28/26	»	»	»	»	
»/40	40	44/36	»/36	40	32/32	32	38	28/26	26	»	»	»	50 et au dessus.

BOIS DE CONSTRUCTION proprement dits de chêne, teak, angélique et exceptionnellement d'orme.

Bois COURBANTS.

	SIGNALEMENT.	1re ESPÈCE.			2e ES...	
		Longueur.	Équarrissage au milieu.	au petit bout.	Longueur.	...
Étrave	E	déc. 90	$\frac{30}{44}$	$\frac{»}{44}$	déc. 70	4 / 4
Varangue acculée	VA	»	»	»	44	4 / 4
Pièce de tour	PT	56	$\frac{40}{40}$	$\frac{»}{»}$	52	3 / 3
Guirlande	GU	48	$\frac{51}{44}$	$\frac{»}{44}$	40	4 / 3
Genou	G	50	$\frac{42}{40}$	$\frac{»}{40}$	46	3 / 3

Bordages et planches.

	1re CLASSE.		2e CLA...
	Longueur minima.	Largeur minima.	Longueur minima
Bordage — de 0m,15 d'épaisseur et au-dessus	100	20	90
Bordage — de 0m,11 à 0m,08 . . .	»	»	100
Bordage — de 0m,07 à 0m,025 . . .	»	»	»
Bout de bordage de toutes épaisseurs	»	»	
Planches de toutes épaisseurs . .	40	18	20

...CE. Équarrissage au petit bout.	4e ESPÈCE. Longueur.	Équarrissage au milieu.	au petit bout.	5e ESPÈCE. Longueur.	Équarrissage au milieu.	au petit bout.	6e ESPÈCE. Longueur.	Équarrissage au milieu.	au petit bout.	TAINS. Longueur.	Équarrissage au milieu.	au petit bout.	FLÈCHE de L'ARC EXTÉRIEUR en millimètres par mètre de longueur.
$\frac{»}{36}$	déc. 50	$\frac{36}{32}$	$\frac{»}{32}$	déc. »	»	»	déc. »	»	»	»	»	»	60 et au-dessus.
$\frac{»}{36}$	40	$\frac{40}{32}$	$\frac{»}{32}$	36	$\frac{36}{28}$	$\frac{»}{28}$	30	$\frac{32}{24}$	$\frac{»}{24}$	»	»	»	75 et au-dessus.
»	40	$\frac{20}{28}$	»	»	»	»	»	»	»	»	»	»	Sur le tour, 80 et au-dessus. Sur le droit, de 0 à 12.
»	»	»	»	»	»	»	»	»	»	»	»	»	100 et au-dessus.
$\frac{»}{32}$	36	$\frac{30}{28}$	28	32	$\frac{26}{24}$	$\frac{»}{24}$	26	$\frac{22}{22}$	$\frac{»}{22}$	»	»	»	— —

...ASSE. Largeur minima.	4e CLASSE. Longueur minima.	Largeur minima.	5e CLASSE. Longueur minima.	Largeur minima.
26	70	2	»	»
24	70	2½	»	»
24	70	2½	»	»
»	»	»	50	»
»	»	»	»	»

DÉSIGNATION DES PIÈCES.	1re CLASSE OU VARIÉTÉ. Longueur.	1re CLASSE OU VARIÉTÉ. Largeur ou diamètre.	1re CLASSE OU VARIÉTÉ. Épaisseur.	2e CLASSE OU VARIÉTÉ. Longueur.	2e CLASSE OU VARIÉTÉ. Largeur.	2e CLASSE OU VARIÉTÉ. Épaisseur.
Bois résineux d'essence supérieure de toute provenance (Pins du Nord, de Russie, Pologne, Prusse, Galicie, et des Florides.)						
Billons ronds. — Première longueur.	100	28	»	»	»	»
Deuxième longueur.	70	»	»	»	»	»
Poutres et pans dits à la hollandaise. — Première longueur.	100	26 sur 26 ou 28 sur 24.	»	100	26 sur 26.	26 sur 26.
Deuxième longueur.	70			70		
Troisième longueur.	54			54		
Quatrième longueur ou bouts.	40			40		
Poutres carrées dites à l'anglaise. — Première longueur.	100	28 sur 28.	»	»	»	»
Deuxième longueur.	70			»	»	»
Troisième longueur.	54			»	»	»
Quatrième longueur ou bouts.	40			»	»	»
Bordages. — Première longueur.	100	de 20 à 21.	de 2 1/2 à 5.	»	»	»
Deuxième longueur ou bouts.	70			»	»	»
Troisième longueur ou bouts.	51			»	»	»
Planches. — Première longueur.	40	de 18 à 24.	de 2 1/2 à 15.	»	»	»
Deuxième longueur.	20			»	»	»
Troisième longueur ou bouts.	10			»	»	»
Bois résineux de Suède et de Norvège.						
Poutres ou poutrelles carrées. — Première longueur.	70	24	24	»	»	»
Deuxième longueur.	50	16	16	»	»	»
Planches. — Première longueur.	40	18	de 2 1/2 à 12.	»	»	»
Deuxième longueur.	20	18	de 2 1/2 à 12.	»	»	»
Billes droites ou courbes. — Première espèce.	40	70	»	20	70	»
Deuxième espèce.	40	60	»	20	60	»
Troisième espèce.	40	50	»	20	50	»
Quatrième espèce.	40	40	»	16	40	»
Cinquième espèce.	40	30	»	»	30	»
Sixième espèce.	»	»	»	»	»	»
Bois d'orme en billes ou billons.						
Billons droits. — Deuxième espèce.	90	48	»	»	»	»
Troisième espèce.	80	40	»	»	»	»
Quatrième espèce.	70	30	»	»	»	»

agents de la marine font découvrir des défauts qui
entraînent des rebuts ou des réductions d'environ
10 pour 100 sur les cubes des pièces préalablement
triées. Les exploitants les plus soigneux ne peuvent
éviter complétement ces pertes. La marine elle-même
rebute en moyenne 30 pour 100 des pièces qu'elle a
choisies sur pied et réservées pour son service dans
les futaies de l'État ; et, malgré ces précautions, elle
rebute, au moment de la mise en œuvre, 5 pour 100
au moins de ces bois pour cause de vices inaperçus
ou jugés peu graves lors de la recette. Ces chiffres
donnent la mesure des risques que courent les fournisseurs de bois et des vices que ces matières recèlent.

Les exigences sont beaucoup plus grandes encore
lorsqu'il s'agit de bois de mâture. Ceux-ci ont un
tarif assez compliqué, dont le point de départ principal est que le mât type doit avoir autant de mètres
de longueur qu'il compte de *palmes*, c'est-à-dire de
fois trois centimètres à son grand diamètre sur franc
bois. Ce grand diamètre se mesure au sixième de la
longueur de la pièce. Le mât est *bien proportionné*
si son diamètre au petit bout est les $\frac{2}{3}$ de son grand
diamètre. Ainsi un mât type de trente palmes aura
un diamètre de 0^m,90 à la distance de 5 mètres de
son pied et 0^m,60 à son extrémité, sa longueur sera
30 mètres. Si un mât de cette longueur est présenté
en recette avec un excédant de diamètre, on paye un
supplément de prix pour cet excédant. Si, inversement, on présente un mât de 0^m,90 de diamètre plus
long que 30 mètres, la marine accepte ce supplé-

ment de longueur et le paye suivant un tarif spécial.

La marine militaire tire de l'Italie méridionale (Livourne, Civita-Vecchia, Naples, Ancône) une partie de ses bois courbants de chêne, de la Baltique et d'Amérique ses poutres, bordages et planches en bois résineux, de la Californie, des Florides, du Canada, de Riga et de Corse ses bois de mâture. La France lui fournit ses bois droits de chêne, le complément de ses bois courbants, les ormes, frênes, sapins et autres bois secondaires dont elle a besoin. Enfin elle emploie quelques bois de la Guyane, de Cochinchine, ainsi que des teaks.

Bois de charpente. — Les bois destinés à la charpente sans destination spéciale sont en général débités à la longueur et aux équarrissages que les arbres permettent d'obtenir, on ne les réduit donc pas à des dimensions types et ils n'ont pas, à proprement parler, de nomenclature. Mais, comme les prix du mètre cube varient avec les dimensions des pièces, on classe celles-ci sous des noms variant presque dans chaque pays, et dont chacun représente une catégorie de bois sensiblement de même valeur.

A Paris, on nomme *chêne ordinaire* les pièces de 0ᵐ,10 à 0ᵐ;30 d'équarrissage, *petit arrimage* celles de 0ᵐ,31 à 0ᵐ,40, *gros arrimage* celles de 0ᵐ,41 à 0ᵐ,60; les longueurs minima de ces trois catégories doivent être comprises entre 2 mètres et 10 mètres pour la première catégorie, 4 mètres et 12 mètres pour les deux autres.

Dans quelques contrées, on appelle *grosses charpentes* les chênes de 1ᵐ,30 de circonférence et plus au milieu, ainsi que ceux équarris de 0ᵐ,33 quand leur longueur dépasse 6 mètres, et *petites charpentes* ceux de longueur et d'équarrissage moindres.

Les mêmes variations se retrouvent dans les dénominations des charpentes de sapin et d'épicéa.

Dans les Vosges on désigne sous le nom de

Chevrons les pièces en grume d'au moins 5ᵐ de longueur, et de 0ᵐ,20 à 0ᵐ,25 de diamètre à la base;
Petites charpentes ou *pannes simples* les pièces en
grume d'au moins 12ᵈⁱ de longueur et de 0ᵐ,30 à
0ᵐ,35 de diamètre à la base;
Moyennes charpentes ou *pannes doubles* les pièces en
grume d'au moins 12ᵐ de longueur et de 0ᵐ,40 de
diamètre à la base;
Grosses charpentes ou *recharges* les pièces de toutes
longueurs et de 0ᵐ,30 à 0ᵐ,34 d'équarrissage au milieu;
Poutres ou *sommiers* toutes les pièces d'équarrissage
plus fort.

Dans le Jura on nomme

Gros bois les arbres d'au moins 0ᵐ,70 de diamètre à la base.
Bois moyen — de 0ᵐ,65 à 0ᵐ,55 —
Petit bois — de 0ᵐ,60 à 0ᵐ,20 —

On y équarrit en général à huit pans le pied des gros bois sur 4 ou 5 mètres de longueur au plus, on les nomme alors *bois ronds*. Parfois on les équarrit à quatre faces sur toute leur longueur, ils deviennent alors des *pièces*.

A Paris on classe les charpentes résineuses

	ÉQUARRISSAGE.	LONGUEUR.
Sapins ordinaires. . .	0^m,18 à 0^m,27	0^m,15 à 0^m,25.
Poutrelles.	0^m,27 à 0^m,36	0^m,15 à 0^m,28.
Gros bois.	0^m,36 à 0^m,60	0^m,15 à 0^m,30.

Dans les ports de la Méditerranée on trouve à la fois les sapins de la Suisse, du Jura et des Vosges, ainsi que les résineux qu'on y importe de l'Adriatique, du Canada et de la Baltique, par conséquent des bois de toutes dimensions. On a alors, en dehors des dénominations ci-dessus, les suivantes :

Poutres les pièces carrées d'au moins 9 pouces d'équarrissage.
Poutrelles   —   6   —

L'équarrissage des poutrelles résineuses descend même jusqu'à quatre pouces, ce sont alors de *petites poutrelles*.

Traverses de chemin de fer. — Les chemins de fer emploient une quantité considérable de traverses, tant pour l'entretien de leur voie que pour la construction des lignes nouvelles.

L'essence la plus estimée, qu'on employait presque seule au début, est le chêne; mais quand on n'a pu se la procurer qu'à des prix élevés, on lui a substitué des essences secondaires. Celles-ci durent fort peu quand on les emploie à l'état naturel; fort heureusement on a inventé un certain nombre de procédés (injection, carbonisation, etc.) qui permettent d'en prolonger la durée et même d'employer l'aubier.

Les compagnies ne suivent pas toutes les mêmes règles de conduite, sans doute parce que la période des expériences n'est pas encore terminée, et aussi parce qu'elles doivent tenir compte des ressources des localités qui les approvisionnent. On peut dire cependant qu'elles emploient de préférence le cœur de chêne en traverses *équarries* quand elles peuvent l'obtenir à des prix modérés, qu'à défaut elles lui substituent les traverses *demi-rondes* de chêne où le cœur domine, ainsi que les traverses *équarries, demi-rondes* ou *mixtes* de hêtre, charme, pin, sapin, qu'elles prennent alors la précaution d'injecter. Le cœur de chêne est le seul bois employé sans préservatif, encore sur la ligne d'Orléans a-t-on l'habitude de le carboniser avec l'appareil Hugon.

La durée de ces traverses varie avec : la qualité des bois employés, leur dessiccation au moment de l'emploi, leur préparation, la nature du terrain, celle du ballast, le climat. On trouve dans le beau livre de M. Couche (voie, matériel roulant et exploitation technique des chemins de fer) les durées des traverses préparées de diverses lignes françaises et étrangères ; on y trouve également le tableau suivant qui donne les durées des traverses des chemins allemands, qu'admit la réunion de Dresde en 1863, après examen de données fort peu concordantes.

Le climat a une influence considérable. Ainsi les traverses de pin non préparé, qui ont quatre ou cinq

	DURÉE MOYENNE.	
	NON PRÉPARÉ.	PRÉPARÉ.
	Ans.	Ans.
Chêne	14 à 16	20 à 25
Sapin	7 à 8	12 à 14
Pin	4 à 5	9 à 10
Hêtre	2½ à 3	9 à 10
Mélèze.	9 à 10	»

ans de durée en Allemagne, n'en ont que deux sur le chemin du nord de l'Espagne [1] et beaucoup moins au Brésil et dans les Indes. L'établissement des voies ferrées est encore trop récent pour qu'on ait bien exactement la durée des bois qu'elles nécessitent.

Les dimensions des traverses varient considérablement avec les compagnies. On leur avait donné au début $2^m,40$ et même $2^m,20$ de longueur sur les voies de $1^m,50$ de largeur; on a reconnu que ces pièces courtes se déchaussaient rapidement; actuellement on ne descend plus au-dessous de $2^m,50$ et on atteint souvent $2^m,80$.

L'épaisseur et la largeur des traverses varient avec la forme des bois. Il ne faut pas qu'elles soient trop larges, elles cesseraient d'être maniables et seraient difficiles à bourrer; il ne faut pas non plus qu'elles soient trop étroites, elles s'enfonceraient

1. La différence de durée des traverses de pin en Allemagne et en Espagne vient sans doute de ce qu'en Allemagne on emploie le pin sylvestre et que le chemin du nord de l'Espagne a été construit avec des traverses de pin maritime.

dans le ballast. La largeur minimum admise est 0ᵐ,20; elle dépasse rarement 0ᵐ,25 pour les traverses *intermédiaires,* mais on emploie un type plus fort, dit *traverse de joint,* dont la largeur varie de 0ᵐ,28 à 0ᵐ,35.

Quant à l'épaisseur, elle ne descend pas au-dessous de 0ᵐ,12; on admet de 0ᵐ,12 à 0ᵐ,15 pour les pièces équarries et jusqu'à 0ᵐ,18 pour celles demi-rondes.

Une traverse intermédiaire cube de 0ᵐ,08 à 0ᵐ,09 et une traverse de joint 0ᵐ,11.

On a dû renoncer aux traverses triangulaires qu'on avait essayé dans un but d'économie; elles oscillent autour de leur arête inférieure et se déchaussent promptement.

Les lignes d'intérêt local emploient fréquemment les traverses de 2ᵐ,40 × 0ᵐ,20 × 0ᵐ,11.

Les compagnies tolèrent en général les formes avantageuses pour le débit, afin d'obtenir des prix peu élevés; elles se contentent de bois irréguliers et défectueux, pourvu qu'ils ne soient pas viciés; elles tolèrent, en outre, des flaches et des défournis définis dans les conditions de leurs cahiers des charges et obtiennent ainsi des prix relativement faibles.

Les billes de 0ᵐ,22 à 0ᵐ,25 de diamètre (fig. 160, A) peuvent donner une traverse intermédiaire à deux faces parallèles, ou mieux une demi-ronde B (fig. 160), qu'on appelle traverse *de brin.* Elles sont composées presque entièrement d'aubier, toutes les compagnies ne les acceptent pas.

Celles de 0^m,26 à 0^m,29 (fig. 160, C) peuvent donner deux traverses demi-rondes ou une traverse équarrie avec flaches aux deux angles supérieurs D ;

Celles de 0^m,30 à 0^m,31 peuvent donner une traverse de joint demi-ronde ou une traverse à quatre

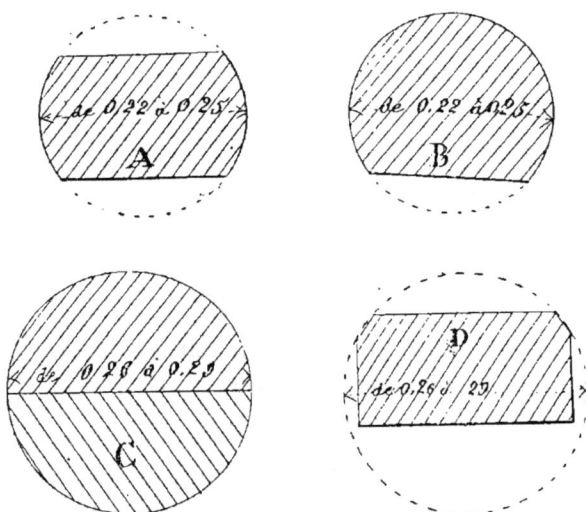

Fig. 160.

faces planes, ou deux traverses équarries, si les tolérances de flache sont fortes ;

Celles de 0^m,32 à 0^m,33 fournissent deux traverses intermédiaires ;

Celles de 0^m,33 à 0^m,35, une traverse intermédiaire et une de joint ;

Celles de 0^m,36 à 0^m,38, deux traverses de joint ;

Celles de 0^m,39 à 0^m,40, trois traverses intermédiaires ;

Celles de $0^m,41$ à $0^m,43$, une traverse de joint et deux intermédiaires.

Tous ces diamètres sont mesurés aux petits bouts des billes, et les rendements ci-dessus indiqués supposent des traverses de dimension moyenne.

« On estime qu'il faut de 120 à 130 mètres cubes de bois en grume pour faire 100 mètres cubes de traverses façonnées ou environ 1,234 pièces, dont un sixième en traverses de joint et cinq sixièmes en traverses intermédiaires. Ce genre de débit cause un déchet de 20 pour 100 sur le chêne et de 30 pour 100 sur le hêtre. »

Nous avons actuellement près de 18,300 kilomètres de chemins de fer en exploitation[1], soit plus de 32,000 kilomètres de voie, en tenant compte des doubles voies, des voies de garage et d'évitement. Si on admet que les traverses ont en moyenne une distance d'un mètre et une durée de douze ans, on voit qu'il faut annuellement pour l'entretien de nos voies ferrées environ 2,700,000 traverses, soit 270,000 mètres cubes de bois en grume. Notre consommation n'atteint pas encore ce chiffre, parce que la plus grande partie de nos réseaux est de construction trop récente pour être déjà entrée dans la période de remplacement normal. Les consommations occasionnées par les constructions de voies nouvelles ajoutées à celle de l'entretien des lignes existantes arrivent à peine pour le moment au chiffre précité.

1. Voir *Journal officiel* du 12 août 1873.

Avec une telle consommation, on est obligé de renoncer de plus en plus au chêne, et cette essence, qui domine actuellement sur nos réseaux, principalement sur celui d'Orléans, n'entre plus qu'en faible proportion dans les achats que font actuellement les compagnies pour l'entretien des voies anciennes et la construction des nouvelles.

Les Anglais emploient presque exclusivement les bois résineux de la Baltique et de la Norwége, quelquefois ceux du Canada, et ils les injectent à la créosote avant leur mise en service.

Poteaux télégraphiques. — Les dimensions exigées pour les poteaux télégraphiques sont en France les suivantes :

LONGUEUR.	DIAMÈTRE SANS ÉCORCE.		PRIX DE L'ADJUDICATION du 3 octobre 1872.
	à 1 mètre de la base.	au petit bout.	
12ᵐ »	0ᵐ,26	0ᵐ,10	12ᶠ » à 25 35
10 »	0 ,22	0 ,10	9 50 à 12 85
8 »	0 ,18	0 ,10	7 54 à 10 »
6.50 { les 4/5	0 ,14	0 ,09	{ 5 54 à 7 »
le 1/5	0 ,17	0 ,12	

L'administration tolère les excédants de diamètre que les bois peuvent avoir. Elle achète en outre, pour ses embranchements secondaires à un ou deux fils, des poteaux de même longueur ayant jusqu'à

· 0^m,03 de moins qu'il n'est indiqué ci-dessus pour le
diamètre à 1 mètre de la base. Depuis quelques
années elle a renoncé à injecter elle-même les bois
qu'on lui livrait, et elle exige que ses fournisseurs
injectent leurs poteaux au sulfate de cuivre par le
procédé dit de pression du docteur Boucherie, dont
elle a acquis le droit de disposer en ce qui concerne
les bois destinés à son service. Elle fait surveiller le
travail d'injection et rebute les arbres dont la préparation lui paraît défectueuse. La fourniture entière
peut être elle-même rejetée si l'on trouve plus d'un
poteau sur cinq qui n'ait pas été pénétré par le
sulfate de cuivre.

Les prix de l'adjudication varient avec les points
où les livraisons doivent être effectuées.

Les poteaux de 8 et 10 mètres servent à construire les grandes lignes, ceux de 12 mètres à faire
passer les fils au-dessus d'obstacles tels que les ponts
et tunnels, ceux de 6^m,50 sont employés pour les
lignes de moindre importance. On les enterre d'un
mètre quand leur longueur ne dépasse pas 8 mètres,
et de 1^m,50 dans le cas contraire.

Leur durée est fort variable suivant les conditions de terrain, d'essence et de préparation. L'administration a essayé le chêne carbonisé et le sapin
non injecté, carbonisé par le procédé Lapparent ; le
premier durait quatre à cinq ans au plus, le second
n'atteignait pas trois ans en moyenne. Elle a également employé le mélèze non préparé pour les lignes
de la Savoie, du Dauphiné, etc. ; les poteaux de 8 à

10 mètres ont duré une quinzaine d'années, ceux de moindre longueur se sont détériorés plus promptement. Mais ces diverses essences ont été employées uniquement, à titre d'essai et sur petite échelle ; la presque totalité de nos lignes est en pin ou sapin injecté au sulfate de cuivre. Les poteaux de ces essences que l'administration injectait jadis sur pied en régie par le procédé dit *à la calotte* ont duré parfois plus de vingt ans, et en moyenne à peu près quinze ans. Ceux que l'industrie livre tout injectés ont souvent présenté des traces de détérioration après deux ans de service ; pour éviter cet inconvénient les nouveaux cahiers des charges laissent les entrepreneurs responsables de la parfaite conservation des bois pendant cinq années à dater de la réception au chantier.

Les pins laricio et de lord Weymouth sont exclus des fournitures.

Les poteaux en service sont au nombre d'environ 750,000, il y en a 15 à 16 par kilomètre. On en achète annuellement 50 à 60,000, tant pour l'entretien que pour le développement des réseaux.

Perches et étais de mine. — On est obligé dans l'exploitation des mines d'établir des boisages et des étais pour soutenir les terres et pour résister à leur pression. La quantité de bois que ces travaux exigent est toujours considérable. L'Angleterre, qui, sous ce rapport, est la nation la plus favorisée par la solidité du terrain et des houilles et dont les ouvriers ont de

plus l'amour-propre de ne laisser aucun bois dans
les vieux travaux, en dépense cependant de 0 fr. 20 c.
à 0 fr. 30 c. par tonne de houille extraite, soit pour
environ 25 millions chaque année. Les autres contrées de l'Europe en consomment beaucoup plus
relativement, surtout dans les exploitations des charbons flenus et gras. Voici, d'après Ponson, les dépenses
de boisage par tonne de houille dans quelques contrées :

Prusse. .	Charbons gras.	1f,180
	— maigres	0 417
Bassin de Liége.		0 865
— de Charleroy.		0 654
— du centre du Hainaut		0 708
— de Mons.		0 586
— d'Aniche (Nord).		1 248
— de Rive-de-Gier		1 251
— de Saint-Étienne . . . :		0 229

Ces chiffres varient sans cesse. D'après les renseignements précités et plusieurs autres qui nous
ont été communiqués, nous pouvons admettre que la
France consomme en moyenne environ 1 franc de
bois par tonne de houille extraite, que le mètre cube
de ces bois coûte en moyenne 30 francs, que la production de houille est actuellement de 13 millions de
tonnes et qu'elle a doublé régulièrement jusqu'à ce
jour tous les quatorze ans. D'après ces données on
voit qu'il faut en ce moment, pour le service des mines
de houille françaises, 400,000 mètres cubes de bois
chaque année représentant une valeur de 13 millions,
et moitié en sus pour l'exportation en Belgique et en

Angleterre, pays qui fournissent le complément de charbon qui nous est nécessaire.

Tous ces bois résistent à des pressions de terrains qui croissent progressivement et qui finissent en général par les rompre, avant même que les bois aient commencé à s'échauffer, ce qui arriverait déjà au bout d'un ou plusieurs mois dans les galeries mal aérées. Il importe donc fort peu d'employer pour ces travaux le cœur des bois et les essences de longue durée ; l'aubier n'est pas rejeté, il est même recherché en ce qu'il donne de l'élasticité à la matière. Il faut avant toutes choses le bon marché, c'est pourquoi les mines ne consomment que des petits bois. Elles emploient quelques baliveaux de 8 à 10 mètres de long, et de $0^m,20$ à $0^m,60$ de diamètre à $1^m,50$ du sol, au boisage des puits et des galeries très-chargées ou dans les galeries à roulage de chevaux dont on veut assurer la durée ; on les achète alors en chêne. On en met des mêmes dimensions, mais d'essences secondaires, aulne, charme, bouleau, frêne, pin et sapin, pour le boisage des galeries ordinaires.

Le gros de la consommation se compose de perches de chêne et surtout de pins et sapins qu'on emploie au boisage des tailles. Elles ont de $0^m,04$ à $0^m,20$ de diamètre et sont livrées de toute leur longueur ; on coupe des bouts de la longueur et de la grosseur qui conviennent aux travaux ; chaque perche fournit ainsi des bouts de grosseurs différentes qu'on utilise en raison des pressions qu'elles doivent subir.

La compagnie d'Anzin dépense annuellement

pour plus d'un million de perches à mine. Ces perches reçoivent des noms différents, selon les localités. Le Nord adopte en général la classification ci-dessous et les achète au mètre courant.

PERCHES.				LONGUEUR.	DIAMÈTRE.
De 1re classe	ou à	4 coups.		9m, » à 10m, »	0m,12 à 0m,15
De 2e	—	3	—	7m, »	0 ,10 à 0 ,11
De 3e	—	2	—	5 ,80 à 6 ,30	0 ,08 à 0 ,09
De 4e	—	1	—	5m,20	0 ,04 à 0 ,06

Dans le bassin de la Loire on emploie

DIAMÈTRE MOYEN.	
des *buttes* de 0m,14 à 0m,15.	
— 0 ,15 à 0 ,16.	Il y a en moyenne
— 0 ,16 à 0 ,18.	50 mèt. courant
— 0 ,18 à 0 ,10.	par mètre cube.

et des sortes de chevrons équarris à la scie de 8 pieds de longueur qu'on nomme des *écoins*.

Dans le bassin d'Alais on nomme *piquets* ce qui est appelé ailleurs perches ou buttes. Chaque localité a ses dénominations et sa nomenclature.

Sciages de chêne. — Le commerce de Paris a adopté pour le chêne la nomenclature suivante qu'il a imposée aux exploitants qui l'alimentent spécialement.

Les lots d'entrevous et les frises sont spécialement destinés à l'établissement des planchers et toitures des maisons. Les lots d'échantillon sont

DÉNOMINATION.	LARGEUR.	ÉPAISSEUR.	LONGUEUR.	SIGNAL.	OBSERVATIONS.
	Millimètres.	Millimètres.			
Échantillon.........	25	42	1 m,50 à 4 m,00	9/4 1/2	Ces 5 types se vendent fréquemment assortis ensemble, sous le nom de lots d'échantillons.
Membrure.........	167	83	2 00 à 4 00	6,3	
Doublette.........	333	63	2 50 à 4 00	12/27 1/2	
Grand battant....	333	126	4 00 à 6 00	12/4	
Petit battant......	25	83	3 00 à 6 00	9/3	
Entrevous.........	25	28	4 50 à 4 00	9/4	Ces types se vendent fréquemment assortis ensemble sous le nom de lots d'entrevous.
Chevron..........	83	83	2 00 à 4 00	3/3	
Membrette........	167	56	4 50 à 4 00	6/2	
Frise ou planche à parquet, lames de parquet.........	42 à 43	30	1 00 à 3 00	4/4	Doivent être débités autant que possible sur maille avec des bois de chêne de beau grain, exempts de nœuds et de fentes.
Panneau..........	216 à 243	20 à 22	2 00 à 4 00	9p/9 1/2	
Volige............	216 à 243	43 à 45	2 00 à 4 00	9p/6 1/2	
Feuillet..........	216 à 243	6 à 7	2 00 à 4 00	9p/3 1/2	

CHÊNE

particulièrement employés dans la menuiserie; ils se composent ordinairement de 60 pour 100 d'échantillons, 20 pour 100 de doublettes, 10 pour 100 de membrures, 10 pour 100 de planches de $0^m,05 \times 0^m,24$ ou de battants. Les panneaux, voliges et feuillets sont consommés par la menuiserie et par l'ébénisterie.

Nous verrons plus loin quelles sont les unités de mesure en usage sur la place pour la vente de ces objets.

Dans beaucoup de localités on débite les chênes en *planches marchandes* ou *ordinaires,* contenant l'aubier de $0^m,03$ d'épaisseur et de $0^{m},27$ à $0^m,28$ de largeur minimum $\frac{10}{1}$ ou en madriers dont l'épaisseur est $0^m,083$ au plus.

Sciages de hêtre. — Le sciage des hêtres ne s'opère pas avec plus d'uniformité que celui des chênes.

Une convention passée entre les exploitants de la forêt de Villers-Cotterets et la compagnie des marchands de bois de Paris, laquelle a été approuvée par une décision ministérielle du mois de mai 1835, a déterminé les dimensions des sciages de hêtre, ainsi que les réductions et rebuts qu'il peut y avoir lieu d'opérer dans certains cas. Ce règlement est généralement appliqué aux hêtres d'autres provenances qui alimentent la place de Paris. Il a fixé également les dimensions des sciages de chêne, mais celles-ci n'ont pas été adoptées par le commerce parisien, qui conserve à cet égard ses anciens usages.

Les types arrêtés par le règlement précité sont les suivants :

	DÉNOMINATION.	LARGEUR.	ÉPAISSEUR.	SECTION transversale.	Longueur.
Hêtre.	Entrevous ou feuillet ...	0.216 à 0.243	0.033 à 0.031	0.0073	Variable.
	Membrure...	Var. Souvent 0 165 sur 0.110 — quelquefois 0.180 sur 0 100 — — 0.200 sur 0.080		0.0154 à 0.0175	
	Doublette ou trappe....	0.330	0.075 à 0.081	0.0254 à 0.0277	
	Quartelot...	0.236	0.056	0.0123 à 0.0139	

On fabrique aussi de petits sciages de hêtre de 2^m,25 de longueur uniforme sur 0^m,11 à 0^m,25 de largeur et 0^m,015 à 0^m,006 d'épaisseur, ainsi que des douves de dimensions variables qu'on vend par bottes pour la fabrication des tonneaux destinés au transport des marchandises sèches.

Enfin on débite également des *étaux* qui servent à faire le dessus des tables de bouchers, de cuisiniers et les établis de toutes professions.

Sciages de sapin. — On désigne sous le nom général de *sapins* les résineux de quelque espèce qu'ils soient, pin sylvestre, pin maritime, épicéa, sapin, etc., qui se trouvent dans le commerce. On ferait mieux de les appeler *saps*, comme le font les peuples maritimes, on éviterait ainsi bien des confu-

sions. Quand on veut distinguer les essences, on
appelle les pins sylvestres des *bois rouges* ou des
sapins rouges, et on réunit les sapins et les épicéas
sous le nom commun de *bois blancs* ou *sapins
blancs.* Cette fusion n'offre pas d'inconvénient à
cause de la similitude de qualité de ces deux espèces
de bois.

Les sapins proviennent principalement des Vosges,
du Jura, de la Suisse, des Cévennes et des Pyrénées.
Les premiers sont surtout dirigés dans le bassin de
la Seine, notamment sur Paris; les seconds et les
troisièmes descendent de préférence la Saône et le
Rhône, les quatrièmes alimentent le Languedoc, les
derniers le centre de la France. Tout le littoral de
la Manche, de l'Océan et même de la Méditerranée
consomme les saps de la Baltique, lesquels remontent
même jusqu'à Paris et dans beaucoup de localités de
l'intérieur de la France.

Chacun de ces lieux de production a ses usages
spéciaux..

Dans les Vosges on découpe les arbres en *tronces*
de 11 ou de 12 pieds (ancien pied de roi) de longueur 3^m,57 ou 3^m,90. Cette opération se fait sur le
parterre même de la coupe et facilite la vidange des
bois. La première planche détachée de chaque côté
de la tronce est un *dosseau;* celles qu'on retire ensuite
de chaque côté, et dont les faces sont parallèles, mais
dont les côtés sont en biseau et qui ne sont pas assez
larges pour faire des planches de 8 pouces, sont
appelées des *chons;* le reste de la tronce est débité

en planches *alignées* des dimensions ci-dessous qu'on met d'égale largeur sur toute leur longueur.

DÉNOMINATION.	LARGEUR.	ÉPAISSEUR.	LONGUEUR.	SIGNAL.
Planches ordinaires	0.244	0.027	3.90	12/9
ou marchandes.	0.244	0.027	3.57	11/9
Planches réduites.	0.216	0.027	3.90	12/8
	0.216	0.027	3.57	11/8
Planches larges.	0.325	0.027	3.90	12/12
	0.325	0.027	3.57	4/12

On n'est pas rigoureux sur l'épaisseur, il est dans les usages de compter l'épaisseur du trait de scie et d'admettre par suite les planches ayant 10 et 11 lignes d'épaisseur comme des planches d'un pouce. On classe comme *planches de rebut* celles qui sont fendues, ainsi que celles dont les nœuds ne sont pas adhérents, et celles qui ont des défauts en restreignant l'emploi.

Il est facile de voir que le nombre de planches de 9 pouces qu'on tire d'une bille de sapin est égal au douzième du carré de son petit diamètre exprimé en pouces. Ainsi une tronce de 20 pouces de diamètre au petit bout donne 33 planches de 9 pouces dont on classe en général la moitié en deuxième qualité avec nœuds ;

Trois huitièmes de première qualité sans nœuds ;

Un huitième de chons.

On estime qu'un mètre cube de sapin en grume avec écorce donne 25 et quelquefois 28 planches mar-

chandes 12/9, y compris les chons, ce qui suppose
un tiers de déchet au débit. Le rendement est meilleur quand les arbres sont très-gros, il est moindre
quand ils sont petits, aussi ne débite-t-on pas en
planches les troncs dont le petit diamètre est inférieur à 14 pouces ou à 0^m,38. Les bois plus petits
sont débités en petits madriers, douves, lattes, membrures, etc. D'après M. Nanquette, les scieries qui
font ces débits dans les Vosges fabriquent annuellement 30,000 planches au plus si elles sont à bloc,
et 45,000 si elles sont à manivelles, au prix moyen
de 80 francs le mille de planches.

Dans l'Alsace, la Franche-Comté, le Jura et les
Alpes, on débite les planches d'égale épaisseur et on
leur laisse toute la largeur de la pièce; on a ainsi des
planches qu'on appelle *brutes* ou *de plat,* ou *en caisse
de mort,* pour les distinguer des planches de largeur
uniforme qu'on nomme *planches alignées.*

On débite peu de planches dans le Jura; la
vidange des bois et leur transport jusqu'à destination, voire même dans les différents ports de la Méditerranée, y sont si faciles qu'on préfère livrer au
consommateur la matière brute en lui laissant la
faculté de l'utiliser à sa guise. Le peu de planches
qu'on y fabrique a généralement 18, 15, 13 ou
8 lignes d'épaisseur.

Les débits des Cévennes et des Pyrénées sont
peu importants.

Sciages divers. — On emploie, en outre, des

sciages de tilleul, de platane et surtout de peuplier pour les fonçures des meubles et principalement pour le commerce des emballages. On débite ces bois en planches et voliges de 0ᵐ,030 et 0ᵐ,015 d'épaisseur.

Bois de fente. — Les bois de fente se préparent en forêt avec les chênes rouvres, plus rarement avec les chênes pédonculés, les châtaigniers, les hêtres, les sapins et les épicéas.

Le produit principal de ce travail est le *merrain*, dont on emploie une énorme quantité pour la fabrication des tonneaux. Le bois le meilleur pour cet usage est le chêne; on lui préfère dans certaines localités le châtaignier et le mûrier blanc. On fait des merrains de toutes dimensions, parce que chaque contrée a sa forme particulière de barrique.

Les tonneliers nomment *longailles, douves, douelles, passe-rebuts,* etc., les bois avec lesquels ils font le pourtour de leurs barriques, et *fonçailles, fonds, traversins,* etc., ceux plus courts avec lesquels ils fabriquent les fonds. Ils nomment également *tricages* dans les Vosges, *ganivelles* ou *rebuts* dans le centre de la France, les merrains étroits dont ils acceptent une certaine proportion dans les livraisons qu'on leur fait (ordinairement trois pour deux).

On fabrique encore une quantité considérable de bois de fente, parmi lesquels il faut citer :

Les *échalas* pour vignes, dont les longueurs varient depuis 1ᵐ,25 jusqu'à 3 et 4 mètres, et pour lesquels on recherche surtout l'acacia, le châtaignier, le chêne . et le mélèze ;

Les *cercles* pour tonneliers, qu'on fait de préférence en châtaignier à défaut de chêne, acacia, aune.

Les *gournables*, qu'on fait en acacia et en chêne ;

Les *rais* pour roues de voitures ;

Les *claies* des parcs à moutons ;

Les *tringles* d'espalier et de clôture de chemin de fer.

Les *avirons* les meilleurs sont en frêne, les autres en hêtre, divers objets de sellerie et de raclerie.

Enfin, la saboterie emploie encore une assez grande quantité de bois qui ne figurent ici que pour mémoire.

Bois de feu. — Les dimensions des bois de feu varient également avec les localités, cependant ces différences n'ont plus de raison d'être depuis que les cheminées sont des modèles commerciaux adoptés uniformément dans toute la France. Le seul type de ces bois qu'il y ait intérêt d'étudier est celui destiné à la consommation de Paris, lequel a été déterminé par de nombreuses ordonnances, lois, décisions ministérielles et arrêtés du préfet de police.

L'ordonnance de Colbert, dite des eaux et forêts, de 1669, stipulait, titre xxvii, article 15, que les bûches devraient avoir 3 pieds et demi de long, compris la taille, soit 1ᵐ,14 ; que les bois de cotret devraient avoir 2 pieds de long ; que les cotrets auraient 17 à 18 pouces de grosseur.

L'ordonnance de la ville de Paris (1672) défendit
aux marchands, article 1er, chapitre xvii, de faire
façonner pour l'approvisionnement de Paris aucun
bois qui ne soit des échantillons réglés. La législation
a maintenu et confirmé depuis ces diverses prescrip-
tions.

Tous les bois n'ont pas les mêmes qualités ni les
mêmes valeurs comme combustibles; par suite, le
commerce les divise en diverses catégories représentant l'échelle des qualités.

On divise d'abord les bois, d'après leurs essences,
en bois *blancs*, bois *durs* et bois *résineux*. Cette division n'est pas parfaitement arrêtée, les auteurs diffèrent à ce sujet; nous n'en connaissons aucune solution légale. On peut classer dans les bois *durs*
l'alizier, le charme, le châtaignier, le chêne, le cornouiller, l'érable, le frêne, le hêtre, le merisier, le
micocoulier, le noyer, l'olivier, l'orme, le poirier, le
prunier, le pommier, le faux acacia et le sorbier;
en un mot, tous ceux dont la densité dépasse normalement 0,700; et parmi les bois *tendres*, l'aune, le
bouleau, le peuplier, le platane, le saule, le tilleul.
qui ont généralement une densité inférieure à 0,700;
enfin, parmi les bois *résineux*, les cèdres, épicéas.
mélèzes, pins et sapins de toutes variétés.

On divise ensuite chacune de ces catégories en
bois de *quartier* et bois de *taillis*. Les premiers doivent avoir au moins 18 pouces de circonférence; les
seconds, ordinairement en rondins, doivent avoir de
17 à 6 pouces de circonférence.

Puis on subdivise chacune de ces catégories en bois *neufs* et bois de *flot*. Les premiers sont ceux qui ont été apportés à Paris par voiture, chemin de fer ou bateau, et ceux qui, ayant été flottés sur un petit parcours avant d'être expédiés, n'ont pas perdu leur écorce. Les bois de flot sont ceux qui ont perdu leur écorce et leur séve par suite du flottage qu'ils ont subi ; ils sont poreux et moins appréciés comme bois de chauffage que les bois neufs. On distingue enfin dans les bois neufs les bois de *gravier,* qui ont été flottés assez peu de temps pour n'avoir pas perdu leur écorce ; les bois *pelards,* qui ont été écorcés en forêt et n'ont pas été flottés ; enfin les bois *neufs proprement dits,* qui n'ont été ni flottés, ni écorcés. Ces derniers sont de beaucoup les plus estimés ; les pelards ont les mêmes qualités, mais la consommation parisienne les confond avec les bois flottés, ce qui leur fait subir une dépréciation imméritée ; les graviers valent un peu moins ; les flots représentent le dernier degré des qualités.

Fagots, bourrées et souches. — Chaque localité suit des usages particuliers pour la confection des fagots et bourrées. Paris avait également les siens, mais ils ont perdu de l'importance depuis l'introduction sur cette place des cotrets, falourdes et autres bois d'allumage et de petit feu.

DES DIFFÉRENTS MODES DE CUBAGE
ET DE VENTE.

Les modes de cubage et de vente varient considérablement en France suivant les localités. La législation n'a réglé à cet égard que ce qui concerne les
bois à brûler, de fente et de sciage, ainsi que les
charbons destinés à l'approvisionnement de Paris
quand ils viennent par eau ; elle est muette pour les
bois similaires y venant par terre ou destinés aux
autres parties de la France, ainsi que pour les charpentes, même celles arrivant par eau à Paris. Cette
lacune est extrêmement regrettable ; elle entrave le
commerce, l'expose à mille difficultés et aléas. Ne
pouvant changer cette situation, nous l'exposerons
du moins avec quelques détails, et nous accueillerons
avec reconnaissance les renseignements que nos lecteurs voudront bien nous communiquer pour nous
compléter. Faire connaître les us et coutumes de
chaque localité serait le seul remède au mal actuel,
car, ne pouvant uniformiser les conditions de vente,
il faut du moins faire en sorte que chacun sache comment on lui livrera ce qu'il achètera dans telle ou
telle contrée. Il n'y aurait pas d'enquête plus utile
que celle que pourrait faire l'État pour constater ces
usages actuels.

**Bois à brûler arrivant par eau pour l'approvision-
nement de Paris.** — Les bois à brûler arrivaient jadis

très-difficilement à Paris, et maintes fois le combustible y fit défaut; diverses mesures furent prescrites par des ordonnances et édits, notamment de Charles VI et de François 1er, pour remédier à cet état de choses. Néanmoins, les bois voisins de Paris s'étant épuisés, il avait fallu en exploiter de plus éloignés, et on avait déjà été contraint de recourir aux forêts de Lyons, de Pont-Audemer, d'Orléans, de Montargis, de Crécy-en-Brie, de la Neufville, comté de Clermont, ce qui causait des transports très-difficiles; quand, en 1549, Jean Rouvet fit venir les bois du Morvan en employant le flottage à bûches perdues dans les ruisseaux et le flottage en trains dans l'Yonne et la Seine. Quinze ans après, Jean Tournour, Nicolas Gobelins et Arnoul amenaient par le même procédé les bois de la Lorraine, du Barrois et de la Champagne, en suivant la Marne et ses affluents. En 1590, on faisait flotter les bois de la forêt de Lyons-sur-Andelle. Diverses ordonnances donnèrent de grandes facilités aux marchands qui entreprirent ces flottages et imposèrent même aux propriétés riveraines des cours d'eau des servitudes qui subsistent encore actuellement. Grâce à ces mesures, l'approvisionnement des bois à brûler de Paris fut assuré, et le prix de la voie, qui, de 7 sols qu'elle valait en 1375, était monté à 18 sols 4 deniers en 1502 et avait atteint 2 livres 8 sols en 1544, resta sensiblement stationnaire pendant de nombreuses années.

L'approvisionnement de Paris se fait encore actuellement par les mêmes procédés, seulement la longueur

des trains, qui n'était jadis que de 12, 15, 18 ou
25 toises, est maintenant le plus souvent de 90 mètres, longueur maximum fixée par la loi des finances;
de plus, les diverses ordonnances qui réglaient les
détails de ce service ont subi de nombreuses modifications.

Actuellement, les bois provenant des parties élevées des diverses rivières du bassin de la Seine sont
coupés à la longueur de 1^m,14, puis frappés à leurs
deux extrémités de la marque particulière de leur
propriétaire; après quoi, toutes ces bûches, sans distinction de propriétaire, sont jetées et confondues
dans les petites rivières et les ruisseaux les plus voisins de la coupe. Des cantonniers spéciaux munis de
perches empêchent les arrêts et détruisent les obstacles. Malgré cette précaution, la quantité de bois est
parfois tellement considérable qu'ils encombrent les
ruisseaux et en arrêtent le cours. Lorsque cela arrive,
on lâche l'eau tenue en réserve dans les *étangs de
flottage,* et au moyen de cette crue factice on dégage
l'embarras. Les bois arrivent ainsi jusqu'aux premiers
ports des rivières navigables, où des barrages établis
à demeure les arrêtent. Cette première opération,
dite *flottage à bûches perdues,* serait fort coûteuse si
chaque propriétaire devait assurer par ses seuls
moyens le voyage de ses bois. Mais depuis longtemps
les propriétaires se sont associés, et il s'est ainsi
établi de véritables syndicats dits *compagnies vende-
resses* ou *du haut,* lesquels ont des règlements particuliers arrêtés en assemblée générale et approuvés

par le ministre de l'intérieur, veillent aux intérêts
communs, assurent les mouvements des bois, payent
les indemnités qui peuvent être dues aux moulins et
usines pour les chômages que le flottage leur impose,
le tout moyennant une contribution répartie suivant
les statuts. Ces compagnies sont au nombre de six,
qui sont : la *Compagnie du commerce de la haute
Yonne,* celle *des petites rivières* (Beuvron et Sozay),
celle *de la Cure,* celle *de la rivière de Vannes,* celle
du ruisseau de Saint-Vrain, celle *de la rivière de
Long,* dite *flot de Saint-Fargeau.*

Toutes les bûches arrêtées aux barrages des ports
sont tirées à terre, visitées et empilées par qualités
et par marques de propriétaire. Ces piles doivent
avoir 3 mètres ou 1^m,50 de hauteur et des longueurs
multiples de 3 mètres, de façon qu'elles contiennent
toutes des nombres entiers de décastères ou de demi-
décastères ; elles doivent être séparées les unes des
autres par des ruelles d'au moins 0^m,65 (arrêté du
3 nivôse an VII, décret du 6 septembre 1852). On
ajoutait jadis au-dessus des piles une rangée de
bûches de 3 à 4 pouces de diamètre sur toute la
longueur de la pile, dite *bûche roulante,* qui avait
pour but de compenser le retrait que les bois éprouvent en se desséchant. Cet excédant, fixé par le règlement du 25 avril 1833, a été supprimé par décision
du 16 avril 1846.

Toutes ces opérations se font aux frais des propriétaires et par les soins de leurs ouvriers. Mais elles
sont surveillées par le *garde-port,* lequel est chargé,

non-seulement de garder, de conserver le chantier et d'en faire la police, mais encore de veiller à ce que les bois aient la longueur voulue, qu'ils soient empilés régulièrement et loyalement, qu'il ne soit pas introduit dans les piles des bûches défectueuses; il a, de plus, mission de constater les cubes des piles.

Sont déclarées défectueuses, d'après le décret du 6 septembre 1852, 1° les bûches cambrées, de telle sorte que si on tire une ligne droite d'une extrémité à l'autre, il se trouve au milieu de la courbe à la corde. une flèche de 0^m,15 à 0^m,20; 2° celles qui présentent deux courbures, dont les flèches réunies donnent également 0^m,15 à 0^m,20; 3° celles qui sont creuses ou pourries; 4° celles qui n'ont pas la longueur voulue par les règlements.

Il y avait déjà dans le XIIIe siècle des *jurés mesureurs de bûches* qui remplissaient des fonctions analogues; leur organisation et leur nom ont depuis maintes fois changé; on les a même supprimés pendant quelques années; mais le commerce a réclamé leur rétablissement, parce qu'ils sont de véritables experts arbitres dont l'habileté et le désintéressement sont la garantie des transactions. Leur autorité est souveraine sur les ports : les ouvriers, mariniers, voituriers, etc., leur sont soumis; ils peuvent, quand ils reconnaissent des fraudes dans la confection des piles, renvoyer les ouvriers, faire une réduction sur les cubes des piles et même verbaliser; ils peuvent ainsi atteindre l'ouvrier et le patron. Comme conséquence de ces pouvoirs souverains, ils sont responsables de leurs actes, des fraudes et même des vols qu'ils n'ont pas signalés. Ils sont nommés et commissionnés par le ministre des travaux publics, sur une liste double de candidats présentés de concert par le *syndical des commerces de Paris réunis* (bois à brûler, bois à ouvrer et charbon de bois) et par les syndicats des commerces des départements intéressés aux nominations à faire ou, à défaut de ces derniers syndicats, par les tribunaux de commerce de Compiègne, Château-Thierry, Montereau, Troyes, Montargis et Joigny. Ces agents prêtent serment après leur nomination ; ils sont placés sous l'autorité des ingénieurs des ponts et chaussées et des inspecteurs des ports. Ils reçoivent des propriétaires une première rémunération, dite *droit d'arrivage,* au moment de l'arrivée de la marchandise, et une seconde sensiblement égale, dite *droit d'enlèvement,* au moment de son départ (cette dernière est payée par l'acheteur). Il en est de même quand la marchandise ne fait que traverser le port, soit à son embarquement, soit à son débarquement. Ces droits sont fixés conformément au tarif suivant :

DÉNOMINATION DES MARCHANDISES.	ESPÈCE DES UNITÉS.	RÉTRIBUTION DUE AU GARDE-PORT.		
		à l'arrivage.	à l'enlèvement.	TOTAL.
1° Bois à brûler :				
Bois en bûches et souches (A) . . .	le décastère.	0f,32	0f,32	0f,64
Cotrets et fagots. { Cotrets de 0m,65 de longueur et fagots . . .	le mille.	0 50	0 44	0 94
Falourdes et cotrets de 1m,00 de longueur et au delà . . .	le mille.	0 80	0 70	1 50
Bourrées, margotins et autres menus bois . .	le mille.	0 26	0 24	0 50
2° Charbon de bois (B). . .	les cent hectol.	1 10	1 10	2 20
3° Bois à ouvrer :				
Bois en grume (circonférence réduite de 1/6), charpente et sciages (C) . . .	les 100 décistères.	2 50	2 50	5 »
4° Bois divers :				
Merrains (D). . .	le millier.	1 10	1 10	2 20
Cerceaux . . .	le millier.	0 24	0 16	0 40
Grands cerceaux à cuves . . .	le cent.	0 90	0 60	1 50
Futaille. . .	le cent.	0 25	0 25	0 50
Lattes, échalas, osiers, écorces à tan de toutes dimensions . . .	les 100 bottes.	0 30	0 24	0 54

(A) Cette allocation est réduite à moitié pour les bois de flot de la haute Yonne et de la Cure, et au tiers pour les bois de flot de Beuvron et de Sozay.

(B) Les charbons qui sont déchargés directement de la voiture dans les bateaux ne payent que la moitié de la rétribution.

(C) Équivalent à 100 décistères :

	300	mètres linéaires	de battants (gros).
	550	—	— (petits).
	550	—	de doublettes.
Sciages de chêne.	900	—	de membrure.
	1,200	—	de planches de 0^m,034 à 0^m,47 d'épaisseur.
	1,600	—	d'entrevous et de chevrons.
	2,800	—	de feuillet.
	100	—	d'étaux (grands).
	200	—	— (petits).
Sciages de hêtre.	400	—	de doublets et battants.
	650	—	de membrure.
	800	—	de planches et quartelot.
	1,300	—	d'entrevous, feuillets et chevrons.
Sciages de bois blancs.	750	—	de quartelot.
	1,500	—	de planches.
	2,600	—	de voliges ordinaires.
	6,000	—	de voliges à ardoises.
	530	—	de madriers.
Sciages de sapins.	1,000	—	de planches larges, de 0^m,034 d'épaisseur.
	1,300	—	de planches larges, de 0^m,027 d'épaisseur.
	1,700	—	de planches étroites, de 0^m,027 d'épaisseur.

(D) Le nombre des morceaux de merrains composant le millier varie selon les localités.

Les résidences des inspecteurs des ports chargés de la surveillance des gardes-ports sont :

Compiègne : l'Aisne et les canaux latéraux de l'Oise, de l'Aisne et de la Sambre à l'Oise.

La Ferté-Milon : l'Ourcq et le canal de l'Ourcq.

Château-Thierry : la Marne et ses canaux.

Joigny : la Seine entre Montereau et Coudray, l'Yonne entre Montereau et annexe du canal de Bourgogne.

Troyes : la Seine au-dessus de Montereau, l'Aube et le canal de la haute Seine.

Clamecy : l'Yonne au-dessus d'Auxerre, la Cure, le canal du Nivernais, d'Auxerre au point de partage.

Montargis : les canaux d'Orléans, de Briare et du Loing.

Les commerçants de Paris viennent acheter et prendre livraison des bois sur les ports; ils les font descendre à Paris en trains ou radeaux. La surveillance de la confection des trains, la réparation des accidents, les formalités à remplir pour la navigation et l'octroi demanderaient à chaque négociant beaucoup de temps et de dépenses, ils ont réduit ces frais en se constituant en société. Cette société, dite *la Compagnie du commerce des bois à brûler de Paris,* a pour unique mission le flottage en trains depuis les ports de livraisons jusqu'aux ports de *tirage* de Paris. Son institution est très-ancienne : les règlements qui la régissent actuellement ont été revisés le 22 sep-

tembre 1844 et approuvés par ordonnance royale.
Celle-ci a rendu les cotisations que la compagnie pré-
lève obligatoires, non-seulement pour les sociétaires
qui utilisent ses employés, mais encore pour les marchands non-sociétaires qui n'en voudraient pas user,
de telle sorte que tout train arrivant à Paris doit sa
cotisation. Celle-ci était jadis arrêtée par ordonnance
royale sur la proposition de la compagnie, mais depuis 1841 elle est fixée chaque année par la loi des
finances et a ainsi le caractère d'un véritable impôt
dont les bois arrivant par bateau et par terre sont
seuls exemptés.

Quand ces bois arrivent à Paris, on les tire à
terre sur les quais ou ports à ce destinés par les ordonnances de police, parfois même on les y empile
de nouveau. C'est là que les marchands en détail
viennent les acheter et en prendre livraison.

Jadis on vendait les bois au *moule*, à la *voie* et à
la *corde*, mesures qui variaient avec les localités. La
corde en usage à Paris avait été fixée par l'ordonnance des eaux et forêts de 1669 à 8 pieds de couches, 4 pieds de haut, 3 pieds et demi de profondeur, ce qui faisait 112 pieds cubes. Cette unité de
mesure a été remplacée par le décastère et le stère
par l'arrêté du 3 nivôse an VII; mais elle a continué à
être employée dans les forêts pour les ventes et livraisons qui s'y opèrent; elle vaut 3st,839. On s'est
servi longtemps à Paris de la *voie*, qui est une demi-
corde d'ordonnance, soit 56 pieds cubes et qui vaut
1st,920.

Il ne faut pas confondre le *stère*, unité de mesure du volume apparent des bois de chauffage, avec le *mètre cube*, qui est l'unité de mesure du volume *réel* de ces bois. La différence entre ces deux volumes est d'autant plus grande que l'empilage a été fait avec moins de soin; les marchands de détail de Paris arrivaient à augmenter le volume apparent de leur bois à brûler de 10, 15, 20 et même de 25 pour 100.

Ils obtenaient ce résultat en y mêlant les bois rebutés par les gardes-ports pour cause de courbure ou configuration, rebuts qu'ils achetaient au rabais. Grâce à cette fraude, ils vendaient leurs bois au détail meilleur marché qu'ils ne les achetaient sur les ports.

Cet état de choses provoqua longtemps les réclamations du public et des commerçants honnêtes, tellement que, de guerre lasse, ceux-ci se décidèrent à vendre leurs bois au poids, parce qu'ils estimèrent que la fraude ne pouvait atteindre dans la vente au poids les mêmes proportions que dans celle au stère. Cette pratique a été bien accueillie du public, qui y trouve plus de facilité pour les menus achats; elle s'est bientôt généralisée. Il y a cependant encore bien des circonstances où l'on vend les bois au stère; on les empile alors sur $0^m,88$ de hauteur et 1 mètre de couche; dans ce cas, on est exposé aux anciens abus.

Nous verrions avec plaisir imposer aux gardes-ports l'obligation de faire tronçonner aux longueurs d'emploi les bois qu'ils auraient rebutés. Cette mesure simple détruirait la cause principale de la fraude de la vente au stère.

Il est assez difficile de préciser le poids du stère de bois de chauffage : il varie non-seulement avec la siccité, mais encore avec l'essence et la grosseur des brins du bois. Le commerce de Paris admet, en général, qu'il est de 400 kilogrammes par stère ou de 750 par voie pour les bois durs, et de 300 par stère pour les bois blancs. Ces chiffres sont assurément trop faibles, car la moyenne des pesées effectuées à diverses époques par la marine sur des bois de chauffage en chêne d'un an de coupe empilés en régie a donné 498 kilogrammes par stère, contenant en moyenne trente-six bûches, tandis que celle des pesées faites sur des bois de démolition a donné 525 kilogrammes par stère de chêne et 478 par stère de saps.

M. Nanquette admet qu'en Lorraine le poids moyen du stère empilé suivant les usages du commerce est d'environ :

Pour le bois de vieux chêne . . . . 435 kil.
Pour le jeune chêne et le hêtre, bois de tige. 450 kil.
Pour le rondin de charme.. . . . . 500 kil.
Pour le quartier — . . . . 533 kil.

Les administrations publiques admettent 410 kilogrammes comme poids du stère de chêne.

Nous donnons ci-dessous le résultat de l'empilage des bois de chauffage fait dans les conditions normales :

DIAMÈTRE des bûches.	NOMBRE de bûches par mètre carré de la section transversale.	NOMBRE de bûches par stère, les bois ayant 1ᵐ,14 de longueur.	VOLUME RÉEL du stère en mètres cubes.	VOLUME APPARENT du mètre cube.
0ᵐ,04	317	278	0.389	2.58
0 05	260	228	0.442	2.26
0 09	88	77	0.554	1.81
0 10	70	61	0.563	1.77
0 12	54	47	0.634	1.57
0 15	37	32	0.662	1.51
0 16	33	30	0.663	1.51
0 17	29	25	0.652	1.54
0 18	26	23	0.653	1.53
0 19	23	20	0.667	1.50
0 20	22	19	0.661	1.51
0 21	20	18	0.675	1.48
0 22	18	16	0.682	1.47
0 23	16	14	0.681	1.47

Charbon de bois arrivant par eau pour l'approvi-sionnement de Paris. — Les charbons de bois fabriqués dans le bassin supérieur de la Seine sont amenés ou empilés aux ports de la même manière que les bois à brûler. Leur triage et leur cubage sont faits également par les gardes-ports. Leur descente à Paris s'effectue par eau par les soins de la *Compagnie du commerce des charbons de bois arrivant par eau aux ports de Paris,* dont les statuts ont été approuvés par une sentence du bureau de la ville de 1769 et l'ordonnance du 4 février 1824. Cette Compagnie a, depuis l'ordonnance précitée, perdu l'espèce de monopole qu'elle avait conquis, le com-

merce est devenu libre, mais il reste soumis à de
nombreuses ordonnances de police, notamment celle
du 25 octobre 1840.

Bois à ouvrer arrivant par eau à Paris. — Les
bois à ouvrer sont également apportés sur les ports
de dépôt établis dans les différents points du bassin
de la Seine. Leur descente à Paris se fait par les
soins de la *Compagnie du commerce des bois à ouvrer,*
laquelle est, comme les précédentes, une association
des marchands de Paris, dans laquelle sont admis
leurs confrères de la banlieue, d'après les statuts du
5 juillet 1841. Elle opère tous ces mouvements
moyennant une cotisation fixée chaque année dans le
budget et qui est imposée, même aux personnes qui
ne se servent pas des agents de la Compagnie.

Cette société se réunit aux deux autres similaires
précitées pour constituer la *Société des trois commerces réunis* ou *assemblée générale,* laquelle est
chargée de soutenir les intérêts du commerce des
bois de Paris et de s'entendre avec le commerce de
province pour proposer les gardes-ports au ministère
des travaux publics.

Bois de fente et bois de sciage. — Les gardes-
ports interviennent pour les bois de sciage, les merrains, les lattes, les échalas, et généralement pour
tous les bois susceptibles d'empilage de la même
manière que pour les bois à brûler; ils doivent les
emmétrer par espèce et échantillons et séparer le

rebut du bon bois. Mais ils n'ont plus que le rôle de
simples gardiens quand il s'agit des charpentes,
attendu qu'ils ne doivent tenir compte ni de la qualité, ni des défauts des pièces pour en faire le cube.
Ils n'accusent donc que le cube brut, qui est le
cube d'encombrement, lequel sert de base à la per-
ception des droits ; mais ils ne déterminent pas le
cube réel, utilisable ou commercial de chaque pièce.

Il peut paraître étrange que la législation qui a
réglé jusque dans ses plus petits détails le commerce
des bois à brûler et des charbons, soit complétement
muette quand il s'agit du commerce des bois d'œuvre,
qui peut donner lieu à des difficultés beaucoup plus
grandes encore. Mais on comprend que le législateur
ait reculé devant une réglementation qui laisserait à
un fonctionnaire le soin d'apprécier les qualités et
les dimensions d'une marchandise dont chaque
échantillon présente un aspect particulier.

Cubage des bois de charpente à Paris. — L'estimation du cube d'une pièce de bois est, en effet, une
opération délicate, car au point de vue pratique elle
a pour but ordinairement d'en déterminer le volume
utilisable, lequel diffère du volume réel à cause de
l'écorce, de l'aubier, de l'irrégularité des pièces, de
leurs encoches et de leurs vices, et en diffère plus ou
moins selon l'emploi que la pièce doit recevoir. Le
marchand qui achète trouve à toutes les pièces des
défauts dont il apprécie l'influence à sa façon; s'il
est méticuleux, âpre ou tenace, il leur attribue sur

le cube un déchet que le vendeur ne peut accepter ; de là naissent des contestations qu'on résout fréquemment en prenant un tiers pour arbitre. La loi autorise les gardes-ports et les inspecteurs des ports à accepter ces fonctions. Mais ces arbitres eux-mêmes n'ont pas de règle indiquée, et leurs estimations se ressentent toujours du point de vue auquel ils se placent.

Si on considère une bille en grume droite pour prendre le cas le plus simple, il faut, pour obtenir son volume réel assez exactement, la décomposer en

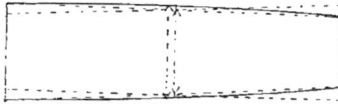

Fig. 161.

éléments d'un mètre de longueur et en calculer les volumes individuels, en considérant chacun d'eux comme un cylindre ayant le diamètre à mi-hauteur pour diamètre uniforme. Cette manière de faire est employée dans certains cas par les forestiers ; elle pourrait l'être également par les marchands ou fabricants de bois à brûler, qui ont, eux aussi, intérêt à connaître le volume exact.

Mais elle donnerait à coup sûr un volume trop élevé pour le marchand de bois à ouvrer. Les arbres ont toujours, en effet, la forme d'un solide de révolution à génératrice courbe (fig. 161) ; les charpentes équarries qu'on en peut tirer ne peuvent bonifier de la courbure du profil ; le tronc de cône déterminé par les deux sections de l'arbre est une meilleure mesure du volume utilisable, et c'est avec raison que le commerce l'a adoptée.

Il faut observer cependant que le marchand ne pourra jamais retirer de cette bille qu'une fraction de ce volume tronconique, fraction qui sera plus ou moins grande selon que les couches d'écorce et d'aubier seront plus ou moins épaisses. On peut admettre que dans chaque localité ces couches ont sensiblement la même importance; ceci explique comment on a pu être conduit à réduire dans chacune d'elles le volume de ce cône d'une fraction déterminée pour avoir son cube commercial.

En pratique, l'opération se fait de la façon suivante :

On mesure avec un ruban les circonférences du gros et du petit bout, on en prend la moyenne, puis on multiplie par la longueur de la bille, la surface du cercle correspondant à cette circonférence. On a alors le *volume tronconique.* Ou bien on prend le quart de cette circonférence moyenne et on multiplie ce quart par lui-même, puis par la longueur de la bille, ce qui donne sensiblement le volume brut de la pièce équarrie qu'on en peut tirer ; cette seconde méthode se nomme le *cubage au quart sans réduction.* Ou bien encore on retranche $\frac{1}{12}$, $\frac{1}{6}$, $\frac{1}{5}$ de cette circonférence moyenne; on prend le quart du reste, et, multipliant ce quart par lui-même, puis par la longueur de la bille, on obtient le *volume au douzième, au sixième* ou *au cinquième réduit,* lequel doit représenter sensiblement le volume de la pièce équarrie sans aubier qu'on peut tirer de la bille considérée. On évite tous ces calculs en employant les tarifs de cubage qui donnent le volume tronconique au $\frac{1}{4}$, au $\frac{1}{5}$, au $\frac{1}{6}$, etc., des tiges de toutes les dimensions.

Quelque justification qu'aient ces usages, il faut avouer qu'il serait beaucoup plus logique de ne faire aucune déduction et de juger le prix de l'unité d'après les qualités des bois et l'importance de l'aubier, ou bien de faire comme notre marine militaire et les Anglais, qui ne cubent que le franc bois et ne tiennent aucun compte de l'aubier. Cela est d'autant plus vrai que l'importance de l'aubier et de l'écorce varie considérablement dans les localités où l'on adopte le même coefficient de réduction, et que d'ailleurs elle varie beaucoup plus avec l'âge des bois qu'elle ne peut le faire d'une contrée à l'autre, en sorte que la raison d'être de ces usages est plutôt apparente que réelle et a pour unique résultat définitif de causer des erreurs, des fraudes et des contestations.

Il nous reste à mesurer l'importance des réductions que ces diverses méthodes de cubage font subir au volume de la bille; et à ce propos il faut observer que la méthode décrite ci-dessus pour obtenir le volume tronconique n'est qu'approchée et donne, pour parler rigoureusement, le *volume du cylindre,* ayant même circonférence moyenne et même hauteur que le tronc de cône considéré. Si on représente ce volume par l'unité, on a entre ces divers cubages la relation suivante :

Volume réel dans les conditions normales. . .	variable.
Volume tronconique.	—
— cylindrique.	1^{mc},000
— au quart, sans déduction.	0 ,785
— au douzième déduit.	0 ,660
— au sixième déduit.	0 ,545
— au cinquième déduit	0 ,502
— de la bille équarrie à vive arête, avec aubier	0 ,637
— de la bille équarrie à vive arête, sans aubier.	variable.

Le cubage des bois équarris est beaucoup plus délicat ; l'équarrissage n'est généralement pas à vive arête ; il n'a été fait le plus souvent que pour alléger la pièce d'une partie de son aubier pendant son transport ; il y a, de plus, des vices et des défauts de forme qu'il faut apprécier. Il ne s'agit plus ici d'une matière brute sur laquelle l'acheteur court inévitablement des risques de qualité souvent plus graves que les erreurs de cubage et dont il doit se couvrir par une certaine marge dans les prix, mais d'une matière ouvrée, susceptible le plus souvent d'emploi immédiat, pour laquelle l'acheteur n'a plus de risques graves de qualité à courir, dont les bénéfices probables sont en conséquence plus modérés et dont les différences sur les cubages sont, par suite, plus sensibles. Pour cet acheteur, le cube d'une pièce est celui qu'on lui reconnaît lors de l'emploi.

Si la pièce est destinée à servir de poutre, de membrure ou de toute autre pièce de construction, soit à terre, soit flottante, il n'attachera aucune importance aux flaches, encoches et inégalités de dimensions des faces qu'on tolère en semblables cas ; son cube commercial sera le cube résultant de ses plus grandes dimensions, tel qu'on le compte sur la place de Paris ; seulement il est admis qu'on y livre les bois par équarrissages multiples de $0^m,03$ et par longueurs multiples de $0^m,25$, et que tout ce qui excède les plus grands multiples de $0^m,03$ sur l'équarrissage et de $0^m,25$ sur la longueur n'est pas compté dans le calcul des cubes et est le profit de l'acheteur. C'est ce qu'on peut appeler le cubage par *0,03 et 0,25 pleins,* et ce qu'on nomme encore *cubage par pieds et pouces pleins,* comme cela avait lieu avant l'adoption des mesures métriques.

Dans d'autres localités, notamment dans tout le bassin du Doubs, de la Saône et du Rhône, où les bois voyagent flottés, se cubent et se vendent souvent étant dans l'eau, on a l'habitude de passer un ruban autour de la pièce et de prendre pour équarrissage le multiple de $0^m,03$ ou de $0^m,02$ immédiatement inférieur au quart de ce contour. On a ainsi un cubage qui tient assez bien compte des flaches, et qu'on appelle le *cubage à la ficelle.* Dans certaines localités, on le rend encore plus exact en admettant pour dimensions les deux multiples *au besoin inégaux* de $0^m,03$ ou $0^m,02$, les plus voisins dont la double somme donne la longueur de la ficelle. Ces diverses méthodes ont leurs raisons d'être, toutes sont justifiables, mais il faudrait en adopter une qui servirait de guide, sauf conventions contraires entre les intéressés, afin que vendeurs et acheteurs ne soient pas exposés à des contestations.

Le tableau ci-dessous indique les volumes donnés par le cubage à la ficelle dans le cas où la même pièce aurait été plus ou moins équarrie :

	VOLUME	
	RÉEL.	INDIQUÉ par le cubage à la ficelle au quart sans déduction.
La pièce cylindrique	1mc,000	0mc,785
La pièce équarrie en octogone régulier	0mc,900	0mc,743
La pièce équarrie avec 4/5 de diamètre.	0mc,793	0mc,702
La pièce équarrie à vive arête (carré inscrit)	0mc,637	0mc,637

Quand il s'agit de pièces équarries destinées à être débitées, les exigences de l'acheteur sont natu-

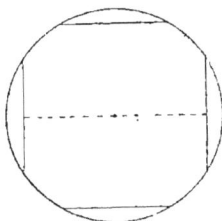

Fig. 162.

rellement plus grandes encore, surtout au point de vue des encoches, flaches, fentes, nœuds, défauts de conformation et des vices. C'est alors sur toutque vendeurs et acheteurs sont exposés à des contestations.

Le commerce de Paris achète peu de bois indigènes bruts; il les demande sciés et ne débite guère que des bois étrangers, pour lesquels il admet fréquemment le cubage reconnu dans les ports maritimes, tels que le Havre, où on les débarque et où on les cube, en prenant pour équarrissage les plus petites des dimensions des faces opposées, lesquelles représentent bien les dimensions des sciages qu'on en peut tirer.

Dans beaucoup d'autres localités, on est moins exigeant. Nous reviendrons sur ce point.

Mode de mesure et de vente des bois à Paris. — Les bois de feu se traitent au décastère dans le commerce en gros de Paris et aux 100 kilogrammes dans le commerce de détail.

Les charpentes s'y vendent au mètre cube. On y mesure leurs équarrissages de $0^m,03$ en $0^m,03$ pleins, et leurs longueurs de $0^m,25$ en $0^m,25$ pleins. Ces usages sont réglés par l'arrêté des entrepreneurs de charpente du 1er janvier 1840.

Les sciages de chêne se vendent à Paris par lots assortis de 216 mètres de longueur pour les qualités *bonnes ordinaires* et de 212 mètres seulement pour les qualités dites *rebuts* ou *rebuts totaux*. On mesure la longueur de chacune de ces pièces de $0^m,25$ en $0^m,25$ pleins, en négligeant, par conséquent, sur chaque planche ce qui excède le plus grand multiple de $0^m,25$ de sa longueur.

Pour la composition de chacun de ces lots, on

prend pour types de l'un l'*échantillon*, et, de l'autre, l'*entrevous*, et on admet que :

La membrure vaut un échantillon fort;

La doublette vaut deux échantillons ou trois entrevous;

Le grand battant vaut quatre échantillons ou six entrevous;

Le petit battant vaut deux échantillons ou trois entrevous;

Le chevron vaut un entrevous;

La membrette vaut un entrevous faible ou un demi-échantillon fort;

La frise vaut un demi-entrevous.

Les autres sciages de chêne se vendent au mètre carré; leur prix varie naturellement en raison de leur épaisseur, laquelle est le plus généralement $0^m,027$.

Les sciages de hêtre se vendent également au cent de toises ou au *grand cent*, et souvent au décistère. On prend pour unité de mesure de leur assortiment la membrure ou le quartelot, et on admet que la doublette en vaut deux, l'entrevous en vaut les deux tiers.

Les voliges de peuplier se vendent aux 104 mètres.

Les sciages de sapin de Lorraine se vendent au cent de planches ordinaires ou marchandes. Les lots sont tantôt composés de 100 planches de la même qualité, tantôt, au contraire, ils comprennent des planches larges de $\frac{11}{12}$ et $\frac{12}{12}$, qu'on compte pour une planche et demie ordinaire, ainsi que des chons et des rebuts qu'on compte pour une demi-planche.

Les sciages de la Baltique se vendent, au contraire, aux 100 mètres.

Les parquets se traitent au mètre carré, les poutrelles, au mètre cube.

Les bois de fente se négocient généralement au mille.

Cubage et vente des bois en province. — D'après la loi du 4 juillet 1837, l'ordonnance du 16 juin 1839 et les instructions du ministre du commerce du 15 septembre suivant, on ne doit employer pour la vente du bois de chauffage que trois mesures ou membrures, qui sont : le *stère*, le *double-stère* et le *demi-décastère*. La longueur de la sole doit être : 1 mètre pour la membrure du stère, 2 mètres pour celle du double-stère, 3 mètres pour celle du demi-décastère, tandis que la hauteur du montant de la membrure doit être réglée en raison de la longueur des bûches, conformément aux indications du tableau ci-dessous :

LONGUEUR DES BUCHES.	HAUTEUR DES MONTANTS DE LA MEMBRURE	
	DU STÈRE ET DU DOUBLE-STÈRE.	DU DEMI-DÉCASTÈRE.
1 m,00	1 m,000	1 m,667
1 02	0 981	1 634
1 04	0 962	1 603
1 06	0 944	1 573
1 08	0 926	1 544
1 10	0 910	1 516
1 12	0 893	1 489
1 14	0 878	1 463

LONGUEUR DES BUCHES.	HAUTEUR DES MONTANTS DE LA MEMBRURE.	
	DU STÈRE ET DU DOUBLE-STÈRE.	DU DEMI-DÉCASTÈRE.
1 16	0 863	1 437
1 18	0 848	1 413
1 20	0 834	1 389
1 22	0 820	1 367
1 24	0 807	1 345
1 26	0 794	1 323
1 28	0 782	1 303
1 30	0 770	1 283
1 32	0 758	1 263
1 34	0 747	1 244
1 36	0 736	1 226
1 38	0 725	1 208
1 40	0 715	1 191

Bien qu'on ait chargé le vérificateur des poids et mesures de veiller à ce qu'on ne se serve d'aucune autre mesure, soit dans les chantiers, magasins de bois ou maisons particulières, soit dans les bois ou forêts, il est certain que cette loi n'est pas respectée et qu'en général on empile et on vend le bois de chauffage en provision d'après des mesures locales le plus souvent appelées *cordes* de contenance variable.

ANCIENNES MESURES RÉGLEMENTAIRES DU COMMERCE DE PARIS.

	Valeur.
La corde des eaux et forêts ou d'ordonnance (bois de 3 pieds 8 pouces de longueur . . .	3^m,839
La corde de taillis (bois de 2 pieds 1/2 de longueur)	2 742
La corde de moule (bois de 4 pieds de longueur)	4 387
La corde sur l'Eure	4 009
— sur l'Oise et l'Aisne	5 »
— sur la Marne et l'Ourcq.	4 008

La corde sur les ports de Sens et de Villeneuve.	4	007
— sur les autres ports de l'Yonne. . . .	4	007
— sur les ports de la Seine sauf Montargis.	5	»
— sur le port de Montargis	5	003

Les bois en grume sont généralement achetés aux particuliers par les marchands de bois de province qui les font équarrir ou débiter pour les revendre aux consommateurs ou marchands de Paris ou des grandes villes. Le plus clair des profits de ces marchands de province consiste souvent dans les toisés résultant du mode de cubage qu'ils emploient; ils ont alors affaire à des vendeurs souvent inexpérimentés qui ne peuvent démêler le dédale des mesures locales ou qui acceptent dans leurs marchés des cubages dont ils ne comprennent l'importance que trop tard, quand ils la comprennent! La variété de ces modes de cubage ouvre ainsi la porte à des erreurs, des discussions et parfois des fraudes, aussi tout le monde est-il d'accord pour reconnaître le mal. Si l'on réfléchit que les commerçants des grandes villes ne sont jamais exposés à ces inconvénients, d'une part à cause de leur connaissance de ces matières, de l'autre à cause des précautions qu'ils prennent d'ordinaire dans leurs contrats, on comprendra que les seules victimes de ce mode de faire soient les propriétaires vendeurs, qui n'ont pas toujours des relations suivies avec les marchands de bois, qui sont assez disposés à supporter les frais de leurs écoles; qui d'ailleurs ne sont pas syndiqués ou unis pour la défense de leurs intérêts et qui sont habitués par

conséquent à supporter patiemment les conséquences
inévitables de leur inexpérience, jusqu'à ce que leurs
pertes passées leur aient appris les mesures préven-
tives à prendre. On comprend qu'un tel état de choses
ait appelé l'attention de ceux qui ont traité ces questions et les ont conduit à demander comme remède
l'adoption d'un mode unique de cubage. Sans aller
jusqu'à cette limite, qui pourrait par son extrême
rigueur briser trop brusquement des usages anciens
et rendre inapplicable la législation nouvelle, nous
pensons, ainsi que nous l'avons déjà dit, qu'il suffirait
que la loi définisse un mode de cubage obligatoire
pour les traités que l'État contracte avec les particuliers, ainsi que pour ceux passés entre particuliers
quand ceux-ci n'ont pas fait de convention contraire.
Cette mesure serait à coup sûr un progrès. A défaut,
le seul remède possible serait de signaler les usages
des diverses localités ; mais le remède lui-même, si
faible qu'il soit, dépasse tellement nos moyens, que
nous ne pouvons le donner à notre gré. Nous avons
tenté de faire cette enquête pour les principales
places de commerce ; les renseignements que nous
avons recueillis nous ont paru tellement contradic-
toires et si séculaires que nous n'osons les publier.
Le lecteur sera sans doute d'autant plus étonné de ce
silence que nous donnons plus loin les usages commerciaux de tous les grands marchés du globe.

L'unité de mesure varie elle-même de son côté.
Le mètre cube, seule unité légale, n'est pas employé partout. On se sert encore dans beaucoup de

contrées, jusqu'aux portes de Paris, des anciennes
mesures qui étaient en usage dans le siècle dernier.
Parmi celles-ci, la plus répandue est la *solive*, qui
était une pièce carrée de 12 pieds de longueur sur
6 pouces d'équarrissage, cubant par conséquent
3 pieds cubes ; sa dimension variait par conséquent avec celle du pied employé ; avec le pied
de roi elle vaut $0^{mc},102830$ (elle se nomme la
solive ancienne), mais depuis l'adoption du système métrique on a la *solive métrique*, correspondant
au pied métrique, laquelle vaut $0^{mc},1111$ et la
solive nouvelle qui est la dixième partie du mètre
cube, soit $0^{mc},1000$.

Il y avait encore diverses autres mesures locales
qui sont encore employées et que nous indiquons dans
le tableau ci-dessous.

Il y avait quantité d'autres subdivisions de ces
mesures, telles que le pied de solive, le pouce de
solive, la ligne de solive, etc.

Nous pourrions indiquer assez exactement les
usages commerciaux des différents places de commerce
de province, mais n'ayant pas les méthodes de cubage
correspondantes, nous pourrions, en les indiquant,
causer des erreurs ; nous préférons les passer sous
silence.

Le seul point que nous tenions à signaler, c'est
que les bois du bassin du Doubs arrivent à Verdun ;
que ceux qui sont destinés à Paris y continuent leur
route par le canal de Bourgogne ; que les autres y
sont disposés en radeau et descendent la Saône jus-

NOMS DES MESURES ANCIENNES.	VALEUR en PIEDS CUBES.	VALEUR en MÈTRES CUBES.	PAYS où on les employait.	OBSERVATIONS.
Pied cube (ancienne mesure). . . .	1.00000	0.034277	»	
Solive ancienne mesure. . . . (184 pouces cubes) métrique. . .	3.00000	0.102832	»	Se subdivisent en 12 pouces cubes.
nouvelle. . .	3.00000	0.111111	»	
	3.00000	0.100000	»	
Somme.	9.70455	0.332646	Calaisis, Toulonnais, Artois.	Se subdivise en 64 marques. . . . . .
Marque (3,600 pouces cubes).	2.03330	0.069697	Normandie.	Subdivisée en 300 chevilles ou 12 pouces cubes.
Petite gouée.	0.33434	0.011459	Provence.	Servant au bois de chêne.
Grande gouée.	1.33727	0.045836	Provence.	Servant aux autres bois.

qu'à Lyon-Vaise où les radeaux sont visités et réexpédiés au besoin par le Rhône jusqu'à Beaucaire. Cette place est le point où on les désaccroche pour les expédier dans le midi ou la Méditerranée. Tout le bassin a ainsi une certaine homogénéité d'usages commerciaux. On cube les bois à la ficelle, quelquefois même dans l'eau, ceux en grume se mesurent sur écorce, les chênes au 1/5 déduit, les ormes au 1/10, les frênes au 1/12. Ceux égobillés (équarris en charpente) se mesurent au 1/4 à la ficelle, les sciages se cubent d'après les produits des 3 dimensions. Ces mesurages y sont faits par trois *cubeurs jurés* nommés par le tribunal de commerce et assermentés. Il frappent de réductions les pièces qui ont des vices apparents, des trous ou des potiches, mais non celles qui ont des flaches et des défournis d'usage. Tout le bassin de la Saône et celui du Rhône suivent les mêmes procédés de mesure.

IMPORTATION DES BOIS ÉTRANGERS.

Statistique des importations et des exportations. — On importe chaque année des quantités de plus en plus considérables de bois provenant de l'étranger, principalement de Suède, de Norvége, de Russie, de Prusse, d'Amérique, d'Italie et d'Autriche. Le tableau ci-dessous, extrait de l'annuaire des eaux et forêts pour 1875, résume ces importations depuis 1827 et permet de les comparer aux exportations correspondantes.

ANNÉES.	IMPORTATION.		EXPORTATION.		OBSERVATIONS.
	VALEURS officielles.	VALEURS actuelles.	VALEURS officielles.	VALEURS actuelles.	
1827	20.400.000	»	4.500.000	»	En 1826, une commission spéciale fut chargée de fixer la valeur moyenne des divers objets de commerce importés ou exportés.
1828	20.800.000	»	2.400.000	»	
1829	20.600.000	»	3.900.000	»	
1830	22.000.000	»	2.500.000	»	
1831	14.700.000	»	2.100.000	»	
1832	19.300.000	»	2.400.000	»	
1833	24.100.000	»	3.900.000	»	
1834	27.300.000	»	2.600.000	»	Cette valeur, dite *officielle*, a été invariablement conservée jusqu'en 1847.
1835	32.100.000	»	2.800.000	»	
1836	31.200.000	»	4.100.000	»	
1837	31.200.000	»	3.100.000	»	A partir de cette dernière année, une commission, dite *des valeurs de douanes*, a été appelée à apprécier, chaque année, la valeur des divers objets composant le commerce extérieur; le résultat de cette appréciation est la *valeur actuelle*.
1838	31.900.000	»	3.700.000	»	
1839	34.500.000	»	4.000.000	»	
1840	34.900.000	»	4.700.000	»	
1841	38.400.000	»	3.400.000	»	
1842	44.400.000	»	3.900.000	»	
1843	42.500.000	»	4.100.000	»	
1844	39.700.000	»	4.300.000	»	
1845	42.200.000	»	5.000.000	»	
1846	52.000.000	»	5.700.000	»	
1847	43.100.000	60.700.000	5.700.000	5.700.000	Les tableaux de douane présentent depuis 1847 la *valeur officielle* et la *valeur actuelle* en regard l'une de l'autre.
1848	22.700.000	30.700.000	3.500.000	2.900.000	
1849	33.600.000	43.500.000	4.900.000	4.000.000	
1850	39.600.000	50.100.000	5.600.000	4.700.000	
1851	38.800.000	51.300.000	6.200.000	5.200.000	
1852	44.300.000	61.900.000	7.000.000	6.300.000	
1853	46.600.000	69.100.000	7.700.000	7.200.000	Depuis 1861, la *valeur officielle* a cessé d'être mentionnée.
1854	37.500.000	58.500.000	8.800.000	8.200.000	
1855	40.100.000	69.700.000	8.700.000	8.900.000	
1856	42.700.000	76.600.000	10.300.000	9.000.000	
1857	48.500.000	85.000.000	11.900.000	11.500.000	
1858	44.600.000	83.700.000	14.200.000	14.500.000	
1859	53.900.000	106.200.000	15.800.000	17.300.000	
1860	57.200.000	123.600.000	16.400.000	21.700.000	
1861	65.200.000	139.800.000	19.400.000	26.100.000	
1862	55.000.000	117.800.000	20.100.000	26.400.000	
1863	63.200.000	133.200.000	24.700.000	33.500.000	
1864	»	132.400.000	»	33.200.000	
1865	»	150.700.000	»	34.700.000	
1866	»	180.400.000	»	32.200.000	
1867	»	172.600.000	»	33.900.000	
1868	»	179.400.000	»	34.800.000	
1869	»	189.263.000	»	36.813.000	
1870	»	151.235.000	»	29.497.000	
1871	»	89.840.000	»	22.909.000	
1872	»	128.733.000	»	28.284.000	
1873	»	156.290.000	»	46.022.000	

D'après l'administration des douanes, la répartition des produits importés serait approximativement la suivante :

On voit par ces chiffres que les importations dépassent notablement les exportations, en un mot que la France ne suffit pas à ses besoins.

Il est vrai que les produits importés ne sont pas tous susceptibles d'être remplacés par nos bois indigènes ; tels sont d'abord les bois de teinture, les bois exotiques, les mâts du nord de la Californie et de Vancouvert que notre sol ne produit pas ; tels sont aussi les sciages de Suède et de Finlande, qui doivent au climat qui les produit des qualités spéciales très-appréciées dans le commerce. Déjà dans le siècle dernier le commerce de Marseille tirait les bois de la Baltique en les payant le double des résineux du Dauphiné, de Provence, des Maures, de l'Esterel, de Grasse et du comté de Nice, dont les forêts étaient alors florissantes, et qui arrivaient à peu de frais par rivière et par mer des ports du Rhône, de Fréjus, de la Napoule et de Nice. Nous pourrons être encore contraints de payer les qualités étrangères le double et même le triple des qualités françaises, cela conduira à les employer avec plus de discernement, mais cela n'en supprimera pas l'emploi, pas plus que le renchérissement des prix de l'acajou ne ferait remplacer ce bois par notre noyer ; ce serait une déchéance de notre fabrication et de notre bien-être, qui est, lui aussi, un élément et même une cause de notre prospérité. Sauf ces produits, toutes les autres

DÉNOMINATION DES BOIS.	UNITÉS.	NOMBRE.	VALEUR à l'unité.	VALEUR totale.
Chêne, orme ou noyer. { Bruts ou équarris	Mèt. cube.	20.000	80c le stère.	1.600.000
Sciés de toute longueur.	—	25.000	100 —	2.500.000
Essences autres (la presque totalité résineuse provenant de la Baltique). Bruts et équarris.	—	277.000	37 50 —	10.387.500
Ayant 80mm et plus d'épaisseur.	—	175.000	44 —	7.700.000
Sciés: — 70 à 80mm — . . .	*metre courant.*			
— 36 à 70mm — . . .		93.000.000	40 les 100m.	37.200.000
— moins de 36mm — . . .				
Mâts de 0m,50 de diamètre et plus.	Pièce.	204		
— 0 48 de diamètre. . .	—	195		
— 0 46 — . .	—	188		
— 0 44 — . .	—	179	»	400.000
— 0 42 — . .	—	174		
— 0 40 — . .	—	163		
Bois de mâture. Mâtereaux de 0m,35 de diamètre . .	—	273		
— 0 30 — .	—	233	»	75.000
— 0 25 — .	—	194		
Bois en éclisses et feuillards	—	18.800.000	9c la pièce.	1.690.000
Perches	—	1.204.000	50 le cent.	600.000
Échalas	—	1.241.000	40 le cent.	50.000
Douelles	—	49.444.000	1.150 le stère	74.469.500
				136.372.000
Bois de teinture en bûches ou moules	Kilog.	58.592.000	20 les 100k.	11.748.000
				148.090.000

1. A raison de 200 par stère font 403,470 stères.

importations sont destinées à compenser l'insuffisance de notre production forestière. On remarquera surtout l'importance des importations de douelles.

Commerce des bois du Nord. — On nomme en France *bois du Nord* les bois que notre commerce achète dans la Baltique, en Norwége et dans la mer Blanche; ce sont des chênes et le plus souvent des pins et des sapins. Ces deux essences résineuses étaient jadis classées sous le nom commun de *sap,* terme maritime qui a presque disparu et a été remplacé à tort par celui de *sapin,* de telle sorte qu'actuellement on nomme dans le commerce *sapin* des bois qui sont la plupart des pins sylvestres. Les marchands font cependant une distinction entre les bois provenant du débit des pins et celui des sapins, et ils nomment *sapin rouge* ou *bois rouge* les bois provenant des pins, pour les distinguer du *sapin blanc* ou *bois blanc* qui provient des sapins et dont la nuance est plus claire. Nous devons dire cependant que certains pins de la Finlande, où la végétation est très-faible, sont si peu résineux qu'on arrive quelquefois à classer leurs bois parmi les sapins blancs dont ils ont la nuance, les qualités et les défauts, mais c'est là une exception.

Le fret de ces bois dépasse généralement leur coût au port d'embarquement, parce que la Baltique est d'une navigation longue et difficile, qu'elle est de plus fermée une grande partie de l'année par les glaces. Leur légèreté est en outre une difficulté, en ce sens que les navires se trouvent complétement remplis avant d'avoir la charge de poids qu'ils peuvent porter. Les armateurs sont ainsi conduits à exiger un prix assez élevé pour leur fret principal et à transporter à 2/3 de fret, quelquefois à 1/2 fret les bois courts dits *d'arrimage* qui peuvent être placés entre les vides que les pièces principales laissent dans les cales. Parfois aussi ils prennent avec rabais des pièces longues telles que les poutres et poutrelles, ou à défaut des madriers qu'ils peuvent conserver sans trop d'inconvénients sur les ponts pendant la navigation. Cette partie du chargement qu'on nomme le *couvert,* subit une réduction de 1/7 sur le fret. Ces difficultés d'arrimage sont plus grandes pour les bois légers du nord de la Baltique que pour ceux de Prusse et de Pologne qui sont plus lourds. C'est donc principalement en Norvége, en Suède, dans la Finlande et dans la mer Blanche que les acquisitions devront être faites par *lots* d'assortiment pour obtenir des frets économiques.

Le commerce local prépare ses exploitations et ses débits en vue de constituer ces assortiments imposés par les conditions d'arrimage. Cependant on peut assez facilement obtenir des livraisons de dimensions autres déterminées en faisant des commandes spéciales un an à l'avance.

Mais il faut pour cela que l'on accepte les diverses qualités de bois que le pays produit dans la proportion où ils se trouvent sur les chantiers, de même qu'on ne saurait obtenir des bois des plus fortes dimensions sans prendre en même temps une certaine proportion de moyennes et de petites. L'usage, sous ce rapport, est universellement établi, aucun commerçant ne cède ses belles qualités ni ses belles dimensions sans écouler en même temps une quantité correspondante de produits inférieurs.

Le classement de ces bois se fait par des *bracqueurs* qui sont quelquefois des agents du gouvernement, mais le plus souvent des agents des vendeurs. L'intérêt de ces vendeurs les pousse à choisir des hommes probes et expérimentés. Le commerce français se plaint bien rarement du classement qu'on lui impose de la sorte, il trouve dans le fonctionnement de ces bracqueurs toutes les garanties de sécurité désirables.

Le travail de classement se fait d'ailleurs dans de bonnes conditions, parce que les difficultés d'arrimage et les prix élevés des frets conduisent les commerçants français, anglais, etc., à ne commander que des bois ouvrés dont le débit s'opère dans le port de livraison à l'aide de scieries où tous les bois viennent passer sous les yeux des bracqueurs. Ceux-ci font un premier triage quand les pièces sortent de la scie et avant de les faire empiler par qualité, puis ils en font un second au moment de la livraison quand on les éboute, ils fixent alors les réductions de dimension que les pièces doivent subir à cause des fentes, des roulures, des nœuds, des flaches, etc., et ils marquent leur classement définitif sur les têtes des pièces.

Le cubage et le classement des bois qui ne

passent pas dans les scieries est moins bon, parce
qu'il est moins facile, attendu que dans ce cas les
bois ayant été amenés par flottage au port ne sont
pas mis à terre et qu'il n'est pas facile de reconnaître les défauts et les vices de bois flottants depuis
plusieurs mois, alors même qu'on en présente les
différentes faces au-dessus de l'eau, ce qui ne se fait
pas dans toutes les places de commerce.

   Les noms qu'on donne au bois du Nord varient
avec leurs dimensions.

SAPINS RONDS.

Mâts, 15 pouces et plus de diamètre au sixième de la longueur du côté du gros bout.
Mâtereaux, 9 à 15 pouces de diamètre au sixième de la longueur du côté du gros bout.
Espars, 6 à 9 pouces de diamètre au sixième de la longueur du côté du gros bout.
Pigouilles, 4 à 6 pouces de diamètre au sixième de la longueur du côté du gros bout.
Manches de gaffe, 2 à 4 pouces de diamètre au sixième de
   de la longueur du côté du gros bout.

SAPINS CARRÉS.

Poutres . . . . 9 pouces et plus d'équarrissage.
Poutrelles . . . . . . 4 pouces à 8 3/4   —

SAPINS SCIÉS.

	ÉPAISSEUR.	LONGUEUR.
Madriers	2 3/4 à 4 pouces.	7 1/2 à 12 pouces.
Bastins ou bassins.	2 à 3 —	6 à 7 —
Planches	1 à 1 3/4 —	7 1/2 à 12 —
Planches bastins . .	1 à 1 3/4 —	6 à 7 1/2 —
Planchettes . . .	1 à 1 1/4 —	4 à 6 —

CHÊNES CARRÉS.

	ÉQUARRISSAGE.	LARGEUR.
Poutres	9 pouces et plus.	6 à 30 pieds.
Poutrelles	6 —	6 à 30 —
Plançons.	8 —	18 à 36 —

CHÊNES SCIÉS.

	ÉPAISSEUR en pouces.	LARGEUR en pouces.	LONGUEUR en pieds.
Bordages	2 à 8	6 à 12	18 à 36
Bouts de bordages . . .	2 à 8	6 à 10	6 à 15
Planches	1 à 2	6 à 10	6 à 15

Les longueurs des sapins carrés et sciés varient considérablement avec les localités; les vendeurs ne garantissent aucun assortiment de longueurs, ils ne s'obligent qu'à des longueurs maxima et moyennes. Les dimensions sont comptées en pieds et pouces du pays, très-rarement en mesures françaises, le plus souvent en mesures anglaises.

Dans les contrées où il est d'usage de n'ébouter les bois qu'au moment de leur livraison, on éboute en pieds pleins français ou anglais selon la nationalité de l'acheteur et les conventions, mais les équarrissages sont toujours en pouces anglais. Dans tous les cas, on livre en pieds pleins sur les longueurs et en pouces pleins sur les équarrissages; tout excédant sur ces dimensions (sauf pour les épaisseurs inférieures à deux pouces) profite à l'acheteur. C'est le mode de vente qu'on appelle *à pouces et pieds pleins*.

Les sapins ronds, mâts, mâtereaux, espars,

pigouilles et manches de gaffe se vendent à la pièce d'après leur diamètre. Les mâts sont en pin rouge (*pinus sylvestris*), les mâtereaux sont souvent en sapin.

Les poutres et poutrelles se vendent en Suède au pied cube anglais, l'équarrissage mesuré à la ficelle au milieu au quart de pouce plein, demi-pied compté dans la longueur; en Norvége, au stère, longueur comptée de $0^m,20$ en $0^m,20$, l'équarrissage mesuré au milieu à la ficelle, ou au carré tout compté, ou à moitié flache selon convention; en Prusse, au pied cube ancien, pied plein pour les longueurs, pouce plein pour l'équarrissage.

Les madriers, bastins, planches de sapin se traitent en Suède au pied courant métrique ou anglais; en Prusse, au pied courant ancien, anglais ou métrique.

Les chênes, produit spécial de la vente des ports prussiens, se traitent uniquement au pied cube ancien, pied courant plein pour les longueurs, pouce plein pour l'équarrissage des poutres, poutrelles et plançons; pouce plein compté dans la largeur, quart de pouce compté dans l'épaisseur des planches et bouts de bordages; demi-pouce dans la largeur et quart de pouce dans l'épaisseur des bordages.

Les bois sont livrés sous vergues, payables à trois ou quatre mois de la date des connaissements sur traites à Paris.

Les affrétements varient suivant les pays.

En Suède on affrète par *standard de Saint-Pétersbourg* comprenant 165 pieds cubes anglais pour les bois sciés, de 150 pour les bois carrés, 120 pour les bois ronds. En Norvége, on traite par *standard de Christiania* qui comprend 103 1/8 pieds cubes anglais de bois sciés ou 93 3/4 de bois carrés. On y traite quelquefois par *load* de 50 pieds cubes anglais de bois carrés ou sciés, qui se réduit à 40 pieds cubes anglais quand il s'agit de bois ronds. Mais à Drontheim le *standard* de bois sciés est 198 pieds cubes anglais, les bois carrés y sont affrétés par load de 50 pieds cubes, tandis qu'à Christiansand les affrétements se font par 100 pieds cubes métriques de bois sciés et 90 pieds cubes métriques de bois carrés. La Russie affrète comme la Suède, cependant Wiborg emploie un *standard* spécial dit *de Wiborg* de 180 pieds cubes anglais, tandis qu'à Riga on traite par *last* de 80 pieds cubes anglais pour les bois carrés ou sciés, de 65 pour les bois ronds et par standard de Saint-Pétersbourg pour les merrains. Dantzick et Memel traitent également par last de 80 pieds cubes, mais en ancienne mesure pour les sciages de chêne et de sapin, de 65 pour les bois ronds. On compte à Memel 120 merrains de 5 1/2 à 6 pieds pour un last, tandis qu'à Dantzick le last de merrains se compose de 210 merrains pipailles, ou 315 merrains à eau-de-vie, ou 420 à barriques ou 720 à barils ou 900 de fonçailles. Stettin affrète par last de 65 pieds cubes ancienne mesure française pour les chênes, de 72 pour les sapins sciés ou carrés.

Le port des navires varie considérablement avec la densité et les dimensions des bois ; toutefois, en ne considérant que les bois sciés, on peut estimer le port des voiliers par 100 tonneaux de jauge à :

35 standards de Drontheim.
42 — de Saint-Pétersbourg.
48 1/2 — de Christiansand.
57 — de Christiania.
88 lasts, chêne de Stettin.
79 1/2 — sapin —
78 1/2 — chêne et sapin de Dantzick ou de Memel.
86 — — de Riga.

Les conversions des mesures anglaises en mesures françaises se font suivant certaines méthodes approchées qu'il est bon de connaître.

Il est d'usage d'ajouter au nombre de pieds courants métriques 1/10 en Norvége et 1/11 en Suède pour convertir les mesures françaises en pieds courants anglais. Inversement, quand on a une mesure en pieds courants anglais on en retranche 1/11 en Norvége et 1/12 en Suède pour avoir les mesures françaises *dites* équivalentes.

Les valeurs réelles des mesures étrangères exprimées en mesures françaises sont les suivantes :

Pied courant de Memel . . . . $0^m,284$
— de Dantzik 0 287
— suédois 0 2968
— anglais 0 3048
— norvégien 0 3138
— du Rhin 0 3138
— français, ancienne mesure . . . 0 3248
— métrique . . . . $0^{mc}3333$
Pied cube de Memel 0 0229
— de Dantzick 0 0236

Pied cube suédois 0 0261
— anglais.. . . . . 0 0283
— norvégien 0 0309
— du Rhin. 0 0309
— français, ancienne mesure . . . 0 0343
— métrique. 0 0369

STANDARD DE DRONTHEIM.

De 198 pieds cubes anglais 5 606

STANDARD DE SAINT-PÉTERSBOURG.

De 165 pieds cubes anglais, pour les bois sciés. 4 672
De 150   —   —   carrés. 2 973

STANDARD DE CHRISTIANSAND.

De 100 pieds c. métriques, pour les bois sciés. 3 693
De 90   —   —   carrés. 3 324

STANDARD DE CHRISTIANIA.

De 103 1/8 pieds c. anglais, pour les bois sciés. 2 920
De 93 3/4   —   —   carrés. 2 655

STANDARD DE STETTIN.

De 65 pieds cubes anglais, pour les chênes . . 1 840
De 72   —   —   sapins. . . 2 039

STANDARD DE RIGA.

De 80 pieds c. ang., pour les bois sciés et carrés. 2 265
De 65   —   —   ronds 1 841

STANDARD DE DANTZICK OU DE MEMEL.

De 80 pieds cubes français, ancienne mesure,
pour les bois sciés et carrés. . . . . 2^{mc}741
De 65 pieds cubes français, ancienne mesure,
pour les bois ronds. 2 227
Load de 50 pieds cubes anglais. 1 446
Schok de bordages à Dantzick. 20 387
Schok de poutres et de billons à Memel (soi-
xante pièces de 6 brasses) . . . .   »

Standard hundred de planches de Memel (720 ×
   3 × 10,5 à 11 mesures anglaises). 4   680
Schok de merrains à Dantzick et à Memel. . . 1   273

RING DE MERRAINS A STETTIN.

De 240 pièces de 5 pieds métriques . . . . .   »
De 360 pièces de 4 pieds métriques . . . . .   »

Norvége. — Le climat de la Norvége doit au
courant du Gulf Stream qui avoisine ses côtes une
température plus douce que sa latitude ne le ferait
supposer, et des vents d'ouest très-violents. Le
chêne s'y arrête au 63ᵉ degré de latitude ; il est assez
commun dans les latitudes inférieures, mais trop
petit pour être matière exportable. Les essences dominantes sont le sapin et surtout le pin sylvestre, qui
constitue de vastes forêts couvrant le littoral jusqu'à
600 mètres d'altitude. Les arbres du pays se ressentent de ces circonstances. Sur les parties voisines
des côtes de la mer scandinave et de la mer du Nord
ils sont exposés aux vents violents de l'ouest, ils
souffrent, croissent noueux et mal configurés. Ceux
qui viennent à l'est des monts Langfield et qu'on
exporte par les ports du Skager Rach sont plus réguliers et sont demandés pendant la saison où la Baltique est fermée par les glaces pour remplacer les
bois de Suède et de Finlande qu'on ne peut alors se
procurer et dont ils se rapprochent sans les valoir.
Ces bois se vendent débités. Le reste des produits
norvégiens s'exporte en billons pour l'Angleterre ; la
plus grande partie s'y débite en traverses de chemin
de fer qu'on injecte à la créosote et qu'on y emploie

ou qu'on en réexporte dans les diverses contrées du
Sud jusque dans l'Inde et l'Océanie.

Les principaux ports d'exportation sont, en suivant le littoral du nord au sud : Drontheim. Chris-
tiansund, Mandal, Christiansand, Arendal, Oster
Rusör, Kragerö, Langösund, Brévig, Porsgrund,
Laurvig, Töusberg, Holmestrand, Drammen, Christiania, Soon, Moss, Sarpsborg, Fréderickstad, Fré-
derickshald.

Suède. — Le climat de la Suède est moins doux
que celui de la Norvége; les hêtres, les chênes, les
frênes et les ormes y sont fort rares; les premiers ne
dépassent pas la Scanie, les autres atteignent difficilement Stockholm; les arbres de ces essences ne sont
ni assez nombreux ni assez gros pour donner des matières commerciales. Les essences dominantes sont :
le sapin, qui s'arrête au 68e degré de latitude; le pin
sylvestre, qui s'arrête au 69e; le bouleau, qui le
dépasse d'un degré; le saule et le tremble, qui
atteignent le 76e. Les deux essences sapin et pin sylvestre sont seules exportées; on les livre en général
débitées en poutres et poutrelles, madriers, bastins,
planches, lames de parquet ou planches de frises,
espars et manches de gaffe. Le caractère de ces bois
est d'avoir poussé très-lentement, d'avoir de faibles
dimensions en longueur et en équarrissage, des anneaux très-serrés, des fibres très-fines, d'être aussi
homogènes, aussi fins et aussi délicats que possible.
C'est le bois que les menuisiers recherchent par-des-

sus tout. Ces qualités s'accentuent de plus en plus au fur et à mesure qu'on s'élève dans le nord. Les bois de Christianstad sont plus gros et plus grossiers que ceux de Stockholm, ceux-ci le sont un peu plus que ceux de Sundswall, ceux-ci un peu plus que ceux de Nordmäling, et ainsi de suite selon la latitude. Ces derniers ont en général de 9 à 7 pouces de largeur sur 16 pieds de longueur, ceux de Sundswall avec le même équarrissage ont jusqu'à 24 pieds de longueur.

Les principaux ports d'expédition sont, en allant du nord au sud : Haaparanta, Neder Kalix, Hvita, Ranea, Lulea, Pitea, Skelleftea, Sika, Umea, Nordmäling, Ornskoldsvik, Ullanger, Nyland, Hernösand, Sundswall, Gnarp, Hudikswal, Soderhamn, Gefle, Elfkarleby, Stockholm, Carlshamn, Falkenberg, Varberg, Gothembourg, Uddewala (Wenersborg).

Ces bois arrivent le plus souvent par radeaux ou chapelets des différents points de la côte par mer ou de l'intérieur par rivière jusqu'aux ports précités où sont établis les commerçants et leurs scieries. Ces établissements sont fréquemment situés sur les coteaux du littoral ; des chaînes sans fin animées d'un mouvement continu amènent les pièces brutes de la mer dans les scieries où elles sont débitées, bracquées et empilées en attendant la livraison qui se fait très-facilement à cause de la pente.

Il se crée fréquemment des ports nouveaux par suite de l'établissement de scieries nouvelles sur difrents points du littoral.

La Baltique est en général fermée du 15 décembre au 15 mai.

Russie. — La Russie nous expédie par la mer Blanche, le golfe de Botnie et les côtes nord du golfe de Finlande ses bois de Finlande et d'Arckangel, qui ont toutes les qualités de ceux de la Suède, généralement même plus accentuées; elle nous fournit en outre les bois des provinces de Livonie et Novogorod par tous les ports du littoral depuis Saint-Pétersbourg jusqu'à Riga, puis elle nous livre par Memel, Kœnisberg et Dantzick, ses bois de la Pologne, de la Volhynie et autres provinces centrales; enfin, une partie des bois de ces provinces descend par le Dniéper dans la mer Noire d'où il nous en arrive également. Ces bois de Pologne et de Volhynie sont résineux, suffisamment homogènes; ils ont de belles dimensions et sont très-recherchés comme mâtures, bordages et poutres.

Les ports d'embarquement des bois russes sont, en descendant du nord au sud, les suivants : Arckangel, Onéga, Tornea, Uleaborg, Jacobstadt, Nya, Carleby, Wasa, Christinestadt, Biorneborg, Abo, Helsingford, Borgo, Lovisa, Viborg, Saint-Pétersbourg, Kronstadt, Narva, Pernov, Riga, Vindau, Libau.

La place de Saint-Pétersbourg livre des bois de la Finlande venant par le lac de Ladoga et du bois provenant des vastes forêts qui couvrent les gouvernements de Novogorod et d'Olonetz. Il y a donc beaucoup de qualités différentes; on les classe à

Saint-Pétersbourg, puis on les emmagasine à Kronstadt, qui est leur point d'embarquement. Ils ont de 12 à 14 pieds de longueur, 9 à 11 pouces de largeur, 1 pouce et demi à 3 pouces d'épaisseur.

La place de Riga fournit des bois rouges provenant des gouvernements de Minsk, Witepsk et Mohilea; ce sont les meilleurs; puis une qualité moins estimée, moins fine et plus noueuse provenant des provinces de Livonie et de Courlande. Elle livre enfin des bois blancs des provinces de Smolensk et Witepsk. Les poutres doivent avoir au minimum 12 pouces anglais d'équarrissage sur 18 pieds de longueur, les bordages y ont de 24 à 30 pieds de longueur, les planches de 10 à 30, en moyenne de 20 à 21.

C'est en descendant du nord la première place qui livre des chênes; les meilleurs viennent de Courlande; il en arrive de moins bons de la Livonie et des bords de la Dwina. On les trouve sous la forme de merrains, de Wagenschotts et Fapsholz (sortes de bordages ayant l'écorce sur une des faces et dont la longueur dépasse rarement 15 pieds). Ces chênes sont classés par des wrageurs publics assermentés. Ceux de la première qualité sont dits *couronnes* et sont marqués de deux clefs obliques à leurs extrémités, les *rebuts* ou *deuxième qualité* sont marqués W.

Windau et Libau apportent également des chênes provenant principalement de Courlande.

Prusse. — Les ports de la Prusse qui font le

commerce des bois sont, en partant de l'ouest : Memel, Kœnigsberg, Dantzick et Stettin. Les deux premiers reçoivent les arrivages du Niémen, le troisième
ceux de la Vistule, le dernier ceux de l'Oder, de la
même manière que Riga reçoit ceux de la Duna. Des
jonctions de canaux permettent aux bois de passer
d'un bassin à l'autre. La majeure partie des bois
exportés par les trois premiers ports proviennent des
provinces russes. Le commerce est entre les mains
de juifs polonais, qui exploitent les bois des provinces russes et qui les font arriver par radeaux immenses sous formes de pièces plus ou moins équarries en forêt, et qui les vendent aux marchands
prussiens des ports où s'opèrent leur débit et leur
embarquement. Dantzick est la place la plus favorisée
par la nature ; elle dispose de vastes étendues d'eau
qui se couvrent de bois dès que le flottage permet
l'arrivée des bois et qui permettent de les conserver
sans détérioration et sans frais. Les chênes sont, dans
chacune de ces places, classés par des wrageurs publics assermentés dont le classement fait loi entre les
marchands de Dantzick et leurs vendeurs les juifs
polonais. Le bracquage des pins se fait, au contraire,
par des agents des commerçants.

Les chênes de la Volhynie et de la Lithuanie sont
extrêmement gras, ceux de la Gallicie le sont moins.

Les chênes que livre Memel et Kœnigsberg sont
tous de ces deux premières provenances, ceux de
Dantzick sont plus variés, venant des trois contrées,
ceux de Stettin viennent de la Silésie ou du grand

duché de Posen. Ces derniers sont moins gras que ceux de Silésie. Sur la place de Dantzick, les bracqueurs nomment *brack* les chênes de première qualité et les marquent W ; ils nomment *brack-brack* ceux de deuxième qualité et ils les marquent W W.

Les bordages de pins y sont appelés *kron* ou *couronne* quand ils sont de première qualité, et *kron brack* ou *couronne brack* quand ils sont de deuxième. La largeur de franc bois des premiers doit être 8 pouces anglais, celle des seconds 7 pouces, leur longueur minimum est de 30 pieds, la moyenne atteint 36 pieds.

Les planches en pin sont classées en *kron* et en *millet* correspondant aux deux qualités kron et kron brack des bordages.

Les poutres y sont classées de même en deux qualités, la première nommée *cest millet* ou *cest medling,* la seconde appelée *gut millet* ou *good medling.*

Il y a encore une qualité inférieure dite *ordinaire millet,* mais elle ne s'exporte pas. Elles doivent toutes avoir 18 pieds de longueur minimum et 24 pieds de longueur moyenne.

Méditerranée. — Les côtes de la Méditerranée proprement dites sont peu riches en bois.

Cependant la Corse exporte beaucoup de pins laricio, dont l'exportation s'opère au fur et à mesure qu'on développe le réseau des routes forestières. La France recherche peu ces bois, bien qu'ils aient de belles dimensions et qu'ils soient résistants et riches en résine; cela tient à ce qu'ils sont trop chargés d'aubier et qu'ils trouvent un débouché plus facile à Gênes, qui possède d'importants chantiers de construction de bâtiments de commerce et qui n'ayant pas de bois de pays pour les alimenter, est obligé d'en acheter au dehors. La Corse exporte, au contraire, en France des châtaigniers pour tonnellerie, des pins maritimes et beaucoup de charbon de bois.

Le littoral de Vintimille à Gênes, qu'on appelle la *rivière de Gênes,* nous expédie des cercles en châtaignier pour tonnellerie, des chênes verts principalement pour charronnage, des charbons de bois, et depuis quelque temps des résineux.

Livourne, Civita-Vecchia, Naples et tous les petits ports intermédiaires, nous envoient des chênes nerveux, d'excellente qualité comme charpente, très-recherchés comme membrure de navire. Naples en livre beaucoup sous forme de merrains raides et rougeâtres qu'on recherche à Cette pour loger les eaux-de-vie, parce qu'ils ne colorent pas les liquides et qu'ils en absorbent peu par imbibition; mais ce sont des merrains difficiles à travailler et qui se rompent assez facilement.

Adriatique. — Les ports de l'ancien royaume de Naples et de Romagne, principalement Ancône, nous expédient des charpentes et des merrains plus nerveux encore que ceux de Naples.

Venise livre des épicéas et quelques mélèzes qui proviennent des forêts du Tyrol méridional et de la

Carinthie supérieure, lesquels arrivent par la Brenta, la Piave et l'Adige après avoir été débités sur place ou dans les scieries établies dans la vallée de la Piave. Ces bois servent à la consommation de la Lombardie; il nous en arrive quelquefois par Gênes; Venise n'exporte que l'excédant de la production.

Trieste est, au contraire, une grande place de commerce pour les bois.

On y reçoit des chênes très-nerveux de la Carniole, de la Styrie et d'Istrie, ces derniers surtout rappellent les bois de Provence. Il en arrive également par chemin de fer de la Croatie, d'autres enfin provenant des forêts du régiment de Brod, remontant le Danube, de Oukonar à Gross Kanezra, d'où ils gagnent Trieste par chemin de fer; d'autres enfin provenant des forêts du régiment de Varasdin Kreutz sont transportés par voiture à Agram ou à Sissek où ils prennent le chemin de fer. Tous ces produits des plaines de la Save et de la Drave sont des bois très-gras; ils poussent dans des terrains inondés pendant la majeure partie de l'année, quelquefois jusqu'en juillet; leur croissance est très-rapide, leur hauteur considérable; elle atteint 38 mètres pour $1^m,25$ de diamètre, mais leurs pores sont très-ouverts, leurs anneaux de croissance sont mous et très-larges, ils sont sujets à se fendre et à se rouler en desséchant, enfin ils sont très-rapidement piqués, beaucoup plus qu'aucun de nos bois indigènes, si on ne prend la précaution de les immerger. Dans les contrées où l'eau séjourne moins longtemps, on distingue dans chaque

anneau de croissance une partie poreuse et une
partie nerveuse correspondant aux périodes de la
végétation humide et sèche. Ces deux variétés de
bois conviennent admirablement pour faire des merrains, aussi en exporte-t-on près de 40 millions de
douelles ; ils sont très-mous, très-souples, très-faciles
à travailler, ne cassent pas, et leur seul défaut
est d'être spongieux. Trieste reçoit également des
mélèzes provenant des Alpes juliennes ; leur qualité,
comme cela arrive toujours pour cette essence, varie
beaucoup avec le lieu d'origine ; ceux des environs de
Kappel sont réputés bien supérieurs à ceux de Wil-
lach. Il y arrive, en outre, des quantités de sapins et
d'épicéas dont la qualité est bien loin d'égaler les
bois de la Baltique, qui ne valent même pas nos
sapins des Vosges. Cependant, Marseille et l'Algérie
en consomment une assez forte quantité comme bois
de charpente. Ce sont des bois qui proviennent en
général des provinces illyriennes ; celles-ci possèdent
plus d'un million d'hectares de forêt, la plus grande
partie en essences résineuses. Il en vient aussi des
forêts montagneuses du territoire des régiments
d'Ogulin, de Lika et d'Atoca, où les sapins atteignent,
assure-t-on, une hauteur de 66 mètres et où il n'est pas
rare de trouver des arbres cubant 16 mètres cubes.
Cependant ces bois, vu leur faible valeur, supportent
difficilement les frais de transport à Trieste et se dirigent de préférence sur les ports de Fiume, de Segna
et de Zengig. Les charpentes se vendent à Trieste au
stère ou au pied cube de Vienne. Le pied courant

de Vienne vaut 0^m,3161, le pied cube 0^{mc},03158.

Fiume et Segna expédient de préférence les bois de la Croatie, principalement les merrains.

Bosnie. — Les bois de la Bosnie ont les mêmes caractères que ceux de la Croatie et des confins militaires; ils nous arrivent par les ports de l'Adriatique. Les chênes y ont également de très-belles longueurs, pas de nœuds, mais ils sont très-gras, sont rarement sains et très-sujets aux piqûres.

Ils proviennent d'ailleurs, de même qu'en Croatie, de forêts mal exploitées et presque abandonnées, où la grisette et la pourriture sèche abondent. Il est fâcheux que de telles richesses dépérissent faute de soins dans la partie de l'Europe la plus rapprochée des contrées méridionales où le bois manque totalement. Il suffirait de quelques travaux de voirie pour leur ouvrir un débouché lucratif par les ports de l'Adriatique et par le Danube.

Mer Noire. — La France reçoit aussi quelques bois de la mer Noire, mais cela n'arrive que fort rarement. Cependant il y aurait moyen d'avoir de ce côté de fort beau bois, principalement des résineux, valant ceux de la Baltique, et ce serait un fret assuré pour remplacer les grains dans les années de mauvaise récolte. Les bois que la mer Noire nous peut fournir sont ceux que le Danube et le Dniéper peuvent lui apporter. Le premier peut porter d'abord les bois qui nous viennent avec grande peine par les ports

de l'Adriatique, et en outre les produits de la Moldavie et de la Gallicie. Le second peut apporter à Kher-
son les beaux bois de la Volhynie et de Pologne qui
nous arrivent actuellement par Dantzick. Il est difficile de s'expliquer comment la Russie n'a pas cherché
à ouvrir de ce côté un débouché qui l'aurait affran-
chie du tribut qu'elle paye à la Prusse, d'autant plus
que partie de ces bois russes rentre dans la Méditerranée par le détroit de Gibraltar et se trouve
ainsi grevée de transports beaucoup plus coûteux
que ceux qu'ils auraient eus par la voie du sud où ils
ont pour débouchés immédiats tous les pays riverains
de la Méditerranée, de la mer Rouge et de l'Inde,
dans lesquels les bois font défaut.

Les bois de la Moldavie sont : 1° le sapin blanc
(bradu moldave) qui couvre les premiers rameaux
de la chaîne des Carpathes; ses anneaux sont, il est
vrai, un peu espacés, mais son grain est serré et son
tissu fin, ses nœuds sont plus tendres et plus rares
que dans les bois de Suède, auxquels on peut le préférer; 2° le sapin rouge (molide moldave) qu'on rencontre au-dessus des sapins blancs a les anneaux
très-étroits, le grain très-fin, comparable aux pins
de Riga; on en pourrait faire d'excellents bordages;
3° un hêtre (fag') d'une qualité bien supérieure à
celui de France; 4° un frêne (fracinn) serré, fin,
susceptible d'être poli, d'une qualité fort appréciée;
5° un chêne comparable au chêne de Bourgogne, sur
de plus fortes dimensions. Le caractère apathique des
Moldaves est un des principaux obstacles à l'exploi-

tation de ces bois qui pourrait sans cela être tentée avec profit. Actuellement on n'en exporte guère. Leur marché est Galatz, point où se font les transbordements sur bateau.

Canada. — Le produit ligneux le plus abondant au Canada et qu'on exporte par quantités considérables en France et surtout en Angleterre est le *pinus strobus* ou le pin de lord Weymouth qu'on nomme ordinairement dans le pays *white pine* et quelquefois *yellow pine* quand il est assez riche en résine pour rappeler le *pinus mitis* des États du centre auquel ce dernier nom est plus spécialement réservé. Au reste, les pins de cette origine, même les plus foncés, diffèrent peu, comme nuance, de nos sapins des Pyrénées et des Alpes méridionales; comme eux ils perdent leur résine en fort peu de temps et deviennent alors on ne peut plus cassants; il est donc indispensable de les conserver sous l'eau ou de les mouiller fréquemment si on ne les emploie pas de suite. Ils sont nacrés, très-légers, très-mous, ont de grosses fibres, se tourmentent et fendent peu, ne se roulent presque jamais. Ils sont d'un très-bon emploi comme bordages de pont des navires de commerce qu'on brique peu, ils calfatent bien et supportent vaillamment les variations de température. Le classement officiel admet trois classes de *yellow pine;* la première ne présente pas de nœuds apparents et ne comprend que des bois du plus bel aspect, bien travaillés et complétement purgés de vices au pied; la seconde comprend les pièces

à nœuds apparents et nombreux, mais sains ; la troi-
·sième comprend beaucoup de pièces ayant des nœuds
gâtés, des vices de pied et des défauts d'équarrissage. Ces bois ne sont connus en Angleterre que sous
le nom de *yellow pine*.

On trouve aussi dans ce pays le *pinus rubra* dit
red wood ou *red pine*, bois plus foncé, de meilleur
grain, mais moins élastique que le pin du nord, à
cassure sèche ne dépassant guère 0ᵐ,35 d'équarrissage et 10 mètres de longueur, rempli de nœuds très-
durs et très-apparents qui tranchent en noir de la façon
la plus désagréable sur la teinte assez claire du bois.

L'orme rouge (*red elm*) est un bois beaucoup
plus gras, plus léger et plus mou, que notre orme
de Dunkerque, mais il est parfaitement droit, a de
fort belles dimensions et est, en outre, bon marché.
On en fait de superbes sciages.

L'orme blanc (*vhite elm, rock elm, ulmus americana*) est un bois très-blanc, très-dur, d'un grain
très-fin, ayant beaucoup de liant, qui n'a aucune
analogie d'aspect avec notre orme de France.

Le merisier rouge (*black birch, betula lenta*) est
un bouleau très-dur, d'un aspect rougeâtre, qui rappelle l'acajou ; il passe pour très-durable et s'emploie
comme bois de construction.

Le merisier blanc (*yellow birch, betula excelsa*)
est un autre bouleau qui ne s'emploie qué dans la
menuiserie, le charronnage et l'ébénisterie.

Le merisier noir (*black cherry, prunus serotena*)
n'est employé que dans l'ébénisterie.

Le tamarac (épinette rouge, *larix americana*), fort employé dans la construction, jouit de la même réputation de durée que le mélèze en Europe.

Le sapin blanc (*white spruce,* épinette blanche, *picea alba*) sert à faire des planches, quelquefois des vergues; il est supérieur au pruche (*hemloch spruce, abies canadensis*), qui passe pour être de qualité tout à fait inférieure.

Les chênes du Canada sont de deux variétés : le *white oak,* chêne blanc, et le *red oak,* chêne rouge. Toutes deux donnent des bois trop gras pour être exportés comme bois de construction, mais on en fait d'énormes quantités de merrains, dont la France consomme une très-grande partie. Le chêne rouge est tellement gras, tellement spongieux, que ses douves ne peuvent contenir de liquides.

Le mille de merrains de 1 pouce	comprend 1.800 morceaux.
—	1 1/2	—	1.200 —
—	2	—	1.000 —
—	2 1/2	—	867 —
—	3	—	750 —

Le Canada produit encore un frêne plus gras que le nôtre, dont on fait des avirons flexibles, à droit fil, qui ne se fendent pas et ne se tourmentent pas.

Il produit enfin un noyer noir (*black walnut, juglans nigra*) fort estimé en ébénisterie et en menuiserie, d'une teinte beau brun quelquefois mélangé de fort belles veines; il soutient très-avantageusement la comparaison avec l'acajou, mais son prix est toujours élevé.

Les bois sont fort abondants dans cette contrée, ils y voyagent à peu de frais par flottage et par batelage sur les lacs et sur' le Saint-Laurent. Les bâtiments de commerce peuvent remonter fort loin dans la rivière et prendre leur chargement auprès des scieries, de telle sorte que le prix des transports est très-faible.

Les principales places de commerce sont Québec, Saguenay, Saint-John, Brunswick et Montréal.

Saint-John est de plus un chantier de construction de bâtiments de commerce de la plus grande importance. Les navires qu'on y construit sont généralement faits tout en pin et durent peu, ce qui élève leur prix d'assurances, mais leur faible prix d'acquisition compense ces inconvénients au point de vue de beaucoup d'armateurs.

Québec est la place de commerce la plus importante. Le classement de bois débités et de bois carrés y est effectué par un corps d'inspecteurs jurés (les *cullers*) nommés par le gouvernement, agissant sous leur propre responsabilité et passibles d'une amende très-forte, si l'acheteur peut prouver par expertise que le classement a été mal fait. Ils opèrent à tour de rôle dans tous les chantiers, établissant ainsi un classement et un mesurage uniformes, ce qui est une garantie très-sérieuse.

Québec reçoit les navires du plus fort tirant d'eau. Les affrétements s'y traitent par load. Les bois s'y mesurent au pied courant et au pied cube anglais.

États-Unis. — La partie des États-Unis à l'ouest des montagnes Rocheuses expédie par les lacs du Nord une partie du bois que le Canada nous vend, principalement les douelles de chênes blancs dont l'État de Visconsin fabrique annuellement plus de 2 milliards. La seule manufacture de M. Mac Donald en a exporté 65 millions en 1866.

Les États du nord-ouest voisins du littoral ont les mêmes essences que le Canada, leur qualité s'améliore en descendant vers le sud, mais la production y dépasse peu la consommation locale, cependant on exporte des bois venant de l'intérieur par New-York, et Baltimore.

Les États du Sud, au contraire, ont une production bien supérieure à leur consommation et exportent par Charleston, Savannah, Darien, Pensacola, Mobile et New-Orleans des bois provenant du *pinus australis, long henved pine,* lesquels constituent les vastes forêts qui couvrent toutes les landes du littoral de la Virginie, de la Géorgie, de la Caroline et des Florides. On nomme ces bois *pitch pine* ou *yellow pine* selon qu'ils sont plus ou moins résineux. Ce sont eux qui produisent les goudrons et la résine que l'Amérique exporte. Certains de ces bois en sont tellement chargés qu'ils en sont noirs et fondriers. Ils ont tous ce caractère commun d'avoir des anneaux épais et formés de deux parties dont l'une est serrée, nerveuse,

cornée et chargée de résine, tandis que l'autre est
relativement molle, lâche et pâle; ils doivent à cette
constitution une remarquable tendance à se rouler,
ce qui est leur défaut principal. Ceux qui ont été convenablement choisis, chez lesquels les couches annuelles sont assez homogènes, sont des bois aptes à
tous travaux.

Ces bois ont de très-belles dimensions et coûtent
fort peu. On ne saurait trop en recommander l'emploi
pour les travaux où le poids de la matière et les roulures ne sont pas des défauts graves, car ils donnent
à la fois les dimensions, la résistance, la durée et le
bon marché.

Les autres essences que les États du Sud exportent sont peu nombreuses et peu importantes. Le
cèdre violet (*red wood, juniperus virginiana* dit
cèdre à crayons, parce qu'il sert à la fabrication des
crayons) est seul à mentionner à cause de la finesse
de son grain et de la parfaite homogénéité de sa
masse.

Savannah est situé sur une rivière qui n'a, dans
les circonstances les plus favorables, que 21 pieds
d'eau; on ne peut compter d'une manière régulière
que sur 17. Au delà de cette limite, il faut charger
en rade. Aussi son commerce d'exportation est-il
réservé aux petits navires qui desservent le continent
américain et les Antilles. On y trouve d'excellents
merrains désignés d'après leurs proportions, ainsi qu'il
est indiqué dans le tableau suivant, où les dimensions
sont données en pouces et en mesures métriques.

	LONGUEUR.	LARGEUR.	ÉPAISSEUR.
	Mètres.	Cent.	Mill.
Extra whole pipe.	60 à 61 soit 1.52 à 1.57	3 à 6 soit 7 à 15	1 à 2 1/2 soit 25 à 62
Regular whole pipe.	54 à 56 soit 1.37 à 1.42	3 à 6 soit 7 à 15	1 à 2 1/2 soit 25 à 62
Hogsheads..	48 à 49 soit 1.22 à 1.24	3 à 6 soit 7 à 15	1 à 2 1/2 soit 25 à 62
Half Pipes..	42 à 43 soit 1.06 à 1.08	3 à 6 soit 7 à 15	1 à 2 1/2 soit 25 à 62
Headings . .	30 à 34 soit 0.76 à 0.86	4 à 6 soit 10 à 15	1 1/2 à 2 soit 37 à 50

Port-Royal, situé à l'embouchure d'une rivière parallèle à celle de Savannah à environ 30 milles de distance, Brunswick, à quelques milles au sud de Doboy, Satilla-River, un peu plus au sud, Ferdinanda, à la limite de la Géorgie et de la Floride, sont de petits centres de commerce de bois.

Saint-Marys, au nord de la Floride, à l'embouchure de la rivière Saint-John, est une place plus importante.

Darien a, au contraire, une importance considérable. Les bois centralisés à Darien sont conduits par radeaux à Doboy, port d'embarquement, dont la rade est sûre, qui a d'une façon courante 19 pieds d'eau et deux fois par mois 22. On y trouve de très-grandes quantités de bois résineux, principalement des poutres équarries de très-belles dimensions. On peut y acheter des lots de 45 pieds de longueur avec des équarrissages de 35 à 41 centimètres. Les bois sont en général mal travaillés, les sciages laissent beaucoup à désirer. Ces défauts sont d'ailleurs communs à tous les bois des États du Sud.

Pensacola est la place la plus importante; son

port est au fond d'une baie sûre et très-profonde, les
bois y arrivent par trois rivières qui traversent la Floride
et l'Alabama, pays qui ne forment, à vrai dire, qu'une
immense forêt. Le cube de chaque pièce réduit par
le vendeur, en raison des vices apparents, est inscrit
sur chaque pièce et est nommé *average*. Le prix du
pied cube s'établit en raison de ce cube. On peut
admettre que les pièces ont en moyenne 50 pieds
(15ᵐ,24) de longueur. Les ventes s'y font par radeaux entiers sans triage.

La Nouvelle-Orléans n'est pas un marché de bois
important. On y trouve du cyprès jaune, dont la
couleur est jaune paille et dont le grain est très-fin;
il a de belles longueurs, sans nœuds et de grands
équarrissages. Les forêts de la Louisiane sont formées presque exclusivement de cette essence.

Californie et Vancouver. — Les côtes occi-
dentales de l'Amérique depuis la baie de Mon-
terey jusqu'aux bords du Humboldt sont couvertes
presque sans interruption de forêts résineuses dont
l'essence dite *red wood* n'est pas suffisamment définie.

Ce bois a les anneaux de croissance forts, mais
plus homogènes qu'aucun de nos résineux, ce qu'il
doit sans doute à l'uniformité du climat; il acquiert,
en outre, de fort belles dimensions; il est assez résineux sans être lourd et convient admirablement comme
bois de mâture, de bordé et de construction. L'exploitation s'en fait sur une immense échelle; il

s'exporte sur tout le littoral de l'Amérique du Sud, en Océanie et jusqu'en Chine.

Nous en recevons quelquefois comme mâtures, mais les prix élevés du fret ne permettent pas d'en faire venir pour les autres usages moins importants.

Les mâts de Vancouver que nous avons reçus paraissent être de la même essence et ont les mêmes qualités.

Cochinchine et Guyane. — Nous recevons de Guyane et de Cochinchine des bois rouges plus ou moins violets, fort lourds, très-droits, sans nœuds, ayant de belles dimensions, une grande résistance et une grande durée, qui se fendent assez facilement en se desséchant comme tous les bois lourds à fibres droites sans nœuds. Les prix de main-d'œuvre dans le pays et le haut prix des frets ne permettent pas de les faire arriver en France économiquement.

Teak. — Le teak ou teck est importé depuis long-temps en Angleterre de trois points différents. Le plus estimé provient de la colonie hollandaise de Java. Sa couleur est jaune-verdâtre quand il est de fraîche coupe, mais par l'exposition à l'air cette cou-leur claire se change bientôt en un brun très-sombre. Après le teak de Java, devenu actuellement fort rare, on préfère celui qui provient de la côte de Ma-labar; sa couleur, quand il vient d'être coupé ou travaillé, est moins prononcée que celle du teak de Java; il est, en outre, plus léger et généralement mal travaillé en pièces d'épaisseur irrégulière. Il paraît que ces deux essences croissent sur des plateaux élevés. Elles sont devenues trop rares pour faire le sujet d'un commerce suivi. Le teak de l'Inde (*tectonia grandis*, de la famille des verbénacées) croît sur une zone d'un ou deux degrés qui règne dans le royaume de Siam entre le 17ᵉ et le 19ᵉ degré de latitude, s'étend à l'ouest dans l'Inde par la Birmanie et dans l'est jusqu'au Tonkin. Il se plaît dans les plaines humides et se montre rarement sur les collines, jamais sur les montagnes. Sa végétation est très-active; ses pousses, pendant ses premières années, sont d'environ un mètre, même l'année du semis; à 30 ans il a presque atteint toute sa hauteur; on l'exploite à 50 ou 60 ans, son diamètre varie alors de 0ᵐ,60 à 0ᵐ,80, sa hauteur de 25 à 35 mètres; à 70 ans il se couronne et son cœur commence à s'altérer. On le trouve abondamment dans les bassins de l'Irraouddy, de la Saloun, du Meinam et du Mekong, mais les bois de ce dernier bassin sont inexploitables à cause de l'insalubrité du climat, de l'habitude qu'ont les populations d'essarter les bois, et surtout à cause de leur éloignement de la mer. Bankok, Moulmein, Pegou et Ragoun se trouvent ainsi être les principaux marchés de ces bois, encore ne les reçoivent-ils qu'avec beaucoup de peine, parfois deux ans et demi après leur abatage. Ils livrent des produits de qualités assez variées, inférieures à celles de Java et de Malabar et de nuances plus claires. Malgré cette infériorité de qualité, les difficultés de trans-

port et le haut prix de la main-d'œuvre dans ces contrées, qui en rendent l'acquisition fort onéreuse, ils
sont les plus communs sur les marchés anglais et
leur production suffit à peine aux demandes. C'est
un bois qui se fend peu, qui n'a pas de nœuds, qui est
de droit fil et léger (sa densité est en moyenne 0,750),
qui a, de plus, une longue durée. On a affirmé qu'il
était incorruptible, c'est une exagération. Le bordé
des ponts de la Grenade était perdu après neuf ans
de service (il est vrai que ce bois paraissait être
d'une mauvaise essence); mais le bordé de la cuirasse
de la Normandie, dont l'essence était bonne, était
échauffé au cœur, quand après onze ans de service
on a démoli ce bâtiment; ajoutons que tous les bois
qui l'entouraient, chêne, acacia, résineux, étaient
totalement pourris et fendus. On doit donc se borner
à dire que le teak de bonne qualité est le plus durable
de tous nos bois. A ce titre, il convient mieux que
tout autre pour la menuiserie et la charpente des
parties exposées à l'humidité et à la chaleur. Il doit
sans doute cette qualité à l'obstruction de ses canaux
(caractère qui lui est commun avec presque tous les
bois exotiques, gaïac, ébène, angélique, cay-sao, etc.)
et surtout à l'huile essentielle qui y est en grande
abondance. Cette huile est également cause que la
couleur verdâtre de ces bois au moment de leur débit
disparaît au bout de quelques minutes et devient mar-
ron foncé.

Acajou. — L'acajou était encore inconnu en

France à la fin du siècle dernier, on y recevait seulement une noix d'acajou, fruit d'un arbre des Antilles, dont on tirait une huile qui avait la propriété « d'extirper les duretés qui viennent aux pieds et d'enlever les taches de rousseur qui viennent au visage ». Le bois d'acajou, que les Anglais nomment *mahagoni* (de la famille des méliacées), a été introduit en France pour la première fois, au commencement de ce siècle par les Espagnols qui l'obtenaient des noirs de Saint-Domingue. Les montagnes de cette île en contenaient des quantités considérables, toutes ces richesses ont été gaspillées, il en reste fort peu actuellement. Cuba et les autres îles des Antilles, le Mexique, la république de Honduras, le Brésil, l'Afrique et même l'Asie en possèdent également de qualités diverses. Celui de Haïti a la couleur la plus vive, les fibres les plus fines et les plus serrées; sa densité varie de 0,820 à 1,000. Celui de Cuba a des couleurs moins vives, des fibres plus grosses, mais aussi serrées; il est, en outre, plus lourd. Ces deux qualités ont été au début employées comme bois de construction, elles sont devenues actuellement fort rares et sont réservées pour la menuiserie et l'ébénisterie; on les désigne souvent sous le nom d'*acajous espagnols* ou d'*Espagne*, en souvenir de ceux qui nous les ont livrés les premiers. Le commerce les classe en *acajou uni, veiné, moiré, chenillé, moucheté* et *ronceux*, selon la nature de leurs veines; on les débite en général en placages.

L'*acajou d'Afrique* qu'on importe du Sénégal

provient du *cailcedra;* il a une nuance un peu vineuse, est plus lourd, plus dur et plus difficile à travailler que les précédents. L'*acajou de Honduras* diffère totalement des variétés précitées; il est très-léger (sa densité varie de 0,650 à 0,700); il a les pores larges et le grain tendre, est facile à travailler, peu veiné et ne se fend pas; sa couleur est claire. Il arrivait en France il y a quelques années avec de belles dimensions (on en a reçu de 0^m,90 d'équarrissage sans flache) à des prix voisins de ceux du chêne, de telle sorte qu'on l'a introduit dans la construction des bâtiments de mer. Sa durée a été fort courte. Il en a été de même quand on en a fait des traverses du chemin de fer de Honduras, elles ont pourri en quelques mois. C'est donc un bois qu'on ne peut employer partout; mais il est excellent comme bois de menuiserie et d'ébénisterie, et il est regrettable qu'il ait considérablement renchéri depuis quelques années. On distingue parfois les acajous en *acajous mâles* ou *vrais* et *acajous femelles* ou *faux* selon que les incrustations qui obstruent leurs vaisseaux sont noires ou blanches. Les acajous de Honduras seraient le plus souvent, d'après cela, des acajous femelles et ceux d'Espagne des mâles. Au reste, quelle que soit leur variété, tous les acajous sont plus ou moins clairs au moment de leur débit et prennent une couleur foncée avec le temps.

On désigne encore sous le nom d'*acajou femelle* divers bois exotiques se rapprochant de l'acajou tels que l'acajou de la Guyane (*cedrela odorata,* cèdre rouge). Le cèdre rouge du même pays (*guaruma aniba,* *aublet,* laurinées) est d'un plus joli effet comme menuiserie, mais n'imite pas l'acajou.

Le *tamanou* de la Nouvelle-Calédonie (*calophyllum* montanum) rappelle, au contraire, tout à fait l'acajou; il en a le ton, les veines et lui est même souvent supérieur. Mais ce bois, comme tous ceux que produisent les îles de l'Océanie et de la Sonde, ne peut être l'objet d'un commerce important. Les frais de transport sont trop élevés pour permettre à nos industries de l'employer.

FIN.

TABLE DES FIGURES

FIN DE LA TABLE DES FIGURES.

TABLE ALPHABÉTIQUE DES MATIÈRES

AVEC INDICATION DES FIGURES

———

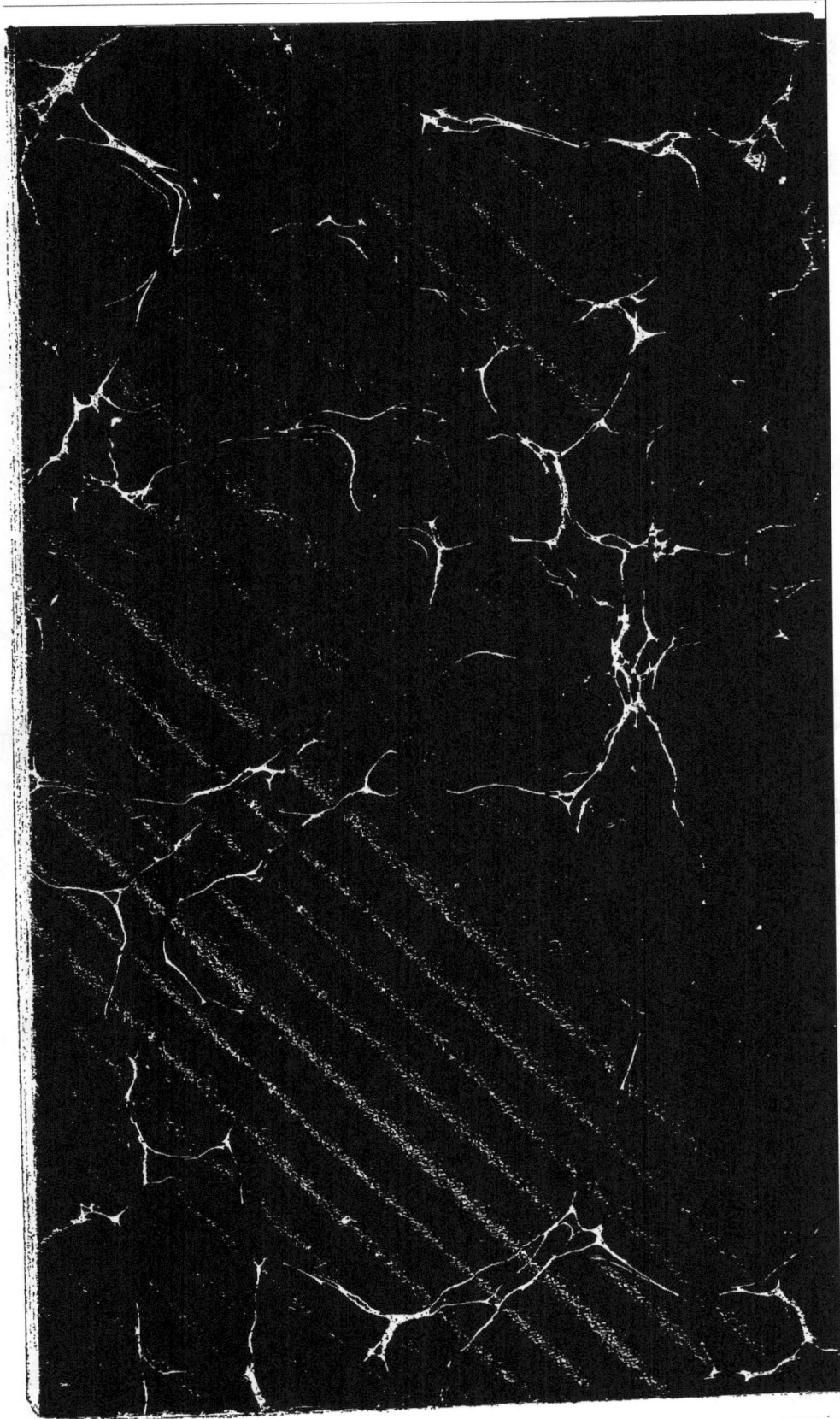

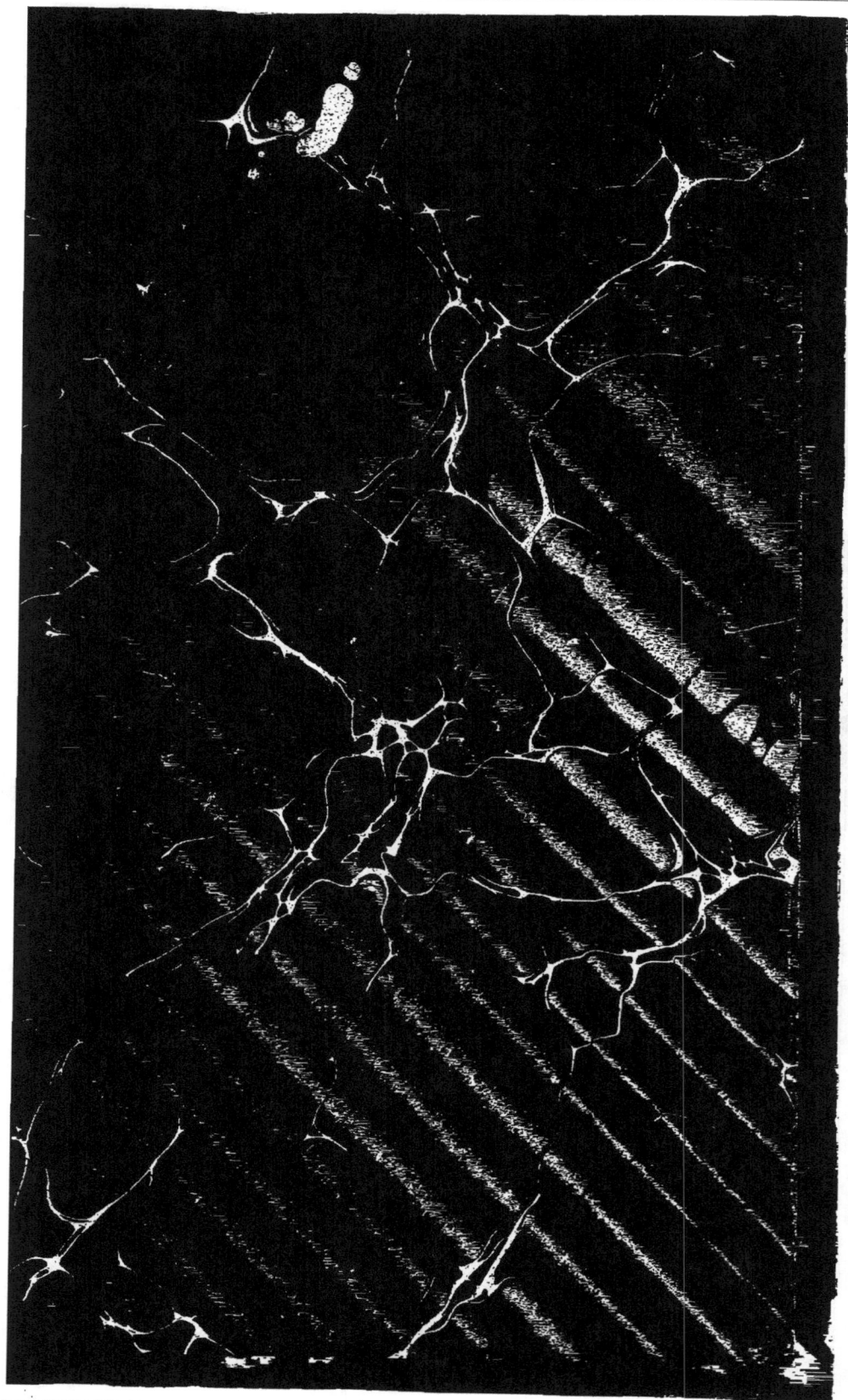

www.ingramcontent.com/pod-product-compliance
Lightning Source LLC
Chambersburg PA
CBHW031724210326
41599CB00018B/2500